测绘科技专著出版基金资助

主动式雷达遥感

Active Radar and Lidar Remote Sensing

隋立春　编著

测绘出版社
·北京·

内 容 提 要

本书从微波合成孔径雷达和航空激光雷达两方面系统地介绍了主动式遥感的原理及其应用。全书共分13章,前10章分别介绍了几类雷达遥感系统、雷达遥感基础、雷达图像特征、雷达成像原理及构像方程、雷达图像纠正方法、InSAR技术原理及应用、SAR图像相位解缠方法、D-InSAR技术原理及应用、雷达图像的解译和判读等方面内容;后3章系统地介绍了航空激光雷达技术及其数据处理的理论和方法,重点介绍了精度检测的方法和精度检测的结果。

本书可作为摄影测量与遥感专业研究生或高年级本科生的教材或参考书,也可以供从事遥感等研究的工程技术人员参考。

图书在版编目(CIP)数据

主动式雷达遥感/隋立春编著.--北京:测绘出版社,2009.4(2025.1重印)

ISBN 978-7-5030-1913-5

Ⅰ.主… Ⅱ.隋… Ⅲ.雷达—主动式遥感 Ⅳ.TN953

中国版本图书馆CIP数据核字(2009)第057425号

主动式雷达遥感

ZHUDONGSHI LEIDA YAOGAN

责任编辑 贾晓林　　**封面设计** 李　伟　　**责任印制** 陈姝颖

出版发行	测绘出版社	**电　　话**	010—68580735(发行部)
地　　址	北京市西城区三里河路50号		010—68531363(编辑部)
邮政编码	100045	**网　　址**	https://chs.sinomaps.com
电子邮箱	smp@sinomaps.com	**经　　销**	新华书店
成品规格	184mm×260mm	**印　　刷**	建工社(河北)印刷有限公司
印　　张	15.5	**字　　数**	385千字
版　　次	2009年5月第1版	**印　　次**	2025年1月第3次印刷
印　　数	3301—3600	**定　　价**	38.00元

书　　号 ISBN 978-7-5030-1913-5/P·424

本书如有印装质量问题,请与我社发行部联系调换。

序

信息获取与处理技术主题(308)是我国高技术研究发展计划(863)最早设立的主题之一。20多年来,由于航空、航天技术和计算机技术日新月异的发展,地球科学进入了一个全新的天地。遥感为各种地学应用提供了新的数据来源,为探索地球提供了一种新的方式,也为全球监测提供了动态信息,并成为研究人口、资源、环境的全球变化,以及它们之间的联系的有效手段。

从王之卓院士开始,众多的摄影测量学者、遥感和计算机领域的专家为我国遥感影像的图像分析与应用方面作出了卓越的贡献,为我国遥感领域在全球范围占有令人尊敬的地位和享有影响作出了卓越的贡献,为遥感信息领域的研究打下了深厚的理论基础。在此基础上,一些受到全球同行瞩目的全数字化图像处理技术和软件系统走向市场,并享有盛誉。

20世纪90年代形成规模研究的地球科学,面临着信息时代的机遇和挑战。与地球科学有关的学科与现代计算机技术、信息技术、航天技术、数据压缩和传输技术等的交叉和融合,产生了许多新的理论、概念和方法,推进了地球科学信息化研究的发展。融合了地球科学、数学、物理学、计算机科学和信息科学为一体的遥感信息科学正在形成,在这个领域,微波雷达遥感占有重要的地位。

包括雷达和合成孔径雷达(SAR和InSAR)、被动式微波遥感系统以及航空激光雷达(Airborne LIDAR或称为Airborne Laser Scanning)是国外20多年来研究的重点领域。在合成孔径雷达方面,因为微波的全天时、全天候以及其高效的穿透性,因而这种方式的传感器具有可见光遥感方式所不可替代和不具备的优势。当今,在微波雷达遥感传感器技术和微波雷达遥感影像处理理论和算法方面,各国的学者近十几年来一直给予关注,并进行了不懈的研究。第一,我国遥感卫星迅速发展,特别是气象卫星、海洋和资源卫星的成功发射,为我们提供了丰富的自主遥感数据源,因此,对遥感图像数据的理解和分析是提高我们遥感领域研究水平的需要;第二,遥感信息传输和成像机理的研究不仅是基础性的研究,也是提高遥感成像精度、影像纠正以及推广和普及遥感技术在国家建设中的应用的需要,同时,这些基础性和应用性的研究为发展高光谱、多极化成像雷达的波谱纠正和影像分析,为三维影像获取和多源信息的融合,为定量遥感研究,以及遥感影像的地学理解和分析提供了新的理论依据;第三,遥感数据为以地理信息系统为依托的三维综合信息系统提供了高精度的影像数据,大大提高了图像识别和空间分析的能力;第四,基于机载或星载三线阵CCD影像成像机理的研究、影像处理方法的研究、系统的研制,为开展月球和火星探测提供了可能的技术手段,大大提高了我国在这方面的研究水平。

在这本书中,隋立春博士用一定的篇幅介绍了主动式雷达遥感的另外一个重要分支,即航空激光雷达技术。他在德国柏林工业大学攻读博士学位和在慕尼黑工业大学及德国制图与大地测量局做博士后研究期间,在这一领域进行了深入的研究,所涉及的方面包括航空激光雷达数据处理的方法、软件的研制以及基于激光雷达扫描数据提取地面特征信息的研究,这些基于实际研究的成果对于阅读本书的读者掌握国际上的最新发展、开阔视野与放眼未来,相信可以起到有益的帮助。

在当代遥感领域，主动式雷达遥感是一种新型的数据获取技术。迄今为止，国内还没有比较全面介绍主动式雷达遥感原理和数据处理的专著，因此，本专著在一定程度上弥补了这方面的缺陷。作者基于长期而丰富的实际研究工作经验及国内外工作和学习经历，吸收国外在本领域的研究成果，总结作者本人的研究经验，将主动式雷达遥感的两部分内容有机地结合在一起进行介绍，将有助于阅读本书的读者比较全面地了解主动式遥感的发展。

在本书出版之前，我有幸先睹为快，为此写下这点感想，供有关的读者参考。

王任享

2007-08-28

前　言

20多年来，由于航空、航天技术和计算机技术日新月异的发展，地球科学进入了一个全新的天地。遥感是对资源环境监测的有效手段，可提供全球监测所需的动态信息，为研究人口、资源、环境的全球变化，以及它们之间的联系创造了可靠的条件。遥感技术的发展为各种地学应用提供了新的数据来源和探索地球的方式。对地球表面进行全天候、全天时、全方位、高动态和实时的航天遥感，获取多波段、多时相、多分辨率的遥感数据，已经成为地理信息系统数据采集的重要手段。同时，以遥感影像为主要数据源的地理信息产品，已经成为地理信息产业服务方式的延伸，成为全社会可持续发展服务保障的最新方向。

微波雷达遥感是摄影测量与遥感领域的重要组成部分，微波雷达的全天时、全天候及其高效的穿透性，使得这种主动式的雷达传感器具有可见光遥感方式所不可替代和不具备的优势。因此，微波雷达遥感传感器技术、微波雷达遥感影像处理理论和算法的研究成为近十几年来各国遥感和摄影测量界的研究重点和热点。航空激光雷达是近几年来遥感数据获取领域最新的技术，它提供了高精度获取地面三维数据的最新手段，是数字高程模型采集和三维数字城市构建的理想技术。

作者在给遥感科学与技术专业本科和研究生讲授主动式遥感课程时，发现在国内很难有一本既适合于摄影测量与遥感专业本科教学需求，又兼顾国内外主动式遥感领域最新发展和研究成果的教材，特别是在主动式激光雷达遥感方面，国内还没有这方面的教材和专著。鉴于此，作者总结国内外同行在微波雷达遥感方面的经验，结合作者在航空激光雷达遥感方面多年的研究经验和研究成果，编写了这本书，旨在为感兴趣的读者提供一本比较系统地介绍主动式遥感技术的专著。

本书分13章，前10章介绍主动式微波雷达及合成孔径雷达的基本原理，主要介绍了现有的星载雷达系统和几种新型星载雷达遥感系统，对雷达图像的辐射特性、几何特性和几何纠正方法给予了详细介绍，对几类合成孔径雷达图像相位解缠方法进行了整理、归纳和总结，同时，也简单介绍了雷达图像解译和判读方面的内容。后3章介绍了主动式航空激光雷达遥感的原理，重点介绍航空激光雷达数据的处理方法，特别是在航空激光雷达系统和航空激光雷达点云数据精度分析方面，本书给出了比较系统的介绍和试验结果，希望可以给有关人员以有益的启发和帮助。

微波雷达和激光雷达是遥感领域的新兴技术，涉及的内容比较多，由于作者水平有限，错误、遗漏和其他表达不恰当的地方在所难免，恳请读者和专家批评指正。

作　者

2008年9月

前言

目　录

Contents

第1章 绪　　言

主动式遥感是遥感的一部分，因此，在介绍主动式遥感之前，本章简单回顾一下遥感的发展、微波遥感的现状和特点以及雷达的有关情况。

§1.1 遥　　感

遥感，广义上可以这样定义：在不与物体、区域或现象直接接触的情况下对目标或者自然现象远距离感知，获取调查数据（影像），并对数据（影像）进行分析，从而得到物体、区域或现象的有关信息的一门科学和技术。英文 Remote Sensing，法文 Teledetection，德文 Fernerkundung，以及其他一些语言上的描述，从字面上表达的都是远距离探测的意思。

在许多方面，遥感可以被看成是一种阅读过程，即利用各种传感器收集描述目标的数据（影像），分析这些数据（影像），从而可以获取被调查的物体、区域或现象的信息。远距离收集数据有多种形式，包括力分布、声波分布或电磁能量分布的变化等。例如，重力计获得重力分布变化的数据，声纳就像蝙蝠的导航系统一样获得声波分布的变化数据，我们的眼睛则获得电磁能量分布的变化数据等。

在卫星遥感方面，自从 1957 年 10 月苏联把第一颗人造地球卫星送入环绕地球轨道开始，世界各国成功地实施了一系列空间计划。截至 1997 年年底已经累计有约 5 000 颗各类卫星发射升空，见表 1.1。其中，通讯卫星、导航卫星的数量居于首位，紧跟其后的便是各类对地观测遥感卫星，这些遥感卫星又以服务于军事和资源环境监测居多，表 1.2 是截至 1998 年 1 月的统计结果。1998 年至 2007 年遥感卫星发射情况见表 1.3（张永生等，1998；张健壮，2005；范永辉等，2007；2008）。

表 1.1　截至 1997 年年底全球卫星发射情况表

	1957—1960	1961—1965	1966—1970	1971—1975	1976—1980	1981—1985	1986—1990	1991—1995	1996—1997	合计
苏联/俄国	9	143	338	484	549	590	529	320	55	3 017
美国	35	311	324	139	108	127	104	173	129	1 450
英国		2	3	6	1	3	7	3		25
加拿大		2	1	4	2	5		4	1	19
意大利		1	1	2	1		1	4	3	13
法国		2	5	12	1	3	5	11	1	40
国际通信卫星组织		1	11	8	5	11	5	9	7	57
澳大利亚			2			2	1	3		8
欧洲空间局			4	4	7	7	5	7	3	37
德国			2	3	1	3	5	7	1	22
国际宇宙卫星组织			4	10	6	2	1	1		24
日本			1	6	13	12	20	15	10	77
中国			1	4	3	9	13	8	4	42
其他			1	4	11	17	20	46	33	132
合计	44	462	698	686	708	791	716	611	247	4 963

表 1.2 截至 1998 年 1 月遥感卫星分类情况

类别	成像侦察	电子侦察	海洋监测	导弹预警	测地	雷达校正	通用遥感	通信	导航	气象	其他	合计
数量	10	16	14	14	11	13	17	387	54	17	68	618

表 1.3 1998 年至 2007 年遥感卫星发射情况

	俄罗斯	美国	欧洲	中国	日本	印度	以色列
1998—2005 年	127	106	39	26	8	6	2
2006 年	25	23	5	6	6	1	
2007 年	26	20	6	10	2	3	1

随着空间技术的快速发展,目前空间遥感中所使用的传感器的工作波段几乎扩展到电磁波谱的各个部分,在夜晚也可以没有任何困难地获取所需地区的各种影像数据。在光谱探测方面,成像光谱仪的出现,使每个波段的波区变得越来越窄,已经可以达到 10 nm 以下,波段数多达 288 个以上(机载成像光谱仪),这使得获取的光谱信号更加丰富,可以更有效地反映地物的真实谱貌。与此同时,遥感传感器的空间分辨率也在不断地迅速提高,目前有些民用遥感传感器的空间分辨率可以达到 1 m 以下,其影像数据已经可以测制 1∶2.5 万比例尺的地形图,可以用于修测 1∶1 万比例尺的地形图。

最新的主动式雷达微波遥感开辟了一种新型的数据及信息获取手段,在航天遥感领域,微波遥感传感器已经被大量地安装在各类遥感卫星上,如日本 JERS-1、欧洲空间局 ERS 及加拿大发射的雷达卫星 Radarsat 系列等,使微波遥感成像技术得到了进一步的发展。多平台、多传感器、多时相遥感数据获取和综合应用试验已经取得很大的进展。

§1.2 主动式遥感

人们越来越多地使用工作在电磁波的微波波段的雷达技术来获取地面或其他行星的数据或影像。在传感器部分,我们知道,所谓的微波并不是表示微小的意思。微波波段的波长大约在 1 mm～1 m 波长范围之间,而最长的微波波长比最短的可见光波长要长大约 250 万倍。

从遥感的角度来看,微波能量有两个明显的特征:

(1)微波能够穿透大气层,在其包含的波长范围内,微波能“看穿”云雾、小雨、小雪、烟尘等。

(2)来自地面物体的微波反射或者发射,与类似的可见光或者(热)红外光谱波段的发射或反射没有直接的关系。例如,光谱在可见光看来是“粗糙”的平面,而在微波看来可能是“平滑”的,这种特性使我们可以得到与常规遥感影像有明显区别的“图像”。

微波遥感包括主动式与被动式两种方式。术语“主动”指一个传感器使用本身的能源获取能量或者照明,如雷达就是一种主动的微波传感器,在本书中只介绍主动式的微波遥感部分。作为一个简单的延伸,将简单介绍一下与雷达相对应的其他类型的主动式传感器,例如雷达高度计等。

除了主动式微波遥感外,本书将用一定的篇幅介绍航空激光雷达遥感系统 Airborne Lidar(Light Detection and Ranging,Lidar)的知识。航空激光雷达也是一种主动式遥感系统,它是近 20 年来发展起来的一种新型的遥感数据获取技术,主要用于高效、高速地获取高精度的数字高程模型(Digital Elevation Model,DEM)。与雷达类似的地方是,它们都是主动式的遥感系统,所不同的是航空激光雷达遥感是用激光脉冲代替微波能量来照射地面。该系统在差分 GPS(DGPS)、惯性导航系统(INS)支持下,通过测量激光脉冲发射和返回的时间,经过一系列数据处理,计算地面目标的三维坐标。这种主动式的三维数据获取技术能够在困难地区快速和高精度地完成数字高程模型数据的采集,具有被动式遥感技术所不具备的优势。

航空激光雷达技术的发展和应用始于 20 世纪 70 至 80 年代,到 20 世纪 90 年代已经成熟。截至 2007 年,全球约有 100 多个公司使用该系统用于获取高精度数字高程模型,其高效性能不仅体现在常规的测绘领域,在水利线路规划、电力线监测、城市三维模型构建和公路规划设计领域越来越受到重视。

§1.3 雷达和合成孔径雷达的发展

雷达(Radio Detection and Ranging,Radar)与激光雷达的区别是其能量源的不同。就像其名字所表明的一样,雷达是一种使用无线电波作为其能量源的传感器,主要用于探测目标是否存在并确定其距离,有时也要确定目标的角度位置。这个工作过程要求在所感兴趣的方向上发射短波脉冲,并记录下系统观察范围内目标反射回来的脉冲强度和其来源。

雷达系统有的能够产生图像,有的不能。它可以在地面上,也可以安装在航空飞行器或航天飞行器上。一种普通形式的非成像雷达的典型应用是用雷达测量车辆的速度,这种系统称为多普勒雷达系统,因为它们在发射或接收信号时利用了多普勒频移效应。多普勒频移是传感器系统和反射物的相对速度的函数,例如,我们能够感觉到从身旁驶过的车辆的喇叭声和火车鸣笛声有一个音调的变化,这就是声波多普勒频移效应。多普勒频移原理经常也用来分析成像雷达系统所获取的数据。

另外一种普通的雷达系统是平面位置显示器(Plan Position Indicator,PPI)系统,它是雷达终端显示器的一种,它以极坐标的方式表示目标的斜距和方位。这种系统有一个圆形的显示屏幕,径向扫描将雷达回应显示在此屏幕上,本质上 PPI 系统使旋转天线周围的目标平面视图连续更新。PPI 系统通常应用于天气预报、空中交通控制和海上导航。由于 PPI 系统的空间分辨率较差,它不适合于遥感测绘应用。

通过在航空器内或航天器的下方固定一个雷达天线并指向一侧,航空和航天雷达就完成了雷达遥感系统的安装,这种系统称为侧视雷达(Side Looking Radar,SLR)。在航空系统中叫机载侧视雷达(Side Looking Airborne Radar,SLAR),机载侧视雷达系统能够产生与飞机航线平行的广大地面区域的连续图像带。

机载侧视雷达系统最初于 20 世纪 40 年代开发并用于军事目的,它能够成为一个理想的军事侦察系统,不仅因为它具有几乎全天候的工作能力,还因为它是一个主动的昼夜成像系统。

第一个使用机载侧视雷达系统制作大范围地形图的工程是对巴拿马的达连省的地形测量,那次测量从 1967 年开始,测量的结果是一个 2 万平方千米地区的镶嵌图。在这之前,因为长期覆盖云层(几乎是永久的),这片地区从来没有被照过相或完整地被测绘过。巴拿马雷达测绘工程的成功,引发了全球性的对雷达技术的利用。从 20 世纪 70 年代开始,大范围的雷达制图项目被一些政府完成,也被大规模应用于采矿和石油工业。

1971 年，委内瑞拉为了对一片接近 50 万平方千米的地区进行制图，进行了一次雷达测量，借助于这次工程，委内瑞拉与邻国的边界得到精确定位，并且对国家的水资源，包括几条主要的河流进行了准确的勘测。

同样始于 1971 年的还有亚马孙河流的雷达测量工程，对亚马孙河流和巴西东北部地区进行了全面的地质勘测，那次雷达测量制图工程之大超过以往任何一次。到 1976 年年底，工程完成了大约 850 万平方千米区域内超过 160 幅雷达镶嵌图。科学人员把这些雷达镶嵌图作为基本图进行了大量翔实的分析研究，包括地质分析、木材总量分析、交通线路的重新定位以及矿产探测等，由此，发现了大量重要的地矿分布。

雷达制图还被广泛应用于海洋的海面监测，确定海上风、浪和冰冻的状况，监测台风的发生、运动、强度、方向等。

而合成孔径雷达是一种先进的主动式微波遥感系统，一种用于提供地面（水面）固定目标、移动目标位置和地形资料的新型雷达。在众多的航天遥感平台中应用最多，它可以安装在有人驾驶和无人驾驶飞机上，也可以安装在航天飞行器（卫星、飞船）上。其探测目标的真实性、准确性、可靠性和及时性是其他雷达系统无法比拟的，不失为空中探测的夺目“明星”。这种雷达在设计中通过雷达与目标的相对运动及单元雷达波合成技术，使其在普通雷达中可傲视群雄。因为就理论而言，雷达天线越大，其探测监视范围也越大，但从隐藏性、机动性和生存需要等因素考虑，又不能将天线做得过大，而合成孔径雷达正是在这样一种技术需求与客观现实的矛盾中另辟蹊径，它在方位向探测上采用合成孔径技术，即利用雷达与目标的相对运动，来合成一较大的等效天线孔径，解决了雷达发展中的天线难题。

合成孔径雷达的分辨率高，与可见光、红外传感器相比具有独特的优势和无法替代的作用，被广泛应用于工农业生产、科研和军事等领域。目前，在航空测量、遥感、卫星海洋观测、航天侦察、图像匹配制导中正发挥着突出作用。归纳起来合成孔径雷达具有以下几种功能：

（1）全天候、全天时观测能力。当雷达工作于高频波段时，能在云层、雨、雾和烟尘环境下获得清晰的目标图像。

（2）穿透探测。选用合适的工作频率，可探测到一定厚度植被中的目标，还可探测地表以下一定深处的地道、加固掩体和地下管道等目标，在地质矿藏探测、考古中同样具有重要作用。

（3）识别目标。使用多种工作模式，即通过不同的极化方式，不同的波束入射角，不同的观测次数和测绘走向，获取同一目标的几种图像并加以对比分析，可鉴别出目标的真伪，对不同目标进行分类。

（4）纵深探测。在不飞越目标上空的情况下可探测到纵深 100～200 km 的目标，如天基合成孔径雷达。

（5）运动目标显示。合成孔径雷达不仅能对地面（海面）固定目标进行探测，而且能够监视和跟踪地面移动目标及低空飞行的目标，诸如巡航导弹之类飞行物也将尽收“眼底”。

（6）雷达成像。用这种雷达系统获取的目标图像与空间照相的效果相近，其图像分辨率可以达到 0.7 m 甚至几个厘米，在军事上可在导弹图像匹配制导中，采用合成孔径雷达摄图，能使导弹顺利地击中目标。

（7）信息时效处理。能将高分辨率的数据流在飞机或空间飞行器上进行实时处理，也可通过高速数据传输系统发送到地面站进行处理。

雷达遥感技术的全天候、全天时以及不受气象条件的制约的特性从图 1.1 可以清楚地看出。

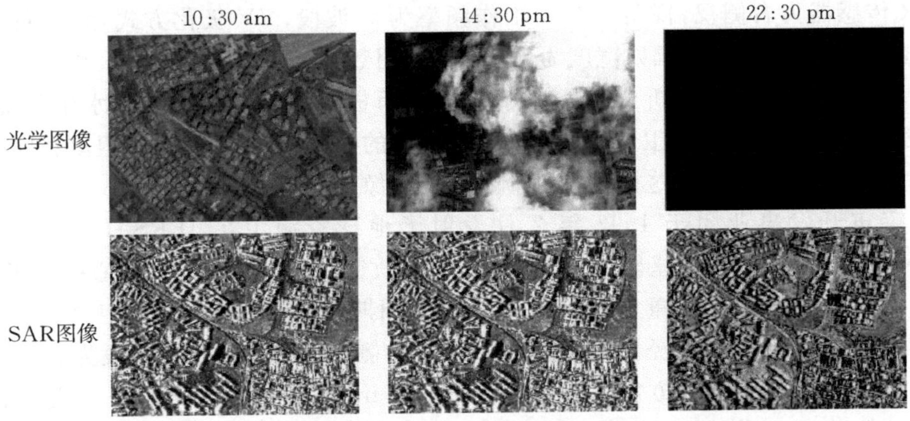

图 1.1　不同时段和天气条件下的雷达图像和光学图像的区别

美国于 20 世纪 50 年代初期研制成功世界上第一台工作在微波频率的、能够产生地面图像的机载真实孔径侧视雷达(Real Aperture Side Looking Airborne Radar,RA-SLAR)。真实孔径侧视雷达虽然可以通过脉冲压缩技术获取雷达图像距离向的高分辨率,但是方位向的分辨率与波长和观测距离成反比,与雷达的天线孔径成正比。若要提高方位向的分辨率,则飞行平台或者必须要携带一个孔径很大的雷达天线,或者要缩短雷达的工作波长。携带一个孔径很大的雷达天线的选择显然在飞行器及传感器的结构上受到限制,而以缩短雷达的工作波长的方式提高分辨率的选择则会大大削弱雷达天线的全天候工作能力,因而,机载真实孔径侧视雷达在遥感中的应用有较大的局限性。

为了解决雷达天线设计中高分辨率的要求与大天线、短波长之间的矛盾,1951 年 6 月,美国 Goodyear 宇航公司的 Carl Wiley 首先提出了所谓的合成孔径侧视雷达(Synthetic Aperture Radar,SAR)的概念,并于 1952 年研制成功一种称为"多普勒波束锐化"的系统,这是合成孔径雷达的最初形式。1953 年 7 月,伊利诺伊大学(University of Illinois)控制系统实验室用机载 X 波段相干脉冲雷达对地面和海面的反射信号进行了研究,第一次证明了合成孔径雷达的原理,并获取了第一张合成孔径雷达的图像。

从数据处理方面来看,早期主要是基于光学处理的方法,将胶片形式的雷达信号转换成图像。从 20 世纪 60 年代中期开始,逐步引入了数字处理的方法。从 70 年代开始,人们实现了带运动补偿的实时数字式合成孔径雷达。

星载雷达遥感一直是雷达遥感的重点。从 1972 年 12 月美国"阿波罗 17 号"登月计划将 SAR 投入遥感开始,到 1978 年 6 月 28 日美国航空航天局(NASA)发射第一颗 SAR 海洋雷达卫星 Seasat,标志着 SAR 时代的开始。Seasat 雷达卫星系统采用近极地轨道,轨道高度 800 km、波长 23.5 cm(L 波段)、水平极化方式(HH)、固定视角 20°、扫描带宽 100 km,系统采用光学和数字处理两种方式,光学处理后的图像分辨率在距离向为 45 m,在方位向为 25 m,数字处理后两个方向的分辨率都为 25 m。

1987 年 7 月苏联成功发射了钻石雷达卫星(Almaz),1991 年 3 月又发射了另外一颗钻石雷达卫星,分辨率达到 15～30 m,波长 9.6 cm(S 波段),HH 极化方式,可对地球上 78°N～78°S 的地区成像。

1991 年,欧洲空间局(ESA)发射了第一颗自己的雷达遥感卫星 ERS-1(European Remote Sensing Satellite)。该卫星高度为 785 km,轨道周期为 100 min,轨道倾角为 98.5°。ERS-1 携

带的SAR传感器为右侧视，视角为23°，工作频率为C波段，VV极化方式，距离向分辨率为26 m，方位向分辨率为30 m，辐射宽度为100 km，采用数字记录和数字处理。该卫星主要用于研究海洋环流、洋流、潮汐，分析全球风浪的变化，分析极地冰层覆盖以及海冰和海面温度等。1995年发射的ERS-2号雷达卫星与ERS-1的SAR的参数相同，两颗雷达卫星在同一轨道上以一天的时差飞过同一地区，这样就可以产生干涉图像。

日本宇宙开发事业团于1992年2月发射了地球资源卫星JERS-1(Japanese Earth Resources Satellite-1)。该卫星轨道高度为568 km，轨道倾角为97.662°，偏心率小于0.001 5，半长轴为6 946.165 km，轨道重复周期为44 d，轨道周期为96.146 min。该卫星安装有两种传感器，即光学传感器和合成孔径雷达传感器。SAR的侧视角为35°，工作波段为23.5 cm(L波段)，HH极化模式，距离向和方位向的分辨率都为18 m，成像宽度为75 km。卫星上由高密度磁带机记录数据，然后传输到地面处理，具有获取全球雷达图像的能力。该卫星主要用于资源探测，森林和农业部门环境保护、灾害预防和海洋监测等目的。

加拿大于1995年11月发射了其第一颗雷达遥感卫星Radarsat。卫星轨道为796 km，倾角98.6°，周期为100.7 min，重复周期为24 d。Radarsat的一个特点是它在早晨6时和傍晚6时过境，目的是为了使卫星上升和下降阶段总是处于太阳光照下，以便能充分利用太阳能，节省能源。同时，上升和下降的方式能更好地对农作物进行监测，因为在夜晚植被的水分含量最高，所以适合于夜晚对农作物进行监测。

航天飞机雷达是雷达遥感的另外一个受到重视和取得成就的系统。美国航天飞机雷达系统有3种型号：SIR-A、SIR-B和SIR-C。1981年11月，美国"哥伦比亚号"航天飞机第二次飞行时携带的SIR-A与海洋SAR基本相同，也是一台具有单一工作频率(L波段，波长23.5 cm)和单一极化模式(HH)的合成孔径雷达，不同之处是它们的信号记录方式和天线波束的入射角。SIR-A接收数据采用机上光学记录，然后在地面上进行成像处理，为了适应地质遥感领域的要求，其视角增大到50°。

美国航空航天局于1984年7月发射的"挑战者号"航天飞机携带了另外一种雷达传感器SIR-B，SIR-B的主要目的是研究在轨道上不同视角情况下的后向散射特性和立体成像能力。SIR-B与SIR-A的工作参数基本相同，区别则有两点：其一是SIR-B采用了可变的多视角技术，通过改变航天飞机的姿态，其视角可以在15°～60°的范围内变动，从而实现了立体成像；其二是SIR-B增加了数字记录方式。

1994年4月，美国航空航天局与德国和意大利联合进行了两次航天飞机雷达遥感试验，这次试验使用了SIR-C及X波段的SAR传感器系统(SIR-C和X-SAR)。该系统有3个波段，美国研制了L、C波段雷达系统，德国和意大利研制了X波段雷达。L、C波段有4种极化方式，即HH、VV、HV、VH极化方式，X波段有两种方式，即HH和HV方式。每个波段可以独立工作，也可以同时工作，视角在15°～60°之间可变。数据主要以记录在磁带上为主，也可以通过中继卫星实时地传输到地面处理。SIR-C和X-SAR发展了4种先进技术，即干涉雷达成像技术、扫描雷达成像技术、定标技术和SAR数据实时处理技术。

美国航空航天局于2000年2月12日使用SIR-C进行了10天轰动性的航天飞机雷达遥感飞行，那次飞行完成了一次所谓的"航天飞机雷达地形测绘任务"(Shuttle Radar Topography Mission，SRTM)。此次使命的主要目的是使用雷达干涉技术采集北纬60°至南纬56°之间约占地球表面80%区域的地形数据，从而生成地面的三维地形图。SRTM采用了

1994 年 SIR-C 两次飞行中成熟的硬件设备，同时，在航天飞机上安装了一根直径为 1.12 m、长度为60 m的天线杆，在航天飞机的内部安置了一副天线，在航天飞机左侧的天线杆末端安置了另外一副天线，这样就构成了具有固定基线的单轨式横跨轨迹干涉测量系统，见图 1.2。

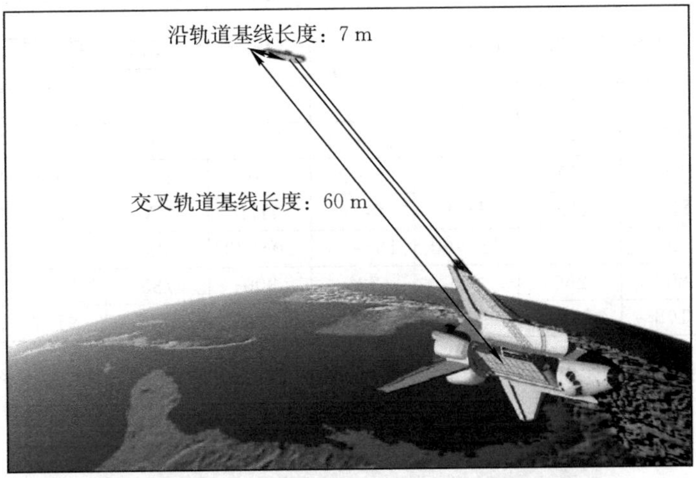

图 1.2 航天飞机雷达地形测量(SRTM)

自 20 世纪 50 年代初期出现天线合成孔径概念以来，合成孔径雷达已有 50 多年的发展历史，我国从 20 世纪 70 年代中期开始对机载、星载合成孔径雷达技术进行研究，这也是我国的重大科研工程项目，先后取得了很多成果。1979 年 9 月使用 X 波段的机载遥感雷达获取了第一批合成孔径雷达图像，由于没有采用脉冲压缩技术，距离向分辨率只有 180 m，方位向为 30 m。1980 年 10 月采用了线性调频脉冲压缩技术的雷达传感器后，所获取的雷达影像的空间分辨率达到了 15m×15 m。1987 年研制成功了新一代机载合成孔径雷达。在星载雷达遥感系统方面，我国第一颗合成孔径雷达卫星已跻身于国际先进行列，目前已进入实际应用阶段，并在国土测绘、资源普查、城市规划、重点工程选址、抢险救灾等领域发挥了重要作用，它标志着我国的综合国力和科技水平业已达到了一个崭新的高度。未来的合成孔径雷达将向着作用距离更远、探测范围更广、抗干扰性能更强、造价便宜、多种极化方式、多种平台、多波段和小型化的方向发展。可以预见，未来的合成孔径雷达将成为"空地一体化"、全天候、立体探测监视系统的主力军。

在雷达遥感系统试验方面，20 世纪 70 年代只有一颗 SAR 雷达遥感发射升空，80 年代世界上也只有两次航天飞机合成孔径雷达飞行试验，而 90 年代则已经有 6 颗星载 SAR 升空。这期间发射的部分遥感雷达系统的性能、参数等用表 1.4 来说明(不包含 2006 年以后发射的 ALOS 系统、TerraSAR-X 系统和 Cosmos-Skymed 系统等)。

表 1.4 部分星载雷达遥感系统的参数

型号 / 性能	Seasat 美国	SIR-A 美国	SIR-B 美国	SIR-C/X 美国等	Almaz-1 苏联	ERS-1 欧洲空间局	ERS-2 欧洲空间局	JERS-1 日本	Radarsat 加拿大
发射时间	1978-06	1981-11	1984-10	1994-04	1991-03	1991-07	1995-04	1992-02	1995-11
数据处理类型	光学/数字	光学	光学/数字	数字	数字	数字	数字	数字	数字

续表

型号 性能	Seasat 美国	SIR-A 美国	SIR-B 美国	SIR-C/X 美国等	Almaz-1 苏联	ERS-1 欧洲 空间局	ERS-2 欧洲 空间局	JERS-1 日本	Radarsat 加拿大
波段及波长/cm	L/23.5	L/23.5	L/23.5	L/23.5 C/5.8 X/3.1	S/9.6	C/5.7	C/5.7	L/23.5	C/5.6
方位向分辨率/m	40	40	25	25	15～30	30	30	18	10～100
距离向分辨率/m	25	40	15～45	15～25	15～30	26	26	18	10～100
测绘带宽/km	100	50	10～60	15～90	40	100	100	75	50～500
极化方式	HH	HH	HH	多种	HH	VV	VV	HH	HH
视角/(°)	20	50	15～60	15～60	20～70	23	23	35	10～59
轨道高度/km	800	260	225	225	300	785	797	568	798
轨道倾角/(°)	108	38	57	57	73	98.5	97.7	97.6	98.6

图 1.3 和图 1.4 所示为几幅不同雷达系统获取的不同地区的雷达影像图。

图 1.3 一幅 ERS-1 SAR 图像

注:图像所示是某地区海岸线情况,以及水下的地形形态,图像大小为 100 km×100 km。

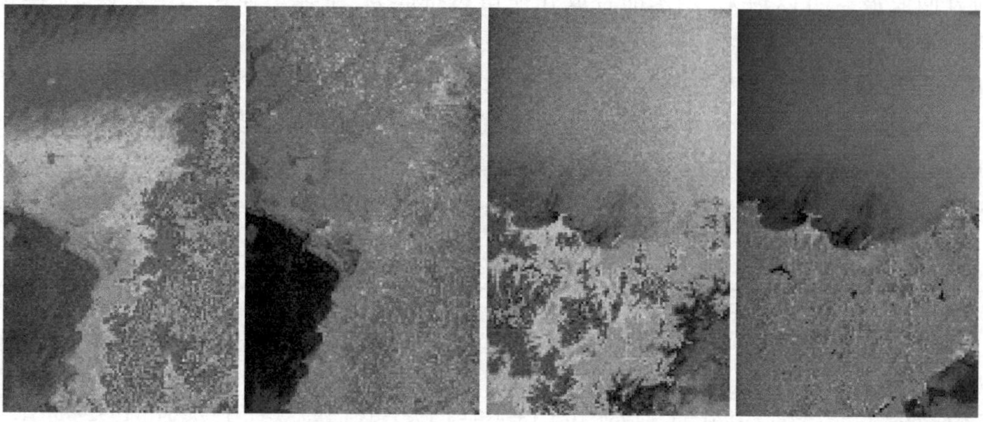

(a) 干涉相位图 (b) RGB图 (c) 干涉相位图 (d) RGB图

图 1.4 某地区的雷达图像

第2章 雷达遥感系统

本章主要介绍现有的星载和机载雷达遥感系统的特点，重点介绍几种新型雷达遥感系统的参数及性能，包括 ALOS、TerraSAR-X 和 Cosmos-Skymed 系统等。

§2.1 星载雷达遥感系统

已经有许多卫星提供了可运行的空间雷达遥感系统，包括苏联的 Almaz-1 系统、欧洲空间局的 ERS-1、ERS-2 系统和 Envisat-1 系统，日本的 JERS-1 系统和加拿大的 Radarsat 系统。在这些系统之前，实验性的空间雷达遥感系统是 Seasat-1 以及航天飞机成像雷达遥感系统 SIR-A、SIR-B 和 SIR-C，这些系统为后述的空间雷达遥感系统的发展打下了良好的基础。

2.1.1 Seasat-1

Seasat-1 是海洋学研究系列雷达遥感卫星的第一颗，Seasat-1 发射于 1978 年 6 月 27 日，进入 800 km 的近极地轨道。卫星被设计成每 36 小时提供交替的白天和黑夜覆盖，系统可以覆盖大约 95%的地球海洋范围。图 2.1 所示为 Seasat-1 系统的结构示意图，图 2.2 所示为该系统于 1978 年获取的一幅雷达图像。

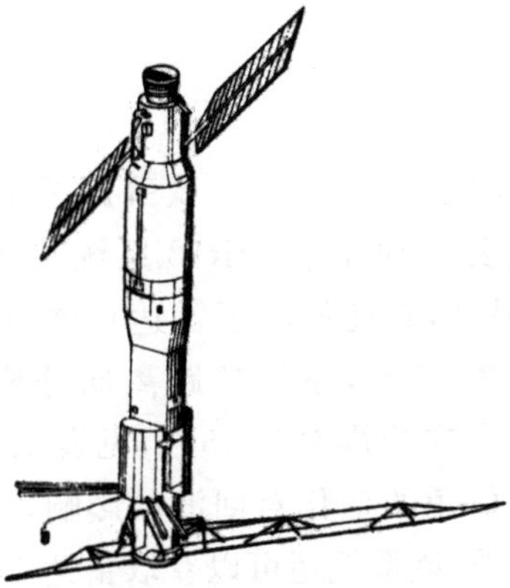

图 2.1 Seasat-1 雷达遥感系统结构

图 2.2 洛杉矶地区的 Seasat-1 图像(1978 年)

Seasat-1 雷达遥感系统第一次实现了 HH 极化方式的空间 L 波段(23.5 cm)SLR 数据获取，它的扫描带宽为 100 km，观测角为 20°～26°，当采用数字处理时，距离向和方位向的分辨率都为 25 m，表 2.1 列出了 Seasat-1 和 SIR 系列系统的一些参数。

尽管 Seasat-1 雷达遥感系统主要用于监测全球海洋表面波场和极地海洋冰情，但是该雷达系统获取的海洋图像也可以显示海洋和大气现象更宽的波谱，包括内在波、水流边界、涡流、峰面、航海学特征、暴风雪、降雨和干草等。Seasat-1 雷达遥感系统也覆盖了全球的许多陆地地区，得到了许多极好的雷达图像，可以用于地质学、水资源、土地利用图、农业评价图等，同时，也获得了其他与土地利用有关的雷达信息。

表 2.1 几种空间雷达遥感系统主要实验特性

	Seasat-1	SIR-A	SIR-B	SIR-C
发射日期	1978-06	1981-11	1984-10	1994-04 1994-10
持续时间/d	99	3	8	10
标称高度/km	800	260	225	225
波段	L 波段	L 波段	L 波段	X(X-SAR) L 和 C 波段
极化方式	HH	HH	HH	HH,HV,VV,VH (X 波段仅有 HH)
视角/(°)	20	50	15～60 (可变)	15～60 (可变)
像幅宽度/km	100	50	10～60	15～90
方位向分辨率/m	25	40	25	25
距离向分辨率/m	25	40	15～45	15～25

2.1.2 SIR-A

SIR-A 雷达遥感系统于 1981 年 11 月从航天飞机上发射，这是航天飞机的第二次飞行实验，并且是航天飞机的第一次有效载荷实验飞行。SIR-A 系统具有许多与 Seasat-1 平台的雷达系统相似的特性，与 Seasat-1 相比，SIR-A 的天线(9.4 m)可以以一个较大的视角照射地球表面。SIR-A 是一个只采用 HH 极化方式的 L 波段(23.5 cm)的系统，成图的宽度为 50 km，距离向和方位向的分辨率都为 40 m。SIR-A 获得的是地球表面 1 000 万平方千米的图像，第一次得到了许多热带、干旱地区和山谷地区的雷达图像。

2.1.3 SIR-B

SIR-B 雷达遥感系统于 1984 年 10 月同样从航天飞机上发射，又一次采用了 HH 极化方式的 L 波段系统。SIR-B 系统和 SIR-A 系统之间的主要区别在于 SIR-B 系统装备的天线可以机械倾斜，从而可以使视角在 15°到 60°之间变化。另外，它还提供了雷达立体图像，增加了数字记录方式。SIR-B 雷达遥感系统的方位向分辨率为 25 m，系统的距离向分辨率是可变的，视角为 60°时距离向分辨率为 15 m，视角为 15°时距离向分辨率为 45 m，见表 2.1。

SIR-B 雷达遥感系统可以通过改变入射角来评价入射角的变化对回波的影响，从而可以更好地研究在轨道上不同视角情况下的后向散射特性。另外，该系统还可以获取雷达立体图像，因此该系统可以用于制作地形图和生成数字高程模型。为了实现这一功能，SIR-B 雷达遥感系统采用了可变的多视角技术，通过改变航天飞机的姿态，其视角可以在 15°～60°的范围内变动。

2.1.4 SIR-C

SIR-C 雷达遥感任务于 1994 年 4 月和 10 月从航天飞机上实施，SIR-C 雷达遥感系统设计为具有多种雷达波长的空间探测雷达传感器，SIR-C 雷达遥感平台上安装有美国航空航天局研制的 L 波段(23.5 cm)和 C 波段(5.8 cm)系统，以及德国空间局(DASA)和意大利空间局(ASI)研制的 X 波段(3.1 cm)系统，即 X-SAR 系统。获得的多波段的雷达图像允许研究人员以多达 3 种波段来研究地球变化，既可以用单个波段，也可以用波段组合。SIR-C 雷达遥感系统的视角是可变的，以 1°的增量从 15°到 60°改变，4 种极化方式，即 HH、HV、VV、VH 方式的图像都可以得到。图 2.3 所示为该系统天线的结构安排，图 2.4 为 SIR-C 雷达遥感系统不同极化方式图像示例。

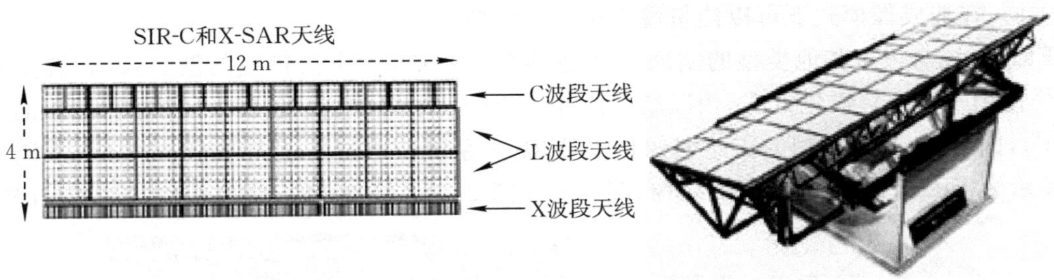

图 2.3　SIR-C 雷达遥感系统天线

SIR-C 雷达遥感系统研究的重点包括，研究 5 种基本的海洋主题、生态系统、水文学、地质学和云雨。研究的海洋特性包括海洋表面和内在波、海洋表面的风力运动和洋流运动以及海洋冰的特性和分类。生态特性研究的重点包括土地利用、植被范围和类型、火灾影响、洪水和森林砍伐。水文学研究的重点为湿地条件、土壤湿度模式、雪和冰川的覆盖。地质利用研究主要集中在地质结构制图、研究土壤侵蚀和沉积，并监视火山的变化等。

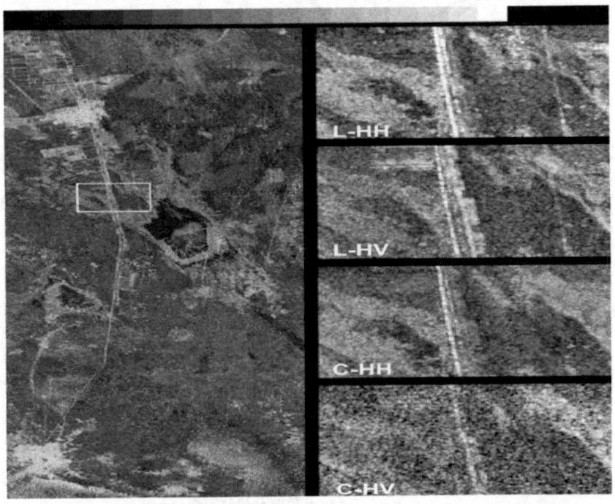

图 2.4　SIR-C 雷达遥感系统不同极化方式图像

2.1.5　Almaz-1

Almaz-1 雷达遥感系统是 1991 年 3 月 31 日由苏联发射的以商业应用为目的的雷达系统，此系统运转了 18 个月后于 1992 年 10 月 17 日返回地球。

Almaz-1 雷达遥感系统的标称轨道高度为 300 km，轨道范围为 73°N～73°S。Almaz-1 的主要传感器是一个工作在 HH 极化方式、S 波段的 SAR 系统，该系统的视角随卫星的转动而变化，变化范围为 20°～70°，被分成一个为 32°～50°的标准范围和 20°～32°以及 50°～70°的两个实验范围，依赖于成像区域的距离和方位，有效的空间分辨率为 10～30 m。数字图像的宽度范围大约为 350 km，平台上的磁带记录机用来记录所有的数字数据，直到它们以数字形式发送到地面接收站。

2.1.6　ERS-1 和 ERS-2

欧洲空间局于 1991 年 7 月 17 日发射了它的第一颗雷达遥感卫星 ERS-1 系统，1995 年 4 月 21 日发射了第二颗卫星 ERS-2。ERS-1 和 ERS-2 系统的特性在本质上是相同的，它们具有与太阳同步的轨道，倾角为 98.5°，标称高度为 785 km，该系统的重复周期大约为 16～18 d。

ERS 系统携带的 3 个主要传感器为：①C 波段的主动式微波仪器(AMI)舱；②Ku 波段的雷达高度计，主要用于高度、风速和波高的测量；③一个沿迹向扫描的辐射计。

AMI 的 SAR 系统可以工作在图像模式或者波模式，还有一个微波散射计用于风模式。

在图像模式下，AMI 产生的 SAR 数据的覆盖范围为 100 km，为右视方式，大约为 30 m 的分辨率，VV 极化方式，视角为 23°。

AMI 的波模式用来测量受到风浪影响的海洋表面的雷达反射率，获得海洋波浪系统的波长和方向，在非成像模式下可以测量海面风速和方向。

ERS 系统与很多其他类型的空间雷达遥感系统相比，工作在较短的波长段(C 波段)，并且同样使用一个 VV 极化方式，用以增强海洋回流的反射率，它们还使用一个相对倾斜的入射角(23°)，因此，与其他类型的雷达图像相比，ERS-1 系统获取的雷达图像看上去稍有不同。图 2.5 所示为 ERS-1 雷达遥感系统结构，图 2.6 和图 2.7 所示为几幅 ERS-1 和 ERS-2 图像。

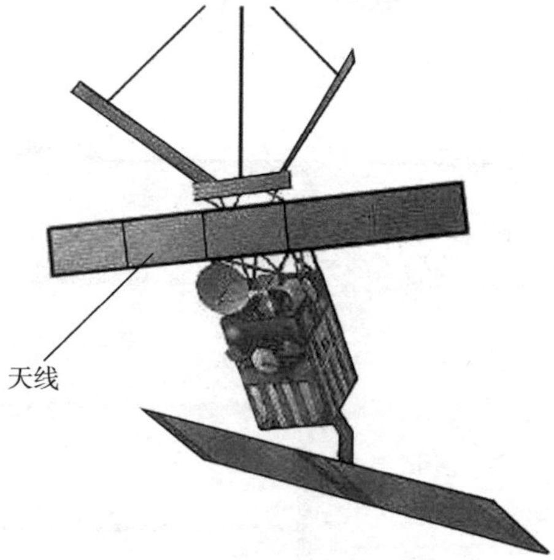

图 2.5　ERS-1 雷达遥感系统结构

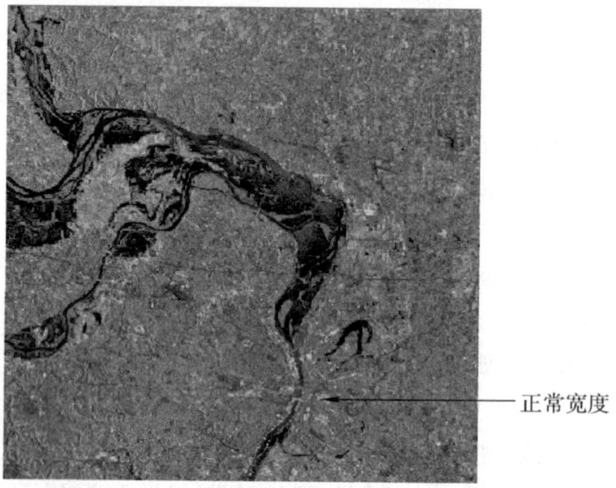

图 2.6　1993 年路易斯安那州洪水期间的 ERS-1 图像

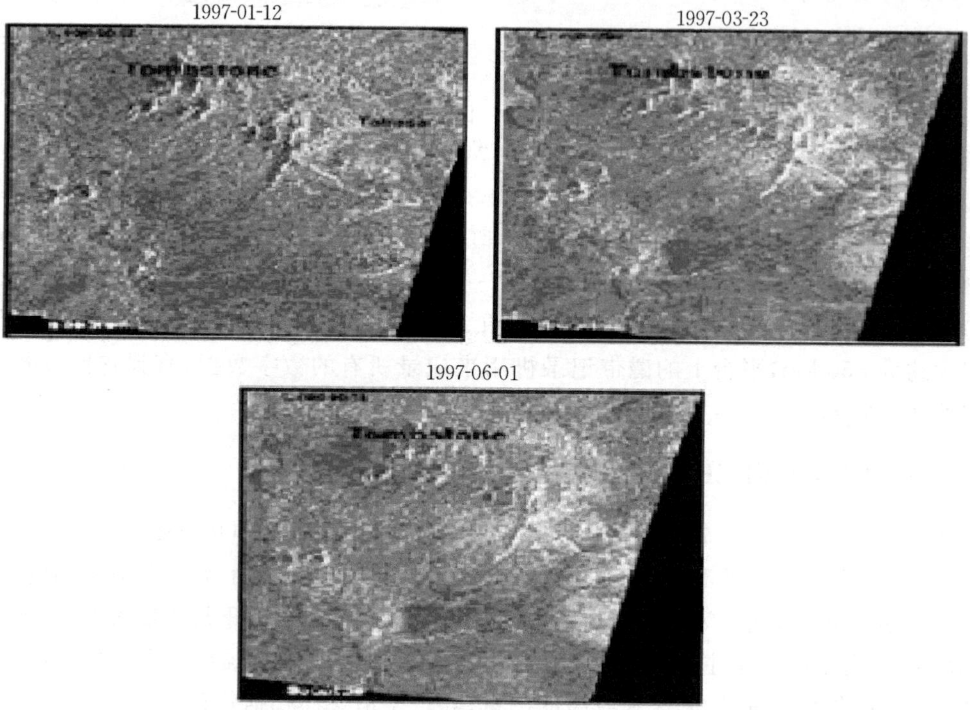

图 2.7　1997 年亚利桑那州盆地的 ERS-2 图像

2.1.7　Envisat-1

欧洲空间局于 2000 年发射了 Envisat-1 雷达遥感系统，这是一个高级极轨地球观测卫星，卫星平台上的传感器系统是高级合成孔径雷达(ASAR)系统，工作在 C 波段，波段与 ERS-1 和 ERS-2 平台上的 SAR 系统类似。在图像模式下，ASAR 产生的四视雷达图像的分辨率为 30 m，幅宽范围为 58～109 km，视角范围为 14°～45°。

其他的 ASAR 模式包括：①一种全球检测模式，提供 HH 极化或者 VV 极化模式，覆盖范围为 405 km；②一种波模式，用于测量由于海洋波浪引起的海洋表面的后向散射的变化；③一种交替的极化模式，提供高分辨率的图像，分辨率达到 30 m，任何时候都可以有两种极化模式工作，即 HH 和 VV、VV 和 VH 或者 HH 和 HV；④一种宽幅模式扫描 SAR，提供 HH 或者 VV 极化方式，覆盖宽度为 405 km 的中等分辨率雷达影像。

2.1.8　JERS-1

JERS-1 卫星是日本于 1992 年 2 月 11 日发射，工作到 1998 年 10 月 12 日，它包括一个四波段的光学传感器和一个工作在 HH 极化方式下的 L 波段(23.5 cm)的雷达系统。雷达系统有 18 m 的三视地面分辨率，视角为 35°时覆盖的地面宽度为 75 km，JERS-1 以倾角 98°、高度 568 km 工作在与地球同步的轨道上，轨道重复周期为 44 d，图 2.8 所示为 JERS-1 雷达遥感系统结构，图 2.9 所示为一幅 JERS-1 雷达影像图。

图 2.8　JERS-1 雷达遥感系统结构

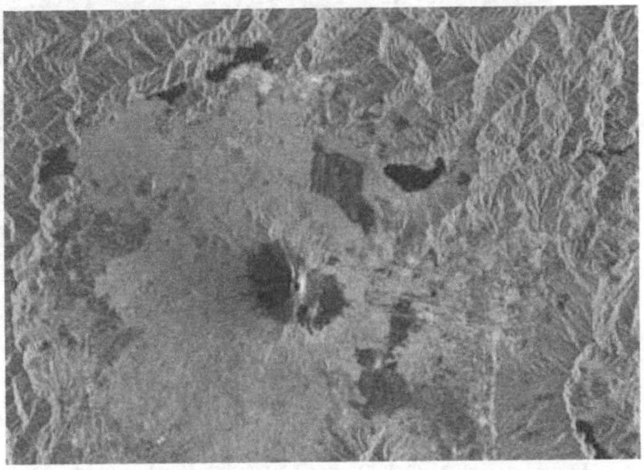

图 2.9　JERS-1 雷达影像图(1992-04-23，富士山)

2.1.9　Radarsat

Radarsat-1 卫星发射于 1995 年 11 月 28 日，是加拿大第一颗雷达遥感卫星，它由加拿大空间局联合美国共同发射。加拿大负责设计、控制和整体的系统实施，同时，魁北克省、费尔班克斯和阿拉斯加州地面站负责为北美地区接收数据，Radarsat-1 的后继型是 Radarsat-2。

Radarsat-1 的轨道与太阳同步，高度为 798 km，倾角为 98.6°，轨道周期为 100.7 min，重复周期为 24 d。Radarsat-1 是一种右视传感器，上升轨道时对着东方，而下降轨道时则对着西方，这种方式可以更好地利用太阳能，节省能源。因为天线可以在任何视角和扫描宽幅工作，系统提供 1 d 内重复覆盖高纬北极地区的图像，大约 3 d 内再重复覆盖中纬地区。图 2.10 所示为 Radarsat-1 系统的遥感模式，图 2.11 所示分别为 1999 年 6 月 8 日和 2001 年 9 月 13 日的纽约世界贸易中心的 Radarsat-1 图像。

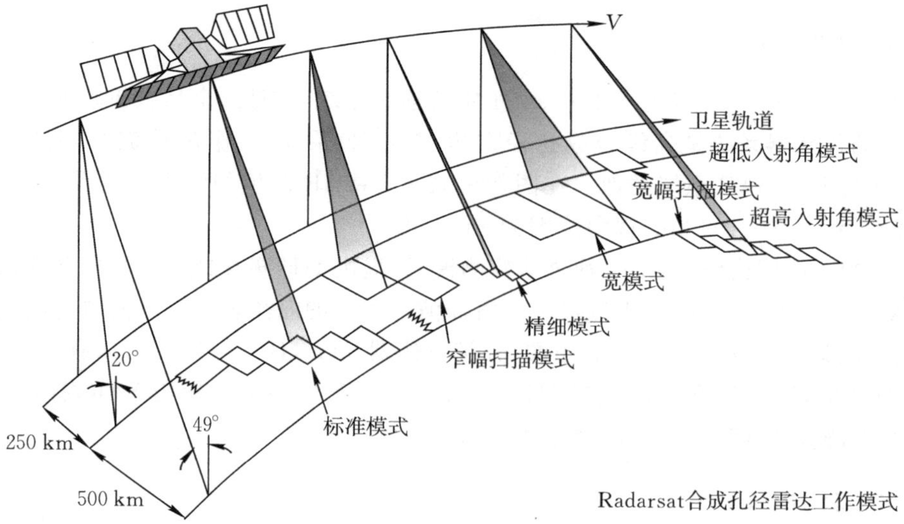

图 2.10 Radarsat-1 遥感模式

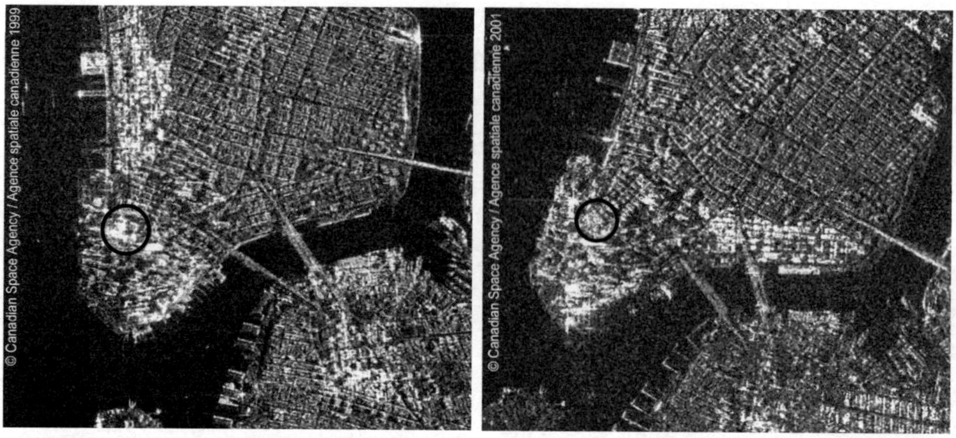

(a) 1996-06-08 (b) 2001-09-13

图 2.11 纽约世界贸易中心 Radarsat-1 图像

Radarsat-1 SAR 是 HH 极化方式的 C 波段系统，系统可以工作在多种波束的选择模式下，提供变化的扫描幅宽、分辨率和视角。在扫描 ScanSAR 模式下，数据收集期间可以使用 2 个、3 个或者是 4 个单一的波束，表 2.2 总结了该系统的有关参数。

Radarsat-1 的主要用途包括冰的勘测、海岸线的监测、土地覆盖制图以及农业和林业监测，为了减少北极区域船只的航海安全，对海冰的近实时监测是很重要的。其他用途包括灾害监测（如石油泄漏监测、泥沙鉴定和洪水监测等）、雪分布制图、波浪预测、海面经济区的船只监测和土壤湿度的测量。系统的不同工作模式允许实现范围广泛的监测项目，也可以利用精细的分辨率模式作更详细的调查。

Radarsat-1 的后继型 Radarsat-2 卫星于 2007 年 12 月 14 日在哈萨克斯坦的拜科努尔航天发射基地成功发射，是目前世界上最先进的商业卫星之一。作为 Radarsat-1 的后续卫星，Radarsat-2 除延续了 Radarsat-1 的拍摄能力和成像模式外，还增加了 3 m 分辨率超精细模式和 8 m 分辨率全极化模式，并且可以根据指令在左视和右视之间切换，由此不仅缩短了重访周期，还增加了立体成像的能力。除了重访间隔缩短、数据接收更有保证和图像处理更加快速外，Radarsat-2 可以提供 11 种波束模式及大容量的固态记录仪等，并将用户提交编程的时限缩短到 4～12 h，这些都使 Radarsat-2 的运行更加灵活和便捷。Radarsat-1 和 Radarsat-2 双星互补，加上雷达全天候、全天时的主动成像特点，可以在一定程度上缓解卫星数据源不足的问题，并推动雷达数据在国内各个领域的广泛应用和发展。

表 2.2　Radarsat-1 雷达遥感系统主要特性

波束方式	波束位置数量	幅宽/km	视角/(°)	分辨率*/m	视图数
标准模式	7	100	20～49	25	4
宽模式	3	150～165	20～39	30	4
精细模式	5	45	37～48	8	1
超高模式	6	75	50～60	25	4
超低模式	1	170	10～23	35	4
窄扫描 ScanSAR 模式	2	305	20～46	50	2～4
宽扫描 ScanSAR 模式	1	510	20～49	100	4～8

* 分辨率是近似值，方位向和距离向分辨率不同，距离向分辨率随距离变化，即随视角的变化而变化。

近年来，像 Radarsat-2 这样的合成孔径雷达卫星数据在我国海洋污染监测、灾害监测、水资源管理、林业调查、农作物估产等方面已有很好的应用。在对地观测中心汶川地震灾害遥感监测与灾情评估工作中所用的 SAR 卫星数据，其中也包括 Radarsat-2 卫星数据。

Radarsat-2 将继续为 Radarsat-1 用户提供数据，Radarsat-2 的 SAR 是具有 HH、VV、HV 和 VH 极化选择的 C 波段系统，像 Radarsat-1 系统一样可以选择波束模式，但是增加了模式数量，不同的模式支持扫描宽度范围为 10～500 km、视角为 10°～60°、分辨率为 3～100 m、视数为 1～10。表 2.3 所示为 Radarsat-2 的一些特性。

表 2.3　Radarsat-2 雷达遥感系统的主要特性

<table>
<tr><th rowspan="2">波束模式</th><th rowspan="2">极　化</th><th rowspan="2">入射角/(°)</th><th colspan="2">标称分辨率</th><th rowspan="2">景大小
(标称值)/km</th></tr>
<tr><th>距离向/m</th><th>方位向/m</th></tr>
<tr><td>超精细</td><td rowspan="2">可选单极化
(HH、VV、HV、VH)</td><td>30～40</td><td>3</td><td>3</td><td>20×20</td></tr>
<tr><td>多视精细</td><td>30～50</td><td>8</td><td>8</td><td>50×50</td></tr>
<tr><td>精细模式</td><td rowspan="3">可选单或双极化
(HH、VV、HV、VH)或
(HH 和 HV、VV 和 VH)</td><td>30～50</td><td>8</td><td>8</td><td>50×50</td></tr>
<tr><td>标准模式</td><td>20～49</td><td>25</td><td>26</td><td>100×100</td></tr>
<tr><td>宽模式</td><td>20～45</td><td>30</td><td>26</td><td>150×150</td></tr>
<tr><td>四极化精细</td><td rowspan="2">四极化
(HH、VV、HV 和 VH)</td><td>20～41</td><td>12</td><td>8</td><td>25×25</td></tr>
<tr><td>四极化标准</td><td>20～41</td><td>25</td><td>8</td><td>25×25</td></tr>
<tr><td>高入射角</td><td>单极化(HH)</td><td>49～60</td><td>18</td><td>26</td><td>75×75</td></tr>
<tr><td>窄幅扫描</td><td rowspan="2">可选单或双极化
(HH、VV、HV、VH)或
(HH 和 HV、VV 和 VH)</td><td>20～46</td><td>50</td><td>50</td><td>300×300</td></tr>
<tr><td>宽幅扫描</td><td>20～49</td><td>100</td><td>100</td><td>500×500</td></tr>
</table>

§2.2 其他新型星载雷达遥感系统

2.2.1 ALOS

1. 基本情况

ALOS卫星(Advanced Land Observation Satellite,ALOS)于2006年1月24日发射升空,卫星重达4吨,装有高性能照相机、雷达和光学传感器3种观测设备,每46天观测地球全域一次。其携带的高性能测绘用全色传感器拥有前视、下视、后视3个镜头,单程即可获得地面"立体像对",采集到分辨率为2.5 m(包括高程在内)的地面信息,可绘制1∶2.5万比例尺的立体地形图。ALOS卫星影像除了可以绘制大比例尺地形图这一主要任务外,获取的遥感数据还可用于国土资源调查、农作物估产及大规模自然灾害监测等领域。ALOS卫星数据为立体测图、区域观测、资源调查和灾害监测等领域提供了有力的技术支持,应用前景广阔。图2.12为ALOS卫星结构。

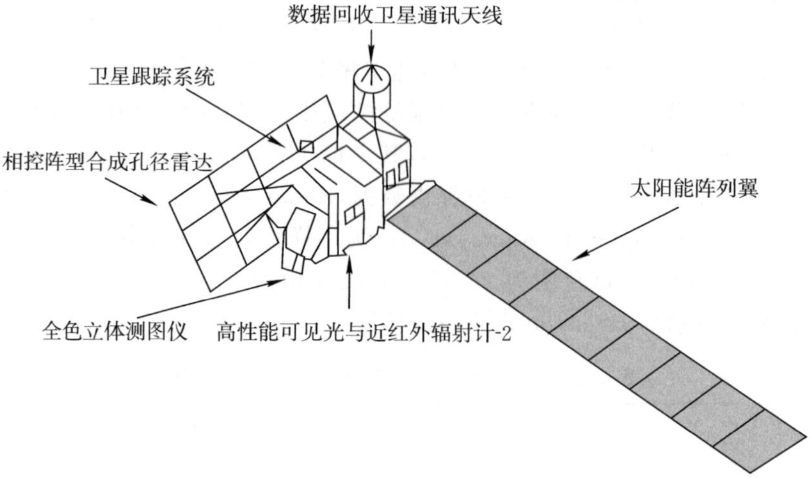

图2.12 ALOS卫星结构

ALOS卫星是日本研制的新一代陆地观测卫星,是继1992年2月发射的地球资源卫星1号(JERS-1)和1996年8月发射的改进型地球观测卫星(ADEOS)之后的又一颗陆地观测卫星,它在上述两颗卫星的基础上,采用更先进的对地观测技术,旨在获取更加灵活、更高分辨率的对地观测数据。具体目的包括:

(1)立体测图。即为日本和其他国家(包括亚太地区)提供测图服务,包括获取3~5 m精度的数字高程模型和测制1∶2.5万比例尺的地形图。

(2)区域观测。即为某些地区实施可持续发展提供区域性观测服务,以协调地区环境和发展之间的关系。

(3)灾害监测。实施全球范围内的灾害监测,对赤道地区可在48 h之内实施观测。

(4)资源调查。对自然资源进行调查,可同时提供10 m分辨率的光学和微波遥感数据。

(5)技术发展。为今后的地球观测卫星做必要的技术研究试验。

2. 系统基本模式和参数

ALOS卫星携带3种遥感传感器(见表2.4):

(1) 全色立体测图仪传感器 PRISM (Panchromatic Remote Sensing Instruments for Stereo Mapping, PRISM)，主要为了获取数字高程模型和用于立体测图目的。

(2) 新型可见光和近红外辐射计 AVNIR-2 (Advanced Visible and Near Infrared Radiometer Type 2, AVNIR-2)，主要用于精确的土地覆盖观测。

(3) 相阵型 L 波段合成孔径雷达 PALSAR (Phased Array Type L-band Synthetic Aperture Radar, PALSAR)，主要为了实现全天候的陆地观测。

表 2.4　ALOS 卫星的主要特性参数表

质量/kg	寿命/年	轨道					
		类型	高度/km	倾角/(°)	轨道周期/min	重复周期/d	过升交点当地时间
约 3 850	3～5	太阳同步	约 700	约 98	约 99	约 45	上午 10:30 ±15 min

PRISM 是具有 2.5 m 空间分辨率的全色辐射计。为了获取包括高程在内的地面数据，PRISM 具有 3 个观测镜，分别用于沿卫星轨道方向的前视、垂直下视和后视观测，以便快速获取高精度的地面信息。PRISM 传感器的主要技术参数见表 2.5。

表 2.5　PRISM 传感器的主要技术参数

观测波段/μm	基高比(B/H)	信噪比(S/N)	空间分辨率(瞬间视场角)	地面观测幅宽/km	调制传递函数(MTF)	指向角/(°)
0.52～0.77	1.0	≥70	2.5 m(3.57μrad)	35	≥0.2	±1.5

新型的 AVNIR-2 传感器比 ADEOS 卫星所携带的 AVNIR 传感器具有更高的空间分辨率，主要用于土地和海岸地区的观测，测制土地覆盖图和土地利用分类图，进而监测区域环境。为了灾害监测的需要，AVNIR-2 具有垂直于轨道指向的功能。AVNIR-2 的主要技术参数见表 2.6。

表 2.6　AVNIR-2 的主要技术参数

观测波段/μm				信噪比(S/N)	空间分辨率(瞬间视场角)	地面观测幅宽/km	调制传递函数(MTF)		指向角/(°)
波段 1	波段 2	波段 3	波段 4				波段 1～3	波段 4	
0.42～0.52	0.52～0.60	0.61～0.69	0.76～0.89	≥200	10 m (14.28 μrad)	70	≥0.25	≥0.20	±40

PALSAR 是一种主动式 SAR 传感器，比 JERS-1 卫星所携带的 SAR 传感器性能更优越。该传感器具有高分辨率和微波扫描两种观测方式，能获取比传统 SAR 更宽的地面幅宽。两种观测方式下 PALSAR 的主要技术参数见表 2.7。

表 2.7　两种方式下 PALSAR 的主要技术参数

观测方式	频率/MHz	极化方式	空间分辨率/m	地面观测幅宽/km	偏离天底点角度/(°)
高分辨率	L 波段 1 270±14	HH 或 VV 或 HH 和 VV、VV 和 VH	10 或 20	70	18～48
扫描合成孔径模式	L 波段 1 270±14	HH 或 VV	100	250～360	18～48

ALOS 卫星是一种新型雷达卫星系统,可以提供多种扫描模式和分辨率模式。图 2.13 所示为该卫星轨道结构和参数示意图,图 2.14 所示为该卫星获取的一幅雷达图像。

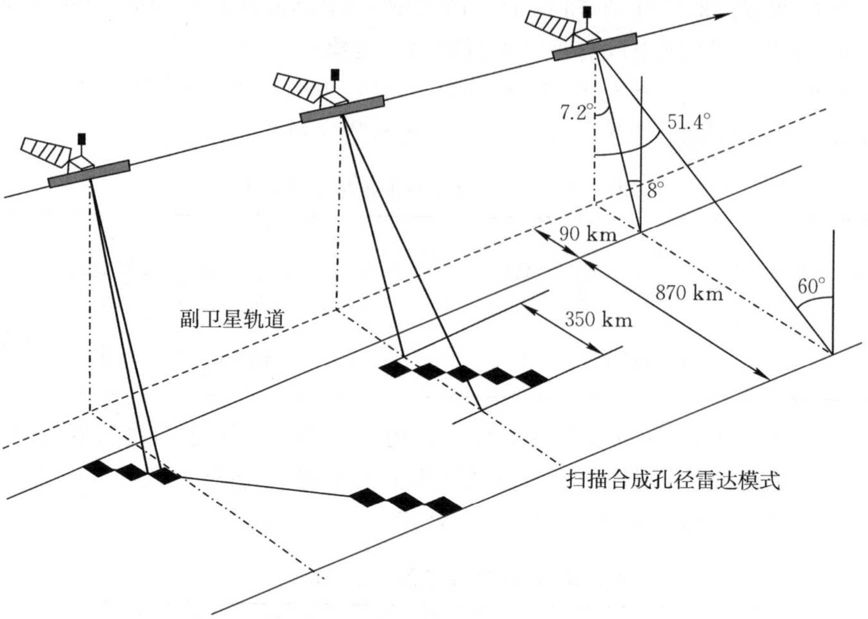

图 2.13 ALOS 卫星轨道结构和参数

图 2.14 ALOS 雷达图像

2.2.2 TerraSAR-X

1. 基本情况

TerraSAR-X 卫星是德国首颗雷达成像卫星,卫星装备了有源天线,在距地约 514 km 的极地轨道运行,星载有源天线能够获取高质量 X 波段雷达数据。该卫星不受天气状况、云层覆盖和光照限制,能够以 1 m 分辨率采集地面图像数据。卫星系统安装太阳能板,系统主要完成下列任务:

(1)获取高质量的 X 波段雷达数据,用于不同领域的科学研究工作。

(2)形成一个稳定的商业地球观测数据市场，发展基于 TerraSAR-X 卫星数据导出的信息系列产品。

TerraSAR-X 卫星系统由德国联邦教育和研究部(BMBF)、德国航空航天局(DLR)与欧洲航空防务和航天公司子公司(EADS Astrium)合作完成。DLR 负责建造卫星控制系统和地面系统，地面系统用于完成 X 波段雷达数据的接收、处理、归档和分发。同时，DLR 也负责整个系统设备的鉴定、系统管理、控制驱动和 X 波段雷达数据的科学利用研究。

EADS Astrium 公司受 DLR 的委托研制和建造卫星系统，该公司还负责 X 波段雷达数据及产品的商业评估和销售网络的建立，负责卫星的发射工作。而数据的分发和提取高质量产品的任务由 EADS Astrium 的子公司 Infoterra 公司负责。

2. 系统发展过程

TerraSAR-X 雷达遥感卫星使命经历了多年的计划、设计等阶段。项目初期计划研制经费约 1 亿 3 000 万欧元，EADS Astrium 公司投入了约 2 770 万欧元用于卫星系统的研制。系统从计划至今经历了以下阶段：

(1)2001 年，德国航空航天局和 EADS Astrium 第一次提出了建造和发射雷达遥感卫星系统 TerraSAR-X 的设想。2002 年 3 月 25 日，德国航空航天局和 EADS Astrium 公司签署框架合作协议，在这个协议中，EADS Astrium 受德国航空航天局的委托研制、建造和发射雷达遥感卫星系统 TerraSAR-X。德国航空航天局承担建造卫星的动力系统、用于接收雷达数据的地面站以及数据的处理和分发等，除此之外，德国航空航天局将保证卫星系统今后 5 年的运行。

(2)2004 年 11 月 15 日和 2005 年 12 月 5 日至 7 日，德国航空航天局在上普法芬霍芬的研究中心分别进行了第一次和第二次雷达遥感卫星系统 TerraSAR-X 项目技术论证会。

(3)2007 年 6 月 15 日，德国雷达遥感卫星 TerraSAR-X 发射成功。4 天后，第一批雷达数据传回到德国遥感数据中心(DFD)。数据接收后不久，第一批影像产品由 DLR 完成制作。德国慕尼黑工业大学教授 Bamler 对此发表谈话说："卫星系统发射后 4 天就已经收到图像——这是一个世界纪录！在这之前还从没有这样一个完整的系统。"

3. 系统基本模式和参数

德国设计这颗雷达卫星系统是基于已经十分成功的 X-SAR、SIR-C 和 SRTM 使命积累的成功技术和经验。TerraSAR-X 是一颗 X 波段的高分辨率雷达卫星，计划运行 5 年，该卫星可以工作在不同的模式下，该系统有下列特性：

(1)"Spotlight"(聚束成像)模式下，在地面 10 km×10 km 的范围内，分辨率可以达到 1～2 m。

(2)"Stripmap"(条带成像)模式下，在 30 km 的地面带宽内，分辨率可以达到 3～6 m。

(3)"ScanSAR"(宽扫描)模式下，在 100 km 的地面带宽内，分辨率为 16 m。

(4)卫星轨道高度为 514 km，倾斜角度为 97.44°，卫星整体质量为 1 200 kg，半径为 2.4 m，高度为 5 m，消耗功率为 800 W。

(5)为了获取数字高程模型数据，TerraSAR-X 系统可以获取干涉数据。

4. TerraSAR-X 系统采用的新技术

还在与美国航空航天局合作进行 X 波段雷达研究和航天飞机 SRTM 使命进行过程中时，德国航空航天局就已经开始大规模增加对下一代雷达技术研究的资金投入，特别是采用最新技术工艺的现代化的天线设计，这种采用最新技术的天线使 TerraSAR-X 系统的实现成为可能。借助于最新的工艺技术可以设计更先进的雷达传感器，从而可以实现不同的摄影模式，并因此可以更灵活地安装使用。与此同时，采用这些最新的技术可以获取分辨率更高的雷达影像，设计的分辨率可以高于 1 m。TerraSAR-X 雷达遥感传感器具有下列特性：

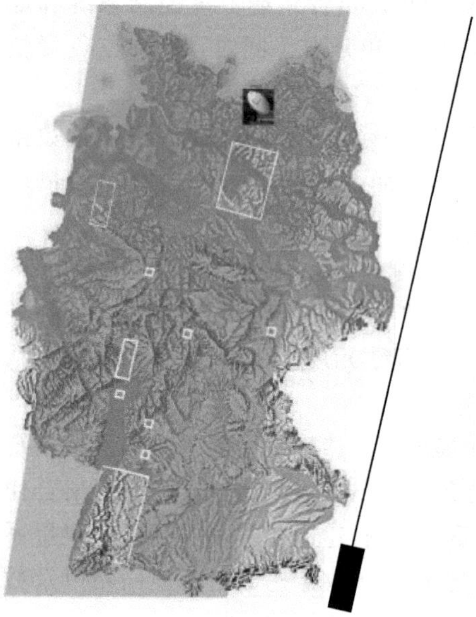

图 2.15 在一个轨道内进行扫描模式和扫描区域的改变

(1)实现合成孔径雷达技术。

(2)具有 384 种发射和接收模式的主动式天线。

(3)系统频率为 9.65 GHz，带宽达到 300 MHz。

(4)高的几何分辨率和辐射分辨率。

(5)实现多极化方式遥感(HH、VV 或 HV，也可以实现全极化雷达遥感)。

(6)采用动态扫描模式，例如 ScanSAR 模式、Spotlight 模式以及新型的 Dual Receive 天线模式。

(7)可以实现重复轨道干涉测量，可以获取 DEM 数据。

(8)可以实现与其他频率波段的综合使用(例如 L 波段和 C 波段)。

(9)可以在一个轨道内快速进行不同扫描模式和扫描区域的变化，见图 2.15。

5. TerraSAR-X 系统科学研究和商业应用领域

相对于其他 X 波段雷达遥感系统和航天飞机 SRTM 使命的短周期(10 天左右)，TerraSAR-X 雷达遥感系统至少可以不间断地提供 5 年以上的地球表面的信息。因此，该系统的雷达数据和由此而获取的产品可以满足不同领域的科学研究和商业应用。

TerraSAR-X 项目得到了范围广泛的德国研究机构的支持，并可以用于不同的应用领域，例如地理科学研究、地球表面微小位移监测(火山爆发、地震等)、地球的物理学研究、在水利学中的降雨量及水流域模拟研究、通过获取两极冰山的湿度变化研究气候，以及用于海洋洋流研究等。不仅如此，TerraSAR-X 雷达遥感系统可以用于常规的测绘任务，例如用于测绘大比例尺的地形图等，还可以用于航空、移动通信、获取高精度的 DEM、区域规划、灾害预防及监测和气象领域等。

早期，高精度的雷达遥感数据及其产品主要用于政府部门、科研和社会公共领域，而今，越来越多的私人机构和公司对使用和经营这类数据表现出了越来越浓的兴趣。EADS Astrium 公司对这种高质量的 TerraSAR-X 数据的潜在市场用户进行了严密的分析和评估，在一个完全由工业界资助、耗资 2 000 万欧元翔实的分析研究项目中，对未来几年地理信息系统领域的市场潜力进行了分析研究，并顾及可能的风险，结论是 TerraSAR-X 数据的市场潜力巨大。

EADS Astrium 公司的全资子公司 Infoterra 公司承担 TerraSAR-X 数据地理信息服务以及后续产品的服务，用户包括全球范围的官方和私人机构，核心应用领域包括农业、林业、地图制图、地下矿藏的探测及环境监测等。

6. TerraSAR-X 系统的第一批影像产品介绍

从 2007 年 6 月 15 日发射成功后的两个月内，TerraSAR-X 雷达遥感系统成功地传回约2 500 帧高分辨率雷达图像，图 2.16 是德国航空航天局公布的该系统获取的部分雷达影像情况。

（a）2007年英格兰洪水图像

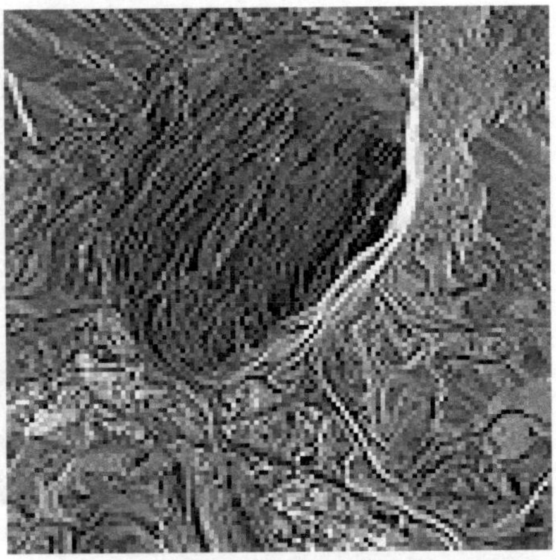

（b）智利阿塔卡马沙漠图像

（c）系统获取的埃及吉萨金字塔图像

（d）南极洲雷达影像图

图 2.16　TerraSAR-X 雷达遥感系统获取的部分地区的影像

图 2.17 至图 2.20 所示分别为基于 TerraSAR-X 雷达遥感影像生成 DEM、多极化影像融合和测制或修测地形图的例子。这些初步的处理结果充分显示了 TerraSAR-X 雷达遥感系统的卓越性能。

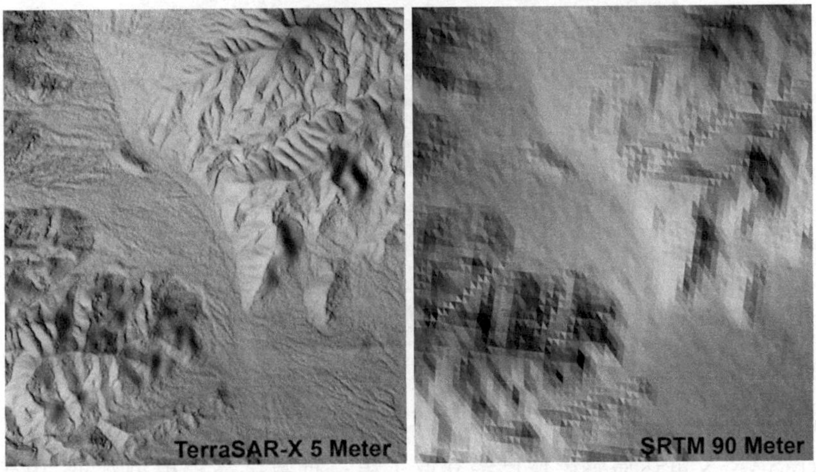

图 2.17　拉斯维加斯地区 DEM 影像图与 SRTM 的比较

注：左图为 Spotlight 扫描模式，分辨率为 1 m，拍摄时间为 2007 年 7 月 7 日，极化方式为 VV。

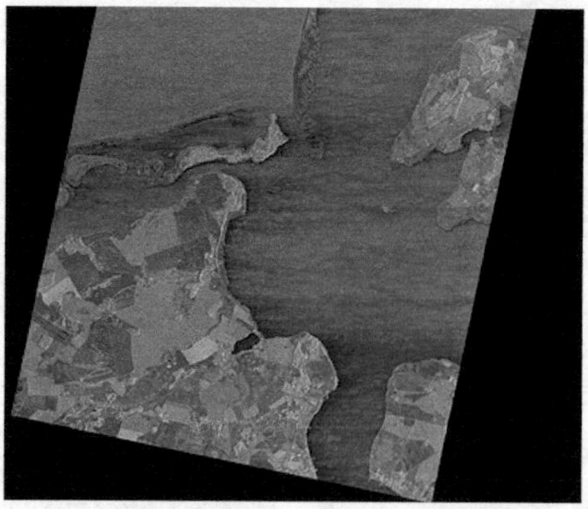

图 2.18　德国荷登湖地区合成影像

注:极化方式为 VV 和 HH,分辨率为 3 m,拍摄时间为 2007 年 7 月 7 日, Stripmap 扫描模式。

图 2.19　德国上普法芬霍芬地区多极化合成图像

注:Stripmap 扫描模式,分辨率为 3 m,拍摄时间为 2007 年 6 月 26 日和 7 月 7 日,极化方式为 VV 和 HH。

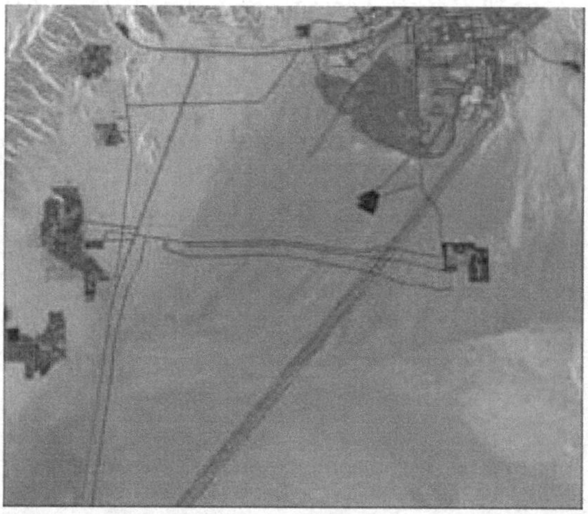

图 2.20　基于 TerraSAR-X 雷达遥感影像测制拉斯维加斯地区地形图

7. TerraSAR-X 系统展望

采用 TerraSAR-X 雷达遥感影像已经获取了第一批数字高程模型数据,由于系统时间基线的原因,第一批试验数据目前主要局限于干燥和沙漠地区 DEM 数据的计算,随着

TerraSAR-X 雷达遥感系统的姐妹系统 TanDEM-X 的发射，全球 DEM 数据的获取将产生革命性的进步，同时，第二颗 TerraSAR-X 卫星已经在计划中。可以预计，TerraSAR-X 雷达遥感系统的成功必将引起新一轮雷达遥感研究和应用的热潮。

2.2.3　SAR-Lupe

德国于 2008 年 7 月 22 日利用“宇宙-3M”运载火箭成功发射了 5 颗“合成孔径雷达-放大镜”(SAR-Lupe)小型雷达成像侦察卫星系统中的最后一颗，至此，5 颗 SAR-Lupe 雷达侦察卫星已经全部发射完毕。这 5 颗 SAR-Lupe 雷达卫星运行在 3 个高约 500 km 的太阳同步轨道上，覆盖 80°N～80°S 的地球表面，每天获取 30 幅以上的图像。SAR-Lupe 系统的 5 颗侦察卫星分布在 3 个不同轨道上，在轨道上只要有 2 颗卫星就能保证该系统正常工作。卫星搭载的雷达成像设备可以在任何照明和气象条件下对地表设施进行观测和拍照，其图像分辨率约为 0.5 m。卫星还可以辨认运动中的汽车及飞机型号，并能识别地面“特殊设施”。

SAR-Lupe 卫星质量为 770 kg，外形尺寸为 4 m×3 m×2 m。卫星靠太阳能电池帆板供电，平均功耗约为 250 W。该卫星的合成孔径雷达由阿尔卡特宇航公司研制，图 2.21 所示为该系统轨道构造。

该系统雷达以高分辨率聚束模式工作时，地面分辨率约为 0.5 m，对应幅宽大于 5 km×5 km；以条带模式工作时，卫星姿态不变，随卫星飞行形成成像条带，幅宽 8 km× 60 km。卫星通过 X 波段加密数据传输线路下传图像数据，通过 S 波段和卫星间链路接收地面站上传的加密指令数据。对于用户的高优先级成像申请，最快可在成像申请提出后约 10 h 交付图像。95%的优先成像申请可以在 17 h 之内得到满足。

根据合同要求，自发射成功起的 10 年使用期内，任何时候在轨道上都应保持至少两颗卫星工作。不来梅轨道高技术系统公司(Orbitale Hochtechnologie Bremen System AG，OHB)承诺，即使轨道上仅有最低限度的两颗卫星，军事用户也会在发出成像指令后 36 h 以内接收到图像数据，而且这些图像都是在 12 h 以内获取的。

图 2.21　SAR-Lupe 轨道构造

2.2.4　TanDEM-X

除了 TerraSAR-X 及 SAR-Lupe 雷达系统外，德国航空航天局与 EADS Astrium 公司签署了建造 TanDEM-X 卫星的合作协议。TanDEM-X 是一颗地球观测雷达卫星，该卫星计划于 2009 年发射，设计运行 5 年，地球观测时，是双星整体编队飞行。图 2.22 为该类型卫星。

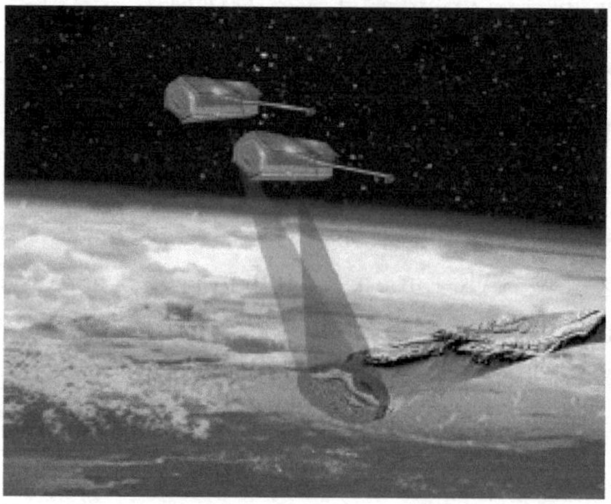

图 2.22 TanDEM-X 系统

TanDEM-X 卫星与近乎相同的 TerraSAR-X 卫星可以在地球轨道内近距离编队飞行，通过这种编队方式，可以获取全球数字高程模型数据，它具有前所未有的高精度。

德国航空航天局承担整个 TanDEM-X 项目的管理及负责地面段的建设。德国航空航天局控制中心、德国航空航天局遥感技术研究中心、德国遥感数据中心和德国航空航天局微波与雷达研究中心管理两颗卫星的例行任务控制、数据接收、存储、分配，以及全球数字高程模型的生成和校准，该局的微波与雷达研究中心还负责地面段的运行，而 EADS Astrium 公司则负责 TanDEM-X 卫星的研发、建造和发射。

TanDEM-X 系统不仅可独立于 TerraSAR-X 卫星工作，还可以与 TerraSAR-X 卫星同步工作。两颗卫星可以构成串行星对，在两年半时间内测绘 1.5 亿平方千米的地球表面，2010 年前可以获取全球高精度数字地形模型数据。这是新一代世界范围内的地形模型数据，不存在地区或国界间隔，也不存在由于不同的测量程序引起的不一致。

目前，TanDEM-X 在美国引起特别关注，已成为在星载雷达技术领域验证、维护和扩展德国技术与竞争力的关键计划，其全球数字地形模型数据将被用于各种倡议和计划中，例如“全球环境与安全监视”和“全球地球观测系统”，以及与安全相关的合作条约中。

2.2.5 Cosmos-Skymed

意大利在 2007 年 6 月 7 日发射了首颗雷达侦察卫星 Cosmos-Skymed-1，同年的 12 月，Cosmos-Skymed-2 也发射成功，该卫星具有军民两用的天基雷达成像能力。Cosmos-Skymed 卫星是法意联合研制的“奥菲欧”系统的一部分。卫星质量为 1.7 t，装有一台合成孔径雷达，设计使用寿命为 5 年，星上功率为 1 000 W。卫星轨道为 619 km，该系统能够以 12 h 的重访周期获取地球表面任何地方的图像。它具备多种不同的地面分辨率模式，分辨率在 1～100 m 之间，有 5 种相应的成像带宽，从 10 km 到 200 km 不等，可通过 300 Mb/s 的数据传输速度提供高分辨率(小于 1 m)的雷达图像。当 4 颗卫星同时工作时，用户能够在 12 h 内两次得到全球任一地区的图像数据。卫星每天能够以高分辨率模式为军事用户拍摄 75 幅 X 波段图像，并以低分辨率模式拍摄 300 多幅 X 波段图像，Cosmos-Skymed 系统的轨道参数见表 2.8。

表 2.8　Cosmos-Skymed 系统轨道参数

发射时间	2007-06-08	偏心率	0.001 18
轨道类型	近极地太阳同步	近地点	90°
倾角	97.86°	半长轴	7 003.52 km
每天圈数	14.812 5	卫星高度	619.6 km
轨道周期	16 d	升交点时间	6:00

该卫星系统有两个地面站，其中军用地面站位于罗马南部的普拉提卡空军基地，民用地面站位于意大利南部的马特拉。该型卫星计划发射 4 颗，意大利与法国共享卫星数据，同时可获得法国 Pleisdes 光学成像卫星的图像。该雷达卫星 20%的观测时间归意大利军方所有，为此意大利军方提供了约 1.15 亿欧元的费用，并且意军方对其享有优先使用权。

与德国 SAR-Lupe 系统相比，Cosmos-Skymed 系统虽然也采用 X 波段，但二者并不重复，而是可以互相补充的。SAR-Lupe 系统分辨率高，适合于对小范围地区进行详查，而 Cosmos-Skymed 系统则适合于对大范围的地区进行普查。

与德国 TerraSAR-X 类似，Cosmos-Skymed 系统有 3 种模式，分别为 ScanSAR、Stripmap 和 Spotlight 模式，分别对应不同的地面分辨率和扫描幅宽，见表 2.9，图 2.23 所示为 3 种模式的地面扫描示意图。

表 2.9　Cosmos- Skymed 系统 3 种模式下的主要技术参数

模式		地面分辨率/m	地面观测幅宽/km
Spotlight	Spotlight	1	10
Stripmap	Himage	3	40
	Pingpong	15	30
ScanSAR	Wideregion	30	100
	Hugeregion	100	200

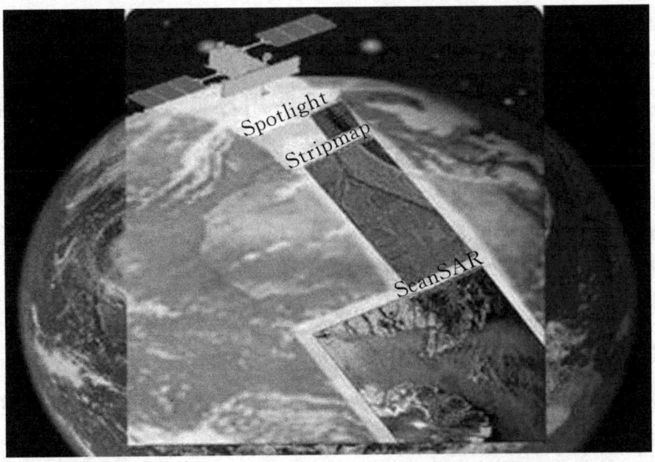

图 2.23　Cosmos-Skymed 扫描模式示意图

Cosmos-Skymed 可以进行串行干涉测量，其方式为：可以在相同的轨道上，两颗卫星以极为接近的轨道运行，从而获得干涉所需要的基线长度；也可以在不同的轨道上（即轨道的降交点稍有不同），以不同的轨道相位和降交点时刻获取干涉所需的基线长度。在双星异轨串行干涉测量时，可以灵活选择干涉像对的时间间隔，分别为 1 d(1～2、2～3)、2 d(1～3、2～4)、

3 d(1～4)或者 4 d(1～5)等，图 2.24 所示为两幅分别用于海洋监测和植被分类的 Cosmos-Skymed 雷达影像。

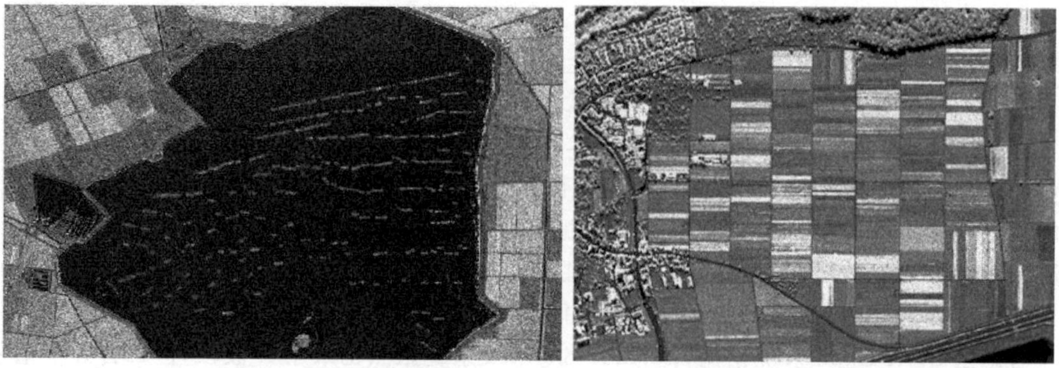

（a）Cosmos-Skymed影像用于海洋监测　（b）Cosmos-Skymed影像用于植被分类

图 2.24　Cosmos-Skymed 扫描模式下的两幅雷达图像

2.2.6　编队雷达遥感系统

自 20 世纪 90 年代以来，人类在航天领域的活动进入了崭新的时代，其中最主要的标志是基于迅速发展的计算机技术、新材料和新能源技术的小卫星和编队卫星技术，以及以此为基础发展起来的空间虚拟探测技术，即所谓的分布式 SAR 卫星系统的概念。利用多颗编队小卫星(或微卫星)构成星座飞行，以实现对地面场景的阵列立体观测，从而大大提高对地探测的能力。自从这一概念提出以来，引起了国内外的广泛重视，成为当前星载 SAR 的一个热点研究方向。

地面运动目标检测和定位具有非常重要的应用价值。传统的单星天基雷达由于受到基线长度的限制，大大制约了地面运动目标检测(Ground Moving Target Indicator，GMTI)的能力。而如果把多个接收天线分别放置在编队飞行的卫星上，其分开的距离可以较大且灵活可变，从而大大提高 GMTI 的性能。其中，照射源既可以放置在其中一颗小卫星上，也可以利用已在轨的传统 SAR 作为照射源，从而实现灵活且费用较低。如果仅仅实现二维 SAR 成像和 GMTI 功能，则最佳星座构形为沿航向直线分布。因为沿航向直线阵列在地形高度维没有分辨能力，即不受地形起伏的影响(即地形起伏不会带来杂波自由度的增加)，从而可以获得最佳杂波抑制性能。如果需要同时获取地形的高度信息，则星座构形必须具有较长的垂直基线。为了获取全球范围内高质量的干涉数据(垂直航向干涉和沿航向干涉)，人们已提出了多种星座构形，其中比较典型的有两种：干涉车轮构形(Cartwheel)和干涉钟摆构形(Pendulum)，这两种星座构形都具有稳定的垂直航向基线和沿航向基线。

如何利用具有长垂直基线的星座构形来抑制地形杂波是一个尚未很好解决的难点。采用 InSAR 技术可以得到地面的地形信息，然后再利用获得的地形信息来补偿两幅 SAR 图像由于地形高度而引起的相位差，从而只剩下运动目标的相位差。我们知道，利用 InSAR 技术恢复出来的地形高度本身就存在误差，使用存在误差的地形高度来补偿两幅 SAR 图像中的相位差本身就不可靠。现今国际上主要采用 3 颗卫星构成“L”形的星座(即其中两颗卫星沿航向分布，而另一颗卫星布置在相距一定垂直基线的位置上)，以同时获取垂直航向干涉数据和沿航向干涉数据。显然，这种配置是一种折中方案。

作为美国新的太空计划的一部分，美国国防部和美国航空航天局于1998年启动了“大学-纳”卫星计划，总共10所大学提出了5颗纳型卫星编队飞行计划，该计划从2002年开始进行首次发射和在轨试验。美国的云探测卫星CloudSat是多卫星、多遥感器的系统，与美国地球观测系统、法国研制的微卫星PARASOL及法国和美国联合研制的AURA卫星进行编队飞行，利用光谱仪、光学成像设备、激光雷达及雷达等联合观测的信息，可以进一步了解云雾对地球天气的影响，测量大气浮尘和云的状况，以提高天气预报的准确度。此外，国际上的编队卫星计划还有法国的Cartwheel、德国的SAR-Lupe和TerraSat以及美国的EO-1高级对地观测系统与LandSat-7编队飞行。

编队飞行不同于通常的卫星星座，因为通常的卫星星座仅仅是以一定数量的完全相同的卫星及传感器组合起来，以解决空间和时间覆盖问题。但是编队飞行的目的在于实现大卫星才能具备的强大功能，并且可以实现功能重组，它要求编队中每一颗卫星的传感器所获得的信号要进行相干处理。编队飞行与虚拟探测紧密相连，其中编队飞行主要侧重于技术研究，而虚拟探测则更注重科学研究。具体而言，编队飞行主要是解决平台问题，这里更多地涉及如何满足多种观测目的所需要的特殊构形研究；而虚拟探测主要解决如何提高观测能力以及如何从观测数据中提取更多的新的信息的问题，这里更多地涉及信号处理的问题。编队飞行与虚拟探测共同强调的是系统的分布式实现、合成化处理、多功能以及重组性。

2002年10月在法国召开了以编队飞行为唯一主题的首次国际会议。那次会议的目的是，一方面评估编队飞行的最新进展，另一方面从各个角度讨论编队飞行的应用、系统设计、技术等。由此可见国际航天领域对编队飞行及虚拟探测的重视。

在国内，在“863”计划航天领域项目的支持下，开展了分布式SAR研究、编队小卫星InSAR研究，在国防装备预先专项支持下正在进行空间虚拟探测技术研究。

随着编队飞行和虚拟探测技术的发展，它们对于空间对地观测以及空间对宇宙观测方面将带来革命性的影响，极大地提高对地观测以及对宇宙观测的能力，同时也将极大地促进计算机技术、自动控制技术、空间轨道设计技术、精密定轨技术以及编队构形设计等航天技术的发展。

德国打算研制由两颗TerraSAR-X波段卫星组成的编队系统，第一颗TerraSAR-X雷达卫星已于2007年6月15日发射成功，并收到第一批雷达图像，对这些图像进行处理后的结果也已经公布。它们由Astrium GmbH公司与德国航空航天局联合研制，系统为获取空前精确的全球数字地形模型提供支持。这两颗卫星可构成一个巨大的雷达干涉仪，以封闭、精确的控制形式飞行，提供精确度优于2 m的三维图像。

为了达到不同的观测角，以前的卫星通常需要转动整个星体。而TerraSAR-X波段卫星只需有源天线转动“眼睛”，即扫描条带即可完成，大量的数据流通过宽带技术被传回地面。随着地球的自转，卫星沿条带扫描地球的所有区域，亦可在3天甚至更短时间内对任何重点目标进行优先观测。

近年来，德国航空航天局还启动了TanDEM-X雷达卫星系统的研究工作，这颗卫星像第二颗TerraSAR-X雷达卫星一样，在轨道上与第一颗TerraSAR-X雷达卫星一前一后飞行，用来提供高精度的数字高程模型。

有报道指出，TerraSAR-X雷达卫星可以与一颗TerraSAR-L波段卫星共同组成一个双波段对地观测系统，后者采用全极化方式。据设想，这两颗不同波段的雷达卫星能构成拟议中的全球环境与安全监视网的重要组成部分，同时，这两颗卫星用不同的频率工作，因而能最佳地相互补充。

用常规的InSAR技术获取数据会受到一定的限制。因此，从20世纪90年代后期，随着小卫星技术的发展，利用编队卫星技术进行干涉测量成为星载合成孔径雷达干涉测量发展的趋势。这种测量手段不仅可以获取全球陆地和冰面的数字高程模型数据，在海洋洋流监测以及在超分辨率测试等方面的应用前景也非常令人期待。

法国的干涉车轮方案由3颗SAR接收小卫星和一颗主卫星组成，主卫星为常规SAR卫星，小卫星跟随主卫星飞行。主卫星发射雷达脉冲信号，3颗具有接收功能的小卫星编队飞行的同时接收返回的雷达脉冲信号。3颗小卫星飞行在主卫星之前或之后约100 km，并且在整个轨道上通过编队构型来保证进行干涉测量。这一方案能克服当前获取干涉雷达数据的限制（欧洲空间局ERS-1/2星对，获取的SAR数据受到大气干扰，时效性和获取影像的相干性受到影响；美国的SRTM任务，其干涉基线的长度受到限制，并且系统研制耗资巨大），可以获取全球高精度的数字高程模型数据，可以充分利用现有的SAR卫星资源，同时发射小卫星成本低，发展空间大。

德国的TanDEM-X任务是利用卫星进行编队飞行的一个高精度雷达干涉测量系统。TerraSAR-X卫星是德国下一代高分辨率雷达侦察卫星，TanDEM-X卫星估计于2009年发射。TanDEM-X卫星不仅可独立于TerraSAR-X卫星工作，还可以与TerraSAR-X卫星同步工作。两颗卫星可以构成串行星对，以获取全球高精度数字高程模型数据，设计高程定位精度优于2 m，平面定位精度优于12 m。

§2.3 机载雷达遥感系统

机载雷达系统可以进行单轨双天线横跨轨道模式测量，也可以进行单天线重复轨道雷达干涉测量。机载干涉雷达系统，通常是通过加装另外一副天线或者重复飞行来实现。一些国家和私人机构拥有这种机载的雷达系统，例如美国喷气推进实验室（JPL）的TOPSAR系统，法国ERIM和美国Intermap公司的IFSARE系统；加拿大遥感中心（CCRS）的C/R-SAR系统；德国航空航天局的E-SAR系统、德国Dornier公司的DO-SAR系统、荷兰国家航空航天实验室FGAN的AER-Ⅱ系统；英国DERA的ESR系统；法国ONERA的Ramses系统；丹麦技术大学的EMISAR系统；以及日本的CLR/NASDA系统等。

2.3.1 IFSARE系统

IFSARE系统是比较早投入运行的一个商业化的机载雷达系统，其参数见表2.10。

表2.10 IFSARE机载雷达系统部分技术参数

参数	X-HH	参数	X-HH
工作频率/GHz	9.568 5	视角/(°)	35～55
载机速度/(km/h)	750	有效基线/m	1.841
斜距分辨率/m	2.5	斜距测绘带宽/m	7 500
方位向分辨率/m	2.5	数据传输率/(Mb/s)	13.75

2.3.2 TOPSAR 系统

TOPSAR 机载雷达系统是美国 JPL 的 P 波段、L 波段和 C 波段的 SAR 经过改装后的系统，采用 VV 极化方式，基线距离为 2.58 m，基线角为 62.77°，系统可以达到的高程精度约为 2～4 m。其部分参数见表 2.11。

表 2.11 TOPSAR 机载雷达系统部分技术参数

参数		参数	
工作频率/GHz	5.3	视角/(°)	30～55
载机速度/(m/s)	210	基线/m	2.5
飞行高度/km	9	斜距测绘带宽/km	10
极化	HH 或 VV		

2.3.3 E-SAR 和 DO-SAR 系统

德国航空航天局的 E-SAR、德国 Dornier 公司的 DO-SAR 机载雷达系统是比较常用的系统。这两种系统的部分参数分别见表 2.12 和表 2.13。

表 2.12 E-SAR 机载雷达系统部分技术参数

参　数	参 数 值		
波段	X	L	P
采样率/MHz	60 或 100	60 或 100	60
载机速度/(m/s)	80～95	80～95	80～95
飞行高度/m	3 000～5 000	3 000～5 000	3 000～5 000
干涉模式	交叉轨道(XTI)	重复轨道	重复轨道
入射角/(°)	25～60	25～60	25～60
交轨基线/m	1.62	可变	可变
顺轨基线/m	0.87	1.15	—

表 2.13 DO-SAR 机载雷达系统部分技术参数

参　数	参 数 值		
波段	C	X	Ka
极化	VV、VH、HV、HH	VV、VH、HV、HH	HH
分辨率/m	1～3	1～3	1～3
飞行高度/m	100～3 600	100～3 600	100～3 600
观测带宽/m	500～10 000	500～10 000	500～10 000
入射角/(°)	30～89	30～89	30～89
干涉基线/m	顺轨：0.6，交轨：1.0	—	—

2.3.4 SWORD

SWORD 机载雷达系统由法德两国联合研制，1997 年年底完成雷达系统的技术演示，1998 年开始装备法德两国联合研制的 CL-289 军用无人机。SWORD 是一种供火力圈外全天候空中侦察无人机使用的合成孔径运动目标指示雷达系统(SAR/MTI)(Moving Target Indicator，MTI)，它综合了合成孔径与运动目标指示的能力。该雷达系统主要用来替代原先用在 CL-289 无人机上的光学系统。与 CL-289 上原先采用的光学系统相比，SWORD 雷达覆盖区域大小不变，但却能提供实时的高分辨率合成孔径雷达图像和接近实时地传输中分辨率的 MTI 图像，并具有机载记录能力。

系统具有获取所选定区域雷达数据的能力，可以在飞机上对之进行实时处理，然后通过无人机上的数据链传输给地面控制站。地面控制站则连续地接收和修正这些经过预先处理的原始数据，然后把它们处理为实时的 SAR 图像。在 SAR/MTI 工作方式时，所选定区域的记录数据被接收并重新处理，以产生 MTI 信息并与 SAR 图像叠加。

SWORD 雷达系统由一台固态发射机、一台灵敏度时间控制和增益控制的接收机，以及一个双通道单脉冲开槽波导阵列天线组成，波束角通过俯角的机械转动来调整。SWORD 有 3 种主要工作方式：高分辨率 SAR、中分辨率 SAR/MTI 及准备状态。其主要指标见表 2.14。

表 2.14 SWORD 机载雷达系统主要技术参数

性能数据	工作方式	高分辨率 SAR、中分辨率 SAR/MTI 及准备状态
	工作频率	J 频段、带宽 120 MHz
	作用距离	1 km(最小)～10 km(最大)
	载机速度	93～231 km/h
	扫描宽度	约 2 000 m
	分 辨 率	地图测绘：1.4 m(沿航向)，运动目标指示：10 m
	天线尺寸	60 cm(直径)
数据输出	速　率	从预处理器送出的初始数据：2.8 Mb/s，231 km/h 飞行速度下，机载处理器＜1.4 Mb/s
	LRU	12 个
	体积和质量	体积：0.04 m^3；质量：30 kg

2.3.5 ASTOR

英国远距离机载雷达 ASTOR 采用 SAR/MTI 模式，研制厂商为美国雷声系统公司。ASTOR 雷达系统采用美空军 U-2R 侦察机上的 ASARS-2 雷达的发展型，即 ASARS-2Plus，具备移动目标监测和合成孔径雷达功能。系统目标是提供高分辨率固定目标图像，并形成移动目标探测能力。对行进速度小于 10 km/h 的移动目标进行大范围监视，能探测并跟踪飞行中的直升机。该系统还包括数据链和地面信息解读设备，共有 9 个地面站和 6 个空中平台合作运行。ASTOR 系统的 ASARS-2Plus 雷达被认为是满足 ASTOR 要求的低风险设备。该系统的主要性能数据见表 2.15。

表 2.15 ASTOR 主要性能数据

作用距离/km	250～300
分 辨 率/m	0.5(对固定目标)
天线尺寸/m	4.6(长)
工作高度/m	12 802～15 240
工作方式	条带 SAR，聚束照射 SAR，移动目标显示 MTI

2.3.6 AN/APY-3

AN/APY-3 是美国空军和陆军联合监视目标攻击雷达系统(Joint STARS)中的雷达，由美国 Northrop Grumman 飞机公司研制，其硬件由已被公司收购的 Norden 系统公司提供。

该雷达是一部侧视的相控阵天线雷达，多种工作方式。当载机在10 000 m高空飞行时，雷达可以探测250 km距离以内50 000 km^2覆盖范围的地面目标。雷达重达1 906.8 kg。该雷达的工作方式有：大范围监视（WAS）、运动目标指示（MTI）、合成孔径固定目标指示（SAR/FTI）、低反射率指示（LFI）、目标分类和扇区搜索（SS）。这些工作方式可以交替进行。

APY-3相控阵侧视雷达包括下列单元：天线、发射机、接收机、激励器、脉冲压缩部件、专用处理机、天线伺服电子部件、雷达控制部件、混合装置（电源管理）。天线总长7.32 m，由各长2.44 m的3段无源相控开槽波导组成。天线在方位向上电控扫描，在距离向上通过机械控制保持横滚稳定。

所有的雷达数据可以在机上进行实时处理，并以两种方式显示在飞机的仪表板上：一种是运动目标显示，另一种是合成孔径雷达图像。运动目标显示是实时产生的；而合成孔径雷达图像则需要几秒钟的时间进行数据收集和图像生成。这两种数据处理结果不但在飞机上显示，同时还可以通过数据链传送给地面站。

载机的座舱内设有17个操作员工作站和一个领航员及操作员工作站，构成Joint STARS的操作与控制子系统。该子系统由一个实时的、以VAX计算机为基础的分布式处理器组和上述18个工作站组成，具有强大的存储、处理和计算能力。除此之外，还有一个用于数据重放和事后分析的数据记录系统。雷达图像和目标数据可以与数字化存储的地图数据、地形特征及其他信息共同显示。系统还使用多达14个数据库，包括地图绘制数据库、区域能见度数据库等。

1988年，安装在E-8A飞机上的APY-3雷达首次进行空中试验；1990年在欧洲进行测试验证；1991年海湾战争期间在战场试用后重新进行开发工作；1995年交付软件支持机构（SSF）后，开始第三架飞机的运行试验；1996年交付首架生产型E-8C飞机。截至1999年共交付原型2套、生产型11套，该系统的主要性能数据见表2.16。

表2.16 APY-3主要性能数据

探测距离/km	250
探测范围/km^2	50 000（飞机两侧垂直方向各120°）
天线型式	一维相控阵，由三段子阵组成
天线尺寸/m	长7.32，高0.61
工作高度/m	9 000～12 000
平均无故障时间/h	75
质量/kg	1 906.8

2.3.7 IRIS

IRIS是一种由侧视合成孔径雷达组成的侦察系统，它是专为港口、海上、机场以及边境监视而设计的。为了适应各种不同的使用要求，设计了多种不同的方案。该系统能在飞机上进行数据处理，实时产生雷达图像。同时，还可以通过数据链把图像传送到移动式接收站或地面精密设备上。

机载设备包括天线、接收机及发射机、控制台及ECCM（Electronic Counter Counter Measures，ECCM）装置。天线包括在飞机两边的两个各长1.4 m的标准波导缝阵，有俯仰、横滚、偏航三轴稳定。接收机与发射机是由APS-504的接收机与发射机发展而来的。操作员控制台执行系统控制，它包括一个视频显示器、若干控制开关以及一个 16 进制键盘。

IRIS 雷达是多分辨率侧视战术监视雷达，它由分立的积木式设备组装而成。为适应各种具体应用，可在飞行中按需要重组系统。雷达在飞机任一侧的覆盖区，可在几秒钟内从分辨率较低的大区域覆盖转换到高分辨率小区域覆盖，并可在任一覆盖区内定位瞄准某一小区域，用以详细观测所选定的目标。在飞行高度为 15 000 m，目标距离为 100 km 时，该雷达可以产生间隔只有几米的目标的清晰图像。其性能数据见表 2.17。

表 2.17　IRIS 性能数据

天线长度/m	1.4
飞行高度/m	15 000
探测距离/km	100
分辨率	米级

2.3.8　SLAR 100/150

SLAR 雷达系统是一种真实孔径机载侧视雷达，它可测绘载机两侧 25 km、50 km、100 km 范围的地形图，比例尺为 1∶1 000 000 或 1∶125 000，适用于地质勘探、地形图测绘、海岸监视、冰山探测、石油污染控制、边境巡逻以及地球资源探测等广泛领域。系统由天线、接收机与发射机、信号处理机、记录器以及控制器组成。记录器采用 20.3 或 17.8 mm 的高分辨率胶片记录器。系统还备有几个供用户选用的设备，包括高分辨率阴极射线管(Cathode Ray Tube，CRT)显示器控制和接口装置、下行数据链、高密度记录器、恒虚警率(CFAR)和 MTI 等。

SLAR 150 是一种外聚焦式机载合成孔径雷达，其组成与 SLAR 100 相似，只是它含有两部处理机，总重约 310 kg。它的两副天线可以背靠背地安装在吊舱内部，也可以直接对称地安装在机身两侧，该系统技术参数见表 2.18。

表 2.18　SLAR 100/150 主要性能数据

工作频率/MHz	9 250	增益/dB	35
峰值功率/kW	200	极化	水平
脉冲重复频率/Hz	800	稳定范围/(°)	横滚：±4，俯仰：±15
脉冲宽度/μs	0.25	分辨率/m	方位向：7.8，距离向：37.5
天线长度/m	5.28	探测范围/km	25、50、100
波束宽度/(°)	方位：0.45，俯仰：60	电源	AC：115 V、400 Hz，DC：28 V

2.3.9　TESAR

TESAR 合成孔径雷达由美国 Northrop Grumman 公司开发，用于装备“捕食者”无人机。TESAR 工作在 Ku 波段，其分辨率为 0.3 m，无论白天和黑夜，都能穿透云雾，发现目标。雷达在条带工作方式时，分辨率为 1 m，作用距离可达到 25 km，地面成像条带宽度为 2.6 km，每小时可覆盖 336 km^2 的区域。对目标进行聚束成像时，作用距离为 18 km，圆周误差概率为 23～28 m。TESAR 还具备 MTI 模式。美国空军无人机战斗实验室已对这项改进计划进行了评估，得出的结论是：TESAR 在 MTI 方式时，可以增强“捕食者”的广域搜索能力。通过提示光电或红外传感器方式对地面或海上移动目标进行定位、跟踪和识别，还可以提高“捕食者”对移动目标的定位能力。

2.3.10　德国微型合成孔径雷达

“微型合成孔径雷达”(MiSAR)是德国 EADS 公司于 2002 年 4 月开始研制的系统，用于装备无人机、固定翼飞机和直升机。

微型合成孔径雷达利用了 EADS 公司为导弹导引头开发的 Ku 波段技术，雷达重约 4 kg，安装在一个 10 cm^3 的有效载荷舱内，功耗小于 60 W。在条带成像方式时，可以覆盖 500～1 000 m宽的地带，分辨率为 50 cm。天线用万向支架固定，因而不受平台偏航和横滚的影响。原始雷达数据一般通过数据链发送到地面控制站进行实时图像处理、显示和存储，地面站的基础设施为商用个人计算机。雷达于 2003 年年末挂装在"月神"X-2000 无人机上进行试验。

2.3.11　荷兰微型合成孔径雷达

该系统由"荷兰科学基金会"(STW)资助，荷兰代尔夫特科技大学(TUD)、荷兰应用科学研究组织物理及电子实验室(TNO-FEL)和荷兰 Eonic 公司联合开发。这种毫米波(35 GHz)雷达采用了一些现成的商用组件，并挂装在 Stemme S10 带发动机的滑翔机上进行了飞行试验。样机挂装在飞行高度为 300 m，飞行速度为 90 km/h 的平台上，在 400～1 000 m 的距离范围内，可提供下方 500 m 宽的条带的图像。该样机合成孔径雷达的尺寸仅为 14 cm×20 cm，它可以覆盖 1 000 m 宽的测绘带，其方位向和距离向分辨率均可以达到 30 cm。

2.3.12　轻型相干合成孔径雷达(IFSAR)

这是意大利 CORISTA 集团与 Technapoli 公司合作开发的系统，开发费用由意大利国家教育和科研部承担。该项目始于 2001 年 4 月，最初是为了满足那不勒斯省对一种塌方告警系统的需求。这是一种 X 波段雷达，分辨率约为 1 m，可安装在飞行高度为 3 000 m 或 5 000 m 的轻型飞机上。雷达覆盖的条带宽度为 2.2 km 和 3.9 km。飞行试验在 2004 年夏进行，通过使用参考点和多次探测等方法，可以将分辨率提高到几厘米。

2.3.13　QuaSAR

QuaSAR 系列轻型合成孔径雷达由 EADS Astrium 公司开发，该系统含有该公司"通用雷达组件"(CORE)系统中的技术，其中包括 Core 雷达电子分系统(CRESS)、前端和天线、Core 雷达数据链和图像处理算法。这些组件可以通过不同的方式组合在一起。

QuaSAR 雷达有多种型号，工作波段分别为 L、S、C、X 或 Ku 波段，工作方式包括条带测绘、聚束、运动目标指示和大面积海上成像，可安装在有效载荷大于 30 kg 的任何一种无人机上。如果安装在一个飞行高度为 18 288 m 的平台上，在 20～115 km 的距离时，可以覆盖的条带宽度范围为 3.5～20 km，分辨率分别为 3 m、1 m 或 30 cm。

§2.4　非成像类微波传感器简介

除了前面详细介绍的雷达遥感系统外，在主动式遥感领域，下列几种微波遥感系统也经常使用，例如，微波高度计和微波散射计等。它们的成像机理与雷达有相同的地方，也有不同的地方，本节简单介绍这两种系统。

2.4.1　雷达高度计

图 2.25 是雷达高度计的基本原理图(舒宁，2003)。其工作原理是：按定时系统的指令，发射机发出调制射频波束，经转换开关导向天线，由天线将波束射向目标，然后还是由天线收集向天线方向发射或散射回来的那部分能量，再由转换开关引向接收机，将返回的信号进行处理

后提供输出数据，以决定往返双程传播的时延。因为传播速度是已知的，由时延测量即可计算目标的距离。

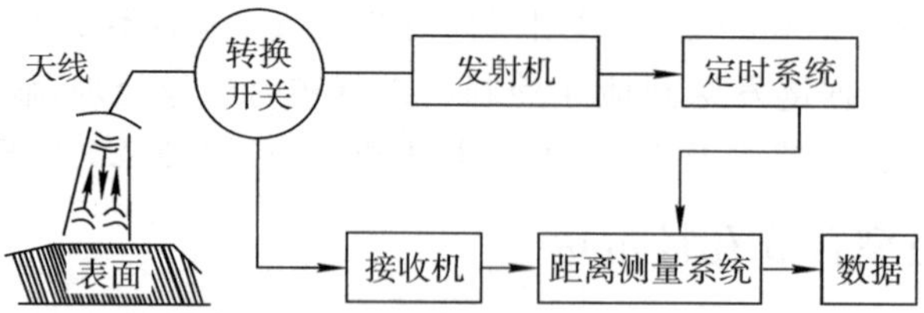

图 2.25　简化的雷达高度计原理

为了准确地测量地表面高度变化，必须要求定时系统在测量期间具有良好的稳定性，保证测量是可重复的。由于平台的姿态和高度变化可能引入很大的量测误差，因此还必须设法修正由于姿态和高度变化带来的误差。

雷达高度计系统可能达到的量测精度，有赖于测量高度计的类型和工作频率以及特殊的系统设计。

在飞机和宇宙飞行器的导航和着陆系统中，雷达高度计已起到重要的作用，同时，它还可用于测量海浪高度。

2.4.2　微波散射计

一般只要能精确测量目标信号强度的雷达，都可称之为散射计。大多数雷达在校准之后，都能作为散射计使用。

微波散射计的原理和设计与常规雷达基本相同，如图 2.26 所示（舒宁，2003）。一般微波散射计的组成部分包括：微波发射器、天线、微波接收机、检波器和数据积分器。

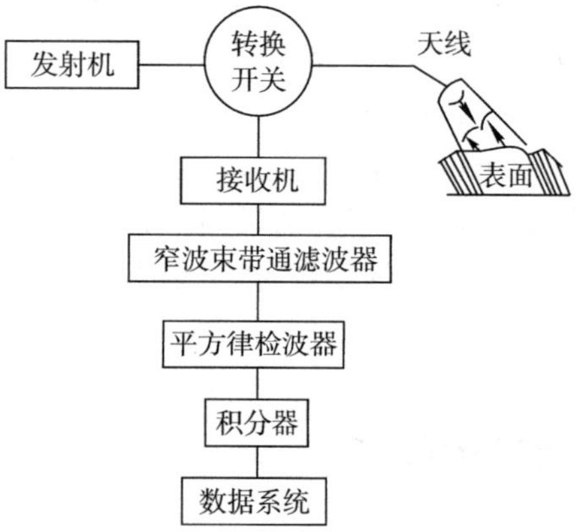

图 2.26　微波散射计原理

微波散射计的功能是测量地物表面或体积的散射或反射特性，也就是说，它主要用于测量目标的散射特性随雷达波束入射角变化的规律，也可用于研究极化和波长变化对目标散射特性的影响。

在雷达散射测量中，系统噪声是主要的误差来源。数年前已经能制成可测量最小散射系数为 −30 dB 的雷达散射计，大多数目标的散射系数都可以用这样的散射计量测出来。

由散射计发射的波束入射角可以在 0°～90°的范围内调整，但是一般都不能在整个角度范围工作，特别是机载散射计，在掠射情况下，由于距离太远，收到的回波信号十分微弱，因而无法工作。

微波散射计可以发射水平极化波，然后同时接收垂直和水平两种极化波，它还可以先发射一种极化波，再发射另一种极化波，而每次都接收两种极化波，所以对具体研究地物目标在各种情况下的散射特性是十分有利的。

大多数散射计只用一个载频工作。为了在更大的频率范围内测量地物的散射特性，以更深入地研究目标对于各种频率微波的散射特性，必须使散射计具备在多种频率下工作的能力，美国堪萨斯大学已研制出这种散射系统。

第 3 章　雷达遥感基础

本章主要介绍雷达的物理基础，包括电磁波谱的概念、雷达系统常用的雷达波长等；介绍微波雷达遥感的特点；重点介绍真实孔径侧视雷达和合成孔径雷达的几何参数；讨论介绍雷达图像的分辨率的概念、雷达参数的选择等。

§3.1　雷达遥感的物理基础

3.1.1　电磁波与电磁波谱

雷达影像反映了雷达所发射的电磁波和目标之间相互作用的结果。电磁波是以波动形式在空间传播的交变电磁场，即变化的电场在其周围的空间激发出变化的磁场，而变化的磁场又会激发出相应变化的电场。它是时间和空间的函数，电磁波的传播是携带能量的，电场矢量和磁场矢量相互垂直，而且又都垂直于传播方向，见图 3.1。波长、相干、叠加和极化是电磁波的 4 个重要的特性。如果电磁波的电场和磁场矢量均在垂直于传播方向的平面上，并且幅度为常数，则称该电磁波为平面波。

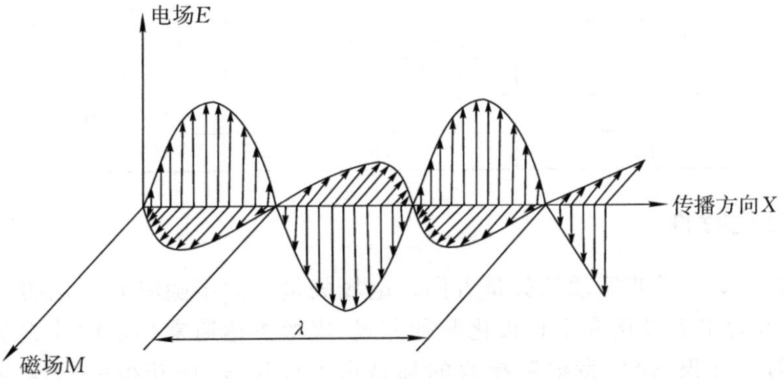

图 3.1　电磁波的传播

电磁波在均匀介质中的传播随时间作正弦变化，波长或者频率是描述电磁波的重要参数。光波、热辐射、无线电波和微波都是由相应的振荡源向空间发出的电磁波，不同的振荡源所产生的电磁波的波长是不一样的，将其按照波长或者频率的大小排列起来就得到电磁波谱。

遥感使用的电磁波波长主要在紫外、红外、可见光和微波波段，其中，成像雷达使用微波波段(大约在 1 mm～1 m 波长范围之间)。为了方便起见，一般将微波按不同的波谱范围划分，并以字母来表示，见图 3.2。

表 3.1 表示了微波频谱的划分。波长是雷达系统设计中要考虑的重要参数之一。一般来说，雷达发射的波长越长，则要求的天线也要越长。因此，L 波段的雷达系统的天线一般要长于 X 波段。

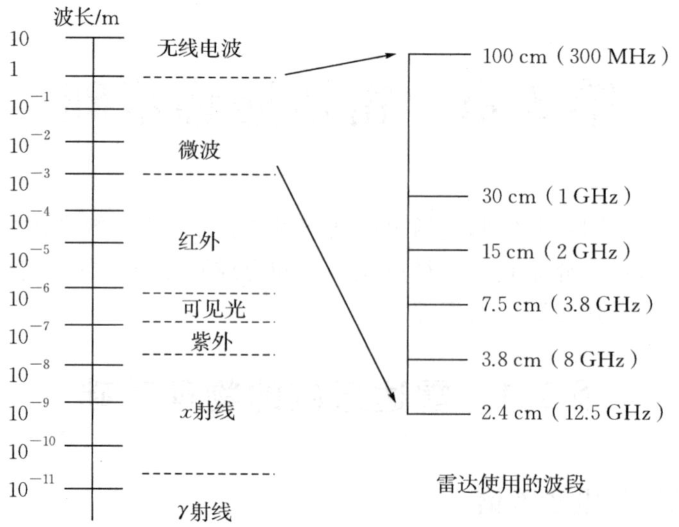

图 3.2 电磁波谱及成像雷达使用的波段

表 3.1 成像雷达常用的波段和频率范围对照表

微波波段	波长范围/cm	频率范围/MHz
P	136～77	220～390
L	30～15	1 000～2 000
S	15～7.5	2 000～4 000
C	7.5～3.75	4 000～8 000
X	3.75～2.40	8 000～12 500
Ku	2.40～1.67	12 500～18 000
K	1.67～1.18	18 000～26 500
Ka	1.18～0.75	26 500～40 000
毫米波	<0.75	>40 000

3.1.2 极化特性

极化方向指的是电磁波振动的矢量方向。电场矢量方向不随时间变化的电磁波称为线极化波，它可以分解为水平极化和垂直极化两种方式，成像雷达通常都是设计成垂直极化或水平极化波方式发射。如果 SAR 发射和接收的都是水平极化波，则获得的影像为水平极化影像(HH)，以次类推，可以获得 VV、HV、VH、HH 共 4 种极化方式的影像。要提到的是，由于交叉极化方式的信号较弱，因而星载成像雷达一般采用同极化方式，即 HH 和 VV 极化方式。

不同极化方式的不同回波是电磁波与地物目标相互作用的结果。不同的地物会反映出不同的极化特性，通过对多极化或全极化影像的综合分析，使 SAR 影像探测目标的能力得到极大提高，这也是雷达遥感的重要特点。

3.1.3 雷达方程

雷达是主动式微波遥感传感器，它是利用传感器(天线)向地面发射微波后，接收其散射或反射波，见图 3.3，其过程可以用雷达方程定量表示，即

$$P_r = \frac{P_t G_t^2 \lambda^2 \sigma}{(4\pi)^3 R^4} \tag{3.1}$$

式中，P_r 为雷达的接收功率，P_t 为雷达的发射功率，R 为地物距离雷达天线的距离，σ 为雷达接收天线方向上目标的有效面积，G_t 为天线增益（表示天线辐射的功率密度与无耗各向同性天线辐射功率密度之比），λ 为雷达的波长。

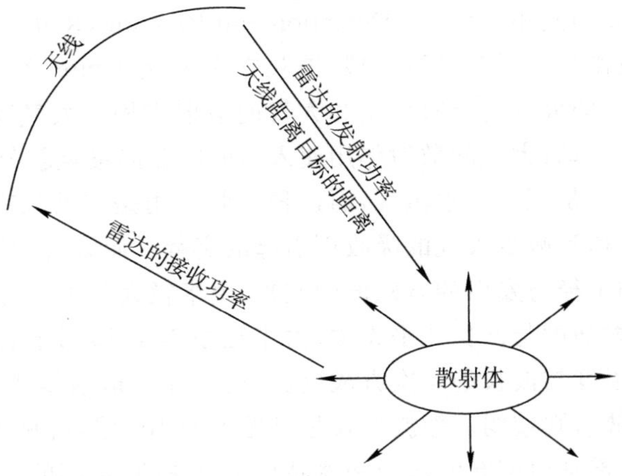

图 3.3　雷达方程的物理含义

3.1.4　电磁波的表面反射

两种分别具有不同电磁特性的介质之间有一个分界面，这个分界面对于入射的电磁波有影响。当一个平面波从一个介质层进入两个介质的分界面时，平面波会与介质面上的原子发生相互作用，受到激发的原子将会发生振荡并向各个方向辐射电磁波。因此，除了一部分电磁波进入第二层介质外，大部分的电磁波将产生反射和散射，即产生三部分的波：反射波、折射波和散射波。散射的能量所占的比例取决于分界面相对于入射波长的粗糙程度，在介质面非常粗糙时，散射的能量均匀地向各个方向散射。成像雷达是侧向发射电磁波的，返回到接收天线的是地物的后向散射部分，如图 3.4 所示。

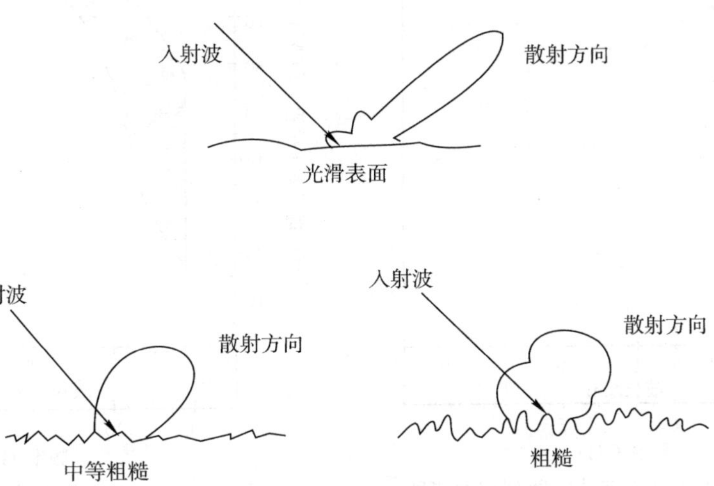

图 3.4　表面粗糙度与散射方向

§3.2 微波雷达遥感的特点

1. 具有全天候、全天时的观测能力

雷达是“无线电探测与测距”(Radio Detection and Ranging,Radar)的缩写 Radar 的音译,它的工作波段为电磁波谱的射频与微波波段,波长在 1 m 至 1 mm 之间。电磁波在空中的传播受到两个因素的影响,即大气的吸收作用和大气的散射作用。大气吸收使入射的电磁波的能量转换成大气分子的运动;大气的散射作用使入射的电磁能量重新分配。在大气成分中,对微波产生吸收的主要成分是氧气和水蒸气,而这种吸收作用是与波长有关的,因而,可以通过选择不同的微波波段来达到减少大气的吸收而引起的衰减。而大气的散射作用则主要取决于大气分子或大气颗粒的半径与发射的电磁波的波长,由半径大于 1/10 波长的颗粒而引起的散射称为米氏散射,其散射强度与波长几乎无关;由半径小于 1/10 波长的颗粒而引起的散射称为瑞利散射,其散射的强度与波长的 4 次方成反比,可见瑞利散射属于选择性散射,即对短波的散射很强,对长波的散射则较弱。微波波长是可见光的 10^5 倍,可见大气中的瑞利散射对微波遥感的影响不大。云雾是由液态的水滴和冰晶粒子组成的,它们的直径在 1～100 μm,比微波的波长要小一个数量级以上,因此,云雾对微波遥感的影响很小。所以,微波遥感的第一个特点是其全天候的能力。另外,微波是主动式的遥感方式,因而它也不受光照的影响,具有全天时的观测能力。

下列 4 组图分别演示了云层对无线电波从空间到地面之间传输的影响(图 3.5);雨水对无线电波从空间到地面之间传输的影响(图 3.6);不同波长时氧对微波的吸收(图 3.7)和水汽的吸收谱线(图 3.8)等曲线(舒宁,2003),从中可以看出这些自然因素对雷达电磁波在大气中传播的影响情况。

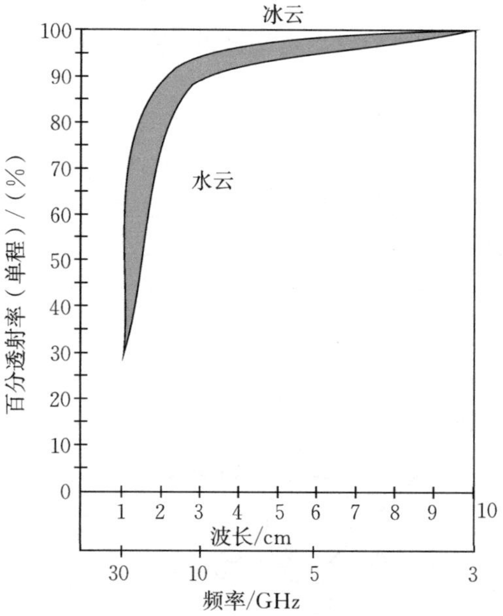

图 3.5 云层对无线电波从空间到地面之间传输的影响

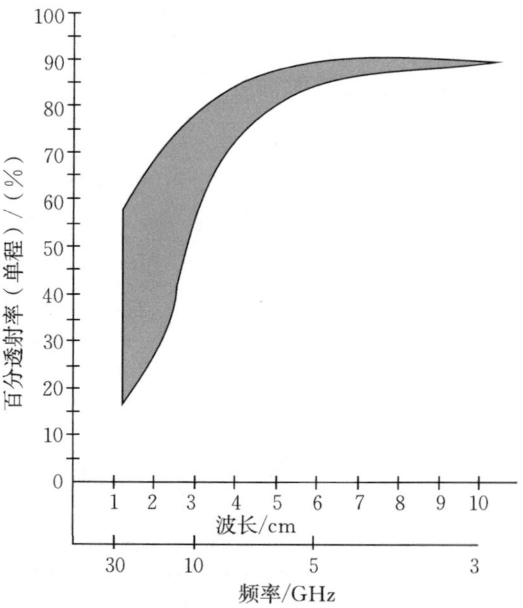

图 3.6 雨水对无线电波从空间到地面之间传输的影响

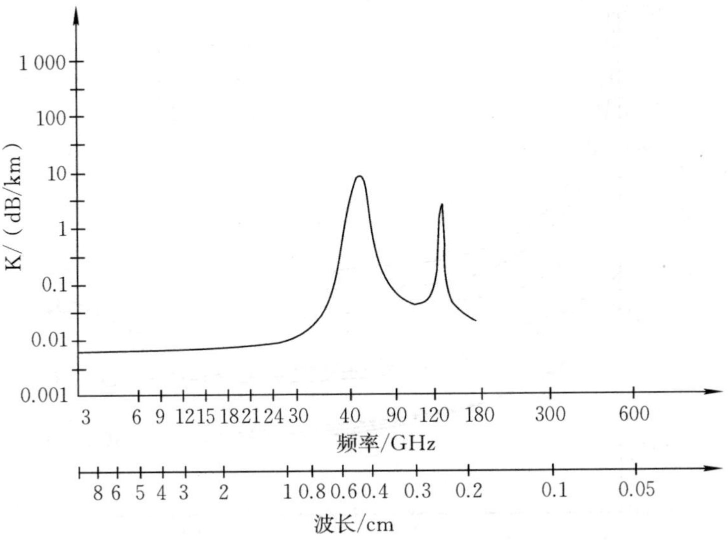

图 3.7　不同波长时氧对微波的吸收

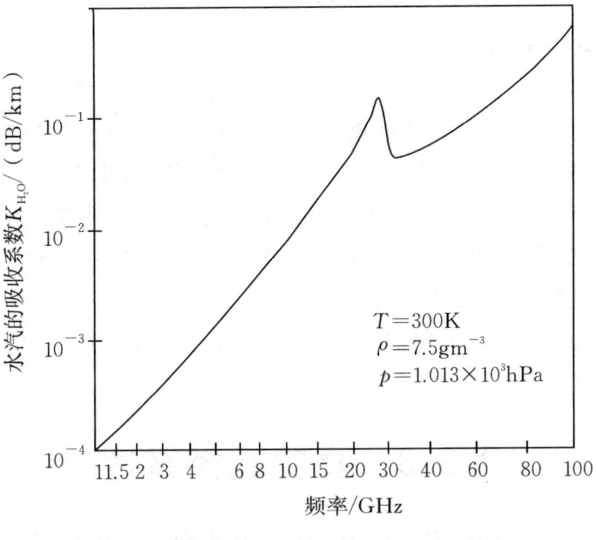

图 3.8　水汽的吸收谱线

2. 雷达波对地物具有一定的穿透能力

雷达波具有一定的穿透能力，这种穿透能力可以用一个公式来描述，假设电场在介质中的衰减常数为 a，则穿透深度公式为

$$\delta_p = \frac{1}{2a} \tag{3.2}$$

对于 $\varepsilon''_\lambda/\varepsilon'_\lambda \ll 1$ 的介质，可以表示成

$$\delta_p = \frac{\lambda\sqrt{\varepsilon'_\lambda}}{2\pi\varepsilon''_\lambda} \tag{3.3}$$

式中，λ、ε'_λ、ε''_λ 分别表示雷达波的波长、复介电常数的实部和虚部。

微波对地面的穿透能力随着土壤湿度的增加而降低，随着波长的增长而增加，在沙漠地区，微波可以穿透几十米，见图 3.9（舒宁，2003）。

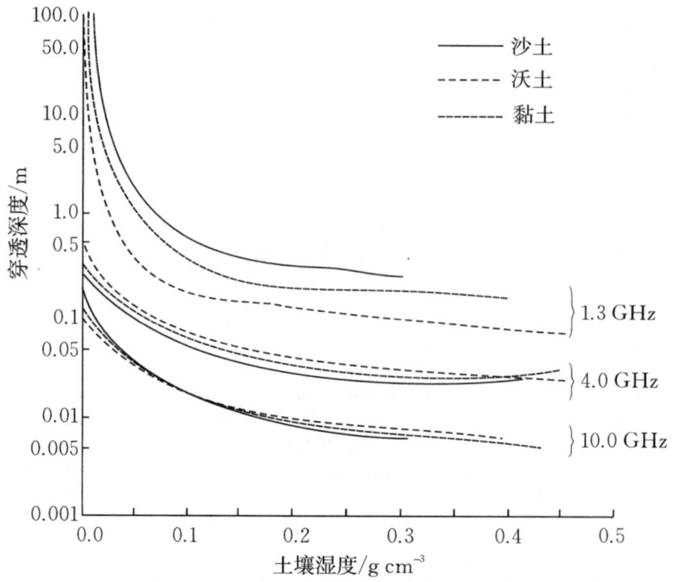

图 3.9 穿透深度与土壤湿度、频率、土壤类型的关系

3. 雷达遥感能获取光学遥感以外的信息

光学遥感(可见光、近红外和短红外光)图像是地面目标对太阳光的反射能量的记录,由于可见光的穿透能力较差,基本上不具备体散射,因而可见光遥感图像反映的地面目标的特性比较单一。雷达遥感图像所记录和反映的是地面目标的波长、入射角、极化方式等特性的综合反映,因此,不同的雷达工作参数(波长、入射角、极化方式)和地域参数(粗糙度、介电常数等),在雷达图像上会产生不同的色调和纹理。同时,雷达图像还具有一定的穿透能力,因此,雷达遥感能获取许多可见光遥感方式所无法得到的信息。

雷达遥感当然也有其不足的地方,譬如雷达遥感影像的几何关系复杂,与光学遥感影像相比,处理起来要复杂得多。

§3.3 真实孔径雷达

真实孔径雷达(Real Aperture Radar,RAR)是从平台行进方向的侧方发射由实际天线所决定的波束宽度的波束脉冲,然后接收目标返回的后向散射波,从接收的信号中可以获得目标的图像,见图 3.10。根据接收雷达反射信号的原理知道,目标在影像上是按照反射的脉冲的先后顺序记录成像的,在方位向上则通过平台的前进,扫描面在地面上的移动按照平台行进的顺序成像。

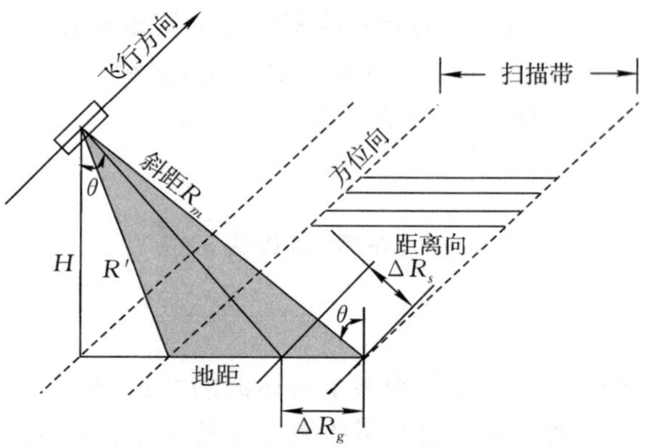

图 3.10 雷达扫描过程

由于雷达遥感的这种侧向成像特点,雷达影像的分辨率因而要分成为距离向和方位向两个部分,而且二者是互不相关的。距离向分辨率是脉冲在脉冲发射的方向上(距离

向)能分辨两个目标的最小距离,方位向分辨率是在辐射波垂直的方向上(方位向)相邻的两束脉冲之间能分辨的两个目标的最小距离。

3.3.1　距离向分辨率

距离向分辨率又可以分成为斜距分辨率和地距分辨率。斜距分辨率表示区分斜距上两个目标的能力,它取决于雷达接收机在时间上区分两个目标回波的能力。因为真实孔径雷达的时间分辨率就是它的发射脉冲宽度 τ,设电磁波到地面上两个目标的距离分别为 R' 和 R_m,见图 3.10,其距离差为 ΔR_s,则电磁波到地面上两目标点往返的时间分别是 $t_1 = 2R'/c$ 和 $t_2 = 2R_m/c = 2(R' + \Delta R_s)/c$,$c$ 表示电磁波传播速度,因而,两个目标点回波信号的时间差为

$$\Delta t = t_2 - t_1 = \frac{2\Delta R_s}{c} \tag{3.4}$$

如果要区分斜距上的两个目标,则两个目标的反射脉冲应不重叠,而雷达系统能分辨不同信号的最小时间是脉冲宽度 τ,所以有 $\tau = \Delta t$,因而斜距的分辨率为

$$\rho_r = \Delta R_{s\min} = \frac{1}{2}c\tau \tag{3.5}$$

地距分辨率可以参考图 3.10 得到,即有

$$\rho_g = \Delta R_{g\min} = \frac{\Delta R_{s\min}}{\cos(90° - \theta)} = \frac{c\tau}{2\sin\theta} \tag{3.6}$$

式中,c 为电磁波速度,θ 为入射角。

由此可以看出,要想提高地距分辨率,则必须减小脉冲宽度 τ 或者是增大入射角 θ。必须要注意到的是,雷达遥感与光学遥感相反,离地底点越近,即入射角 θ 越小,则分辨率越低。

3.3.2　方位向分辨率

在方位向上,若两个目标能够被区分,则该目标就不能处于同一个波束内,这也告诉我们,方位向的分辨率是指相邻的两个脉冲之间能够分辨两个目标的最小距离。如图 3.11 所示,目标 1 和目标 2 不位于一个波束内,因而可以区分,而目标 3 和目标 4 处于一个波束内,因而不能区分。由天线理论可知道,当孔径大小为 D 的天线的照射是均匀分布时,其波束角 ω 和天线孔径 D 之间的关系为 $\omega = \lambda/D$,由此,可以得到方位向的分辨率为

$$\rho_a = \Delta L = \omega R = \frac{\lambda R}{D} = \frac{\lambda H}{D\cos\theta} \tag{3.7}$$

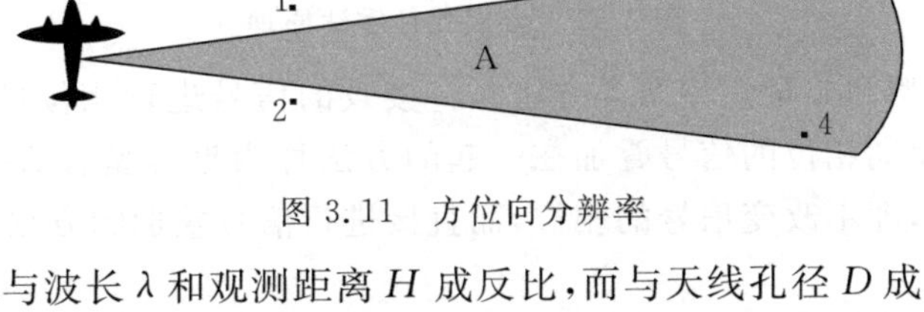

图 3.11　方位向分辨率

方位向的分辨率与波长 λ 和观测距离 H 成反比,而与天线孔径 D 成正比。因此,如果要提高方位向分辨率,需要采用波长较短的电磁波,增大天线孔径 D 以及缩短观测距离,但是这样的结果会大大限制雷达传感器的使用和设计。假设使用 L 波段(波长为 23.5 cm),观测距离

（斜距）为 200 km 的雷达系统，如果希望的雷达影像的方位向分辨率为 25 m，雷达孔径要设计成 $D=1\ 880$ m，这显然是不可能的。因而，真实孔径雷达的使用受到一定的限制，所以设计合成孔径雷达就成为必然的出路。

§3.4 合成孔径雷达

3.4.1 合成孔径雷达原理

合成孔径雷达（Synthetic Aperture Radar，SAR）是一种通过飞行平台的向前运动实现合成孔径的雷达技术。前面提到，地面目标被雷达发射的信号照射后会返回包含地面目标信息反射特性的信号，如果雷达天线是固定不动的话，则只能接收到很小一部分从地面反射的信号（后向散射），但是如果雷达天线是快速向前移动的话，则有可能收集到从地面后向散射到各个方向的信号。这种利用天线的移动，可以将小孔径的雷达天线虚拟成一个大孔径的天线，从而获得类似大孔径天线探测效果的雷达遥感测量称为合成孔径雷达遥感技术。

在飞行过程中，在每一个位置上发射一个雷达信号，接收相应发射位置的回波信号并存储记录下来，存储时必须同时记录接收信号的幅度和相位，将存储的信号进行叠加处理，就可以得到等效孔径为 $L_s=nD$ 的天线所获取的图像。当辐射单元移动一段距离 L_s 后，存储的信号和实际天线线阵列诸单元所接收的信号非常类似。真实孔径雷达在同一个位置上接收目标的回波信号，而合成孔径雷达则在不同位置上接收同一地物目标的回波信号，接收到的当然是在不同时刻的回波信号。随着平台的向前运动，目标与平台之间的距离不断变化，这种变化是有规律的，当平台运动时，平台与目标之间的球面波数逐渐减小，当平台越过这条法线时又有规律地增加，见图 3.12。

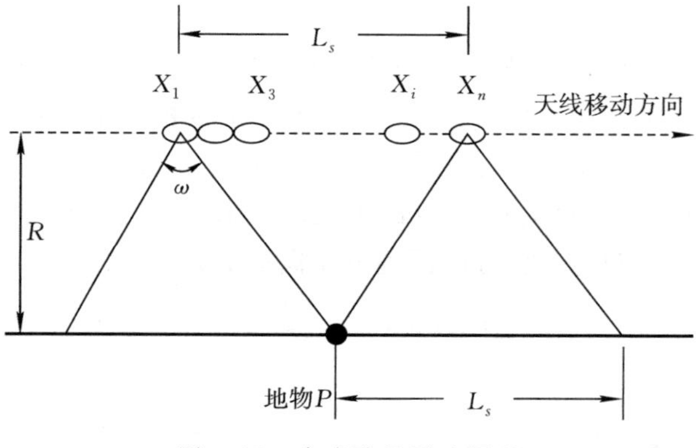

图 3.12 合成孔径雷达原理

合成孔径分聚焦型和非聚焦型两类方法。将接收的信号进行相位校正，从而使同一目标具有相同的相位，进而同相位的信号叠加在一起的方法称为聚焦型合成孔径方法。将接收的信号不进行相位校正，即不改变信号的相位，而直接进行信号叠加的方法称为非聚焦型合成孔径方法。

在飞行记录过程中，雷达记录的是回波信号的幅度和相位在空间沿方位向和距离向的分布，它是一个不可视图像，必须经过光学处理才能形成可视的雷达图像，见图 3.13。

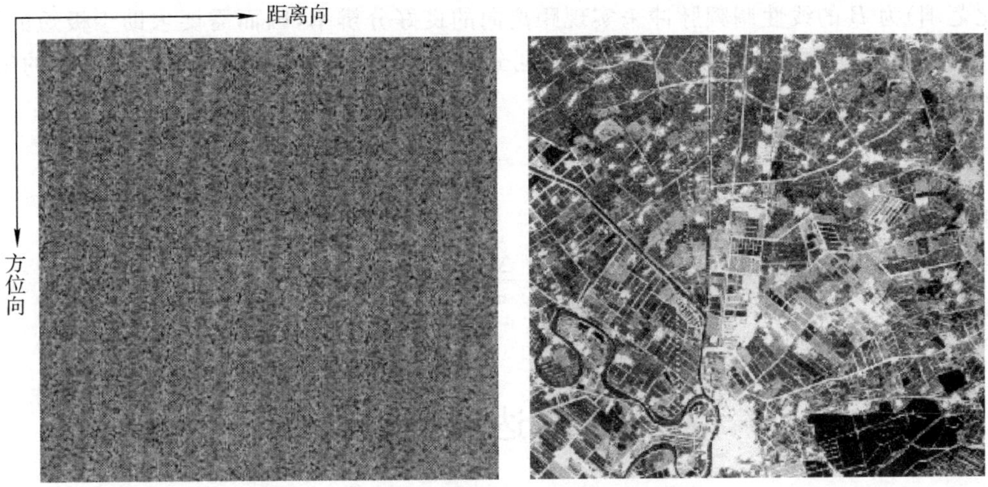

图 3.13　由相干图像到可视的雷达图像变换

3.4.2　方位向分辨率

如图 3.12 所示，设天线在轨道上作匀速直线运动，其真实孔径为 D，波束宽度为 $\omega=\lambda/D$。在合成孔径雷达中，从地表目标返回的脉冲在入射波束照射到目标期间都会不断地被接收。因此，对于一个地面物体 P，天线在 X_1 位置开始接收到其散射信号直至飞行体移动到位置 X_n 为止，设 X_1 到 X_n 的距离为 L_s，参考图 3.12，利用合成孔径雷达技术后的雷达天线长度为

$$L_s=nD=\omega R=\frac{R\lambda}{D} \tag{3.8}$$

由于合成孔径雷达是依次发射和接收的，而不是像真实孔径雷达那样同时发射和接收，所以，各个单元之间的相位差是发射和接收双程距离差引起的。因此，对于长度为 L_s 的合成天线，双程距离差导致的波束宽度 ω_s 为

$$\omega_s=\frac{\lambda}{2L_s}=\frac{D}{2R} \tag{3.9}$$

因此，此波束宽度对应的地面方位向分辨率为

$$\rho_a=\omega_s R=\frac{\lambda}{2L_s}R=\frac{\lambda D}{2R\lambda}R=\frac{D}{2} \tag{3.10}$$

这种所谓的聚焦型的合成孔径雷达方位向分辨率有下列特点：

(1)方位向分辨率与距离、波长无关(见公式 3.10)，因此，对于星载和机载系统而言并不影响其方位向分辨率。

(2)方位向的分辨率与飞行平台的高度无关，这一点对于航天雷达遥感有重要的意义。

(3)方位向的分辨率是雷达天线真实孔径长度的一半，因此，真实孔径越小，其方位向的分辨率越高。例如，ERS-1 的天线孔径为 10 m，则理论上的方位向分辨率应能达到 5 m。当然，由于各种因素的影响，实际上雷达的方位向分辨率一般达不到此大小。

3.4.3　距离向分辨率

合成孔径雷达的距离向分辨率与真实孔径雷达的距离向分辨率相同。但是，由于真实孔径机载雷达一般是用短脉冲来实现距离向的高分辨率，而合成孔径雷达通常用带宽(脉冲频率

的变化范围)为 B 的线性调频脉冲来实现距离向的良好分辨率,因而需要求助于极短的脉冲。对于线性调频信号,可通过脉冲压缩得到时间分辨率为 $\tau = 1/B$。因此合成孔径雷达的斜距分辨率为

$$\rho_r = \Delta R_{s\min} = c\,\frac{\tau}{2} = \frac{c}{2B} \tag{3.11}$$

而地距分辨率

$$\rho_g = \Delta R_{g\min} = \frac{\Delta R_{s\min}}{\sin\theta} = \frac{c}{2B\sin\theta} \tag{3.12}$$

式中,c 为电磁波速度,θ 为入射角。

§3.5 雷达参数的选择

合理地选择 SAR 系统的参数既是满足不同应用目的的需要,也是发展雷达遥感的关键。SAR 系统工作参数的选择受诸多因素的限制,有些参数是为了应用的目的,有些则是技术的原因,在这一节对此进行简单的介绍。

3.5.1 波段的选择

在 SAR 系统中,雷达波段(或者是频率)是雷达系统最重要的几个参数之一,不同的波段将直接影响系统的实现和图像的质量。表 3.1 中已经将常用的成像雷达的波段和频率范围给予了罗列,在这里给予简短的说明。

SAR 在农业方面主要用于土地利用调查、农作物分类、农作物长势监测、估产以及土壤的湿度调查等。研究表明,P 波段适合于地表型目标的粗分类,L 波段能有效地区分农作物的类型,C 波段适合于禾本科作物的分类等。因而,要根据应用目的的不同选择合适的波段范围。

SAR 在林业方面主要用于森林种类的区分和识别。一般的,C 波段的后向散射能量主要来自于树冠层,L 波段的后向散射能量来自于树干以及地面的相互作用。因而,L 波段更适合于区分针叶树和阔叶树。

SAR 在海洋研究方面主要用于海洋物理学、海岸带监测、海冰类的监测以及海洋污染等。一般来说,短波段有利于探测海浪的变化。

SAR 在地质方面主要用于地质岩的特性研究、火山监测、地质灾害调查、矿产资源调查和勘探等。由于长波段的电磁波对地表层有一定的穿透能力,因而在地质上一般采用长波段 SAR 雷达系统。

国内外已经发射的大部分 SAR 雷达系统主要采用的是 L、S、C 和 X 波段。例如,ERS-1、Radarsat 主要用于海洋、冰川和土地利用目的,所以它们采用的是 C 波段;JERS-1 主要用于地球资源调查,所以选用了 L 波段;美国航空航天局的航天飞机成像雷达 SIR-C/X,其波段则包含了 L、C、X 三个波段,以用于不同的应用目的。我国的星载雷达系统采用的是 L 波段。

3.5.2 极化方式的选择

关于极化方式这个参数,在前面的章节中已经作过说明,共有 4 种极化方式可供选择,即 HH、VV、HV 和 VH 四种极化方式。

极化方式不同，地物对电磁波的反射响应也会不同，因此同一地区的不同极化图像也会出现差异，这种差异可以用作图像目标的识别和判读。目前已经发射的星载雷达系统多采用单一极化方式，例如美国航空航天局的 Seasat、SIR-A、SIR-B、苏联的 Almaz-1、日本的 JERS-1、加拿大的 Radarsat 等雷达系统均采用 HH 极化方式；欧洲空间局的 ERS-1、ERS-2 则采用了 VV 极化方式。另外，计划中要发射的大多数系统多采用类似于美国航空航天局的多极化方式的雷达传感器系统，以利于不同的应用目的的需要。图 3.14 所示为几幅不同的极化方式下的 SAR 影像。

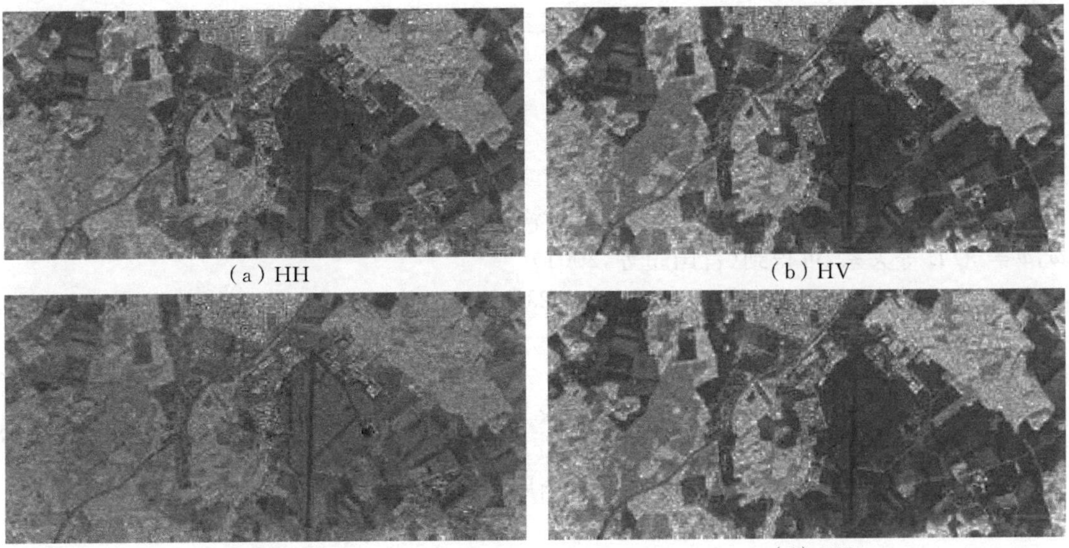

(a) HH　(b) HV　(c) VV　(d) VH

图 3.14　不同极化方式下的 SAR 影像

3.5.3　脉冲重复频率、天线尺寸和测绘带宽的选择

合成孔径雷达主要由发射机、接收机和雷达天线组成。由发射器发射的线性调频脉冲经过放大后，馈送至天线发射出去，天线接收到发射出去的电磁反射波后，经过接收系统混频、中放、相位检波等一系列的信号处理后，再送至存储器，这些信号经过成像处理后形成了雷达影像。

天线是将发射器产生的电磁波发射出去，或者接收地物反射回来的电磁波，并传送给接收机的重要部件。在雷达系统中，有时候同时安装两副天线，以便分别发射和接收电磁波，有时候用同一天线兼备这两种功能。天线的尺寸与脉冲重复频率和测绘带宽存在着一定的制约关系。

1. 脉冲重复频率

脉冲重复频率(Pulse Repetition Frequency，PRF)是指单位时间内重复发射脉冲的次数。脉冲重复频率 F_P 是脉冲重复周期 T_P 的倒数，即有

$$F_P = \frac{1}{T_P} \tag{3.13}$$

对于脉冲重复频率 F_P 的选择主要考虑两个因素：第一是距离向的带宽，并且要保证相邻两次脉冲的发射和接收不会发生混淆；第二是方位向上对回波多普勒信号的抽样过程不能产生信息的丢失。对此，可以通过奈奎斯特原理和奈奎斯特系数进行分析。

设卫星运行的速度为 V，在脉冲重复周期 T_P 内，卫星的行进距离为 S_t，为了能够使整个测

绘带成像，对于合成孔径雷达而言，S_t 必须小于等于方位向分辨率 ρ_a，即有（肖国超等，2001）

$$S_t = VT_P = V\frac{1}{F_P} \leqslant \rho_a = \frac{D}{2} \tag{3.14}$$

因而可以得到

$$F_P \geqslant \frac{2V}{D} \tag{3.15}$$

由这两组公式可以看出，卫星在每一次重复周期内的运行距离不能大于一个分辨率单元，这就规定了脉冲重复频率的下限。

为保证相邻两个脉冲的发射和接收不会发生混淆，根据斜距分辨率公式 $\Delta R_s = c\tau/2$，得到脉冲重复周期

$$T_P = \frac{1}{F_P} \geqslant \frac{2}{c}\Delta R_s \tag{3.16}$$

2. 天线尺寸

参考图 3.10，并考虑下列公式：斜距分辨率 $\Delta R_s = c\tau/2$、$\Delta R_g = \Delta R_s/\sin\theta$，以及 $\Delta R_g = R_m\omega$，$\omega = \lambda/L$ 等关系，可得到（肖国超等，2001）

$$\frac{1}{F_P} \geqslant \frac{2\lambda R_m \sin\theta}{Lc} \tag{3.17}$$

或者公式

$$L \geqslant \frac{2\lambda R_m F_P}{c}\sin\theta \tag{3.18}$$

式中，λ、c、R_m、θ、L 分别表示波长、光速、波束斜距中点距离、入射角和天线的宽度。

由式(3.15)可以得到

$$D \geqslant \frac{2V}{F_P} \tag{3.19}$$

由式(3.18)和式(3.19)可以得到天线的最小宽度 $L_{\min}$、最小长度 $D_{\min}$ 和最小面积 $S_{\min}$ 分别为

$$L_{\min} = \frac{2\lambda R_m F_P}{c}\sin\theta \tag{3.20}$$

$$D_{\min} = \frac{2V}{F_P} \tag{3.21}$$

$$S_{\min} = D_{\min}L_{\min} = \frac{4\lambda R_m V}{c}\sin\theta \tag{3.22}$$

由上述公式可以看出：

(1) 由于卫星的速度 V 和卫星高度 R 参数都很大，因此天线尺寸不可能很小。一般来说，天线长度 D 一般应在 10～15 m 左右。

(2)方位向分辨率 ρ_a 越高，则脉冲重复频率 F_P 一般也应越大。而 F_P 越大，则天线的宽度 L 应增大，并应减小天线长度 D。

3. 测绘带宽

测绘带宽也被称为辐照宽度或扫描宽度，它是雷达波束辐照的地面宽度。斜向辐照宽度 W_s 是最大和最小斜距之差，地距辐照宽度 W_g 是最大和最小地距之差。由式(3.16) 可得到

$$W_s \leqslant \frac{c}{2F_P} \tag{3.23}$$

以及

$$W_g = \frac{W_s}{\sin\theta} \leqslant \frac{c}{2F_P \sin\theta} \tag{3.24}$$

由上面的二式可以得出下列结论：

(1)测绘带宽限制了最大可能的重复脉冲频率。即如果想获取较大的测绘带宽，则 F_P 不能太高。

(2)测绘带宽受到方向位理论分辨率的限制。方向位分辨率越高，则允许的最大测绘带宽也越小，反之亦然。

3.5.4　入射角 $\boldsymbol{\Phi}$ 和 $\boldsymbol{\Phi_l}$

如图 3.15 所示，雷达入射波束与该地大地水准面垂线的夹角称为入射角 Φ，与地物散射表面法线的夹角称为局部入射角 Φ_l 。入射角与雷达影像的几何畸变有关，局部入射角则会影响后向散射。

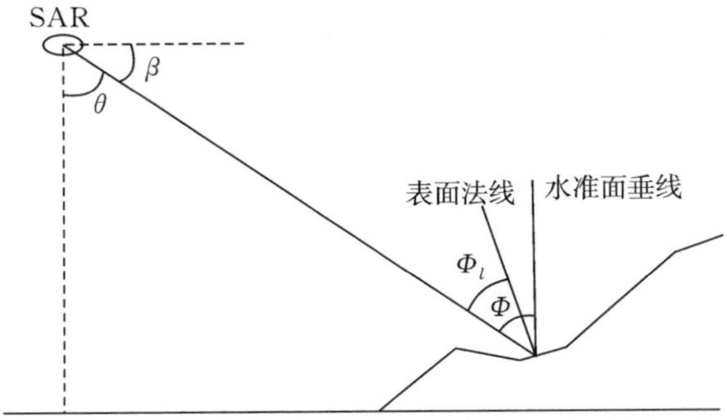

图 3.15　雷达成像几何参数

3.5.5　视角 $\boldsymbol{\theta}$

雷达的视角 θ 定义为天线朝地面的垂直方向与天线朝入射点方向之间的夹角。如果飞行平台在移动的过程中还绕着轴向滚动，则 θ 角会发生变化，这样当然会给雷达影像的几何校正带来困扰。图 3.16 所示为视角 θ 的变化对 SAR 图像的影响，3°的视角变化明显影响了 SAR 图像的成像。

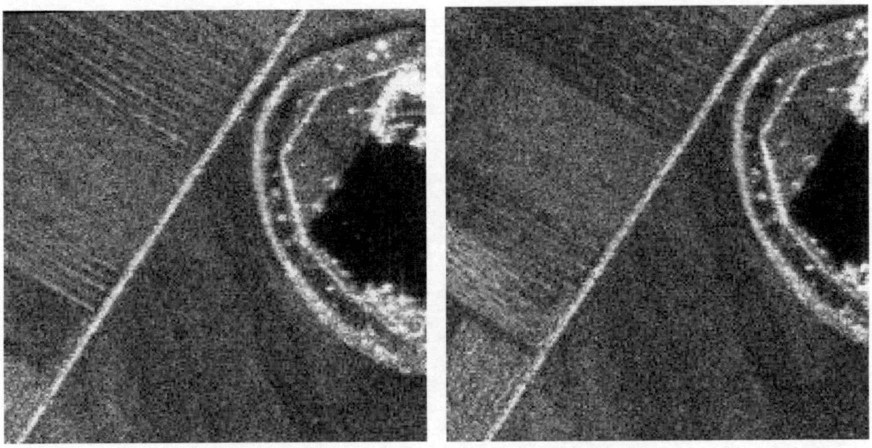

图 3.16　两幅 SAR 图像具有 3°的视角差

3.5.6 俯角 β

雷达的俯角 β 指的是天线沿水平方向与天线朝入射点的方向之间的夹角，见图 3.15。

雷达的入射角 Φ、视角 θ 和俯角 β 对雷达成像会产生影响，这几个参数的不同决定了雷达波束对地物的不同照射方向，因此会产生不同的回波效果。雷达俯角 β 与雷达视角 θ 构成互补关系。当同一类型地物处于不同的俯角条件时，其回波有区别，图像也不同，这一点可以从图 3.16 中看出。

第 4 章　雷达图像特征

由于合成孔径雷达是主动式微波遥感传感器，而且这种方式传感器的构像几何学属于距离投影类型。因而，雷达图像与传统的可见光类型的图像在成像的机理、几何辐射特性、图像处理方法等一系列问题上都有很大的不同。本章将对雷达图像的几何特性、辐射特性、雷达图像与光学图像的区别，以及雷达图像的辐射校正和几何校正的原理和方法给予介绍。

§4.1　雷达图像的辐射特性

雷达成像处理又被称为雷达信号处理或者雷达图像重建，它是将雷达观测获取的(原始)信号数据(包括信号的强度、相位、极化、时间延迟和频移等信息)处理成图像产品的过程。

雷达图像上的信息是地物目标对雷达波束的反映，而且主要是地物目标的后向散射所形成的图像信息。由于地物目标位置的不同，以及地物结构、表面形态和地物目标的介电性能的不同，对雷达波束的反映因而也不同。同时，不同的雷达波长、不同的入射角、不同的极化方式都会使地物在影像上产生不同的色调、灰度和纹理。

雷达波束是一种具有振幅、相位、频率和极化 4 个要素的电磁波束，其中的任何一个因素的变化，都会产生不同的电磁波，这一节首先讨论雷达图像的辐射特性。

理论和实验表明，雷达图像的灰度主要受后向散射的影响，而影响后向散射系数的主要因素分为两类：第一类是雷达系统的工作参数，主要包括雷达传感器的工作波长、波束的入射角、入射波的极化方式等；第二类因素是由地面目标的特性引起的，即地表的粗糙度和地物目标的复介电常数等因素。

4.1.1　雷达波束的极化方式

在前面的章节中已经谈到，雷达波是电磁波，而电磁波又是由不断变化的电场和磁场交替影响产生的。电磁波是一种横波，电场矢量的振动方向与磁场矢量的振动方向相互垂直，而且都垂直于电磁波的传播方向。

电磁波在空间的直接传播称为电磁辐射，电磁辐射在传播过程中会产生所谓的偏振现象，在微波波段通常称这种偏振为极化，所谓极化是指电磁波在一个振荡周期内空间一个点的电磁强度矢量的方向。电磁波的极化一般分为线极化、圆极化和椭圆极化，如图 4.1 所示(舒宁，2003)。当电场强度矢量的端点随时间变化时的空间取向或者是描绘出来的轨迹是一条直线、一个圆或者是一个椭圆时，则分别称为线极化、圆极化或者是椭圆极化方式。在侧视雷达中通常使用线极化方式，线极化通常又可以分为水平极化和垂直极化两种方式。在微波遥感中，极化方向都是以地面为基准面的。将前面的图 3.1 在这里以不同的方式重新表示出来，如图 4.2 所示。假设 CM 平面平行于地球表面，如果电场矢量沿 M 轴垂直于入射面 CE 而且平行于地面 CM，则称为水平极化。如果电场矢量沿 E 轴垂直于地面 CM 而且平行于入射面 CE，则称为垂直极化。前面谈到，当使用不同的极化天线发射和接收电磁波时，雷达遥感可以产生 4 种极化方式，即 HH、VV、HV、VH。

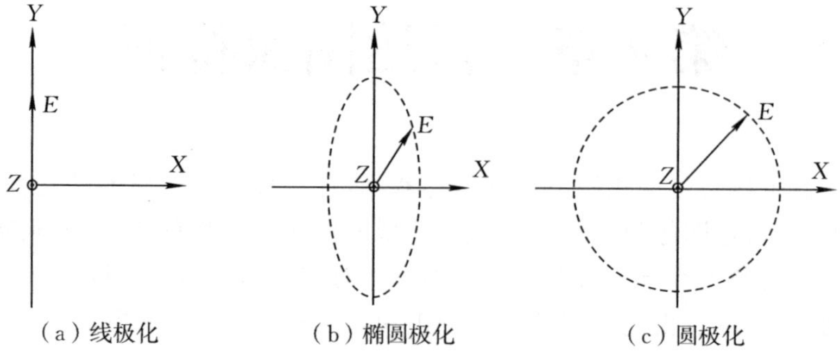

图 4.1 线极化、椭圆极化、圆极化

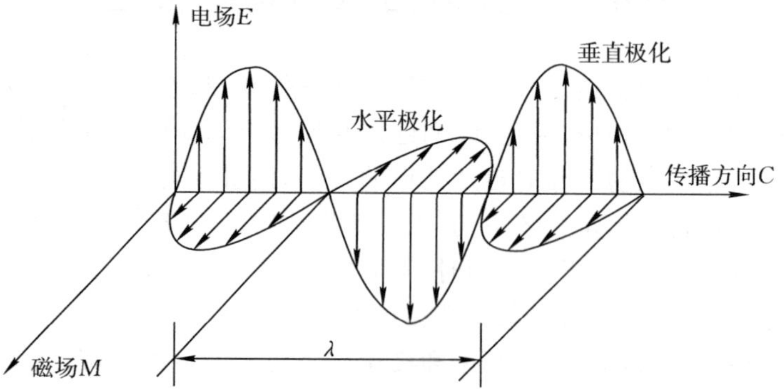

图 4.2 电磁波的传播及极化方式

同一目标在不同的极化方式时会导致对电磁波的响应不同，最终，不同极化方式条件下产生的雷达图像也存在差异，这一现象使数据处理产生困难。一般说来，大多数的自然地物目标对 HH 极化波能产生较强的回波信号，因而，大部分的用于地形测绘和资源调查的 SAR 雷达卫星系统多采用 HH 极化方式。对于地表目标比较粗糙(譬如树木、农作物、耕地等地区)、回波信号与入射角无关(地表散射各向同性)的地区，HH 和 VV 极化方式基本没有大的区别；对于光滑的地面(譬如河滩、水体等)，HH 极化方式比 VV 极化方式回波低；对于建筑物而言，HH 的回波通常大于 VV 的回波。而交叉极化方式，即 HV 和 VH 的回波比同极化方式 HH 和 VV 的回波要低得多，因而，对于测绘和资源调查而言，交叉极化方式的雷达传感器使用得较少。

一般而言，对于大多数的地物目标，目标反射回波的极化方式和照射波的极化方式相同而不产生变化。对于某些特殊目标，其回波受某些目标参数的影响，会发生电场矢量方向的改变，即回波的极化性质会发生改变，这种现象称为去极化现象。产生这种现象的一种原因是地物目标表面几何形状的不同，另外一种原因是由于地物目标的湿度大小的不同。

关于去极化现象，可以用图 4.3 来描述。在图 4.3(a)、4.3(b)中，入射电磁波照射到一个由两个正交的面组成的几何体上，经过两次反射，电场方向改变 90°，这种情况下则产生了所谓的去极化现象；在图 4.3(c)中，电磁波经过了 3 次反射，则不产生去极化现象。因而可以归纳：当电磁波经过偶次反射时，产生去极化现象；当电磁波经过奇次反射时，不产生去极化现象。另外一个概念是体散射效应，体散射效应是指电磁波经过多路径反射后所产生的总的有效散射效应。这种情况一般产生在森林、植被、干雪、干沙等能被长波穿透的地区。

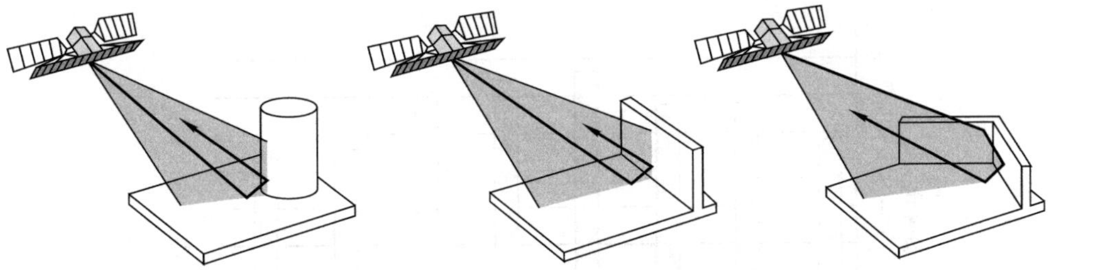

(a)产生去极化反射　(b)产生去极化反射　(c)不产生去极化反射

图4.3　关于去极化现象的描述

综上所述，不符合镜面反射，又不太粗糙的目标，一般不会产生去极化现象；相对粗糙的地表面，经常会发生强烈的去极化现象。但是，地面是极其复杂的自然现象，因而无法准确地判断是否存在去极化现象，以及这种现象程度如何。

4.1.2　复介电常数的影响

组成地物目标的物质性质对雷达回波的影响很大，这一性质主要表现为复介电常数。一般说来，复介电常数越大，反射雷达波束的能力越强，穿透作用越小。复介电常数由表示介电常数的实部和表示损耗因子的虚部组成，损耗因子是指电磁波在传输过程中的损耗，或者称为衰减，它与物质的传导率有关，它也是确定物体表面反射率的主要物理量。复介电常数 ε_λ 一般可以用电容率（介电常数）R 和电导率 γ 表示为

$$\varepsilon_\lambda = \frac{R}{\varepsilon_0} - j\frac{\gamma}{2\pi f\varepsilon_0} = \varepsilon'_\lambda - j\varepsilon''_\lambda \tag{4.1}$$

式中，ε_0 表示真空介电常数；$j=\sqrt{-1}$；f 为频率；ε'_λ 表示复介电常数的实部，其值随着波长而改变；ε''_λ 表示复介电常数的虚部，它取决于组成物质的电导率 γ，也就是说，它反映了电磁波在传播过程中的损耗或者衰减。可以用表4.1来说明一些比较典型的土壤和地面的几个复介电常数参数（肖国超等，2001）。

表4.1　典型土壤和地面的复介电常数的几个参数

介质	波长 λ/cm	γ/(S/m)	ε'_λ	ε''_λ
海水	3～20	4.3	80	774
淡水	100	10^{-3}～10^{-2}	80	0.06
非常干燥的沙质土	9	0.03	2	1.62
非常潮湿的沙质土	9	0.6	24	32.4
非常干燥的地面	100	10^{-2}	4	0.006
潮湿的地面	100	10^{-4}	30	0.6

由表4.1可以得出以下两个结论：

(1)影响复介电常数的主要因素是地面目标的含水量。复介电常数与目标的液态含水量几乎呈线性增长关系，即含水量高，则复介电常数就大，因而对电磁波的反射率就高，回波就强，反映到图像上则就更亮一些，但是微波的穿透力则下降，反之亦然。

复介电常数与目标的含水量有关，而含水量在不同的时间也不相同。以水稻为例，图4.4

所示为水稻的复介电常数在不同时间段的变化情况。

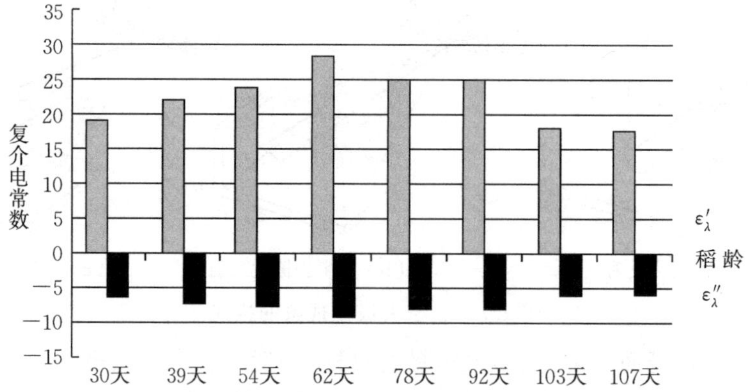

图 4.4　水稻的复介电常数随时间变化的规律

(2)影响复介电常数的另外一个因素是地面目标的电导率。微波能量的损失和衰减是地面目标电导率和波长的函数。一般说来,地面目标的含水量不变时,频率越高(波长越短),在目标内的能量的衰减越大,穿透率越低,反之亦然。例如,X 波段的雷达波对湖和河水的穿透率只有 2～3 mm,对湿度大的地面也只有几毫米的穿透率,对干燥的土壤的穿透率可以达到 2 m的深度,而对干的沙滩可以达到几十米的深度,不同波长在不同地面类型条件下的反射和穿透情况见图 4.5。

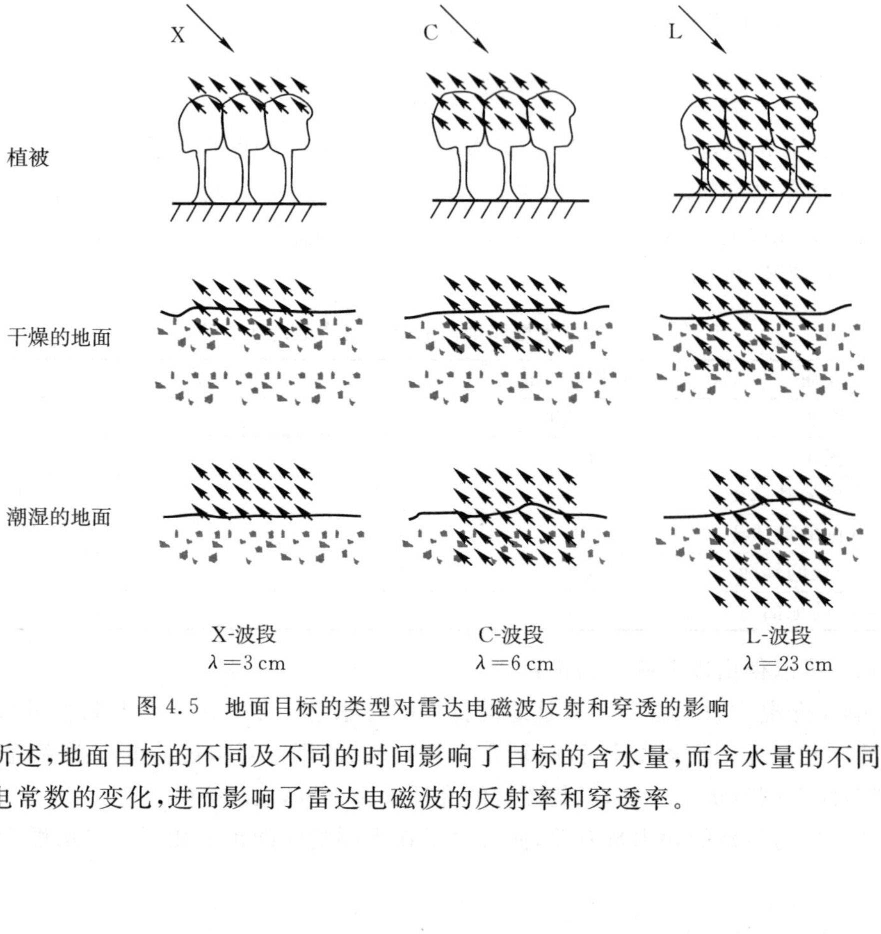

图 4.5　地面目标的类型对雷达电磁波反射和穿透的影响

综上所述,地面目标的不同及不同的时间影响了目标的含水量,而含水量的不同则直接导致了复介电常数的变化,进而影响了雷达电磁波的反射率和穿透率。

4.1.3　地表面粗糙度的影响

地表面的粗糙度是指地形表面上具有较小间距和起伏所组成的微观几何形状特性，它表示描述地面目标的几何体大小的计量单位，它是指一个雷达分辨率单元内地表面的粗糙程度，它是由细小的物质组成，例如砂石、树叶等，这是决定回波振幅的主要因素。一般来说，地表面的粗糙度分为 3 种情况，即平滑表面、微粗糙表面和高粗糙表面。区分这 3 种粗糙度的准则是瑞利准则，可以由下面的描述来解释(肖国超等，2001)。

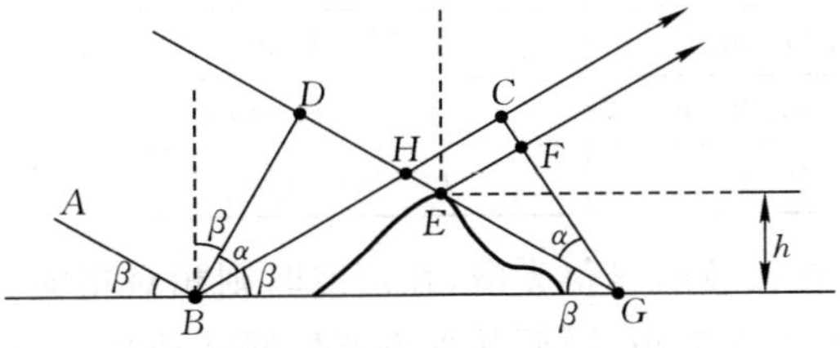

图 4.6　地表面粗糙度的影响

如图 4.6 所示，AB、DE 为两条入射波的射线，两条反射波射线为 BC、EF，BD、CG 为入射波和反射波的等相位面。如果 AB、DE 投射到理想光滑的表面上时，其反射线没有相位差。现投射到一个高差为 h 的粗糙的表面上，则该二射线的路径差为 $\Delta r = BC - (DE + EF)$。

同时，从图 4.6 中的几个三角形知道，$\angle HBG = \angle HGB = \beta, BH = GH, DH = HC, BC = BH + HC = GH + DH$，因而有

$$\Delta r = BC - (DE + EF) = GH + DH - DE - EF = EG - EF \tag{4.2}$$

因为，$EG = h/\sin\beta, EF = EG\sin\alpha, \alpha = 90° - 2\beta$，所以

$$EF = EG\sin\alpha = EG\sin(90° - 2\beta) = EG(1 - 2\sin^2\beta) \tag{4.3}$$

进而得到

$$\Delta r = EG - EF = EG - EG(1 - 2\sin^2\beta) = 2h\sin\beta \tag{4.4}$$

而两射线之间的相位差为

$$\Delta\varphi = \frac{2\pi}{\lambda}\Delta r = \frac{4\pi}{\lambda}h\sin\beta \tag{4.5}$$

由式(4.4)和式(4.5)可以看出，如果 h 很小，则两者之间几乎没有相位差，两条反射线能量则相加，这就是镜面反射条件。当由于 h 造成的相位差接近 π 时，则两条反射线的相位刚好相反，破坏了镜面反射条件，使反射的能量分布在很宽的角度上，形成散射。因此一般取瑞利条件 $\Delta\varphi = \pi/2$ 作为区分光滑表面和粗糙表面，以及作为区分镜面反射与镜面漫反射的分界线，即如果有

$$\Delta\varphi < \pi/2 \tag{4.6}$$

或者当

$$h < \lambda/8\sin\beta \tag{4.7}$$

时，则地表面可以看成是光滑的表面。当 $h > \lambda/8\sin\beta$ 时则为粗糙的表面。

按照瑞利准则一般还不能区分不同粗糙程度的表面，为此，1971 年皮克和奥立佛修改了瑞利准则，使之适合于中等粗糙度的表面。

当

$$h < \lambda/25\sin\beta \tag{4.8}$$

时，则地形表面为光滑的表面；当

$$h > \lambda/4.4\sin\beta \tag{4.9}$$

时，则地形表面为粗糙的表面；当

$$\lambda/25\sin\beta < h < \lambda/4.4\sin\beta \quad (4.10)$$

时，则地形表面为中等粗糙的表面，h 为地物表面起伏高差的均方根值。

由以上的几组公式和准则可以清楚地看出，地表面的粗糙度不仅取决于 h，而且还与波长 λ 和俯角 β 有关。可以给出一个简单的表格来说明几种雷达波长条件下对粗糙度的定义，从中可以看出这一准则的意义，见表 4.2（肖国超等，2001）。

表 4.2 几种典型的雷达波长对粗糙度的定义（假设 $\beta=45°$）

粗糙度	Ka 波段（$\lambda=0.86$ cm）	X 波段（$\lambda=3$ cm）	L 波段（$\lambda=25$ cm）
光滑	$h<0.05$ cm	$h<0.17$ cm	$h<1.41$ cm
中等	$h=0.05\sim0.28$ cm	$h=0.17\sim0.96$ cm	$h=1.41\sim8.04$ cm
粗糙	$h>0.28$ cm	$h>0.96$ cm	$h>8.04$ cm

地面粗糙度是一个相对的概念，同一地物表面，在长波时显得光滑，在短波时则相对粗糙。

光滑的表面对雷达波产生镜面反射，即反射角等于入射角，因而几乎不产生回波信号。只有当雷达波束垂直入射地面时，才可能产生回波。因此，光滑的地表面（平静的水面、机场的跑道等）在雷达影像上几乎是黑色的。

粗糙的地表面对雷达信号产生漫反射，即入射波能量以入射点为中心，在整个半球空间内向四周各向同性地反射能量。因此，无论雷达天线的俯角如何改变，天线都可以接收到较强的回波信号，所以，粗糙的地表面的雷达影像表现为亮色调。

中等粗糙的表面产生混合反射，因而，这样的地表面的雷达影像一般为灰色调。

4.1.4 波长的影响

从复介电常数和粗糙度的特性可以看出，波长是通过两个方面影响回波信号的：第一，直接按波长去衡量地表的粗糙度；第二，波长的不同直接影响了复介电常数的不同。粗糙度直接影响地物目标对电磁波的散射方向和分布；复介电常数则影响地物目标反射能力的大小和电磁波穿透能力的大小。

4.1.5 入射角的影响

根据瑞利准则，入射角减小（相对于俯角的增大），表示目标有效粗糙度增加，也就是说增加了目标散射能量分布的范围，可以用平均散射系数 σ 来讨论入射角的影响。

对于理想的光滑表面，平均散射系数 σ 可以按式（4.11）来表达

$$\sigma = \begin{cases} \delta & \text{后向散射角等于镜面角的情况} \\ 0 & \text{其他} \end{cases} \quad (4.11)$$

理想的粗糙表面即为朗伯面，其平均散射系数可以用式（4.12）表示

$$\sigma(\theta) = \sigma(\theta = 0)\cos\theta \quad (4.12)$$

式中，θ 为入射角或视角。

一般而言，$\sigma(\theta)$ 曲线可以按照入射角分成 3 个部分，即近垂直入射区、平直区和近切向区。对星载雷达系统而言，地面不是太粗糙的地区，一般大部分的雷达波束都位于平直区，所以入射角对雷达回波的影响不是太大；地面很粗糙的地区，这时雷达的回波可能位于近垂直区域，此时，雷达的回波则表现为亮色调。

对海洋雷达遥感而言，有时需要将入射角控制在近垂直区，原因是由于平静的海面近似于一个光滑的表面，在这种情况下，只有在近垂直入射区才能取得较好的雷达回波和影像。

4.1.6　硬目标的影响

具有较大的散射截面，在雷达影像上呈现为一系列亮点或者一定形状的亮线的地物目标一般被称为硬目标，例如角反射器、谐振体、金属构件等。下面简单讨论角反射器等对雷达辐射特性的影响。

1. 角反射器效应

当地物目标具有两个互相垂直的光滑表面（例如房屋的墙角与地面就组成了这样的互相垂直的角反射器），或者 3 个互相垂直的光滑的表面时，就可能构成了二面或者三面角反射器。

雷达波束遇到这种情况时，由于角反射器每个表面的镜面的反射，使雷达波束反转 180°而向来波的方向传播，这样就产生了各条入射线在反射回去的时候方向相同，相位也相同的情况。这种现象将使信号互相增强，回波信号极强。对二面角而言，雷达图像上则可能出现一条相应于二面角两个平面交线的一条亮线；对三面角而言，则有可能出现相对于三面角交点的一个亮点。图 4.7 所示为城市居民地和建筑物在雷达图像上的情况，从图上可以看出，建筑物群是亮色的，小的建筑物显示的是亮色的斑点。

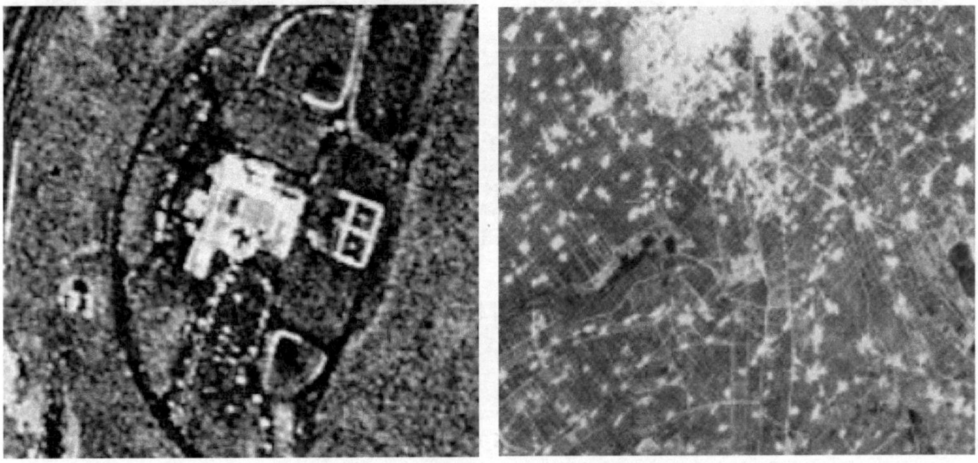

图 4.7　雷达图像上的建筑物显示

二面角的后果是可能产生虚假的目标影像。例如一个金属物质的塔的附近如果有水面或者是公路，则有可能构成角反射器，因为除了金属塔本身反射一部分的雷达波束并形成了雷达影像外，从水面或者是公路上反射的雷达波束有可能反射到金属塔上，然后又在雷达影像上成像，后果是同一个金属塔有可能在雷达影像不同的位置上形成多个影像。若旁瓣照射到反射目标如桥梁上，而主波束却照射到无回波的水面上，这时在真实目标的附近可能出现微弱的虚假目标，图 4.8 所示就是这种情况，虽然这种情况是极个别的，但也须引起注意。

虚假现象的出现多与强反射目标有关，在图像分析时，遇有强反射目标，应注意附近是否有虚假目标出现，见图 4.8 和图 4.9（舒宁，2003）。

2. 谐振效应

谐振效应是由长度为雷达波长的整数倍的金属材料或者是高介电常数的材料所构成的目

标，例如水塔、桥梁、落叶树枝、河床等都是谐振体。谐振效应使这些谐振体可能构成一些很亮的影像，图 4.10(b)给出了一幅由于桥梁而引起的多重反射雷达图像。

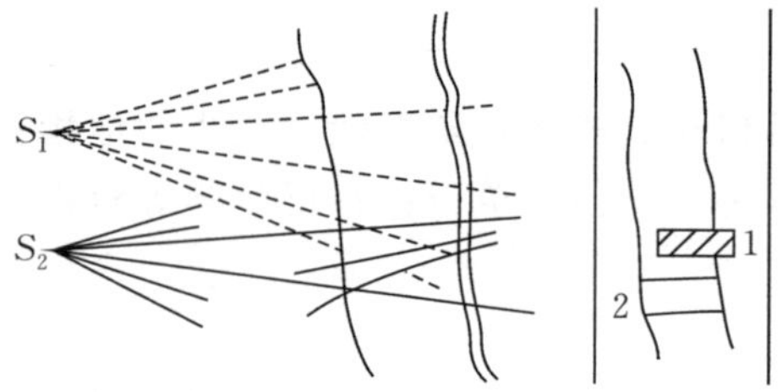

图 4.8 公路引起的多重反射

1—为前旁瓣形成的虚假目标；

2—为主波束形成的实际目标图像。

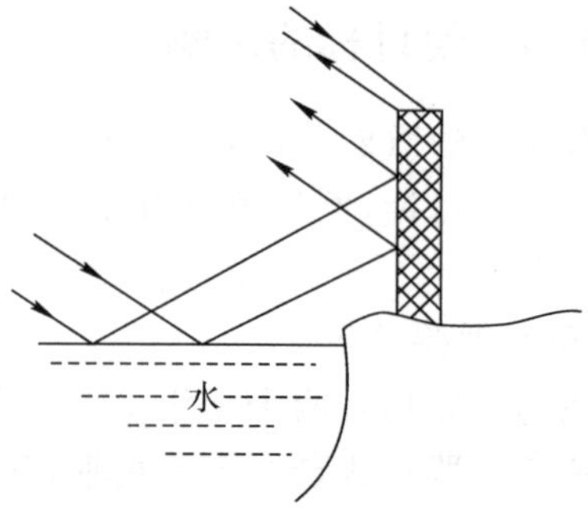

图 4.9 金属塔引起的多重反射

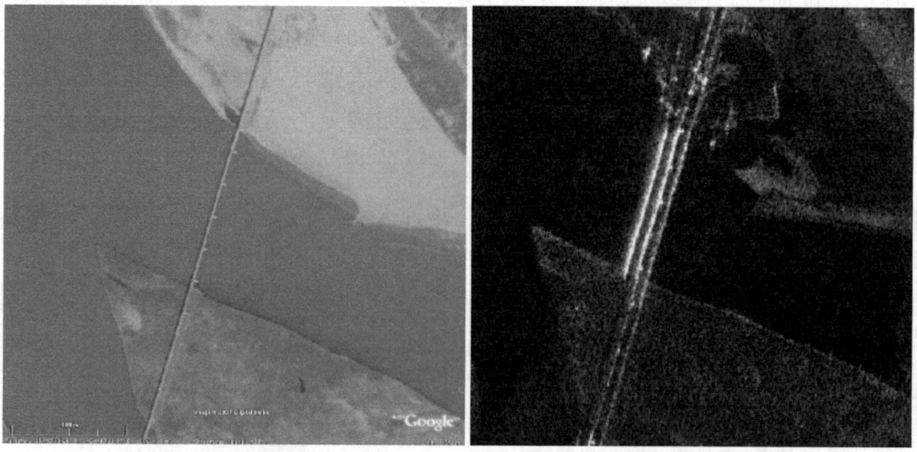

(a) 光学遥感图像 (b) 雷达图像

图 4.10 公路和水体引起的多重反射雷达图像

4.1.7 雷达光斑的影响

在合成孔径雷达影像上的颗粒状的噪声称为光斑，光斑效应是相干成像雷达的必然结果。雷达光斑是由于用相干信号照射目标时，目标上的随机散射面的散射信号之间的相互干涉所形成的相干噪声。这种斑点噪声严重影响了雷达图像的目标判读的可靠性，因此，消除斑点噪声具有重要的意义。目前有两类方法用于消除或者减弱这种噪声的影响：一是成像前的多视平滑处理；二是成像后的去斑点滤波，对此将在以后的章节中给予介绍。

§4.2 雷达图像的几何特性

合成孔径雷达属于主动式遥感系统，本质上也是一种几何距离测量系统。在雷达成像中，地物目标的位置在方位向上是按飞行平台的时序记录成像的；在距离向上则按照地物目标反射信息的先后记录成像，因而其构像几何学属于斜距投影类型，这一特点决定了雷达影像与传统的中心投影的光学影像的区别。

4.2.1　雷达图像的阴影

沿直线传播的雷达波束受到高大的地面目标的遮掩时，位于目标背影的区域接收不到电磁波信号，因而也就不会有雷达的反射回波信号，由此引起的相应的背影区域的暗区就称为雷达阴影。

雷达阴影的大小与俯角 β 有关，在背坡坡度角 α 一定的情况下，β 越小，阴影区越大，雷达阴影产生的原理如图 4.11 所示（舒宁，2003）。这也表明了一个趋势，即远距离地物产生阴影的可能性大。图 4.12 所示为两幅具有阴影的雷达图像。从图中可以看出，雷达阴影有利于地貌的解译，可以根据对阴影的计算和统计等对地形进行分类和判读。但是，雷达阴影也造成了信息的损失，阴影部分基本无法用于量测。因此，在地面起伏较大的区域应尽可能避免阴影。

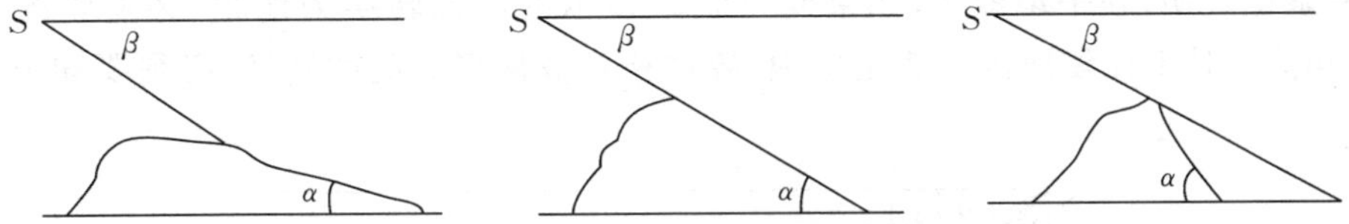

（a）$\alpha < \beta$ 无阴影　（b）$\alpha = \beta$ 波束擦掠后坡　（c）$\alpha > \beta$ 产生阴影

图 4.11　产生雷达阴影的几种地形情况

图 4.12　雷达阴影效应

产生雷达阴影的条件是

$$\alpha > \beta \tag{4.13}$$

当 $\alpha < \beta$ 时，整个背坡都可以被雷达波束照射到，因而不会产生雷达阴影；当 $\alpha = \beta$ 时，则可能产生部分雷达阴影，此时波束正好擦过背坡，这时就要看背坡的粗糙度如何，如果为平滑表面，则不可能接收到雷达波束，若有起伏，则有的地段可以产生回波，有的则产生阴影。

雷达阴影有下列特性：

（1）雷达阴影在距离向背离雷达的方向上出现。

（2）雷达阴影的产生取决于雷达波束的俯角 β 和背坡坡度角 α 。

（3）雷达阴影的大小与地物目标的高度有关。

（4）雷达阴影的方向和大小与太阳方位角和太阳高度无关。

4.2.2 斜距显示和地距显示

斜距显示(斜距投影)是天线至地面目标之间的斜距在影像面上的投影。斜距投影实际是以天线为中心,以斜距为半径的同心圆在像面空间上的投影。由图 4.13 可以得到斜距 ΔR_s 与地距 ΔR_g 之间的关系公式为

$$\Delta R_s = \Delta R_g \cos\beta \tag{4.14}$$

这个公式同时也说明了一个事实,即地距与斜距之间不是线性的关系,也可以通过图 4.13 来验证这一事实,假设地面上有 3 段距离相等、长度为 A、B 和 C 的目标,它们的关系为 $A = B = C = L$,由图 4.13 可知,$A_1 \approx L\cos\beta_1$,$A_2 \approx L\cos\beta_2$,因为 $\beta_1 > \beta_2$,所以有 $A_1 < A_2$。3 段距离相等的目标 A、B 和 C 在斜距方向的投影为 A_1、A_2 和 A_3,它们之间的关系为 $A_1 < A_2 < A_3$。这一关系也表明,在平坦地区,如果要将斜距显示的影像转换为地距,必须要准确知道航高 H 和俯角 β。对于丘陵地区或者是山地,要严格计算两者之间的转换,必须要知道地面目标点的高程等。

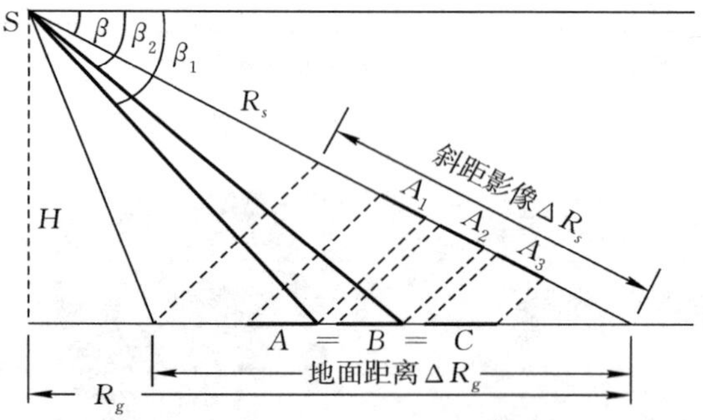

图 4.13 斜距投影和地距投影示意图

4.2.3 近距离压缩

雷达图像中沿飞行航线的方向称为方位向,垂直于飞行方向的方向称为距离向。一般而言,沿着方位向的比例尺是一个常量,它主要取决于雷达记录目标的胶片的速度、飞行器的速度或卫星的行速之比。

但是沿着距离向的比例尺则极为复杂。在斜距显示的图像上,地面目标的位置由该目标到雷达天线的距离所决定,图像上两个地面目标之间的距离为其斜距之差与距离向比例尺的乘积,即图像坐标之差为

$$y_1 - y_2 = k(R_1 - R_2) = (R_1 - R_2)/a = \Delta R_s/a \tag{4.15}$$

式中,y_1,y_2 分别是两个目标在图像上的距离向的坐标(横坐标),R_1,R_2 表示目标点到摄站的斜距,k 表示距离向比例尺,a 表示比例尺分母。当俯角 β 已知时,可以得到

$$\Delta R_s = R_1 - R_2 = \Delta R_g \cos\beta \tag{4.16}$$

式中,$\Delta R_s = R_1 - R_2$ 表示两目标的斜距之差,ΔR_g 表示两目标的地距之差。

因而可以得到

$$y_1 - y_2 = k\Delta R_s = \Delta R_g k\cos\beta = k'\Delta R_g \tag{4.17}$$

由式(4.17)可以看出,雷达图像的像片坐标与地面距离之比不是一个常数,它是俯角 β 的函数,俯角 β 越大,则比例尺系数 k' 越小。这也证明了图 4.13 中的关系 $A_1 < A_2 < A_3$,这一特

性就是雷达图像距离向的近距离压缩。关于地距影像和斜距影像的区别如图 4.14 所示。

为了消除这种雷达图像的失真现象，一般采用地距显示的方式。通常人们在雷达显示器的扫描电路中，附加延时电路补偿或在光学处理器中附加一种几何校正处理，从而得到地距显示的图像。

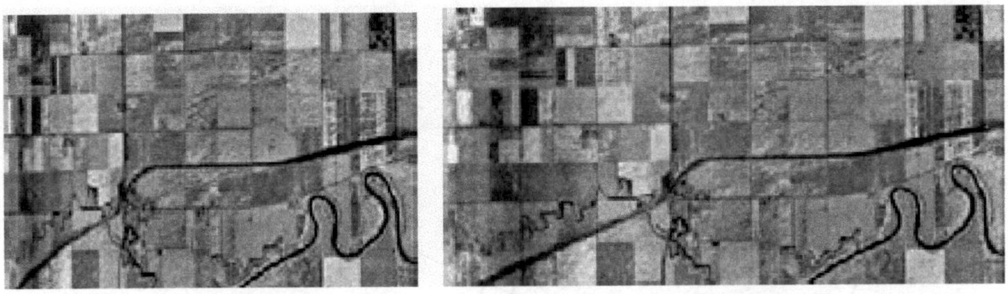

（a）斜距影像　　（b）地距影像

图 4.14　斜距影像和地距影像

4.2.4　透视收缩和叠掩

在前面给出的各种图示中，以及从图 4.15 和图 4.16 中可以看到（舒宁，2003），在雷达遥感系统中，当地面是斜坡时，这种斜坡在雷达图像上的长度按比例尺换算后总有比其实际长度短的现象出现，这种现象称为透视收缩。

假设雷达波束到山顶、山的中部和山的底部的斜距分别为 R_t，R_m 和 R_b，并且 $R_b < R_m < R_t$，从图 4.15(a)中可以看出，雷达波束先到达山坡的底部，然后到达山坡的顶部。因而，在雷达成像时，先山坡的底部，然后山坡的顶部，山坡的长度假设为 L，其斜距显示的距离为 L_r，很明显 $L_r < L$，这种情况称为透视收缩。在图 4.15(b)中，由于 $R_b = R_m = R_t$，因而，这 3 个目标点同时被雷达接收，在图像上则只被显示为一个点，这种多个点被成像为一个点的情况称为透视叠掩现象。在图 4.15(c)中，由于 $R_b > R_m > R_t$，因而，在这种情况下山顶的点被先记录，而山底的点被最后记录，同样有 $L_r < L$，从而造成了沿山坡的一部分地面目标成像为一个点，或者距离压缩了，这种情况也是透视叠掩现象的体现。山顶点先于山底点被成像，一般也可以称为顶点倒置或者顶底位移。假设地面距离为 L（即山坡的长度），而雷达显示的坡长为 $L_r < L$，一般可以得出下列公式关系

$$L_r = L\sin\kappa \tag{4.18}$$

式中，κ 表示雷达波束的入射角，因而，当 $\kappa = 90°$ 时，$L_r = L$，即当波束贴着斜坡入射时，斜坡的图像才没有变形。

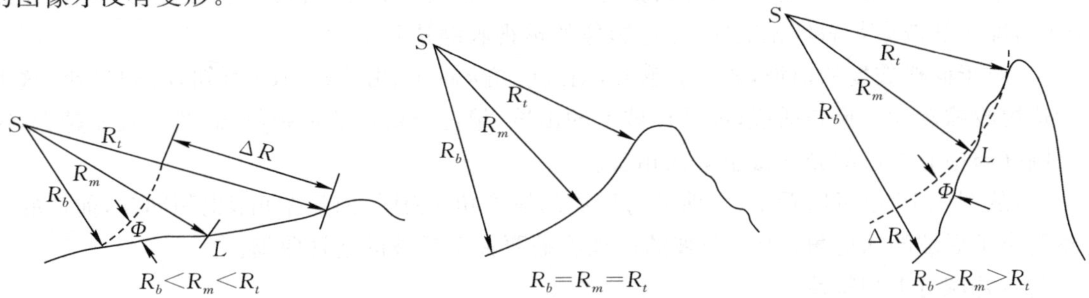

（a）雷达透视收缩　　（b）斜坡成像为一点　　（c）雷达叠掩

图 4.15　雷达透视收缩和叠掩现象

入射角和地形坡度的关系如图 4.16 所示。入射角 κ 一般可以用下式表达

$$\kappa = \pm[90° - (\alpha + \beta)] \tag{4.19}$$

式中，β 表示俯角，α 表示山坡的坡度。当波束的入射线位于入射点处法线的下侧时上式取"+"值，当位于上侧时则取"－"值。于是可以得到雷达图像距离向的透视收缩率，即

$$F_p = [(L - L_r)/L] \times 100\% = (1 - \sin\kappa) \times 100\% \tag{4.20}$$

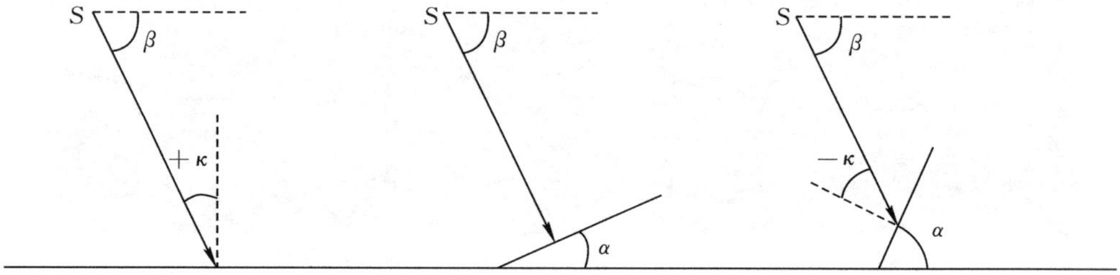

（a）入射角κ为正　（b）入射角κ为0　（c）入射角κ为负

图 4.16　地形坡度和入射角的关系

以上是考虑朝向雷达波束的坡面，即前坡的情况。背向雷达波束的坡面称为后坡，对于同一方向的雷达波束，后坡的入射角与前坡不一样。后坡坡度与前坡相同时，图像的收缩情况也不一样，表 4.3 给出了雷达图像距离向透视收缩率与入射角 κ 的关系（舒宁，2003）。由于透视收缩本身表明回波能量相对集中，最集中的情况是山顶、山腰、山底的回波集中到一点（图 4.15(b)），所以收缩意味着更强的回波信号，故而一般在图像上前坡比后坡亮。

表 4.3　雷达图像收缩百分比 F_p 随入射角 κ 的变化关系

κ /(°)	F_p /(%)	κ /(°)	F_p /(%)
90	0.0	40	35.7
80	1.5	30	50.0
70	6.0	20	65.8
60	13.4	10	82.6
50	23.4	0	100.0

因此，可以得到下列结论：

(1)透视收缩现象只出现在距离向上。

(2)透视收缩率是入射角的函数，入射角 κ 越小，透视收缩越严重。

(3)当 $\kappa = 90°$，$L_r = L$，即只有当雷达波束贴着斜坡入射时，斜坡才不产生透视收缩。当 $\kappa = 0°$，即雷达波束与斜坡正交时，雷达影像的透视收缩达到最大。

(4)对于同样坡度的山坡，俯角 β 越大，则入射角 κ 越小。由式(4.18)可知，L_r 也越小，这也表示透视收缩越大。换句话说，即同样坡度的山坡，越位于雷达的近距离端，透视收缩越大，这一点刚好与中心投影的光学摄影影像相反。

(5)从图 4.16 也可以看出，当前坡与后坡的坡度角 α 相同，而且俯角 β 也相同时，前坡的入射角要小于后坡的入射角，因而前坡的透视收缩要大于后坡的透视收缩。

雷达叠掩有下列特性：

(1)叠掩一般仅出现在距离向前坡；后坡或背坡不会出现。

(2)雷达图像的叠掩破坏了图像的质量。

(3)雷达图像叠掩的产生与入射角有关。而入射角 κ 是俯角 β 和地面坡度角 α 的函数,因此叠掩的产生也与俯角和地形坡度角有关。

4.2.5　雷达影像移位

地形起伏或者高大的建筑物顶部的雷达回波信号先于目标的底部被雷达天线接收,因而会产生影像向地底点方向移位的现象,这种现象称为投影差。

在雷达遥感中,这种雷达影像的移位现象与光学投影的特性有区别。观察图 4.17,假设地面点 A 在基准面上的垂直投影点为 A_0,其高差 $h = AA_0$,A 和 A_0 点在像面上的构像为 a 和 a_0,则 $aa_0 = \delta y$ 即为高差 h 引起的像点移位,从图中可以得到

$$\delta y = h\cos\theta / m_y \tag{4.21}$$

式中,θ 为视角,m_y 表示距离向图像比例尺分母。

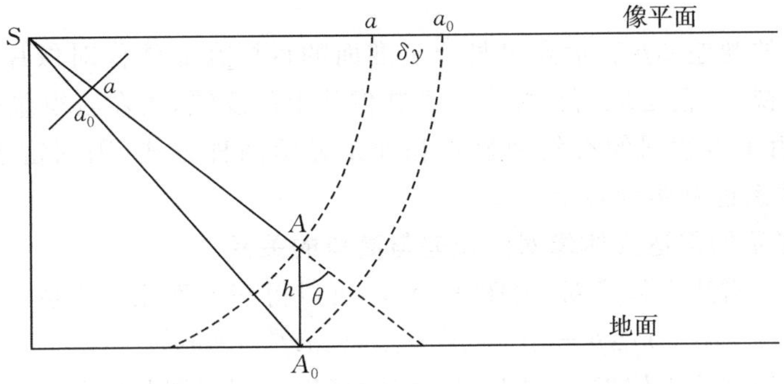

图 4.17　地形起伏引起的雷达影像移位

从式(4.21)和图 4.17 可以得到下列结论:

(1)影像移位仅出现在雷达波束的距离向上,而且高出地面的目标是向着地底点方向移位,这一点与光学影像的移位方向和特点相反。

(2)移位的大小与地面目标的高差和目标的位置有关。从式(4.21)可以看出,当视角 θ 一定时,影像移位与高差成正比;当高差不变时,移位大小随着视角 θ 的增大而减小。

§4.3　雷达立体图像

与光学摄影测量影像一样,利用单张雷达图像只能确定地面目标的二维坐标,要想确定地面目标的三维坐标,只有利用雷达立体图像。所谓立体图像(立体像对)指的是由不同的摄影站摄取的具有一定影像重叠的两张像片。在这一节中,对雷达立体像对的有关概念、获取方式、雷达立体像对的基高比等给予简单的介绍(肖国超等,2001)。

4.3.1　雷达立体像对获取方式

雷达立体像对有两种获取方式:同侧获取和异侧获取方式。同侧获取方式表示雷达传感器沿着不同的航线飞行(可以同向也可以不同的方向),雷达从地物的同一侧对目标成像,同侧立体成像可以在同样的飞行高度进行,也可以在不同的飞行高度对同一目标进行成像。类似地,异侧成像表示雷达从目标的两侧分别对目标成像。

与光学立体影像类似,异侧成像方式的雷达立体像对视差明显、基高比大,有利于提高立体观察,有利于提高目标点的高程观测精度。但在地形起伏较大的地区,地面目标立体像对相应影像的色调相差可能很大,而且由于地形起伏所引起的几何变形会很大。特别由于叠掩和阴影的影响,立体像对的两幅影像有可能很难进行判别。同时,由于斜距表示的雷达影像的特点,两幅影像的几何关系也可能差别很大,因而,异侧获取的雷达立体像对比较适合于平坦地区的立体处理,对于山区的立体处理有较大的局限性。

同侧同高度或者不同高度获取的雷达立体像对,其视差和基高比虽然比异侧获取的雷达立体像对要小,但是两幅影像的色调差别不大,图像的变形类似,只要选择合适的雷达参数,就可以获取较好的立体效果。因而,在丘陵地区、山地地区等一般还是习惯于使用同侧获取的雷达立体像对进行立体处理。

4.3.2 雷达立体像对的视差

雷达立体像对的视差 Δp 表示高出某个基准面的目标在立体像对像片上的移位差,在摄影测量中称为左右视差,它是地面目标点高差在像片上的反映,由左右视差可以计算出地面目标点之间的高差。由于雷达图像有斜距显示和地距显示两种方式,因而雷达立体像对的视差 Δp 与高差 Δh 的关系也有两种表示方式。

1. 地距方式显示的雷达立体像对的视差与高差的关系

对于同侧获取的雷达立体像对,由图 4.18(a)可以得到下列几何关系

$$m\Delta p = p'' - p' = \Delta h(\cot\theta'' - \cot\theta') \tag{4.22}$$

对于异侧获取的雷达立体像对,由图 4.18(b)可以得到下列几何关系

$$m\Delta p = p'' + p' = \Delta h(\cot\theta'' + \cot\theta') \tag{4.23}$$

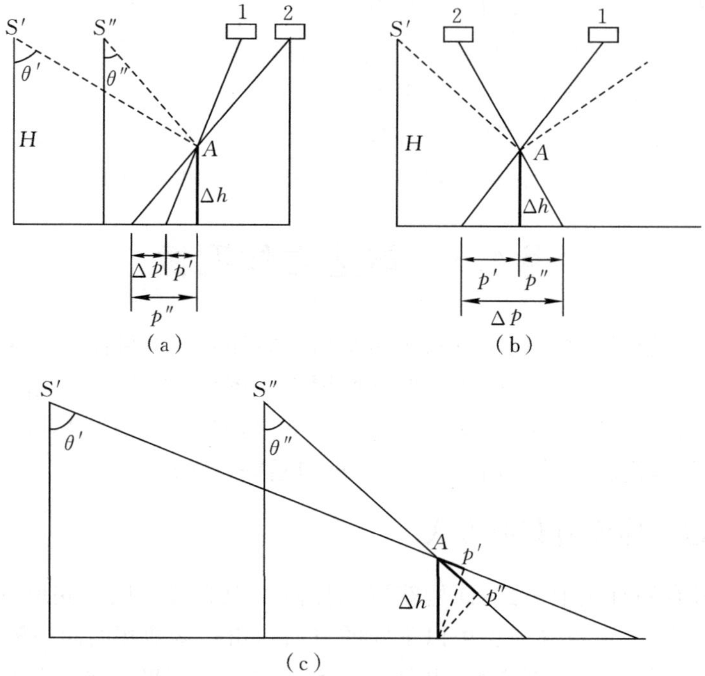

图 4.18 雷达图像的视差与高差的关系

因而，地距显示的雷达立体像对的视差与高差的关系可以表示成

$$\Delta h = m\Delta p/(\cot\theta'' \mp \cot\theta') \tag{4.24}$$

式中，θ' 和 θ'' 分别表示天线 S' 和 S'' 到地面目标点 A 的视角，m 表示雷达图像的比例尺分母。

2. 斜距方式显示的雷达立体像对的视差与高差的关系

对于同侧获取的雷达立体像对，由图 4.18(c)可以得到式(4.25)所列几何关系

$$m\Delta p = p'' - p' = \Delta h(\cos\theta'' - \cos\theta') \tag{4.25}$$

对于异侧获取的雷达立体像对，可以得到式(4.26)所列几何关系

$$m\Delta p = p'' + p' = \Delta h(\cos\theta'' + \cos\theta') \tag{4.26}$$

同样，斜距显示的雷达立体像对的视差与高差的关系可以表示成

$$\Delta h = m\Delta p/(\cos\theta'' \mp \cos\theta') \tag{4.27}$$

式中，θ' 和 θ'' 分别表示天线 S' 和 S'' 到地面目标点 A 的视角，m 表示雷达图像的比例尺分母。

由式(4.24)和式(4.27)可以看出，视差 Δp 不仅与高差 Δh 有关，而且与视角 θ 有关。

4.3.3　雷达立体像对的基高比

对于中心投影的立体像对而言，其基高比可以用式(4.28)来表达

$$\Delta h = \frac{H}{b}\Delta p = m\Delta p\,\frac{H}{B} \tag{4.28}$$

式中，H 为摄影航高，B 表示摄影基线，m 表示图像比例尺分母。

对于地距显示的雷达立体像对，考虑到式(4.24)和式(4.28)，可以得到地距显示的雷达立体像对的基高比的近似公式，即

$$\frac{B}{H} = \cot\theta'' \mp \cot\theta' \tag{4.29}$$

对于斜距显示的雷达立体像对，考虑到式(4.27)和式(4.28)，可以得到斜距显示的雷达立体像对的基高比的近似公式，即

$$\frac{B}{H} = \cos\theta'' \mp \cos\theta' \tag{4.30}$$

4.3.4　雷达立体像对的立体观察

雷达立体像对的立体观察与中心投影的立体像对的观察条件一样，即要满足 3 个条件：第一，两幅图像必须是在不同的位置获取的具有重叠的影像；第二，两眼必须分别各自观看左右不同的影像上的同样的目标；第三，图像所放的位置必须使同名目标的连线与观察者的眼睛基线平行。

由于雷达图像上高于地面目标的影像位移是向着地底点方向的，这与中心投影的框幅式影像的投影差刚好相反，因而进行雷达立体像对立体观察时，左右像片的安置位置要与立体获取时的位置相反，即左侧获取的雷达像片在观察时应放在右边，右侧获取的雷达像片放在左边。图 4.19 给出了一个雷达立体像对。

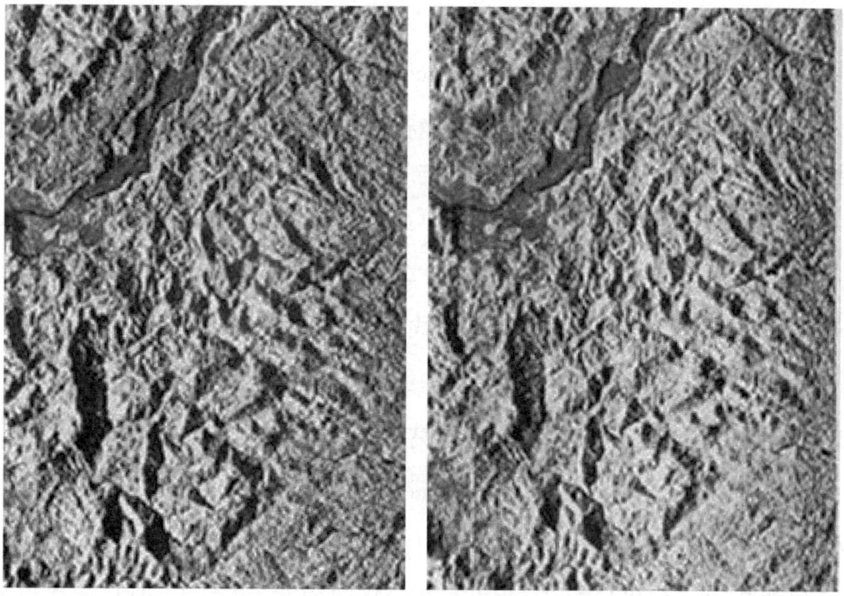

图 4.19　雷达立体像对

§4.4　典型地面目标的散射特性

不同的地物目标具有不同的电磁波反射和辐射特性，这种不同的特性在雷达影像上表现出灰度和色调的不同，同样的地物在不同波段的雷达影像上的色调也不同。雷达的这种特性对于利用雷达影像进行目标分析、目标识别和解译以及特征的提取提供了有利的条件。

雷达图像的散射特性一般使用散射系数 σ 来表示，其单位为 dB(分贝)，散射系数 σ 越大，则表示地面的散射越强。另外，地面的散射特性与电磁波射线的入射角有关，图 4.20 至图 4.34 所示为不同地面目标在不同入射角情况下的散射特性(此节图示除了图 4.30 和图 4.31 外均出自相关参考文献(舒宁，2003；舒士畏等，1988))。

平静的水面、水泥路面等都是光滑表面。在这些表面上对雷达波束形成了镜面反射，因而没有回波信号，图像上多呈黑色。当入射角变化时，反射信号产生变化，当接近垂直入射的情况时，信号非常强，散射系数 σ 值可高达 20 分贝(dB)，而在入射角为 50°～60°时，回波则很弱。

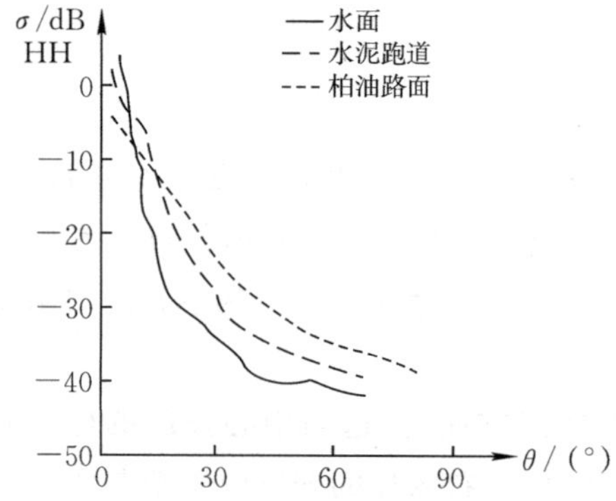

图 4.20　几种光滑表面的散射特性

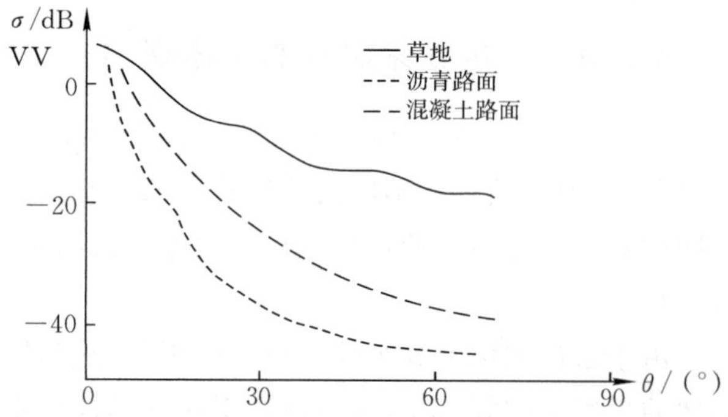

图 4.21　混凝土路面与其他表面的散射特性比较

绝大多数地物一般都可以认为是粗糙表面，只是粗糙程度不同。按照瑞利准则，地物所表现出的散射特性是极其复杂的。一般说来，粗糙表面的散射特性曲线比较平缓。图 4.22 是几种粗糙面的散射系数曲线，从这些曲线可以看出，在接近垂直入射（入射角为 0°）和切向入射（入射角为 90°）时，曲线斜率变化不大。

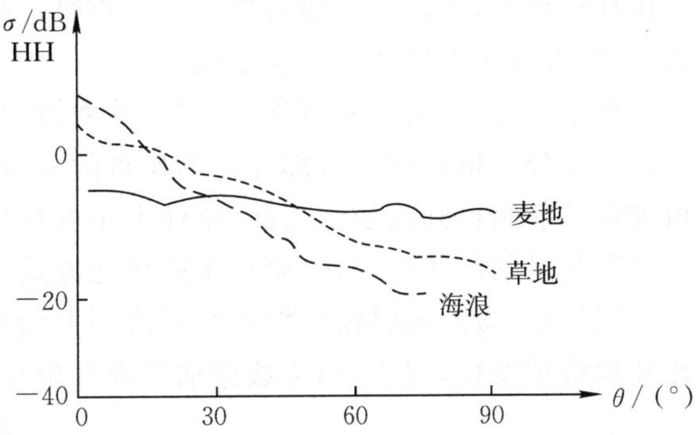

图 4.22　几种粗糙表面的散射系数

农作物属于植物类别，是十分重要的地物目标。由于植物内部所含的色素、水分及结构等的不同，影响了植物的散射特性。同时，植被在生长发育的不同阶段（发芽—生长—衰老），从其内部成分结构到外部形态特征均会发生一系列周期性的变化。这些变化是以季节为循环周期的，因此植物在不同生长期和不同季节时，其散射特性也发生变化。植被还受到植被层下地面的影响，植被单个散射体，如植被的枝、叶、杆等也影响散射特性。另外，植物枝叶的形状、密度、方向也影响散射信号。因此，植物的散射是植物本身与土壤回波的叠加。图 4.23 所示为不同极化方式时几类农作物的散射特性，从图中可以看出，交叉极化方式与同极化方式之间有明显的差异。

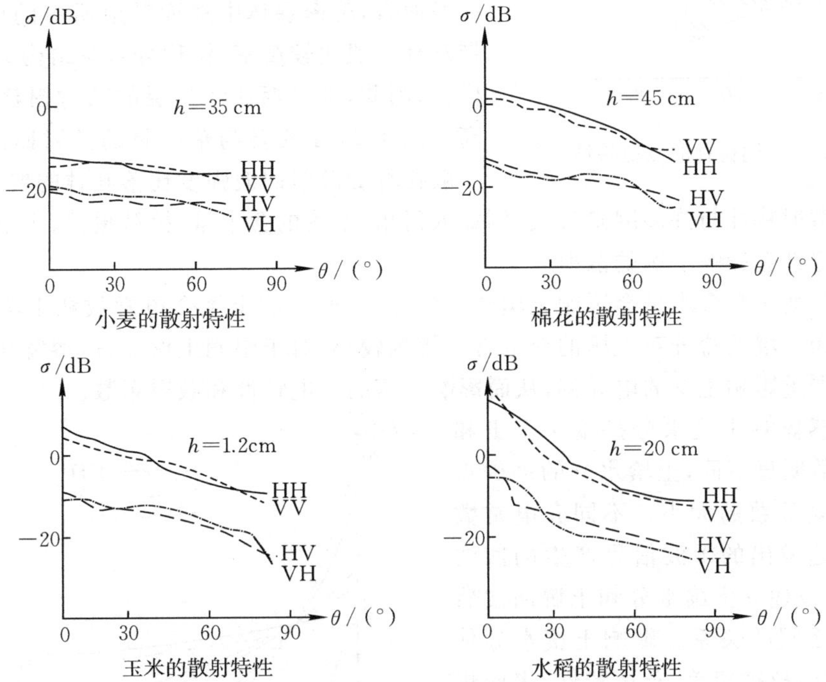

图 4.23　几种农作物的散射特性

国内外对不同农作物散射特性的研究比较多。通常情况下，水稻的散射系数在小入射角时明显较大，这是由于水稻的株高、密度及单茎叶面积较其他几种作物都小，散射系数主要取决于植被、土壤及其相互作用的共同影响，加之经常灌水，土壤表面较平且含水量较大，所以散射系数随入射角变化较为明显。交叉极化明显低于同极化，这是由于水稻的垄向不十分明显，所以散射系数与垄向的关系不大。

棉花的散射系数随入射角的变化不像水稻那样明显，这是由于它们的植株都较高，密度较大，单茎叶面积亦较大，电磁波未能穿透植被照射在土壤上，因此主要表现为植被的体散射作用。

玉米的散射特性与棉花基本类似，它们的植株也都较高，单茎叶面积较大，但由于玉米地的植株较稀疏，所以土壤亦对散射产生贡献。随着入射角的增大，散射主要表现为植被的体散射作用，去极化现象亦有明显体现。

对小麦而言，由于麦田含水量低，地面散射波不再对整体后向散射特性产生很大影响，地面散射部分与植被体散射部分占的比重随 θ 角而变。随着小麦生长地面散射波衰减增加，但植被体散射则得到加强。因此，整体上小麦在生长期的不同阶段植被后向散射系不存在随地物参数明显的规律性变化，而在不同极化方式下散射特性变化也不大。

近年来，微波遥感在植物生物量观测方面也取得了重要进展，例如，利用 ERS 数据观测全球陆地植被变化，利用 SAR 数据估算森林生物量等。

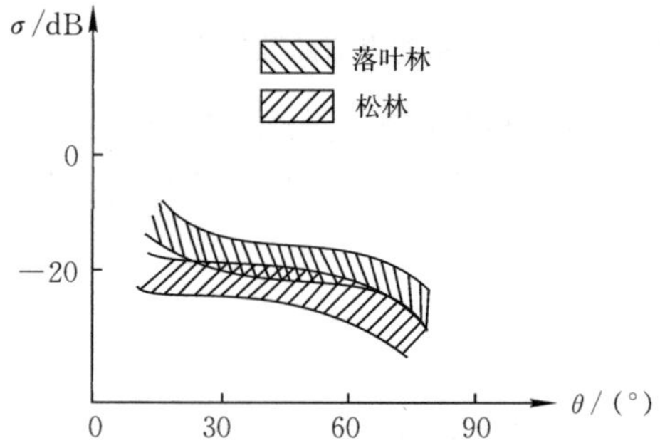

图 4.24 不同树种的散射特性

森林在地球上覆盖相当大的面积，其密度的不同、所处地形的不同及不同波长的雷达波束，对于回波信号有较大影响。当雷达波束可以穿透树叶时，树林的体散射信号可能就比较强。树种不同、树叶大小不同、枝叶结构不同，所引起的回波也有一定的差别。一般而言，茂密森林中地面散射所占的比重很小，热带森林一般比较茂密，树种分布及结构类型也具有多样性，因此，来自森林叶片层的散射损耗比温带森林高。图 4.24 是松林与落叶林的散射回波强度比较，一般松林的散射回波强度比落叶林的要小。

土壤的散射特性与许多因素有关，例如入射角、土壤的含水量、植被覆盖、土壤盐碱化及土壤的粗糙度等都会影响土壤的散射。

土壤盐分变化和含水量会影响土壤的导电性，进而影响土壤介电常数和土壤表面后向散射系数。干燥土壤的盐分对土壤的介电常数影响较小，对于湿润土壤而言，溶解在土壤水分中的盐离子会严重影响土壤的电导率，从而影响土壤的介电特性和散射系数。

微波遥感监测土壤水分是基于干土和水的介电常数明显不同，土壤水分的多少直接决定着介电常数的大小。不同介电常数的物体对雷达发出的微波信号产生的回波不同，据此可以建立土壤水分和土壤回波后向散射系数之间的关系。影响土壤水分估计的因素包括：植被覆盖、土壤特性、表面粗糙度等。

图 4.25 表明裸露土壤的散射系数随入射角增大而减小，曲线随粗糙度增加（从 K_3 到 K_1）而变得平缓，并且不管在哪一种极化组合情况下，不同粗糙度的土壤散射特性曲线都交于同一入射角，图中显示了这个入射

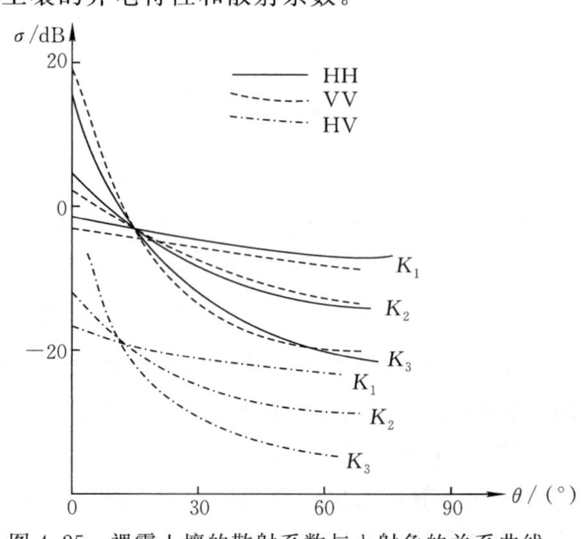

图 4.25 裸露土壤的散射系数与入射角的关系曲线

角大约为 12°,这说明对于该入射角,裸露土壤的散射特性与粗糙度无关,仅与地面含水量有关,这是利用侧视雷达探测土壤湿度的重要依据。

岩石的散射特性与多种因素有关,如岩石表面形状和粗糙度、岩石的风化程度、组成岩石的元素、岩石表面的植被覆盖和类型等都影响到岩石的散射特性。而裸露的岩石形状各异,整块的可构成不同的角反射器,碎块的堆积又造成不同的粗糙度,要得到单一类型岩石的散射系数值比较困难。图 4.26 和图 4.27 分别是石灰岩和含铜钼的矿岩的散射特性,但由于岩石通常被植物和土壤覆盖,要分析不同的岩石常常需要对植被和土壤的覆盖信息进行分析(舒宁,2003)。

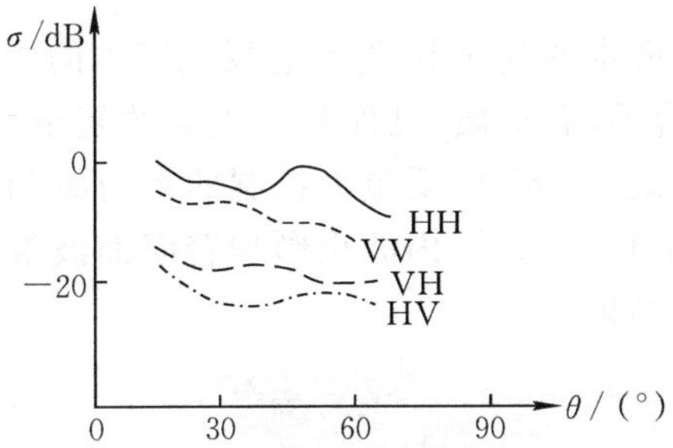

图 4.26　石灰岩的散射特性

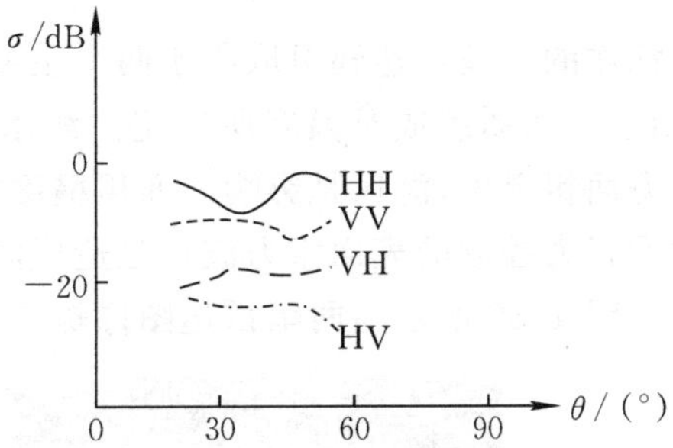

图 4.27　矿岩的散射特性

海洋环境卫星一般携带微波辐射计、微波散射计、雷达高度计和合成孔径雷达。通过这些设备能够测量海面高度、海面风速和风向、海面温度、水气等多种海洋特征和海洋环境参数,可以获得洋流、潮汐、大地水准面、海底地形和地层结构等多方面的信息。在海洋环境卫星的几种微波遥感设备之中,微波散射计用来测量海面风速和风向。微波散射计可以提供全球范围全天候、高精度、高分辨率和短周期的海面风数据。但由于目前微波辐射计分辨率较低,近年来兴起的合成孔径雷达遥感,在海浪谱信息的提取、海洋物理现象的观测、海水监测等方面发挥了重要作用。

利用微波探测海浪信息是其重要应用的一个方面。水下运动物体可以在海面产生波浪,这种波浪与海洋表面波相互作用改变了海浪谱的高低频分布而形成波浪尾迹,因此可以利用海面微波散射的相应模型,分析波浪尾迹对雷达散射系数的影响。海浪可看做是粗糙度比较均匀的表面,比较容易建立散射特性与粗糙度的关系,以便研究海浪和海风的状况。

图 4.28 是不同风速下海面的散射特性曲线,图 4.29 为不同方向上(观测方向与风向的不同夹角)的海浪散射特性,表明在逆风向测得的散射系数比其他方向要大一些。

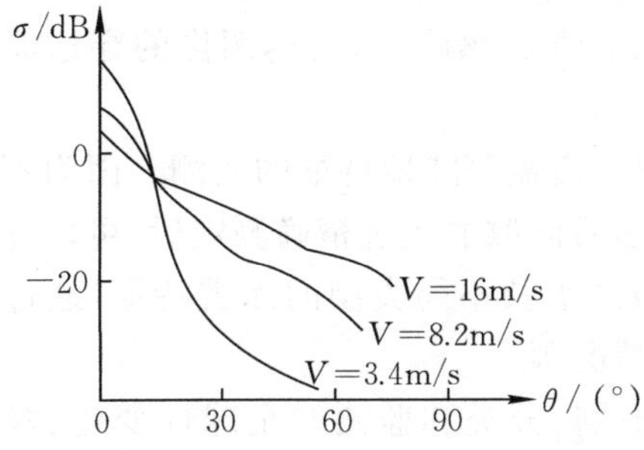

图 4.28　不同风速条件下海面的散射特性

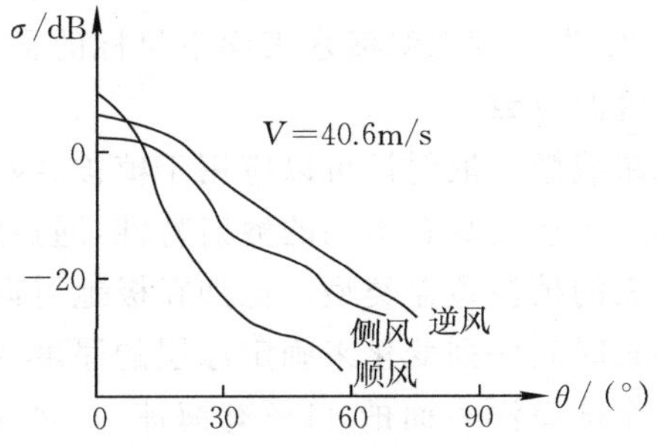

图 4.29　不同风向海浪的散射特性

一般可以将海面分成4类:①平静海面。海面无风或风速很小,当水面粗糙度远远小于微波波长时,可视为平坦海面,它表现为镜面反射。②风浪海面。海面有波浪而成为一个随机起伏的粗糙面,此时电磁波在界面上产生复杂多变的反射和散射,散射回波增强。它的特征除与辐射亮度温度有关外,还与海浪谱、海面风速等有关。③冻结海面。海面有海冰、冰山等,由于冰的介电常数较水体小,引起亮度温度的明显差异。④污染海面。它一般指油污染等形成两层介质,引起亮度温度的显著差异。由于油污减弱了雷达回波强度,因此油污覆盖的海面在雷达回波图像上呈黑色,而海面上漂浮的杂物则可使雷达回波增强,造成在海面雷达图像上的亮点。

海洋的微波雷达辐射取决于两个主要因素:一是海水的复介电常数,它反映海水的电学性质,由表层物质组成及温度所决定。海水是由各种盐类、有机质、悬浮粒等组成的复杂水体。二是海面粗糙度,海风是影响海面粗糙度的主要因素之一,此外,受重力控制的重力波和受海水表面张力控制的表面张力波也是造成海面粗糙的原因。另外,内波也影响着海面波浪的粗糙度。图4.30所示为两幅雷达图像探测海上风浪的结果。

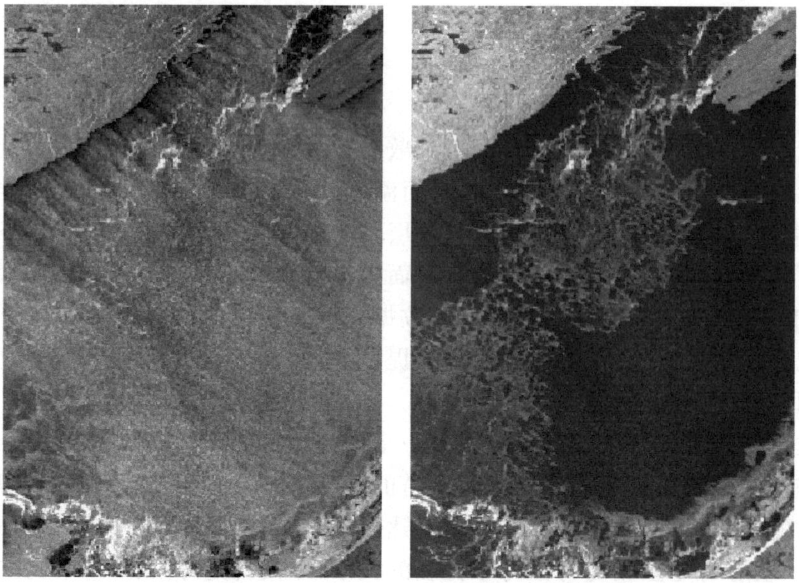

(a) VV模式　　(b) VH模式

图4.30　雷达图像探测海上风浪

雷达的穿透能力可以用于探测浅层海水面下的目标,包括微小的特征、浅海海滩、鱼群等,图4.31为一幅探测海水表面下目标的雷达图像,相比光学遥感图像,雷达图像的穿透能力表现得淋漓尽致。

星载微波散射计可以应用于植被、沙漠和极冰、积雪覆盖等陆地特征的监测。因为不同的地物对雷达波具有不同的散射特性,通过测量并对雷达后向散射经过精确测定后,可以确定陆地地表的植被覆盖类型。比如在极地可以区分海冰与海水及不同类型的冰雪特征,通过散射特性长时间序列变化来确定冰层的厚度、冰龄和变化情况等。

全球海洋表面的11%有海冰,海冰覆盖区域的识别、分类和监测对全球性变化、极地气候、航海安全、海面水位监测等研究都十分重要。此外,区域性海冰变化过程的监测对海上作业及运输具有非常关键的影响。

图 4.31　海面下目标探测

在冰方面，通常大面积的冰层表面非常光滑，其散射特性与平静的水面相似，回波信号一般很弱或没有回波信号，雷达图像上一般呈现黑色。但是在冰层融化时期，海面、河面出现浮冰块，不再是成片的光滑冰面，水面粗糙度增加，雷达回波显著增强。如图 4.32 所示，冰的散射特性与大部分粗糙地物的回波信号特征类似，因而在雷达图像上常夹杂着亮点，这一特点有利于预测河流的通航期。

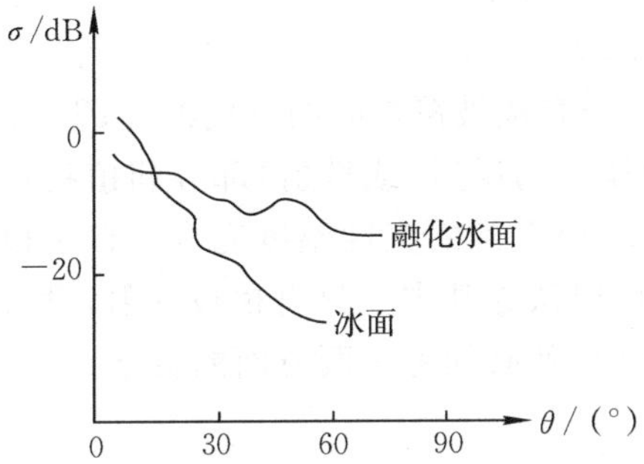

图 4.32　冰层的散射特性

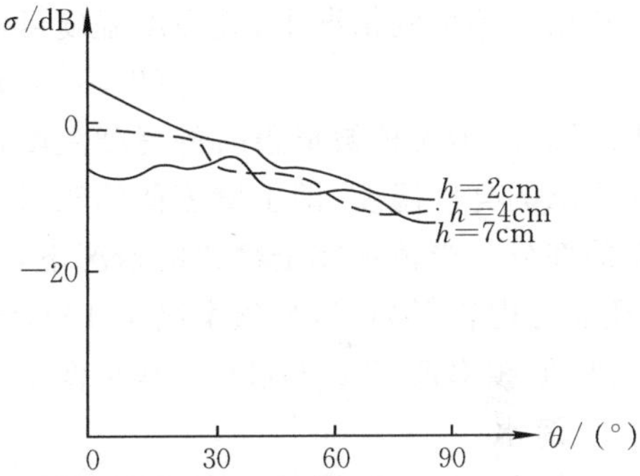

图 4.33　不同厚度雪层的散射特性

雪层是地表各种地物的覆盖层，雷达波束常常能够穿透，反映在雷达图像上除了雪的回波外，还不同程度地夹杂着地物的回波信号。虽然雪层对地表面起到某种程度的平滑作用，但雪层下的地表面仍因其不同的地形和不同的地物结构，而造成复杂的背景。雪层含水量各有不同，其介电性能因而也不一致，回波信号也就不同。雪的不同厚度对于雷达回波也具有不同的影响，图 4.33 为不同厚度雪层的散射特性。不同的雷达波长对雪的穿透程度不一，因而回波信号不一样，长波穿透能力强，回波就相应弱些，如图 4.34 所示，频率越低，即波长越长，回波信号就越弱。另外，通过回波信号的分析，可以进一步对冰雪的厚度、结构、结晶、湿度及所处地理环境等参数进行研究。

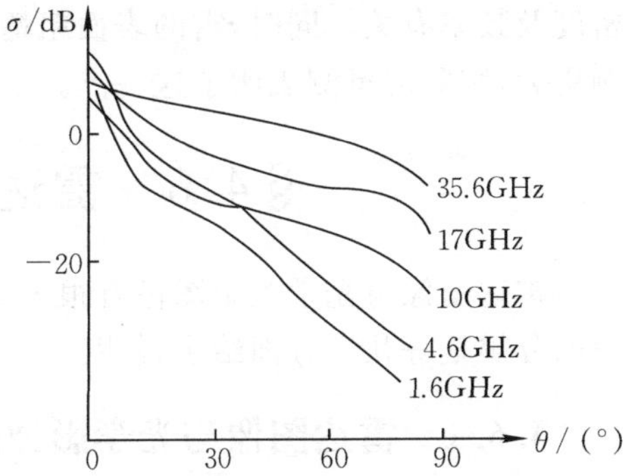

图 4.34　不同频率下雪的散射特性

§4.5 典型地面目标的亮度温度特性

典型的地物目标，例如土壤、植被、树木以及海洋和其他类型水系的表面温度对雷达影像的成像有很大的影响。同时，地面目标的温度又受到地面覆盖不同的影响、地面表面的粗糙度的影响、介电常数的影响等。因此，研究地面表面不同目标、不同时间段的温度特性对于雷达遥感而言有重要意义。

辐射计图像是地物表面亮度温度的反映。正如各种地物散射特性是分析雷达图像的重要依据一样，研究各种典型地物的亮度温度特点对于辐射计图像分析将有指导作用(舒宁，2003)。

1. 土壤

土壤的微波辐射特性受到各种因素影响，主要与土壤表面粗糙度、微波介电常数、土壤的含水量、植被覆盖、土壤是否裸露有关，以及与入射角和极化方式有关。

由表面极化发射率可知，土壤表面的发射率等于1减去各方面散射系数的和，在土壤含水量增加时，这种散射主要表现为反射，反射率增加，因此发射率会减小。在有植被覆盖的情况下，土壤的辐射产生衰减，在频率很高时衰减得更厉害，一般若能穿透植被，则与植被的辐射同时发生，在辐射测量所得亮度温度中都有贡献。

2. 植被

在植被稀少的情况下，其亮度温度可由式(4.31)表示为

$$T_B(\theta,\varphi) = f(T_{B,\mathrm{bare}}, T_{B,\mathrm{cover}}, T_{B,\mathrm{int}}) \tag{4.31}$$

式中，$T_{B,\mathrm{bare}}$ 为无植被覆盖时的亮度温度；$T_{B,\mathrm{cover}}$ 为有植被覆盖时的亮度温度；$T_{B,\mathrm{int}}$ 表示两种间接贡献的亮度温度，即土壤表面的辐射经植物枝叶的反射(或散射)部分和植物辐射经土壤反射的部分。当植被完全覆盖的情况下，由式(4.31)得到的亮度温度完全来自于植被。实际上，还需考虑辐射频率，当频率高于10 GHz时，可以认为基本上只有植被辐射，没有土壤辐射的贡献；但频率低于10 GHz，尤其是低于5 GHz时，就必须考虑两方面的贡献。

3. 海水

海水的亮度温度因是否有风浪而异，与海水中盐的浓度、海水实体温度及极化方式和入射角有关。

4. 雪

雪的亮度温度与其实体温度之比可以认为是雪的发射率。雪的亮度温度与入射角、雪的密度及频率有关。同时，雪的表面粗糙度对于微波辐射也具有一定的影响，且在湿雪情况下影响更大，实际的量测表明了这一点。

§4.6 雷达图像与光学影像的差异

雷达图像与光学摄影图像有很大的区别。本节将主要从影像的辐射特性、几何特性及影像的分辨率等几个方面给予说明。

4.6.1 雷达图像与光学影像的几何特性的差异

雷达图像与光学摄影图像在几何特性上的区别主要体现在它们的投影方式、观测方式、透视收缩及地形起伏引起的影像移位等几个方面。

1. **投影方式的不同**

合成孔径雷达图像属于斜距投影方式，而且其投影的每一个瞬间只能够构像一个点，因而可以将雷达投影方式归类为动态传感器类型，即雷达图像在其每一个瞬间都是随时间而变化的，传感器的空间位置和姿态同样是时间的函数。

而框幅式的光学传感器属于中心投影方式，其每一幅影像是在同一个瞬间完成构像，属于所谓的面投影方式，因而框幅式的中心投影方式的每一幅影像具有一组空间方位和姿态参数。

2. **透视收缩问题**

合成孔径雷达的雷达波束以一定的侧视角射向要获取地区的目标。由于雷达的特性，当侧视角越小时，即俯角越大时，雷达的电磁波获取的影像离底点的距离越近，而获取的图像的分辨率越低，获取的雷达图像的质量越差。在雷达图像上，同一坡度的地形，目标离地底点越近，透视收缩越严重，反之亦然。

框幅式中心投影的透视收缩与雷达图像的透视收缩规律刚好相反，即离地底点越远的目标，其收缩变形越严重，离地底点很近的目标，其收缩变形很小。

3. **地形起伏引起的影像移位问题**

雷达图像上的影像位移随着影像点距离地底点的辐射距离的增大（视角 θ 增大）而减小。而在光学的框幅式影像上，影像位移随着影像距离底点的辐射距离的增大而增大。

在雷达图像上，高出基准面的目标的影像移位方向是向着地底点方向的，而在框幅式的影像上则相反。

4. **叠掩问题**

合成孔径雷达图像的叠掩有两点值得注意：第一，顶点位移问题，即山顶点与山底点颠倒显示的问题；第二，当多个点的斜距相等时，其在雷达图像上显示为一个点。

第一个问题，即顶点位移的问题，在中心投影的框幅式影像上一般不可能出现。但是有可能出现两个或者两个以上的地面点成像为一个点的情况。在陡峭的山地，当山坡的坡度方向和摄影的光线重合时，则可能出现多个目标点的像点重合的情况。

4.6.2　雷达图像与光学影像的分辨率差异

合成孔径雷达图像的分辨率有两个指标，即方位向分辨率和距离向分辨率，而且这两个指标是不同的。前面已经讨论过，在地距显示的雷达图像上，距离向的分辨率与线性脉冲信号的带宽成反比，而且随着入射角的不同而变化，即距离地底点越近，距离向分辨率越低；距离地底点越远，其距离向分辨率则越高。

而光学中心投影影像分辨率主要取决于镜头的分辨率和摄影胶片的分辨率。与雷达图像相反，在框幅式的中心投影影像上，距离地底点越近，则影像的分辨率越高，即中心部分的分辨率要远远高于边缘部分的分辨率。

4.6.3　雷达图像与光学影像的辐射特性的差异

雷达图像与光学摄影影像在辐射特性上的区别主要体现在它们的色调、阴影以及雷达的光斑等几个方面。

1. **色调的差异**

光谱中不同波长的光或不同波长的光的混合即形成了红、黄、绿、青、蓝、紫等不同的色彩，这些色彩的表象称为色调。色调是区分色与色之间的主要特性。对于非彩色遥感而言，色调则指的是黑白深浅的程度。地面上所有目标的大小、属性、几何形状、分布范围的规律都是通过色调的差别反映在遥感图像上的，因此色调是目标判别的重要依据。

雷达图像是通过记录地面目标的后向散射的电磁波的强度来实现雷达图像的再现。地面目标后向散射的强度越强，雷达图像的色调越深；反之就越浅。前面讨论过，影响雷达图像色调的主要因素是：①雷达系统的参数，包括雷达系统的波长、入射角、极化的方式、平台的高度等；②地表面的参数，包括地表面的粗糙度、地面目标的几何形状、地面目标的位置方向、地面的复介电常数等。

光学摄影影像的色调主要取决于地面目标的亮度。而地面目标的亮度则主要由太阳高度角、地面的亮度系数、地表面的粗糙度决定。另外，光学摄影的影像当然还受到胶片的性能、天气的情况、摄影相机的性能、曝光和胶片冲洗条件的影响。

2. 阴影的差异

由于雷达是以一定的侧视角来获取地面目标的图像的，因而在雷达图像上会出现雷达阴影。雷达阴影只出现在距离向而背离雷达的方向上，即雷达阴影只在距离向上出现，而且是在一定的条件下才出现。其阴影的长度与雷达的视角、目标的高度有关。但是由于合成孔径雷达是主动式的遥感传感器，其阴影的方向和大小与太阳方位角和太阳高度无关。

而框幅式光学投影方式属于被动式的遥感传感器，因而光学传感器获取的影像上的阴影则主要由太阳方位角决定。阴影的长度和大小则主要取决于目标的高度和太阳高度角。

3. 雷达光斑

由于合成孔径雷达发射电磁波，因此各个小的散射体目标的回波是相干的。由于这些回波互相干涉，在雷达图像上会出现许多的斑点，这是雷达遥感的一个特点和必然的结果。

而光学摄影像片上则不会出现类似于雷达遥感这样的光斑。

第 5 章　雷达图像的构像方程

斜距投影方式的合成孔径雷达图像的几何关系不同于光学中心投影方式，因而，对雷达图像进行处理也会不同于光学投影的图像。像光学投影方式的影像处理一样，对雷达图像进行处理也必须依据合适的几何数学模型，这些模型是对雷达图像进行纠正和处理的基础。与光学中心投影的构像方程类似，雷达图像的数学构像方程指的也是地面点和与其相对应的雷达像点之间的数学关系。当然，由于雷达图像的特殊性和复杂性，决定了雷达图像的构像方程的复杂性，这也是处理雷达图像比较困难的原因。本书在这一章对现有的处理雷达图像的数学模型给予介绍。

§5.1　雷达图像处理中常用的坐标系统

5.1.1　像平面坐标系

雷达图像上既没有类似于光学投影方式像片上所具有的框标，也没有主点，因而，雷达图像的像平面坐标需要人为地选取。如果雷达图像上具有时间标志、距离参考标志和距离参考线时，则可以根据距离标志选择图像的(x,y)坐标系。一般人们习惯于选择飞行方向作为像片坐标的x轴，而根据左手或者右手坐标系统选择y轴。如果雷达图像上没有这样的距离标志，则可以在像片的边缘的方位向方向上选取两个像点作为x轴的连线，而y轴同样根据规则选择。

5.1.2　大地坐标系

大地坐标系系统一般包括两个坐标系：其一是大地坐标系，其二是地心空间直角坐标系。

空间一点的大地坐标用大地经度L、大地纬度B和大地高H组成。地面上一点P的大地子午面与起始大地子午面的二面角称为P点的大地经度L，由起始大地子午面开始，向东为正，向西为负。而P点处参考椭球面的法线与赤道面的夹角表示P点的大地纬度B，由赤道起算，向北为正，向南为负。P点沿法线到参考椭球面的距离称为大地高H。

地心空间直角坐标系是这样定义的：以参考椭球中心O为坐标原点，OZ轴与参考椭球的旋转轴一致，以起始子午面与赤道面的交线为X轴，在赤道面上与X轴正交的方向为Y轴，$O\text{-}XYZ$构成了右手坐标系。P点的位置用(X,Y,Z)表示。

5.1.3　局部坐标系

局部坐标系系统同样包括两个坐标系：一是卫星姿态参考坐标系，二是椭球切面坐标系。局部坐标系是一种过渡坐标系，建立局部坐标系的目的是为了方便计算和提高计算精度。

卫星姿态参考坐标系的原点S一般选择在卫星轨道的一个观测站上，地心点O与S的连线方向为Z轴，X轴一般定义在卫星轨道上指向卫星前进的方向，并且与Z轴垂直，而Y轴则按右手坐标系的规则确定。在卫星遥感系统中，卫星的姿态角参数一般是按照该坐标系定义的。

椭球切面坐标系的原点 O 一般选择在飞行范围内的某一个测站上，而且位于参考椭球的法线方向上。Z 轴与 O 点的法线重合并且指向椭球的外侧，Y 轴位于 O 点的大地子午面内，并与 Z 轴正交且指向北方向，X 轴则同样按照右手坐标系定义确定。

§5.2 雷达图像处理中坐标系之间的转换

5.2.1 高斯坐标和高程与大地坐标之间的转换

高斯投影坐标计算分为正算和反算公式，正算公式表示由椭球面上一点的大地坐标 (L, B) 计算其在高斯投影面上的直角坐标，反算则相反。

1. 高斯投影正算公式

高斯投影正算公式为

$$\left.\begin{aligned} x &= X + \frac{1}{2}Nt\cos^2 Bl^2 + \frac{1}{24}(5 - t^2 + 9\eta^2 + 4\eta^4)Nt\cos^4 Bl^4 + \frac{1}{720}(61 - 58t^2 + t^4)Nt\cos^6 Bl^6 \\ y &= N\cos Bl\left[1 + \frac{1}{6}(1 - t^2 + \eta^2)\cos^2 Bl^2 + \frac{1}{120}(5 - 18t^2 + t^4 + 14\eta^2 - 58\eta^2 t^2)\cos^4 Bl^4\right] \end{aligned}\right\} \tag{5.1}$$

式中，$X = 111\,133.004B^0 - \sin B\cos B(32\,009.857\,5 + 133.960\,2\sin^2 B + 0.697\,6\sin^4 B + 0.003\,9\sin^6 B)$（1975 年国际椭球），$X = 111\,134.861\,1B^0 - \sin B\cos B(32\,005.779\,9 + 133.923\,8\sin^2 B + 0.697\,3\sin^4 B + 0.003\,9\sin^6 B)$（克拉索夫斯基椭球），$B^0$ 为椭球切（割）面坐标系原点的纬度；N 为卯酉圈曲率半径，$N = \dfrac{C}{\sqrt{1 + e'^2\cos^2 B}}$，对于克拉索夫斯基椭球 $C = 6\,399\,698.902$ m，$e'^2 = 0.006\,738\,525\,415$，$a = 6\,378\,245$ m；对于 1975 年国际椭球 $C = 6\,399\,596.652$ m，$e'^2 = 0.006\,739\,501\,819$，$a = 6\,378\,140$ m，a 为地球长半轴，b 为短半轴，椭圆的第二偏心率 $e' = \sqrt{\dfrac{a^2 - b^2}{b^2}}$；$B$ 为纬度，$t = \tan B$；L^0 为中央子午线经度，L 为经度，$l = L - L^0$，$\eta = e'\cos B$。

2. 高斯投影反算公式

高斯投影反算公式为

$$\left.\begin{aligned} B &= B_f - \frac{\rho t_f}{2M_f}y\left(\frac{y}{N_f}\right)\left[1 - \frac{1}{12}(5 + 3t_f^2 + \eta_f^2 - 9\eta_f^2 t_f^2)\left(\frac{y}{N_f}\right)^2 + \frac{1}{360}(61 + 90t_f^2 + 45t_f^4)\left(\frac{y}{N_f}\right)^4\right] \\ l &= \frac{1}{\cos B_f}\left(\frac{y}{N_f}\right)\left[1 - \frac{1}{6}(1 + 2t_f^2 + \eta_f^2)\left(\frac{y}{N_f}\right)^2 + \frac{1}{120}(5 + 28t_f^2 + 24t_f^4 + 6\eta_f^2 + 8\eta_f^2 t_f^2)\left(\frac{y}{N_f}\right)^4\right] \end{aligned}\right\} \tag{5.2}$$

式中，B_f 为底点纬度，B_f 的值可以通过迭代法或者直接法求解，对于采用克拉索夫斯基椭球时，即 $X < 6\,000$ km 时，$B_f = 9.043\,536\,924\,58X - 0.000\,010\,076\,23X^2 - 0.000\,744\,383\,04X^3 - 0.000\,004\,630\,64X^4 + 0.000\,005\,058\,46X^5 - 0.000\,000\,167\,54X^6$；$t_f = \tan B_f$；$M_f$ 为底点处的子午圈曲率半径，$M_f = \dfrac{a(1 - e^2)}{(1 - e^2\sin^2 B_f)^{\frac{3}{2}}}$；$N_f$ 为底点处的卯酉圈曲率半径，$N_f =$

$\dfrac{a}{\sqrt{1-e^2\sin^2 B_f}}$；$a$ 为地球长半轴，b 为短半轴；e 表示椭圆的第一偏心率，$e=\dfrac{\sqrt{a^2-b^2}}{a}$；$\eta_f=e'\cos B_f$，$e'$ 表示地球椭圆的第二偏心率，$(e')^2\approx 0.006\,74$。

大地高与正高之间计算公式为

$$H_{大地高}=H_{正高}+N$$

式中，N 为大地水准面差距。

当采用正常高系统时，有

$$H_{大地高}=H_{正常高}+\xi$$

式中，ξ 为高程异常。如果点位于椭球面上，则 $H_{大地高}=0$。

5.2.2 大地坐标与地心空间直角坐标的转换

大地坐标与地心空间直角坐标之间的转换公式也分为正算和反算公式。正算公式表示由点的大地经纬度和大地高 (L,B,H) 计算地心空间直角坐标 (X,Y,Z)，反算公式则相反。

1. 正算公式

正算公式为

$$\left.\begin{aligned}X&=(N+H)\cos B\cos L\\Y&=(N+H)\cos B\sin L\\Z&=[N(1-e^2)+H]\sin B\end{aligned}\right\}\tag{5.3}$$

式中，N 表示卯酉圈曲率半径，e 表示地球椭圆的第一偏心率。

2. 反算公式

反算公式由地心空间直角坐标 (X,Y,Z) 计算点的大地经纬度和大地高 (L,B,H)，反算公式可以迭代计算，也可以直接解算。由式(5.3)的第一和第二式得到

$$\left.\begin{aligned}\tan L&=\frac{Y}{X}\\\sin L&=\frac{Y}{\sqrt{X^2+Y^2}}\\\cos L&=\frac{X}{\sqrt{X^2+Y^2}}\end{aligned}\right\}\tag{5.4}$$

由式(5.3)的第一和第三式得到

$$\tan B=\frac{Z(N+H)\cos L}{X[N(1-e^2)+H]}\tag{5.5}$$

由式(5.4)和式(5.5)得到

$$B=\arctan\left[\frac{Z}{\sqrt{X^2+Y^2}}\left(1-\frac{e^2N}{(N+H)}\right)^{-1}\right]\tag{5.6}$$

由式(5.3)得到

$$H=\frac{\sqrt{X^2+Y^2}}{\cos B}-N\tag{5.7}$$

由式(5.4)、式(5.6)和式(5.7)，通过迭代即可得到点的大地经纬度和大地高 (L,B,H)。

5.2.3　地心空间直角坐标与椭球切面坐标的转换

设地面点在地心空间直角坐标系和椭球切面坐标系的坐标分别为 (X,Y,Z)，(X',Y',Z')，椭球切面坐标系坐标原点的地心坐标为 (X_0,Y_0,Z_0)，其大地坐标为 (L_0,B_0)，可以得到下列正变换公式

$$\begin{bmatrix} X \\ Y \\ Z \end{bmatrix} = \begin{bmatrix} -\sin L_0 & -\cos L_0 \sin B_0 & \cos L_0 \cos B_0 \\ \cos L_0 & -\sin L_0 \sin B_0 & \sin L_0 \cos B_0 \\ 0 & \cos B_0 & \sin B_0 \end{bmatrix} \begin{bmatrix} X' \\ Y' \\ Z' \end{bmatrix} + \begin{bmatrix} X_0 \\ Y_0 \\ Z_0 \end{bmatrix} \tag{5.8}$$

反算公式为

$$\begin{bmatrix} X' \\ Y' \\ Z' \end{bmatrix} = \begin{bmatrix} -\sin L_0 & \cos L_0 & 0 \\ -\cos L_0 \sin B_0 & -\sin L_0 \sin B_0 & \cos B_0 \\ \cos L_0 \cos B_0 & \sin L_0 \cos B_0 & \sin B_0 \end{bmatrix} \begin{bmatrix} X - X_0 \\ Y - Y_0 \\ Z - Z_0 \end{bmatrix} \tag{5.9}$$

§5.3　侧视雷达图像的构像方程

侧视雷达有真实孔径雷达和合成孔径雷达之分，其工作方式一般又可以分为平面扫描和圆锥扫描等多种方式，因此，雷达影像的构像方式不同。

现今国际上一般采用的雷达影像的构像方程主要有 3 种，第一种模型是 Leberl F. 等提出的雷达构像方程，此模型顾及雷达传感器的空间方位变化，但是没有考虑雷达姿态角的变化；第二种模型是 Konecny 等提出的平距显示雷达影像的数学模型，该模型考虑了雷达传感器的 6 个空间和姿态方位的变化，同时顾及地形起伏的影响；最后一种模型是将雷达影像近似地看成线阵 CCD 方式的扫描影像，其处理方式按照 CCD 线扫描方式处理，几何模型采用 CCD 线扫描处理公式，本节对这 3 种构像方程进行简单介绍。

5.3.1　Leberl 数学处理模型

Leberl 根据雷达影像像点的距离条件和零多普勒条件推导出了雷达图像构像的数学模型，当然这个模型是近似的。

1. 距离条件

如图 5.1 所示，设 D_S 为扫描延迟，R_S 表示天线 S 到地面目标点 P 的斜距，R_g 表示地面点的地距，H 表示雷达传感器到基准地面的航高，y_S 表示地面点 P 在斜距显示的影像上的像片坐标，y_g 表示地面点在地距显示的影像上的距离向影像坐标，r_0 表示扫描延迟 D_S 在数据规化平面上的投影，m_y 为距离向影像比例尺分母，则对于斜距显示的影像可以得出式(5.10)。

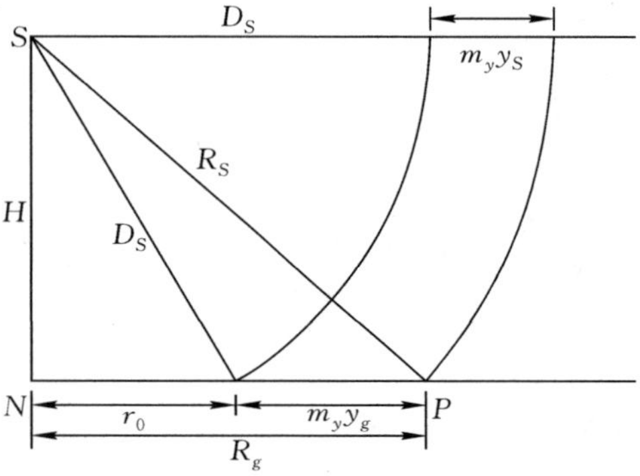

图 5.1　距离条件演示图

$$R_S = m_y y_S + D_S \tag{5.10}$$

而对于地距显示的雷达影像而言，可以得到

$$R_S = [(m_y y_g + r_0)^2 + H^2]^{\frac{1}{2}} \tag{5.11}$$

由于雷达天线的瞬时位置到地面目标点之间的矢量长度 R_S 与根据图像坐标量测值计算得到的长度应该相等，因此，对于斜距显示的影像式(5.12)成立。

$$(X-X_S)^2+(Y-Y_S)^2+(Z-Z_S)^2=(m_y y_S+D_S)^2 \tag{5.12}$$

对于地距显示的雷达影像而言，式(5.13)成立。

$$(X-X_S)^2+(Y-Y_S)^2+(Z-Z_S)^2=(m_y y_g+r_0)^2+H^2 \tag{5.13}$$

式中，(X,Y,Z) 表示地面点的物方坐标，(X_S,Y_S,Z_S) 表示地面点对应的雷达天线瞬间的物方坐标，即传感器的空间方位和空间姿态参数。

当雷达是星载时，一般来说卫星在空间的运行比较稳定，空间方位的变化可以看成是时间的函数，因而，一般可以认为式(5.14)成立。

$$\left.\begin{aligned} X_S &= X_{S_0}+\dot{X}_{S_0}S_X \\ Y_S &= Y_{S_0}+\dot{Y}_{S_0}S_X \\ Z_S &= Z_{S_0}+\dot{Z}_{S_0}S_X \end{aligned}\right\} \tag{5.14}$$

式中，S_X 表示卫星运行距离；$(X_{S_0},Y_{S_0},Z_{S_0})$ 表示雷达起始天线位置，即当 $S_X=0$ 时的空间方位参数；$(\dot{X}_{S_0},\dot{Y}_{S_0},\dot{Z}_{S_0})$ 表示卫星运行的速度矢量，即空间方位参数的一阶变率。

2. 零多普勒条件

由雷达遥感的特性可知，卫星飞行时的速度矢量与天线至地面目标点的矢量是一种垂直的关系，由此可知，此时的多普勒频移为零，这一特性通常称为零多普勒条件，见图5.2。可以用式(5.15)表示这一条件，即卫星的速度矢量 $(\dot{X}_{S_0},\dot{Y}_{S_0},\dot{Z}_{S_0})$ 与天线到地面目标点的矢量 $(X-X_S,Y-Y_S,Z-Z_S)$ 的矢量积为零，其形式为

$$\dot{X}_{S_0}(X-X_S)+\dot{Y}_{S_0}(Y-Y_S)+\dot{Z}_{S_0}(Z-Z_S)=0 \tag{5.15}$$

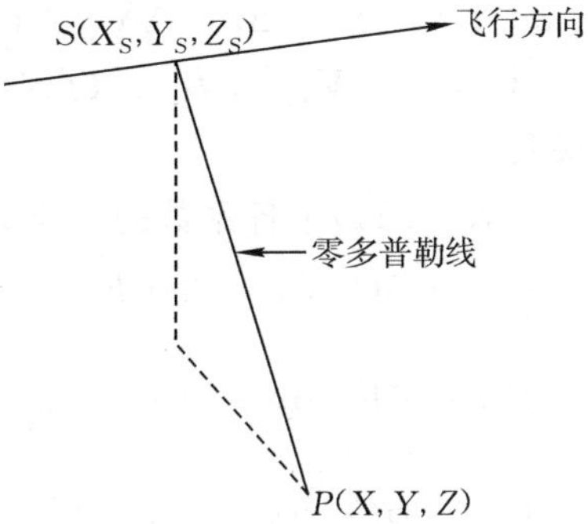

图5.2 零多普勒条件

将式(5.14)代入式(5.15)，进一步可以得到式(5.16)。

$$S_X=\frac{\dot{X}_{S_0}(X-X_{S_0})+\dot{Y}_{S_0}(Y-Y_{S_0})+\dot{Z}_{S_0}(Z-Z_{S_0})}{\dot{X}_{S_0}^2+\dot{Y}_{S_0}^2+\dot{Z}_{S_0}^2} \tag{5.16}$$

考虑式(5.13)并参考图5.1和图5.2，可以得到

$$R_g=\sqrt{(X-X_S)^2+(Y-Y_S)^2+(Z-Z_S)^2-H^2} \tag{5.17}$$

于是，可以得到雷达图像的像方坐标为

$$\left.\begin{aligned} x &= \frac{S_X}{m_x} \\ y &= \frac{R_g-r_0}{m_y} \end{aligned}\right\} \tag{5.18}$$

式中，m_x,m_y 分别表示方位向和距离向的影像比例尺分母。可以看出，式(5.16)至式(5.18)这组公式共有9个未知数，它们是 $X_{S_0},Y_{S_0},Z_{S_0},\dot{X}_{S_0},\dot{Y}_{S_0},\dot{Z}_{S_0},r_0,m_x,m_y$，因而，为了答解这组公式，通常至少需要5个地面已知控制点。

3. Leberl 模型的使用

显然，由于此公式的复杂形式，Leberl 公式无法直接使用，因此，在使用此公式前，必须对整个 Leberl 公式进行线性化，首先列出 Leberl 方程的两个基本公式，即

$$\left.\begin{aligned} F_1 &= (y_g m_y + r_0)^2 + H^2 - (X - X_S)^2 - (Y - Y_S)^2 - (Z - Z_S)^2 = 0 \\ F_2 &= \dot{X}_{S_0}(X - X_S) + \dot{Y}_{S_0}(Y - Y_S) + \dot{Z}_{S_0}(Z - Z_S) = 0 \end{aligned}\right\} \tag{5.19}$$

式中，各个参数为

$$\left.\begin{aligned} X_S &= X_{S_0} + \dot{X}_{S_0} S_X \\ Y_S &= Y_{S_0} + \dot{Y}_{S_0} S_X \\ Z_S &= Z_{S_0} + \dot{Z}_{S_0} S_X \\ S_X &= x m_x \end{aligned}\right\} \tag{5.20}$$

式(5.19)和式(5.20)是一组非线性公式，为了能够方便使用，必须对式(5.19)在顾及式(5.20)的条件下进行线性化。线性化的含义是将非线性的公式在顾及一定条件下，按照泰勒级数的原理展开。在摄影测量与遥感领域，一般只顾及展开项的一次项。一般可以得到线性化的平差公式为

$$\boldsymbol{CV} + \boldsymbol{B\Delta} + \boldsymbol{AE} = \boldsymbol{L} \tag{5.21}$$

式中，$\boldsymbol{A} = \begin{bmatrix} A_{11} & A_{12} & A_{13} & A_{14} & A_{15} & A_{16} & A_{17} \\ A_{21} & A_{22} & A_{23} & A_{24} & A_{25} & A_{26} & A_{27} \end{bmatrix}$；$\boldsymbol{B} = \begin{bmatrix} B_{11} & B_{12} & B_{13} \\ B_{21} & B_{22} & B_{23} \end{bmatrix}$；$\boldsymbol{C} = \begin{bmatrix} C_{11} & C_{12} \\ C_{21} & C_{22} \end{bmatrix}$；$\boldsymbol{E} = [\Delta r_0 \ \Delta X_{S_0} \ \Delta Y_{S_0} \ \Delta Z_{S_0} \ \Delta \dot{X}_{S_0} \ \Delta \dot{Y}_{S_0} \ \Delta \dot{Z}_{S_0}]^{\mathrm{T}}$，表示未知参数矢量；$\boldsymbol{L} = -[F_1 \ F_2]^{\mathrm{T}}$，表示常数项矢量；$\boldsymbol{V} = [V_x \ V_y]^{\mathrm{T}}$，表示像点坐标残差矢量；$\boldsymbol{\Delta} = [\Delta X \ \Delta Y \ \Delta Z]^{\mathrm{T}}$，表示地面点坐标改正数矢量。

式(5.21)中各系数的元素为

$$\left.\begin{aligned} C_{11} &= \partial F_1/\partial x = 2m_x F_2 \\ C_{12} &= \partial F_1/\partial y = 2(r_0 + m_y y_g)m_y \\ C_{21} &= \partial F_2/\partial x = -m_x(\dot{X}_{S_0}^2 + \dot{Y}_{S_0}^2 + \dot{Z}_{S_0}^2) \\ C_{22} &= \partial F_2/\partial y = 0 \end{aligned}\right\} \quad \left.\begin{aligned} B_{11} &= \partial F_1/\partial X = -2(X - X_S) \\ B_{12} &= \partial F_1/\partial Y = -2(Y - Y_S) \\ B_{13} &= \partial F_1/\partial Z = -2(Z - Z_S) \\ B_{21} &= \partial F_2/\partial X = X_{S_0} \\ B_{22} &= \partial F_2/\partial Y = Y_{S_0} \\ B_{23} &= \partial F_2/\partial Z = Z_{S_0} \end{aligned}\right\}$$

$$\left.\begin{aligned} A_{11} &= \partial F_1/\partial r_0 = 2(r_0 + m_y y_g) \\ A_{12} &= \partial F_1/\partial X_{S_0} = 2(X - X_S) \\ A_{13} &= \partial F_1/\partial Y_{S_0} = 2(Y - Y_S) \\ A_{14} &= \partial F_1/\partial Z_{S_0} = 2(Z - Z_S) \\ A_{15} &= \partial F_1/\partial \dot{X}_{S_0} = 2(X - X_S)S_X \\ A_{16} &= \partial F_1/\partial \dot{Y}_{S_0} = 2(Y - Y_S)S_X \\ A_{17} &= \partial F_1/\partial \dot{Z}_{S_0} = 2(Z - Z_S)S_X \end{aligned}\right\} \quad \left.\begin{aligned} A_{21} &= \partial F_2/\partial r_0 = 0 \\ A_{22} &= \partial F_2/\partial X_{S_0} = -\dot{X}_{S_0} \\ A_{23} &= \partial F_2/\partial Y_{S_0} = -\dot{Y}_{S_0} \\ A_{24} &= \partial F_2/\partial Z_{S_0} = -\dot{Z}_{S_0} \\ A_{25} &= \partial F_2/\partial \dot{X}_{S_0} = (X - X_S) - \dot{X}_{S_0} S_X \\ A_{26} &= \partial F_2/\partial \dot{Y}_{S_0} = (Y - Y_S) - \dot{Y}_{S_0} S_X \\ A_{27} &= \partial F_2/\partial \dot{Z}_{S_0} = (Z - Z_S) - \dot{Z}_{S_0} S_X \end{aligned}\right\}$$

5.3.2 Konecny 雷达影像数学处理模型

前国际摄影测量与遥感协会主席 Konecny 教授于 1988 年在第 16 届 ISPRS 大会上提出了一种雷达影像处理的模型，该模型类似于光学投影的共线方程形式，该公式适合于地距显示方式的雷达影像。该公式同样是非线性的，需要进行线性化。

Konecny 提出的这种近似模型是基于等效共线方程模型的观点，但对共线方程作了某些

改动，即考虑到地形对投影点位置的影响因子，并且按地面为水平面的投影方式进行处理，方程式为

$$\begin{bmatrix} x \\ 0 \\ -f \end{bmatrix} = kM\begin{bmatrix} X_P-\Delta X-X_{S_j} \\ Y_P-\Delta Y-Y_{S_j} \\ Z_P-Z_{S_j} \end{bmatrix} = k\begin{bmatrix} a_{1_j} & a_{2_j} & a_{3_j} \\ b_{1_j} & b_{2_j} & b_{3_i} \\ c_{1_j} & c_{2_j} & c_{3_j} \end{bmatrix}\begin{bmatrix} X_P-\Delta X-X_{S_j} \\ Y_P-\Delta Y-Y_{S_j} \\ Z_P-Z_{S_j} \end{bmatrix} \tag{5.22}$$

式中，$\Delta X = m(X_P - X_{S_j})$，$\Delta Y = m(Y_P - Y_{S_j})$，

$$m = \frac{\sqrt{(X_P-X_{S_j})^2+(Y_P-Y_{S_j})^2}-\sqrt{(X_P-X_{S_j})^2+(Y_P-Y_{S_j})^2+(Z_P-Z_{S_j})^2-H^2}}{\sqrt{(X_P-X_{S_j})^2+(Y_P-Y_{S_j})^2}},$$

Z_P 为数据归化面高程。

从公式 m 的表达式的分子表达式可以看出，它是点的平面位置因高程不同而造成投影差异的因子，它相当于将斜距转换到归化面上的改正因子。如图 5.3 所示，P 点相对于数据归化面的高度为 PP'，在数据归化面上所有点的高程为 Z_P。OP' 为 P 点与天线 S 的水平距离，即 m 表达式中分母所表达的几何意义。OP'' 为 m 表达式中分子的第二项，因为 P'' 为以 S 为圆心、SP 为半径画弧交归化面的交点，即在归化面上按斜距投影关系，应在 P'' 的位置。$P'P''$ 就相当于 m 表达式中分子的几何意义，即因地形起伏所造成的斜距投影变形。由此可见，式(5.22) 中对地面点平面位置的坐标均加了一个改正(ΔX，ΔY)，将数据按在归化面的投影点进行处理，这样得到的构像方程就比较严密了。

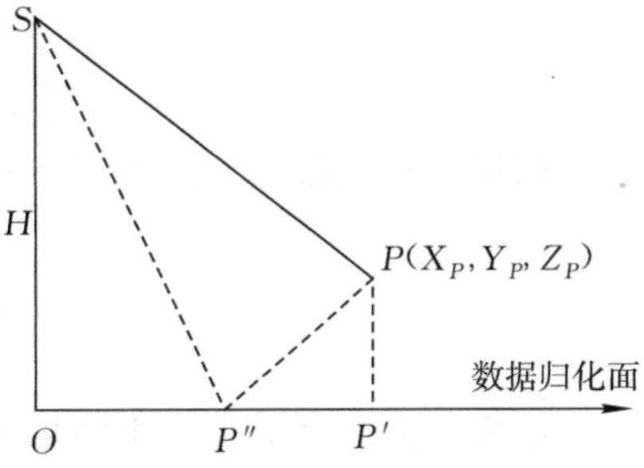

图 5.3　式(5.22) 中 m 的几何含义

5.3.3　行中心投影方式雷达影像数学处理模型

雷达图像属于距离投影方式，也有人将雷达影像按照 SPOT 卫星影像 CCD 行中心投影方式进行处理，当然，这种方式像其他方式一样都是近似的。在这里将这种按 CCD 行中心投影方式的投影模型作一介绍。

行中心投影方式的投影模型与中心投影方式的共线方程的形式类似。图像坐标 (x,y) 一般这样定义：y 轴定义为传感器的运动方向，即飞行方向，而 x 轴则取垂直于 y 轴的方向，这种取与雷达系统定义的像坐标系有异的原因，是为了沿用习惯地用 x 方向的视差反映地面点高差的习惯。

假设雷达侧视角为 θ，直接写出雷达图像的近似投影方程为

$$\boldsymbol{M}_\theta\begin{bmatrix} x_i \\ 0 \\ -f \end{bmatrix} = k\boldsymbol{M}'^{\mathrm{T}}_i\begin{bmatrix} X-X_{S_i} \\ Y-Y_{S_i} \\ Z-Z_{S_i} \end{bmatrix} \tag{5.23}$$

式中，θ 为雷达侧视角，$\boldsymbol{M}_\theta$ 为由 θ 组成的旋转矩阵，(X,Y,Z) 表示地面点的物方空间坐标，$(X_{S_i},Y_{S_i},Z_{S_i})$ 表示第 i 个观测位置行的投影中心的物方空间坐标，k 表示比例尺因子，$\boldsymbol{M}'_i$ 表示第 i 个观测位置行的空间姿态参数$(\varphi_i,\omega_i,\kappa_i)$ 组成的旋转矩阵，f 表示雷达图像的等效焦距，M'_i 可以沿用传统的表达形式，即

$$\boldsymbol{M}'_i = \begin{bmatrix} a'_1 & a'_2 & a'_3 \\ b'_1 & b'_2 & b'_3 \\ c'_1 & c'_2 & c'_3 \end{bmatrix} \tag{5.24}$$

其中,等效焦距 f 与航高 H、雷达成像阴极射线管上的亮点扫描速度 v、光速 c 的关系为:$k = 2v/c = f/H$,旋转矩阵 $\boldsymbol{M}'_i$ 中各元素的形式为

$$\left.\begin{aligned} a'_1 &= \cos\varphi\cos\kappa - \sin\varphi\sin\omega\sin\kappa \\ a'_2 &= -\cos\varphi\sin\kappa - \sin\varphi\sin\omega\cos\kappa \\ a'_3 &= -\sin\varphi\cos\omega \\ b'_1 &= \cos\omega\sin\kappa \\ b'_2 &= \cos\omega\sin\kappa \\ b'_3 &= -\sin\omega \\ c'_1 &= \sin\varphi\cos\kappa + \cos\varphi\sin\omega\sin\kappa \\ c'_2 &= \sin\varphi\sin\kappa + \cos\varphi\sin\omega\cos\kappa \\ c'_3 &= \cos\varphi\cos\omega \end{aligned}\right\}$$

根据雷达投影的几何关系,矩阵 $\boldsymbol{M}_\theta$ 的形式为

$$\boldsymbol{M}_\theta = \begin{bmatrix} \cos\theta & 0 & -\sin\theta \\ 0 & 1 & 0 \\ \sin\theta & 0 & \cos\theta \end{bmatrix} \tag{5.25}$$

如果对式(5.23)作一个简单的变换,即令

$$\boldsymbol{M}_\theta^{\mathrm{T}}\boldsymbol{M}'^{\mathrm{T}}_i = \boldsymbol{M} = \begin{bmatrix} a_1 & a_2 & a_3 \\ b_1 & b_2 & b_3 \\ c_1 & c_2 & c_3 \end{bmatrix} \tag{5.26}$$

则式(5.23)可以改写成

$$\left.\begin{aligned} x_i &= -f\frac{a_1(X - X_{S_i}) + b_1(Y - Y_{S_i}) + c_1(Z - Z_{S_i})}{a_3(X - X_{S_i}) + b_3(Y - Y_{S_i}) + c_3(Z - Z_{S_i})} \\ y_i &= 0 = -f\frac{a_2(X - X_{S_i}) + b_2(Y - Y_{S_i}) + c_2(Z - Z_{S_i})}{a_3(X - X_{S_i}) + b_3(Y - Y_{S_i}) + c_3(Z - Z_{S_i})} \end{aligned}\right\} \tag{5.27}$$

如果将雷达图像看成为行中心投影图像,则可以假设在一幅雷达图像内,其空间方位和空间姿态参数是时间的函数。由于将飞行方向定义为 y 轴方向,而在雷达遥感中,雷达图像的 y 坐标方向就是雷达传感器的飞行方向,即它代表了雷达影像记录的时间序列,因而空间方位和空间姿态参数的变化可以表达为 y 坐标的函数,其表达方式为式(5.28)。

$$\left.\begin{aligned} \varphi_i &= \varphi_0 + \dot{\varphi}y + \ddot{\varphi}y^2 + \cdots \\ \omega_i &= \omega_0 + \dot{\omega}y + \ddot{\omega}y^2 + \cdots \\ \kappa_i &= \kappa_0 + \dot{\kappa}y + \ddot{\kappa}y^2 + \cdots \\ X_{S_i} &= X_{S_0} + \dot{X}_S y + \ddot{X}_S y^2 + \cdots \\ Y_{S_i} &= Y_{S_0} + \dot{Y}_S y + \ddot{Y}_S y^2 + \cdots \\ Z_{S_i} &= Z_{S_0} + \dot{Z}_S y + \ddot{Z}_S y^2 + \cdots \end{aligned}\right\} \tag{5.28}$$

式中,$(\dot{X}_S, \dot{Y}_S, \dot{Z}_S, \dot{\varphi}, \dot{\omega}, \dot{\kappa})$ 和 $(\ddot{X}_S, \ddot{Y}_S, \ddot{Z}_S, \ddot{\varphi}, \ddot{\omega}, \ddot{\kappa})$ 分别表示空间方位和姿态参数的一阶和二阶

变率。

为了能够方便使用，上述公式同样需要进行线性化。顾及式(5.24)、式(5.25)、式(5.26)和式(5.28)，对式(5.27)进行泰勒展开，并且按照常规只取其一次项，得到

$$\boldsymbol{V} = \boldsymbol{A}\Delta\boldsymbol{X} - \boldsymbol{L} \tag{5.29}$$

式中

$$\boldsymbol{V} = [V_x \quad V_y]^{\mathrm{T}}$$

$$\Delta\boldsymbol{X} = [\Delta\varphi_0\ \Delta\omega_0\ \Delta\kappa_0\ \Delta X_{S_0}\ \Delta Y_{S_0}\ \Delta Z_{S_0}\ \Delta\dot{\varphi}_0\ \ \Delta\dot{\omega}_0\ \ \Delta\dot{\kappa}_0\ \ \Delta\dot{X}_{S_0}\ \Delta\dot{Y}_{S_0}\ \Delta\dot{Z}_{S_0}\ \Delta X_i\ \Delta Y_i\ \Delta Z_i]^{\mathrm{T}}$$

$$\boldsymbol{L} = [L_x \quad L_y]^{\mathrm{T}}$$

$$\boldsymbol{A} = \begin{bmatrix} A_{11} & A_{12} & A_{13} & A_{14} & A_{15} & A_{16} & A_{11}y & A_{12}y & A_{13}y & A_{14}y & A_{15}y & A_{16}y & -A_{14} & -A_{15} & -A_{16} \\ A_{21} & A_{22} & A_{23} & A_{24} & A_{25} & A_{26} & A_{21}y & A_{22}y & A_{23}y & A_{24}y & A_{25}y & A_{26}y & -A_{24} & -A_{25} & -A_{26} \end{bmatrix}$$

式中各元素为

$$\left.\begin{aligned}
A_{11} &= \partial x/\partial\varphi_0 = -[(x/f)\cos\kappa_i + f\sin\kappa_i]\cos\omega_i \\
A_{12} &= \partial x/\partial\omega_0 = -(f + x^2/f)\sin\kappa_i\cos\omega_i \\
A_{13} &= \partial x/\partial\kappa_0 = 0 \\
A_{14} &= \partial x/\partial X_{S_0} = (a_1 f + a_3 x)/\bar{Z} \\
A_{15} &= \partial x/\partial Y_{S_0} = (b_1 f + b_3 x)/\bar{Z} \\
A_{16} &= \partial x/\partial Z_{S_0} = (c_1 f + c_3 x)/\bar{Z} \\
A_{21} &= \partial y/\partial\varphi_0 = -x\sin\omega_i + f\sin\kappa_i\cos\omega_i \\
A_{22} &= \partial y/\partial\omega_0 = -f\cos\kappa_i \\
A_{23} &= \partial y/\partial\kappa_0 = -x \\
A_{24} &= \partial y/\partial X_{S_0} = a_2 f/\bar{Z} \\
A_{25} &= \partial y/\partial Y_{S_0} = b_2 f/\bar{Z} \\
A_{26} &= \partial y/\partial Z_{S_0} = c_2 f/\bar{Z}
\end{aligned}\right\}$$

$$\left.\begin{aligned}
L_x &= x_i + f\frac{\bar{X}}{\bar{Z}} \\
L_y &= 0 + f\frac{\bar{Y}}{\bar{Z}}
\end{aligned}\right\}$$

$$\begin{bmatrix} \bar{X} \\ \bar{Y} \\ \bar{Z} \end{bmatrix} = \begin{bmatrix} a_1 & a_2 & a_3 \\ b_1 & b_2 & b_3 \\ c_1 & c_2 & c_3 \end{bmatrix} \begin{bmatrix} X_i - X_{S_i} \\ Y_i - Y_{S_i} \\ Z_i - Z_{S_i} \end{bmatrix}$$

$$f = (2vH)/c$$

第 6 章　侧视雷达图像的纠正

雷达图像的几何和辐射特性不同于光学影像，对雷达图像进行纠正因而具有特殊意义。雷达图像纠正包括几何纠正和辐射纠正，本章将讨论这两方面的内容。

消除图像几何变形的过程称为几何纠正。几何纠正的过程是将原始的雷达图像进行坐标变换和再取样，生成一幅具有正射投影性质的影像，此影像称为“正射影像”或者“地理编码影像”。在几何纠正部分，将首先讨论几何变形的类型，然后讨论几种纠正方法，包括多项式纠正法和数字微分纠正法等。

消除雷达图像辐射失真的处理过程一般称为图像的辐射纠正。产生雷达图像辐射失真的原因主要是由雷达透视收缩、叠掩、阴影，以及雷达斑点等引起的。本章将对由这些因素引起的辐射失真现象进行分析，并讨论现有的纠正方法。

§6.1　侧视雷达图像几何变形分析

6.1.1　侧视雷达图像斜距变形

如图 6.1 所示，设雷达天线的位置为 S，地面点 P 的图像坐标为 y_P，它是雷达波束扫描方向的图像坐标，它取决于斜距 R_P 以及成像比例尺 k，因此可以得到

$$k = \frac{2v}{c} = \frac{f}{H} \tag{6.1}$$

式中，v 表示雷达成像阴极射线管上亮点的扫描速度，c 表示雷达波束在空中的传播速度，H 为传感器的飞行高度，f 表示雷达影像的等效焦距(舒宁，2003)。

从图 6.1 可知

$$R_P = \frac{H}{\cos\theta} \tag{6.2}$$

所以可以得到

$$y_P = kR_P = \frac{kH}{\cos\theta} = \frac{f}{\cos\theta} \tag{6.3}$$

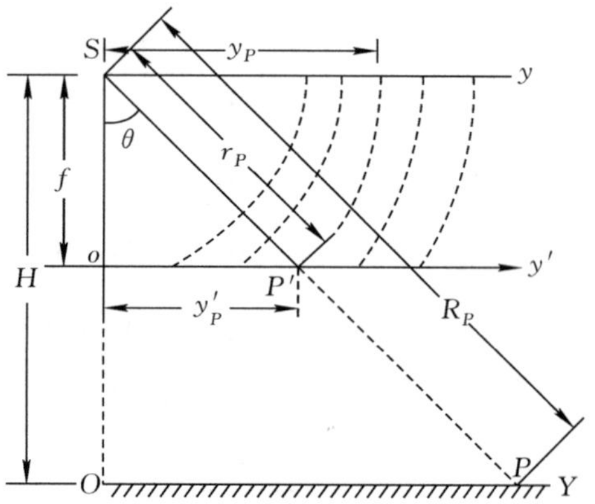

图 6.1　斜距投影变形

假设一幅等效于雷达成像时刻的模拟中心投影的像片，此模拟中心投影像片的焦距为 f，地面点 P 在此模拟像片上的像点为 P'，其像点坐标 $y'_{P'}$ 可以表达为

$$y'_{P'} = f\tan\theta \tag{6.4}$$

因而，从式(6.3)和式(6.4)中可以得到雷达斜距投影坐标与等效的中心投影坐标之间的坐标差公式，即

$$\delta y = y_P - y'_{P'} = f\left(\frac{1}{\cos\theta} - \tan\theta\right) = y_P\left\{1 - \sin\left[\arccos\left(\frac{f}{y_P}\right)\right]\right\} \tag{6.5}$$

根据式(6.5),结合图 6.1 可以得出与前面章节中多次讨论相同的结论,即雷达图像的变形与位置、俯角等有关。

6.1.2　空间位置和姿态参数对侧视雷达图像变形的影响

合成孔径雷达传感器的空间方位,即传感器成像瞬间的位置 (X_S, Y_S, Z_S) 和空间姿态角 $(\varphi, \omega, \kappa)$ 在雷达传感器运行期间偏离了雷达航线的标准位置时,会引起雷达图像的变形。与中心投影方式分析外方位元素变形的影响类似,一般可以通过地面点的图像坐标误差来表达和分析,也可以通过构像方程来分析。由于空间方位参数对雷达图像变形的影响极其复杂,因而这里只作一些简单的分析(舒宁,2003)。

对于真实孔径侧视雷达而言,它侧向的图像坐标主要取决于雷达天线到地面点的斜距。由于雷达发射波沿着侧向呈细长波瓣状,从而形成一条细长的照射带,见图 6.2(a)。一般而言,雷达传感器的姿态变化对斜距的获取不产生影响,但是,当雷达天线的姿态角发生变化时,其航向倾角 φ 和方位角 κ 的变化将引起雷达波束沿航向平移和指向的旋转,从而引起雷达天线对地面目标扫描时间上的偏移和斜距的变化,结果产生图像的变形,见图 6.2(b)和图 6.2(c)。而 ω 的变化一般不会产生斜距的变形,但是可能引起照射范围的变化。

合成孔径雷达成像过程可以归纳为两个阶段:首先利用雷达相干波产生全息的雷达信号图像,然后利用光学或者是数字的解码系统,将雷达信号转换成图像方式。信号上记录的是一系列的条斑,每一个条斑对应实地的一个点,或者是一组等斜距的点,条斑中虚线段的长度及间隔在解码后决定了像点在图像上的位置。当雷达传感器的航速在运行过程中发生变化时,条斑的形状会发生改变,从而引起影像的变形。所以对于合成孔径雷达而言,航速的变化也会引起雷达图像的变形。

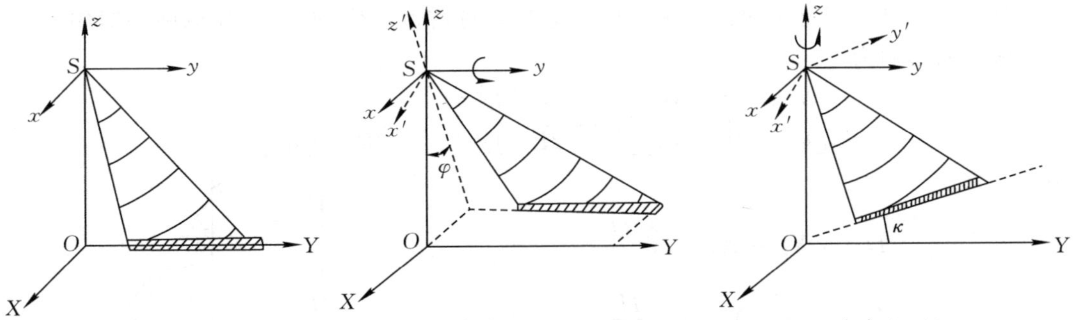

(a) $d\varphi = d\omega = d\kappa = 0$　　(b) $d\varphi \neq 0$　　(c) $d\kappa \neq 0$

图 6.2　空间姿态变化引起的成像变化

6.1.3　地形起伏对侧视雷达图像变形的影响

地形起伏对雷达图像的影响可以用图 6.3 说明。假设 $SA = R'_P$,地面目标点 A 相对于基准面的高差为 h,即 $AA_0 = h$,地面点 A 的影像坐标为 $y'_P = kR'_P$,k 为成像比例尺,于是可以得到地面点 A 在基准面上的投影点 A_0 的近似斜距为(舒宁,2003)

$$R_P \approx R'_P + h\cos\theta \tag{6.6}$$

假设成像比例尺 k 已知,而 A_0 点的影像坐标为 $y_P = kR_P$,可以得到由于地形起伏引起的地面点的图像坐标的变形位移,即有

$$\delta y = y'_P - y_P \approx - kh\cos\theta \tag{6.7}$$

地形起伏对于中心投影图像造成的像点位移是背向地底点方向的，在雷达图像上则朝向地底点方向移位。当然，地面起伏还可能造成雷达的阴影等其他变形。

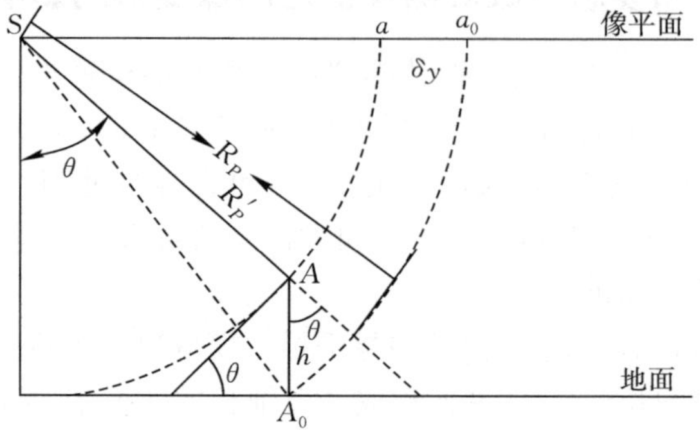

图 6.3 地形起伏引起的雷达图像移位

6.1.4 地球曲率对侧视雷达图像变形的影响

地球曲率对雷达图像移位的影响可以参考地形起伏的影响，不同之处是要将地面上的点投影到地球的切平面上，其对雷达图像像坐标的影响可以将式(6.7)中的 h 改成图 6.4 中的 Δh。设地面点到传感器与地心连线的投影距离为 D，地球的半径为 R，根据相交弦定理及其推论可知

$$D^2 = (2R - \Delta h)\Delta h \tag{6.8}$$

如果考虑到 Δh 远远小于地球的半径 R，可以对式(6.8)进行简化，从而得到

$$\Delta h \approx D^2/2R \tag{6.9}$$

从分析中心投影变化规律出发来分析地球曲率对雷达图像的影响，地球曲率对中心投影像片像坐标的影响为

$$\begin{bmatrix} h_x \\ h_y \end{bmatrix} = \begin{bmatrix} -\Delta h_x \\ -\Delta h_y \end{bmatrix} = -\frac{1}{2R}\begin{bmatrix} D_x^2 \\ D_y^2 \end{bmatrix} = -\frac{H^2}{2Rf^2}\begin{bmatrix} x^2 \\ y^2 \end{bmatrix} \tag{6.10}$$

式中

$$D_x = X_P - X_S = x\,\frac{H}{f}$$

$$D_y = Y_P - Y_S = y\,\frac{H}{f}$$

$$H = -(Z_P - Z_S)$$

因为方位向变形的影响一般可以忽略，因而地球曲率对雷达图像变形的影响可以只考虑距离向，即可以表示为

$$h_y = -\frac{H^2 y^2}{2Rf^2} = -\frac{H^2\tan^2\theta}{2R} \tag{6.11}$$

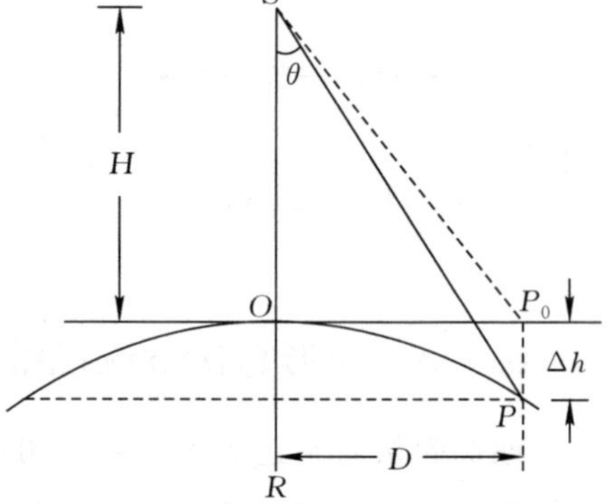

图 6.4 地球曲率对雷达图像的影响

6.1.5 大气折射对侧视雷达图像变形的影响

大气层是一个非均匀的介质层，光线在大气层中的传播不是一条直线。大气层的密度随着离地面高度的增加而递减，因而，光线或者电磁波在大气层中传播的折射率同样随着高度而

改变，这使得电磁波在大气中的传播路径是一条曲线，从而引起雷达图像像点的移位。

合成孔径雷达是斜距投影，雷达电磁波在大气层中传播时，因为大气折射率的变化而产生电磁波传播过程路径的弯曲。但是，与光学摄影方式不同的是，雷达电磁波在传播过程中不是因为传播方向的改变而引起目标点的移位，在雷达图像上，像点移位是因为电磁波路径长度的改变和电磁波传播过程中时间的改变而产生的。如图 6.5 所示，在没有大气折射的情况下，假设地面点 P 在雷达图像上的斜距为 R；当存在折射时，电磁波沿着弧距 R_C 到达地面目标点 P，因而其等效斜距 $R' = R_C$。从图 6.5（舒宁，2003）中可以清楚地看出，雷达像点从 p 点移位到 p' 点，以 $\Delta y = pp'$ 来表示这种位移，显然，由于雷达回波的路径长度改变而引起的雷达像点移位误差为

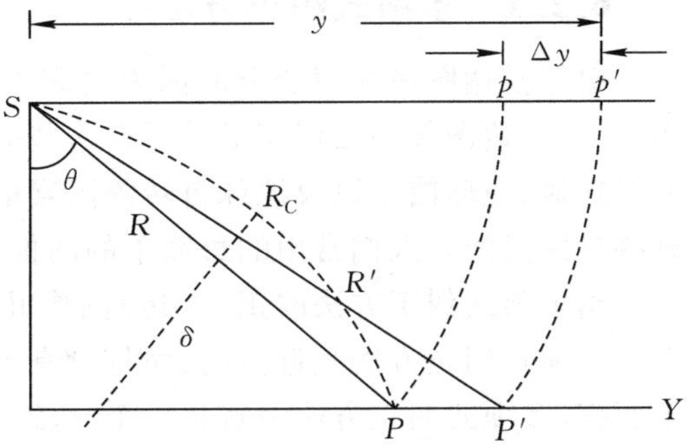

图 6.5　大气折射对雷达图像的影响

$$\Delta y = k(R' - R) = k(R_C - R) \tag{6.12}$$

式中，参数 k 表示成像比例尺。

假设弧线 R_C 的曲率半径为 δ，可以得到

$$\Delta R = R_C - R = R_C - 2\delta \sin\left(\frac{R_C}{2\delta}\right) \approx \frac{R_C^3}{24\delta^2} \tag{6.13}$$

δ 可以按照式(6.14)估计

$$\delta = \frac{n}{|\partial n/\partial H|\sin\theta} \tag{6.14}$$

式中，$n = 1.000\,35$，它表示海平面上的大气折射系数，$\partial n/\partial H = -4\times10^{-8}$ 表示折射率随高度变化的梯度，θ 表示地面点 P 的成像角，近似地 $\sin\theta \approx f/y$。

将式(6.13)、式(6.14)代入式(6.12)，同时考虑 $y = kR_C$ 和 $k = f/H$，可以得到由于路径长度改变而引起的雷达像点的移位估计公式，即

$$\Delta y = \frac{H^2}{24}\left(\frac{4\times10^{-8}}{1.000\,35}\right)^2 y \tag{6.15}$$

大气折射对电磁波传播的影响还体现在传播时间的增加上，由此引起的斜距变化为

$$\Delta R_t = R'(n' - 1) \tag{6.16}$$

式中，n' 表示大气层的平均折射系数，$R' = R_C$，$n' \approx n + (H/2)(\partial n/\partial H)$。

因此，由于时间的变化而引起的雷达像点的移位为

$$\Delta y_t = k\Delta R_t \approx (0.000\,35 - 2\times10^{-8}H)y \tag{6.17}$$

6.1.6　地球自转对侧视雷达图像变形的影响

对于框幅式投影情况下，由于整幅图像是瞬间一次成像的，人们一般可以不顾及地球自转的影响，原因是地球自转不会引起图像的变形。但是对于卫星遥感而言，由于卫星的高度因素，以及卫星遥感的动态特性，地球自转的影响则必须考虑。当卫星由北向南飞行时，地球表面同时也在由西向东自转，由于卫星图像每条扫描线的成像时间不同，因而造成了扫描线在地面上的投影依次向西平移，最终的结果是引起了图像的扭曲，这种扭曲在卫星遥感时是不可以忽略的，因而在数据处理时必须进行改正。

§6.2 侧视雷达图像几何变形纠正

6.2.1 多项式纠正方法

引起雷达图像几何变形的因素是多方面的,前一节对雷达图像变形的原因给予了分析。实际上,雷达图像的几何变形是所有这些因素的综合,即来自于雷达传感器空间姿态和方位、大气折射、地球曲率以及地球自转等因素的综合影响的结果。雷达图像的变形有些是系统的,有些是偶然的。人们常用的最简单的图像变形改正方法是多项式纠正方法。

用多项式纠正方法改正(雷达)图像几何变形的前提是图像覆盖地区的地形起伏不能太大。多项式纠正方法是近似的,而且没有顾及雷达图像的严格几何关系。对于卫星图像的纠正而言,多项式纠正方法一直是一个比较合适和经济的方法,特别是对于精度要求不是太高的场合,多项式纠正方法是一个很好的选择。

一般人们选择齐次多项式作为纠正的公式,即

$$\left.\begin{aligned} x &= a_0 + a_1X + a_2Y + a_3X^2 + a_4XY + a_5Y^2 + a_6X^3 + a_7X^2Y + a_8XY^2 + a_9Y^3 + \cdots \\ y &= b_0 + b_1X + b_2Y + b_3X^2 + b_4XY + b_5Y^2 + b_6X^3 + b_7X^2Y + b_8XY^2 + b_9Y^3 + \cdots \end{aligned}\right\} \tag{6.18}$$

式中,(x,y) 表示已知的地面控制点所对应的原始雷达图像坐标,(X,Y) 表示控制点坐标,即纠正后的相应像点的地面坐标,(a_i,b_i) 是多项式的系数。

式(6.18)要通过平差的方式才能答解,另外控制点的数量也要满足多项式方程的答解要求。

多项式纠正最好不在大范围内使用,当一幅图像很大时,一般应采用分块的方式进行纠正,即将一幅很大的图像分成几个块,在相对较小的块内分别进行多项式纠正。

多项式纠正的精度取决于地面控制点的多少、控制点的精度和控制点的分布,同时还与纠正的范围有关。控制点的精度越高,则纠正的精度越高;控制点在整个纠正区域内的分布越好,则纠正的精度越高。

多项式系数的多少同样是一个重要的因素,并不是系数越多纠正的精度越高,一般人们取三次多项式或者二次多项式,四次以上的多项式纠正的稳定性低、舍入误差大、计算量也高,因而一般不考虑。

如果控制点的数量多于多项式系数的个数,则采用最小二乘法原理解算系数,假设有 n 个地面控制点,由这 n 个控制点根据式(6.18) 组成误差方程式为

$$\boldsymbol{V} = \boldsymbol{A}\boldsymbol{\Delta}_X - \boldsymbol{L} \tag{6.19}$$

式中,$\boldsymbol{V} = [V_{X1}\ V_{X2}\ \cdots\ V_{Xn}\ V_{Y1}\ V_{Y2}\ \cdots\ V_{Yn}]^{\mathrm{T}}$,表示坐标观测值改正数向量,$\boldsymbol{\Delta}_X = [a_0\ a_1\ a_2\ \cdots\ a_9\ \cdots\ b_0\ b_1\ b_2\ \cdots\ b_9\ \cdots]^{\mathrm{T}}$,表示待求未知数系数向量,$\boldsymbol{L} = [x_1\ x_2\ \cdots\ x_n\ y_1\ y_2\ \cdots\ y_n]^{\mathrm{T}}$ 为观测值向量,系数矩阵 $\boldsymbol{A}$ 为

$$\boldsymbol{A} = \begin{bmatrix} 1 & X_1 & Y_1 & X_1^2 & X_1Y_1 & Y_1^2 & \cdots & 0 & 0 & & & \cdots & & 0 \\ 1 & X_2 & Y_2 & X_2^2 & X_2Y_2 & Y_2^2 & \cdots & 0 & 0 & & & \cdots & & 0 \\ \vdots & \vdots & \vdots & \vdots & \vdots & \vdots & & \vdots & \vdots & & & & & \vdots \\ 1 & X_n & Y_n & X_n^2 & X_nY_n & Y_n^2 & \cdots & 0 & 0 & & & \cdots & & 0 \\ 0 & 0 & & \cdots & & 0 & \cdots & 1 & X_1 & Y_1 & X_1^2 & X_1Y_1 & Y_1^2 & \cdots \\ 0 & 0 & & \cdots & & 0 & \cdots & 1 & X_2 & Y_2 & X_2^2 & X_2Y_2 & Y_2^2 & \cdots \\ \vdots & \vdots & & & & \vdots & & \vdots & \vdots & \vdots & \vdots & \vdots & \vdots & \\ 0 & 0 & & \cdots & & 0 & \cdots & 1 & X_n & Y_n & X_n^2 & X_nY_n & Y_n^2 & \cdots \end{bmatrix}$$

由误差方程式(6.19)出发,根据最小二乘法原理组成法方程式,经过迭代答解即可解算未知数向量。完成了多项式系数的解算后,即可以根据此多项式对每一个像素进行几何变换和灰度值重采样,完成图像的几何纠正。

6.2.2 数字微分纠正方法

数字微分纠正法是利用雷达的摄影参数、雷达图像的构像方程和数字高程模型(DEM),按照一定的数学模型,根据控制点将原始雷达影像变换成正射影像。由于这种方法将原始影像分成微小的区域进行,并且是数字的方法,因此称这种方法为数字微分纠正。按照计算的过程,数字微分纠正一般分为两种方式,即直接纠正法和间接纠正法。

1. 直接纠正法原理

这种方法又称正解法,是由原始的雷达影像坐标 (x,y) 出发,解算纠正后的影像上的相应像点坐标 (x',y'),并将原始像点的影像灰度赋予纠正后的影像中的相应点位置上,其原理如图 6.6 所示。

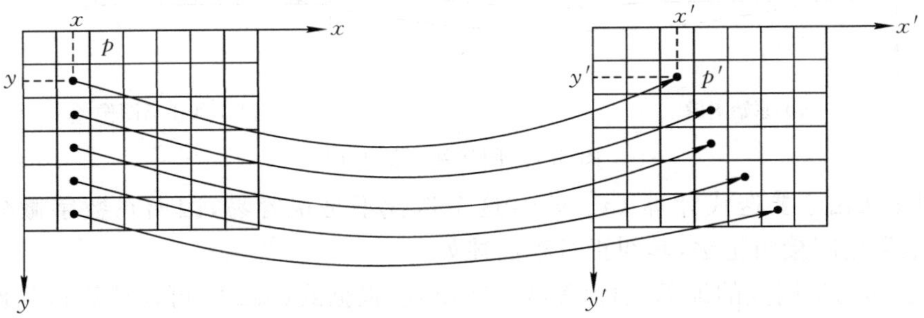

(a) 原始图像　(b) 纠正后图像

图 6.6　直接纠正法原理

以式(5.27)为基础来简单介绍直接纠正法的原理。式(5.27)可以变换为式(6.20),即

$$\left.\begin{aligned} X &= X_{S_i} + \frac{a_1 x - a_3 f}{c_1 x - c_3 f}(Z - Z_{S_i}) \\ Y &= Y_{S_i} + \frac{b_1 x - b_3 f}{c_1 x - c_3 f}(Z - Z_{S_i}) \end{aligned}\right\} \tag{6.20}$$

由于将雷达影像看成为行中心投影的像片来处理,其空间方位参数和空间姿态参数可以按照式(6.21)来计算,即

$$\left.\begin{aligned} \varphi_i &= \varphi_0 + \dot{\varphi} y + \ddot{\varphi} y^2 + \cdots \\ \omega_i &= \omega_0 + \dot{\omega} y + \ddot{\omega} y^2 + \cdots \\ \kappa_i &= \kappa_0 + \dot{\kappa} y + \ddot{\kappa} y^2 + \cdots \\ X_{S_i} &= X_{S_0} + \dot{X}_S y + \ddot{X}_S y^2 + \cdots \\ Y_{S_i} &= Y_{S_0} + \dot{Y}_S y + \ddot{Y}_S y^2 + \cdots \\ Z_{S_i} &= Z_{S_0} + \dot{Z}_S y + \ddot{Z}_S y^2 + \cdots \end{aligned}\right\} \tag{6.21}$$

式中,$(\dot{X}_S,\dot{Y}_S,\dot{Z}_S)$ 和 $(\ddot{X}_S,\ddot{Y}_S,\ddot{Z}_S)$ 为空间方位参数的一阶变率和二阶变率,$(\dot{\varphi},\dot{\omega},\dot{\kappa})$ 和 $(\ddot{\varphi},\ddot{\omega},\ddot{\kappa})$ 为空间姿态参数的一阶变率和二阶变率。

直接纠正法的过程是这样的:首先给定高程的初始值 Z_0,将 DEM 中的 (X,Y) 值和高程近

似值 Z_0 代入式(6.20) 中,计算出地面点平面坐标的近似值(X_1,Y_1),然后根据(X_1,Y_1) 和 DEM 内插出其对应的 Z_1。依据共线方程计算像方坐标,重复以上过程,直至收敛到给定的原始像片坐标(x,y) 对应的地面坐标(X,Y) 为止。由于计算出的(x,y) 不是整数,因此纠正后的影像像点位置上的灰度值必须通过内插的方法获得。

2. 间接纠正法原理

这种方法又称反解法,顾名思义,间接纠正法是由纠正后的影像像点坐标 (x',y') 反求原始影像上相应的雷达影像上的相应像点坐标 (x,y) ,并将该原始像点的影像灰度赋予纠正后的影像中的相应点位置上,其原理见图 6.7。

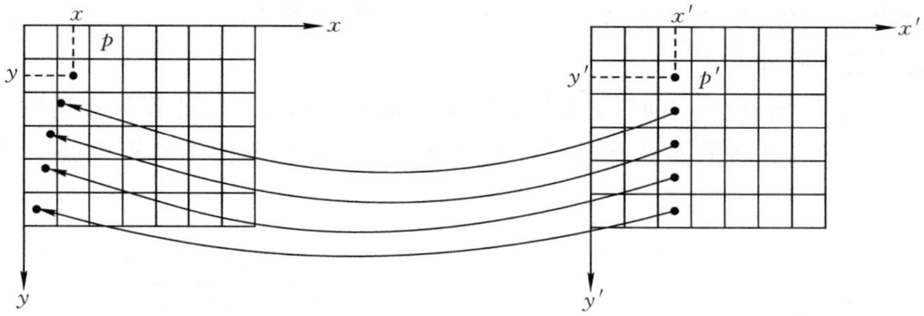

(a) 原始图像 (b) 纠正后图像

图 6.7 间接纠正法原理

直接纠正法由于要迭代计算 (x',y') ,这个迭代不是很容易,因而在数字微分纠正过程中,人们一般采用间接纠正法,其纠正过程简述如下。

(1) 从已知的格网点的地面坐标(X,Y,Z) 出发,根据式(6.22) 可以计算得到原始影像上相应像点坐标(x,y) ,空间方位和姿态参数可以根据式(6.21)计算得到。

$$
\begin{aligned}
x_i &= -f\frac{a_1(X-X_{S_i})+b_1(Y-Y_{S_i})+c_1(Z-Z_{S_i})}{a_3(X-X_{S_i})+b_3(Y-Y_{S_i})+c_3(Z-Z_{S_i})} \\
y_i = 0 &= -f\frac{a_2(X-X_{S_i})+b_2(Y-Y_{S_i})+c_2(Z-Z_{S_i})}{a_3(X-X_{S_i})+b_3(Y-Y_{S_i})+c_3(Z-Z_{S_i})}
\end{aligned}
\tag{6.22}
$$

(2)与直接纠正法相反,间接纠正法虽然不需要迭代计算高程,但是要迭代计算确定行的空间方位参数和空间姿态参数。因为根据式(6.22)计算原始影像的像坐标时,并不知道该行确切的空间方位参数和空间姿态参数,因而需要结合式(6.21)和式(6.22)迭代计算得到。

(3)灰度的内插相对于直接纠正法的灰度内插要简单得多,因为由式(6.22)可以得到准确的原始影像坐标。当然,这个计算得到的像片坐标 (x,y) 可能不是位于像素的中心位置,即坐标 (x,y) 不是整数,因此同样需要进行灰度值的内插。

6.2.3 雷达图像数字微分纠正的过程

前面已经就雷达图像的数字微分纠正方法进行了介绍,在这一节中将对数字微分纠正过程进行具体的说明。

1. 数据准备

数据准备包括雷达图像数据和雷达主要飞行参数、地面控制点准备,像片点坐标的量测、DEM 数据的准备等。如果 DEM 数据与雷达图像的方位向和高斯直角坐标系方向不一致,一般还要对 DEM 数据进行必要的旋转处理。

2. 空间方位和姿态参数初值的计算

按照间接纠正法的原理来介绍。

由于雷达图像的特殊性，雷达图像的空间方位参数和空间姿态参数在雷达图像的数字微分纠正过程中一般需要以迭代的方式获取，因而，为了计算准确的雷达图像的空间方位和姿态参数，给其一个比较准确的初值很重要。一般的，人们可以通过两种方法计算空间方位和姿态参数的初值，第一种方法是通过雷达飞行记录的星历表数据计算，另外一种方法是通过传统的借助于地面控制点计算。

(1)雷达星历表数据的利用

利用雷达飞行过程中记录的雷达星历表数据计算空间方位和姿态参数初值可以采用拉格朗日内插的方法。假设 R 表示卫星瞬时天线的位置向量，t 表示对应于该位置的时刻，r_j 表示相应于 t_j 时刻天线的位置，j 表示第 j 个扫描行，可以引用式(6.23)拉格朗日内插公式，即

$$R = \sum_{j=1}^{n} \prod_{\substack{i=1 \\ j\neq 1}}^{n} \left(\frac{t - t_i}{t_j - t_i} \right) r_j \tag{6.23}$$

计算卫星的瞬时天线的位置向量，即空间方位参数。

而空间方位参数的一阶导数可以按照式(6.24)计算，即

$$\left.\begin{aligned} \dot{X}_S &= \frac{X_{S_2} - X_{S_1}}{y} \\ \dot{Y}_S &= \frac{Y_{S_2} - Y_{S_1}}{y} \\ \dot{Z}_S &= \frac{Z_{S_2} - Z_{S_1}}{y} \end{aligned}\right\} \tag{6.24}$$

式中，y 表示卫星飞行方向的像方坐标。式(6.23)和式(6.24)给出了雷达图像空间方位参数初值的计算方法。一般而言，由于卫星的飞行高度的原因，其姿态比较稳定，即空间姿态的变化不大，因而，雷达图像的空间姿态参数的初值通常给零。

(2)地面控制点数据的利用

利用地面控制点计算雷达图像空间方位和姿态参数初值的方法很多，一般可以采用角锥体法计算。角锥体法是根据摄影光束角锥体的原理来实现的，该方法是根据地面控制点及其相应的像坐标计算确定摄影站的空间位置，然后再计算摄影站的角元素。

另外，人们还可以直接使用地面控制点计算摄影站的空间位置作为摄影站的初值，而姿态的初值同样可以赋予零。

3. 参数 f_x，f_y，m_x，m_y 和 r_0 初值的计算

雷达图像比较特殊，除了传统的 6 个空间方位和姿态参数外，还有其他几个参数同样需要确定其初值，它们是等效焦距 f_x，f_y，比例尺分母 m_x，m_y 和扫描延迟 r_0 等 5 个参数。

比例尺分母 m_x，m_y 可以根据仿射变换的原理确定，假设 (x,y) 表示像点坐标，(X,Y) 表示地面控制点坐标，利用式(6.25)仿射变换公式可以计算确定比例尺分母参数，即

$$\left.\begin{aligned} x_i - x_0 &= A_0 + A_1(X_i - X_0) + A_2(Y_i - Y_0) \\ y_i - y_0 &= B_0 + B_1(X_i - X_0) + B_2(Y_i - Y_0) \end{aligned}\right\} \tag{6.25}$$

式中

$$
\left.\begin{aligned}
x_0 &= \frac{\sum_{i=1}^{n} x_i}{n} \\
y_0 &= \frac{\sum_{i=1}^{n} y_i}{n} \\
X_0 &= \frac{\sum_{i=1}^{n} X_i}{n} \\
Y_0 &= \frac{\sum_{i=1}^{n} Y_i}{n}
\end{aligned}\right\} \tag{6.26}
$$

使用一定数量的地面控制点和相应的图像点，通过最小二乘法平差可以计算得到式(6.25)中的各参数 $A_0, A_1, A_2, B_0, B_1, B_2$。进一步，可以得到比例尺分母参数、等效焦距等参数，即

$$
\left.\begin{aligned}
m_x &= \sqrt{1/(A_1^2 + B_1^2)} \\
m_y &= \sqrt{1/(A_2^2 + B_2^2)} \\
f_x &= H/m_x \\
f_y &= H/m_y
\end{aligned}\right\} \tag{6.27}
$$

扫描延迟 r_0 参数一般根据飞行参数确定。

4. 格网点坐标的计算

格网点坐标的计算的步骤如下。

(1)将 DEM 格网中的某个格网点的地面点坐标 (X_i, Y_i, Z_i)，以及起始行空间方位和姿态参数$(\varphi_0, \omega_0, \kappa_0, X_{S_0}, Y_{S_0}, Z_{S_0})$，代入旋转矩阵式(6.28)和式(6.29)中，并计算 y_i。

$$
\boldsymbol{M} = \begin{bmatrix} a_1 & a_2 & a_3 \\ b_1 & b_2 & b_3 \\ c_1 & c_2 & c_3 \end{bmatrix} \tag{6.28}
$$

$$
\left.\begin{aligned}
x_i &= -f\,\frac{a_1(X - X_{S_i}) + b_1(Y - Y_{S_i}) + c_1(Z - Z_{S_i})}{a_3(X - X_{S_i}) + b_3(Y - Y_{S_i}) + c_3(Z - Z_{S_i})} \\
y_i = 0 &= -f\,\frac{a_2(X - X_{S_i}) + b_2(Y - Y_{S_i}) + c_2(Z - Z_{S_i})}{a_3(X - X_{S_i}) + b_3(Y - Y_{S_i}) + c_3(Z - Z_{S_i})}
\end{aligned}\right\} \tag{6.29}
$$

(2)将 y_i 代入式(6.30)中，计算扫描行的瞬间空间方位和姿态参数$(\varphi_i, \omega_i, \kappa_i, X_{S_i}, Y_{S_i}, Z_{S_i})$，并通过式(6.28)计算旋转矩阵各元素。

$$
\left.\begin{aligned}
\varphi_i &= \varphi_0 + \dot{\varphi} y + \ddot{\varphi} y^2 + \cdots \\
\omega_i &= \omega_0 + \dot{\omega} y + \ddot{\omega} y^2 + \cdots \\
\kappa_i &= \kappa_0 + \dot{\kappa} y + \ddot{\kappa} y^2 + \cdots \\
X_{S_i} &= X_{S_0} + \dot{X}_S y + \ddot{X}_S y^2 + \cdots \\
Y_{S_i} &= Y_{S_0} + \dot{Y}_S y + \ddot{Y}_S y^2 + \cdots \\
Z_{S_i} &= Z_{S_0} + \dot{Z}_S y + \ddot{Z}_S y^2 + \cdots
\end{aligned}\right\} \tag{6.30}
$$

(3)将旋转矩阵各元素代入式(6.29)中,计算瞬间坐标 y_i。如果此瞬间坐标 y_i 小于某个阈值(阈值一般为 0.1 个像素大小),则认为迭代计算已经达到收敛的条件,可以进而计算像坐标(x, y);如果大于阈值,则将新的 y 坐标代入式(6.30) 中重新计算扫描行的空间方位和姿态参数(φ_i, ω_i, κ_i, X_{S_i}, Y_{S_i}, Z_{S_i}),依次重复迭代计算,直至迭代达到收敛,即可以得到格网点对应的像坐标。

5. 灰度值内插计算和灰度赋值

由于雷达遥感的特性,上一步迭代计算后得到的像点坐标不会是整数形式,即得到的像坐标不可能位于原始图像点的像素中心位置,因而必须进行灰度的内插处理。一般采用双线性内插的方法计算像点的灰度值,计算完毕后,将此灰度值赋给纠正后相应的像素。到此为止,就完成了雷达图像数字微分纠正的工作。

6.2.4 模拟图像纠正法

模拟图像纠正法是利用 DEM 和雷达成像参数,以及地面目标的后向散射系数 σ 生成雷达模拟图像,以此模拟图像为基础对雷达图像进行纠正,然后按照模拟图像产生的有关参数,将初步校正后的雷达图像和模拟图像恢复到原始的 DEM 格式,再对雷达图像的叠掩区、收缩区和阴影进行相应的灰度处理。模拟图像纠正法需要根据经验数据或者理论模型,并参考不同地面目标的地物散射系数 σ 数据实现,因此,散射系数 σ 数据库的计算是基础。

这种方法的实施过程可以这样简单阐述,首先将 DEM 数据旋转到雷达图像的距离向和方位向一致的位置上,然后沿着距离向逐个像素地改正由于地形起伏而引起的变形。如图 6.8 所示,假设雷达图像某个摄站 S 的空间坐标为(X_S, Y_S, Z_S),目标点 A 的空间坐标为(X, Y, Z),R 和 R' 分别表示雷达摄站 S 到目标点 A 及其在地面上的垂直投影点 A_0 的斜距,ΔR 表示其斜距差,由此可以计算因地形起伏引起的像素位移差 Δr,可以得到下列公式

$$R = \sqrt{(X_S - X)^2 + (Y_S - Y)^2 + (Z_S - Z)^2} \tag{6.31}$$

$$R' = \sqrt{(X_S - X)^2 + (Y_S - Y)^2 + Z_S^2} \tag{6.32}$$

$$\Delta R = R' - R \tag{6.33}$$

$$\Delta r = \Delta R / m_y \tag{6.34}$$

式中,m_y 表示距离向图像比例尺分母。

根据雷达成像时摄站位置和 DEM,通过上述公式即可以计算因地形起伏引起的像素位移量,根据位移量则可以对相应的像素进行改正,从而达到雷达图像纠正的目的。

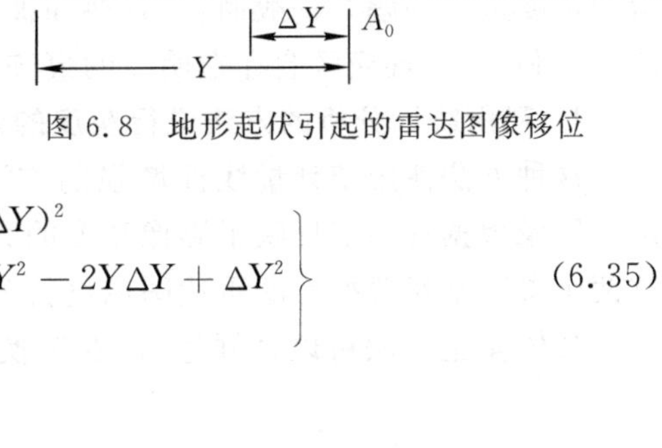

图 6.8　地形起伏引起的雷达图像移位

模拟图像纠正法的一个最大难点是要计算雷达摄站的瞬时空间方位和姿态参数,因此可以作出一些简化。参考图 6.8,假设 $Z_S = H$ 为常数;地形起伏,即高差 $h = Z$。进一步地,只改正雷达图像在距离向的几何变形位移 ΔY,因此,可以导出一组简单的公式,即

$$\left.\begin{aligned} (H-h)^2 + Y^2 &= H^2 + (Y - \Delta Y)^2 \\ H^2 - 2hH + h^2 + Y^2 &= H^2 + Y^2 - 2Y\Delta Y + \Delta Y^2 \\ 2Y\Delta Y &= 2hH + \Delta Y^2 \end{aligned}\right\} \tag{6.35}$$

当地面高差不大时，有 $Y \gg \Delta Y, H \gg h$，因而式(6.35)可以简化为

$$\Delta Y = Hh/Y \tag{6.36}$$

按照距离向比例尺分母 m_y，可以将 ΔY 归化到像素位移量，并且在距离向重采样后，即可以获得地理编码的雷达图像。尽管这种方法是近似的，但是纠正后的雷达图像可以达到高于一个像素大小的精度。

§6.3 侧视雷达图像辐射畸变纠正

对雷达图像而言，由于雷达图像叠掩、透视收缩和阴影引起的辐射畸变是一种复杂的几何变形，迄今为止没有一种有效的完全消除其影响的方法，人们一般很难只根据一幅雷达图像消除这样的畸变。

6.3.1 叠掩引起的辐射畸变的纠正方法

雷达叠掩是由于雷达遥感特殊的距离投影方式引起的，当不同的地面目标相对于雷达传感器瞬间位置的距离相同时，多个这样的地面目标点成像在雷达图像上时只产生一个像点，其标志一般是此点对应的灰度值大大增加而形成亮点或者亮斑。对于这样的畸变，纠正的方法一般是根据这些较亮的斑点周围的灰度进行内插处理，从而改善这种畸变的影响。

6.3.2 透视收缩引起的辐射畸变的纠正方法

雷达图像上的透视收缩区一般包含正面坡和背面坡，也就是说在两个方向上都可能出现透视收缩。透视收缩区畸变的改正方法与叠掩区畸变的改正方法类似，其原理是根据计算得到的透视收缩区的标志，通过雷达的投影几何关系和已知的 DEM 数据，逐块地寻找这样的透视收缩区，并进行改正和灰度内插处理，通过这种方式可以大部分地消除这些畸变。

6.3.3 阴影引起的畸变的纠正方法

对于雷达遥感而言，适当的雷达图像阴影可以增加影像的立体感，但是，大量的阴影会严重影响雷达影像的使用。因为它会掩盖大量有用的信息，为目标的判读、立体量测和影像配准带来困难。为了尽可能避免雷达图像的阴影，除了选择合适的雷达传感器参数外(例如根据地形情况选择最佳的雷达俯角)，另外一个解决方法是采用多视向多波束技术。人们可以选择利用同侧或者异侧获取的其他类型的雷达图像置换同一地区获取的雷达图像的方法来消除雷达阴影的影响。

影像置换必须要解决两个问题：一是要解决置换影像区的灰度问题；二是要解决置换区边沿的灰度边线问题。一般而言，置换和被置换的影像块的影像灰度是不同的，如果不进行灰度的调整和平滑，置换区会存在明显的痕迹。对此，一般可以采取下列解决办法。

1. 利用统计分析的方法进行灰度的调整和平滑

这种方法使用统计量线性增强的方法，根据影像的数据统计分析来增强影像的对比度。由于影像数据的均值反映了影像亮度的大小，标准差反映了影像对比度的大小，因而可以利用这两个参数来对置换后的雷达图像进行分析和处理。

具体实施方法可以这样进行，在置换区域的周围选择一定大小的区域，假设 $x(i,j)$ 为原

始雷达图像在位置(i,j)处的灰度值，μ_x 表示原始雷达图像的均值，σ_x 表示相应的原始图像的标准差，参数 $y(i,j)$、μ_y 和 σ_y 分别表示期望的雷达图像在位置(i,j)处的灰度值、均值和标准差。假设选择的用于图像置换的区域为 $M\times N$，可以计算出 μ_x 和 σ_x^2，即

$$\left.\begin{aligned}\mu_x &= \frac{1}{MN}\sum_{i=1}^{M}\sum_{j=1}^{N}x(i,j)\\ \sigma_x^2 &= \frac{1}{MN}\sum_{i=1}^{M}\sum_{j=1}^{N}(x(i,j)-\mu_x)^2\end{aligned}\right\}\tag{6.37}$$

在图像处理时，为了对灰度值进行调整和平滑，一般选取的灰度变换方程为

$$y(i,j)=ax(i,j)+b\tag{6.38}$$

于是，可以得到期望的灰度图像的相应参数为

$$\left.\begin{aligned}\mu_y &= \frac{1}{MN}\sum_{i=1}^{M}\sum_{j=1}^{N}y(i,j)\\ &= \frac{1}{MN}\sum_{i=1}^{M}\sum_{j=1}^{N}(ax(i,j)+b)=a\mu_x+b\\ \sigma_y^2 &= \frac{1}{MN}\sum_{i=1}^{M}\sum_{j=1}^{N}(ax(i,j)+b-\mu_y)^2\\ &= \frac{a^2}{MN}\sum_{i=1}^{M}\sum_{j=1}^{N}(x(i,j)-\mu_x)^2=a^2\sigma_x^2\end{aligned}\right\}\tag{6.39}$$

由式(6.39)可以得到相应的参数，即

$$a=\frac{\sigma_y}{\sigma_x},b=\mu_y-\frac{\mu_x\sigma_y}{\sigma_x}\text{ 或 }a=\frac{\mu_y-b}{\mu_x},b=\mu_y-a\mu_x$$

最终，得到期望的雷达图像的灰度值为

$$y(i,j)=a[x(i,j)-\mu_x]+b\tag{6.40}$$

式(6.40)即为雷达图像阴影置换处理的标准公式，只要根据置换区域内雷达图像的统计分析结果，选择合适的变换系数，即可以很好地解决或者部分解决这个问题。

2. 通过小波变换的方法消除置换区域的边界痕迹

从数学上看，雷达图像置换区域边界拼接痕迹的消除相当于图像灰度曲面的光滑。一般而言，在拼接区域内，假设图像的空间频率的变化范围为从 F_1 到 F_2，其波长范围则用 T_L 和 T_H 表示，为了使拼接后的图像不出现拼接缝隙，灰度值修改影响的范围应不小于 T_L，并且为了使拼接后的图像清晰，灰度值修改范围的影响要大于 T_H 的两倍。

利用小波变换作为消除置换区域边界缝隙的理论是一种全新的方法。由于小波变换函数实际上是一个带通滤波器，在不同尺度下的小波分量具有一定的频率宽度，尺度越大，该分量的频率越大，因此每一个小波分量所具有的频率宽度是不大的。一般的，使用小波变换的方法消除置换区域边界的缝隙痕迹，首先把要拼接的两幅图像按小波分解的方法将它们分解成不同频带的小波分量，然后在不同尺度下选择不同的灰度值修正范围，把两幅图像按不同的尺度分量先拼接起来，然后再使用恢复算法恢复整个图像，这种拼接算法可以很好地兼顾清晰度和光滑度的要求。

§6.4 侧视雷达图像斑点噪声消除方法

在前面的章节中已经提到过这样一个结论，即雷达图像斑点是雷达遥感的一个不可避免的现象，同时也对雷达图像斑点噪声产生的原因和其对雷达辐射性能的影响作过说明。雷达成像的质量主要由雷达图像的分辨率来描述，但是雷达图像的分辨率又是由空间分辨率和灰度分辨率组成的，而影像的灰度分辨率主要受雷达图像斑点的影响。雷达图像的斑点噪声是相干雷达成像的必然结果，也是雷达图像的主要缺点之一，如何改善和消除雷达图像的斑点噪声，是提高雷达图像使用价值的重要组成部分。

为了消除雷达图像的斑点噪声，早期一般多采用成像前的多视平滑技术。这种方法的主要缺点是在改善图像质量的同时，降低了雷达图像的空间分辨率，而且经过多视平滑处理后，图像上仍然存在大量的噪声，也就是说，这种方法并不能完全消除雷达图像的斑点噪声。因而，人们就开始考虑发展一种成像后的去雷达图像斑点噪声的算法。这一节对这两类方法进行简单介绍。

6.4.1 成像前的多视平滑滤波处理算法——前置滤波

成像前的雷达图像多视平滑滤波处理算法的原理是：首先将雷达图像的整个带宽（或者叫做孔径）分成互不相交的 N 等份，其中每一份的频谱（或者孔径）单独成像；然后非相干地求和平均，从而得到平滑的图像。其中 N 称为视数。

可以对这种方法进行下列简单的分析。假设经过多视平滑滤波后得到了一幅新的雷达图像，此雷达图像方位向的分辨率为 δ'_a，此参数与视数的关系可以由下列计算得到：首先将雷达图像的合成孔径分成 N 个子孔径，每一个子孔径的带宽为 B'_D，它是整个孔径带宽 B_D 的 N 分之一，即有

$$B'_D = \frac{B_D}{N} \tag{6.41}$$

而多普勒带宽 B_D 与载体的速度 V 和雷达天线孔径 D 的关系为

$$B_D = \frac{2V}{D} \tag{6.42}$$

于是，假设雷达方位向多视平滑处理前、后的影像分辨率分别为 δ_a 和 δ'_a，由式(6.41)和式(6.42)可以得到

$$\delta'_a = \frac{V}{B'_D} = \frac{VN}{B_D} = N\delta_a \tag{6.43}$$

分析式(6.43)得出结论：雷达图像经过多视平滑处理后，原始的雷达图像被进一步平滑了，其方位向的影像分辨率降低了 N 倍。当然，N 的选择是一项主要工作，根据经验，一般取 N 为 $2 \sim 4$。

6.4.2 成像后的平滑滤波处理算法——后置滤波

成像后的雷达图像平滑滤波可以分成空间域滤波和频率域滤波。空间域滤波一般使用的算法包括均值滤波、中值滤波等，而频率域滤波可以使用小波门限滤波算法等。由于雷达信号、影像的斑点噪声和变形是多种因素的综合影响，因而，人们很难使用一种模型来准确描述。

可能一种算法对于某种噪声的消除效果好，而对另外一种噪声的处理效果却不太理想，本节将对其中的几种算法给予介绍。

1. 均值滤波

均值滤波是使用数字图像处理领域中的平滑模板的原理来实现图像在空间域滤波的目的。其步骤是在一个一定大小的平滑模板内，以模板中心像素为当前像素点，计算模板内各个像素点灰度值的平均值，并以此平均值来代替当前像素点的原始灰度值，可以用公式表达为

$$g(i,j)=\frac{1}{N^2}\sum_{i=1}^{N}\sum_{j=1}^{N}f(i,j) \tag{6.44}$$

式中，$f(i,j)$ 表示原始的雷达影像模板内像素的灰度值，$g(i,j)$ 表示处理后的结果影像的像素灰度值，N 表示滤波模板的大小。这种方法的缺点是影像上的特征线或坎线会被平滑。

均值滤波是以平滑模板内的所有像点灰度值的平均值代替当前像素点的灰度值，是一种近似的滤波方法。这种方法在抑制噪声的同时，也可能滤掉某些有用的高频信息。

2. 中值滤波

中值滤波是 20 世纪 70 年代初出现的非线性的滤波方法。中值滤波的原理是计算和查寻模板范围内灰度值的中间值来代替模板中心位置点的灰度值，从而达到滤波的目的。中值滤波算法首先要对模板内所有的灰度值按照大小进行排序，与均值滤波相比，中值滤波方法对坎线的不良影响要小，当然其计算量比均值滤波方法要大。

中值滤波定义：如果 $\boldsymbol{I}(x,y)$ 是原始影像的矩阵表达式，用一个窗口大小为 $(2M+1)\times(2N+1)$ 的中值滤波器滤波后的结果影像为 $\boldsymbol{O}(x,y)$，其结果影像 $\boldsymbol{O}(x,y)$ 中的每一个像素用位于此窗口内原始影像灰度值的中间值代替。一般令 $M=N$，并且 $M=N=1,2$ 或者 3 等。

在一个方向上，如果干扰或噪声延伸至 N 个像素，用中值滤波的方法可以很好地消除这些噪声。这种方法降低了影像上灰度值的方差，灰度的中间值被改变了，但是并没有像均值滤波那样产生新的灰度值。通过选择合适的滤波器形状（交叉形式和矢量形式等），结构线或坎线可以较好地被保持。

3. 二项式滤波

二项式（二值）滤波是一种通过计算加权平均值的线性滤波，其权值从二项式系数中导出。一个大小为 $N\times N$ 的二项式滤波模板为

$$\frac{1}{2^{2N-2}}\begin{bmatrix} C_{N-1}^{0}C_{N-1}^{0} & C_{N-1}^{0}C_{N-1}^{1} & \cdots & C_{N-1}^{0}C_{N-1}^{N-1} \\ C_{N-1}^{1}C_{N-1}^{0} & C_{N-1}^{1}C_{N-1}^{1} & \cdots & C_{N-1}^{1}C_{N-1}^{N-1} \\ \vdots & \vdots & & \vdots \\ C_{N-1}^{N-1}C_{N-1}^{0} & C_{N-1}^{N-1}C_{N-1}^{1} & \cdots & C_{N-1}^{N-1}C_{N-1}^{N-1} \end{bmatrix} \tag{6.45}$$

式(6.45)可以进一步分解成

$$\frac{1}{2^{N-1}}\begin{bmatrix} C_{N-1}^{0} \\ C_{N-1}^{1} \\ \vdots \\ C_{N-1}^{N-1} \end{bmatrix}\cdot\frac{1}{2^{N-1}}\begin{bmatrix} C_{N-1}^{0} & C_{N-1}^{1} & \cdots & C_{N-1}^{N-1} \end{bmatrix} \tag{6.46}$$

这种分解计算的方式计算量较少。二项式滤波可以看成是高斯滤波的一个逼近，因为它具备了高斯滤波的主要特性。

4. 自适应滤波

如果人们观察一幅由于干扰原因获取的图像的统计特性，会发现这一特性可以近似地通过随机过程来描述。对于一幅大小为 $M \times N$ 的图像，一个随机过程就是一个等价大小的矩阵，其随机数为

$$G(m,n) = \sum_{i=0}^{255} p_i(m,n) g_i \tag{6.47}$$

对于每一个像点，存在一个本身的概率分布 $p_i(m,n)$，这个分布表明了在点 (m,n) 上灰度值 g_i 的概率大小。一般的，人们几乎可以假设，干扰信号和影像信号的统计特性与图像上的位置独立无关，因而滤波器的特性可以用像点附近一定范围内事实上的信噪比(SNR)确定，通常这种滤波器称为局部自适应滤波器。在大部分情况下，为了估计局部信噪比，一般使用一个很小的操作窗口。

(1)MMSE 滤波

最小标准差误差(Minimum Mean-Square Error，MMSE)滤波器利用了干扰信号和影像信号的局部标准差的知识。如果能够假设，影像信号 $g(x,y)$ 可以由一个无噪声的信号 $o(x,y)$ 和一个所谓的均匀的高斯噪声信号 $n(x,y)$ 的叠加来描述，即如果公式

$$g(x,y) = o(x,y) + n(x,y) \tag{6.48}$$

成立，这种滤波器能够取得很好的结果。在这种情况下，对于无噪声的信号 $o(x,y)$，其线性 MMSE $\hat{o}(x,y)$ 可以由式(6.49)，即

$$\hat{o}(x,y) = (1 - \sigma_n^2/\sigma_o^2) g(x,y) + (\sigma_n^2/\sigma_o^2) m_o \tag{6.49}$$

计算得到。式中，σ_n、σ_o 和 m_o 分别是噪声信号、无噪声信号的标准差和影像信号局部均值。

当影像的区域比较均匀时，噪声信号和影像信号的标准差差别不大，在这种情况下，式(6.49)可以简化成影像信号的局部均值。如果处理的局部区域内有坎线存在，则影像信号的标准差远远大于噪声信号的标准差($\sigma_n \ll \sigma_o$)。

(2)高斯自适应滤波

高斯自适应滤波是一种保持特征的自适应滤波方法。我们知道，正常的平均值滤波方法没有考虑影像数据的不均匀性和不连续性，一般来说，局部区域的不连续性表明了区域内存在有不同特性的目标区，这种不同的特性在滤波时必须要考虑。其基本思路是在不连续的地方其权值应当给予较小的值或赋予零，平滑时在不同影像内容过渡的地方就不会影响原始影像的不连续性，从而能最大可能地保持图像的原有特征。

因为不可能预先知道影像不连续性位置的先验知识，最好的情况下可以由一个估计值 $d(x,y)$ 出发，对一个像点的权值 $w(x,y)$ 用一个下降函数 w^* 计算，并且定义

$$w(x,y) = w^*(d(x,y)) \tag{6.50}$$

式中，w^* 要满足下列条件：当 $d(x,y) = 0$ 时，$w^*(0) = 1$；当 $d(x,y)$ 越来越大时，$w^*(d(x,y)) \to 0$ 。

对于这种一般的要求，在数学上有许多函数满足这一前提。出于对非连续性估计的考虑，可以选择影像 $f(x,y)$ 的梯度值作为 $d(x,y)$ 的一个选择，即

$$d(x,y) = \sqrt{\left(\frac{\partial f(x,y)}{\partial x}\right)^2 + \left(\frac{\partial f(x,y)}{\partial y}\right)^2} \text{ 或 } d(x,y) = \left|\frac{\partial f(x,y)}{\partial x}\right| + \left|\frac{\partial f(x,y)}{\partial y}\right|$$

而权函数 w^* 则可以使用高斯函数，于是在像点(x,y) 上可以像均值滤波一样使用加权平均

的方法，即通过权函数

$$w(x,y)=w^{*}(d(x,y))=\mathrm{e}^{-\frac{(d(x,y))^2}{2\sigma^2}} \tag{6.51}$$

进行滤波。如果滤波窗口为$(2N+1)\times(2N+1)$，则这种形式的自适应滤波可以表达为

$$\bar{f}(x,y)=\frac{\sum_{u=-N}^{N}\sum_{v=-N}^{N}f(x+u,y+v)\cdot w(x+u,y+v)}{\sum_{u=-N}^{N}\sum_{v=-N}^{N}w(x+u,y+v)} \tag{6.52}$$

如果不想计算梯度，则式(6.52)也可以用式(6.53)代替，即

$$\bar{f}(x,y)=\frac{\sum\dfrac{f(x+u,y+v)}{\max\left\{\dfrac{1}{2},\left|f(x+u,y+v)-f(x,y)\right|\right\}}}{\sum\dfrac{1}{\max\left\{\dfrac{1}{2},\left|f(x+u,y+v)-f(x,y)\right|\right\}}} \tag{6.53}$$

众多试验表明，这种自适应滤波方法是一种比较有效的保持特征的滤波方法。

5. SUSAN 滤波

SUSAN(Smallest Univalue Segment Assimilating Nucleus)滤波算法是另外一种保持特征的滤波方法，这种方法与使用高斯函数的自适应滤波方法类似，它们之间的最大区别是要处理的区域中心像点(窗口中心)的作用不同。在 SUSAN 算法中，中心像点的灰度不参与滤波过程的累加计算，而在前述的自适应滤波中，中心像点则起决定性的作用。因而 SUSAN 滤波公式为

$$\bar{f}(x,y)=\frac{\sum\limits_{(u,v)\neq(0,0)}f(x+u,y+v)\cdot\mathrm{e}^{-\frac{r^2}{2\sigma^2}-\frac{(f(x+u,y+v)-f(x,y))^2}{t^2}}}{\sum\limits_{(u,v)\neq(0,0)}\mathrm{e}^{-\frac{r^2}{2\sigma^2}-\frac{(f(x+u,y+v)-f(x,y))^2}{t^2}}} \tag{6.54}$$

式中，$r=\sqrt{u^2+v^2}$，σ 为比例尺，t 为亮度的阀值。

6. 基于小波变换和多分辨率分析的滤波

利用小波变换消除噪声是一种比较新的方法，在这种方法中，可以将影像的噪声视为白噪声，根据白噪声的小波变换特性知道，随着影像分辨率的降低，白噪声的小波变换值逐渐减小，信号将占主导地位，即信噪比提高。反之，如果分辨率提高，频率噪声的小波变换值也逐步增大，信号则被噪声淹没。基于上述分析可以这样进行小波变换，原始影像可以用小波变换的方法分解为一系列不同频率的高频部分和低频影像，将信噪比很小的高频影像上的像素值给予零，然后用小波逆变换的方法重建影像，这样就可以得到去噪声后的影像。

第7章　干涉合成孔径雷达

本章主要分三部分介绍干涉合成孔径雷达。首先介绍干涉合成孔径雷达测量的基本原理，主要介绍3种常用的干涉测量模式：横跨轨道干涉测量方式、重复轨道干涉测量模式和沿轨道干涉测量；然后按照干涉合成孔径雷达数据处理的流程，介绍几种雷达影像配准的方法，讨论InSAR影像相位噪声消除的方法，并介绍去平地效应和干涉基线估计的原理；最后介绍利用合成孔径雷达图像生成DEM的原理。

§7.1　干涉合成孔径雷达概述

干涉合成孔径雷达(Interferometric Synthetic Aperture Radar，InSAR)是一种利用SAR对同一地区进行重复观测获取的两幅复影像(影像既有幅度，同时也有相位)进行相干处理，以获得地球表面信息的技术。

InSAR技术首先由美国人Rogers和Ingalls等于1969年提出，当时提出这一设想的主要目的是为了测量金星和月球。1972年，美国利用InSAR技术获取了月球表面的地形数据，精度高于500 m。而机载的SAR用于地形测量始于1974年美国航空航天局的Graham，他当时使用光学处理的技术证明了使用InSAR测制地形图的可能性。1986年，在Zebker和Goldstein之后，才真正开始了数字化雷达干涉测量技术和数据处理的研究。而星载InSAR技术用于对地观测和地形测图，首先开始于美国1978年发射的海洋卫星Seasat之后，这种海洋卫星获取了大量的地球表面和海洋的雷达影像。1988年，Goldstein等人从机载数据处理转到利用Seasat星载数据处理上，他们获得了Cottenball盆地的数据，采集数据的时间间隔为3天。1989年，美国第一次公布了使用这种卫星差分干涉合成孔径雷达(Differetial InSAR，D-InSAR)技术获得的对地面变形实时检测的研究成果，从而证明了InSAR的巨大潜力，也演示了D-InSAR进行地面变形监测的巨大价值。

早期的SAR干涉测量主要是利用机载系统，由于机载系统飞行轨道的不稳定性，所以很难得到较精确的基线参数，从而影响了生成的DEM精度，而且机载系统也无法提供足够丰富的并且合适的雷达数据用于干涉测量。1991年，欧洲空间局发射ERS-1后，由于其丰富的SAR数据，InSAR的应用及数据处理成为研究的热点。特别是JERS-1、ERS-2和Radarsat-1的先后发射成功，为全球提供了丰富的、适合于进行干涉处理的星载数据，InSAR技术逐步从纯理论研究跨入了实用阶段，从而也开创了一个全新的研究领域。

从20世纪90年代开始，由于InSAR数据源的增多和数据质量的提高，InSAR测量技术得到了迅速的发展。在20世纪70年代时，SAR数据还主要是用于基础研究，80年代也只有两次航天飞机SAR专门飞行，而90年代则有超过6颗各类雷达卫星升空。特别是德国2007年6月发射成功的TerraSAR-X系统、意大利在2007年6月7日发射的雷达侦察卫星Cosmos-Skymed，更是开创了InSAR技术的新纪元，其高分辨率(0.5～1 m)、动态特性使雷达遥感成为新的研究热点。而在数据质量方面也取得了令人振奋的进展，SAR影像数据的分辨率可以达到 5～10 m 级,而其空间分辨率可以达到光学遥感卫星可以达到的水平。在频率方面,现今的雷达遥感系统已经从单一波段发展到多波段。与此同时,雷达遥感理论、技术和数据处理方法、手段和算法的日趋完善也为雷达技术的发展和普及提供了保证。经过 30 余年的发展,特别是近 10 年来,雷达遥感已经从双天线横跨轨道干涉测量,发展到机载、星载雷达单天线重复轨道干涉测量。另外一个重要原因是 GPS 技术的发展、普及和完善,特别是机载 GPS 技术的成熟,为雷达遥感和微波遥感的发展打下了有利的基础和前提。GPS 技术主要是解决了传感器空间定位的问题,为高效地获取地面的高精度的三维模型创造了基础。

雷达干涉测量能全天候、全天时地获取地面的三维信息。美国于 1991 年采用基于 GPS 技术的机载 InSAR 传感器进行了一次成功的试验,使用那次试验获取的 InSAR 数据处理的结果,其高程精度达到了 2 m(平地),在山地达到了 5～6 m。加拿大遥感中心(CCRS)在 1991 年和 1992 年进行了两次机载 InSAR 试验,试验结果高程精度在平地为 0.5～3 m,在山地为 3～5 m。在欧洲的一些国家,例如德国、意大利、瑞典等,利用不同的雷达传感器影像进行了不同的独立试验,试验的结果同样在 1～5 m 的高程精度范围内。

InSAR 技术的另外一个重要的应用是用于获取地形的变形,InSAR 技术充分利用雷达回波信号所携带的相位信息来计算地面的三维信息,利用 D-InSAR 数据可以精确测量地形表面的沉降等微小的变形。

这一切说明了雷达遥感的巨大潜力和价值。可以相信,随着雷达传感器相关技术的日臻完善,GPS 技术日趋普及,特别是欧洲空间局的伽利略计划的成功运行、TerraSAR-X 和 Cosmos-Skymed 系统的成功发射,以及即将发射的 TanDEM 雷达系统和设计中的编队雷达系统的实施,雷达遥感的使用将会更加普及。

§7.2　干涉合成孔径雷达测量原理

InSAR 是通过两副天线同时对地观测,或者通过一副天线两次对同一地面目标进行重复观测,从而获取同一地区的两幅复影像。这样的两幅复影像由于具有相位差(见图 7.1),因而可以形成雷达干涉图,人们可以通过测定相位差的方式计算地面目标的高程。因此,雷达相位干涉测量的方法与传统的雷达立体测量的方法有本质的区别。传统的雷达立体测量是通过两张雷达像片立体观测的方式获取地面的三维信息,而雷达干涉测量则是通过测量雷达干涉图的干涉相位差的方式获取地面目标的三维信息。另外,传统的雷达立体测量像传统的光学投影方式的摄影测量一样,它们同样受到影像的像素分辨率和立体像对基高比的影响。因此,传统的雷达立体测量的方法获取的地面目标的高程精度相对较低。

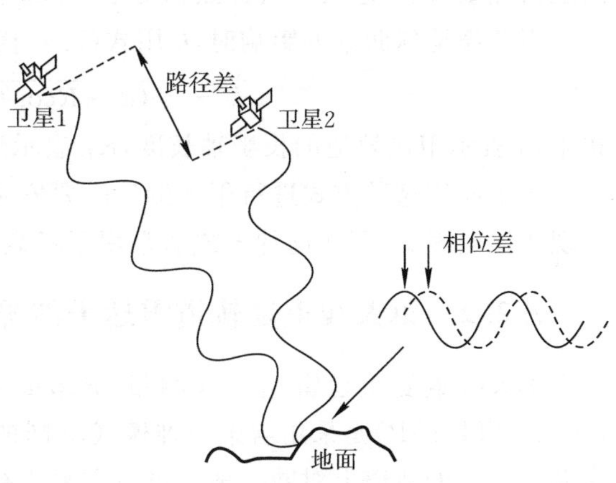

图 7.1　雷达干涉测量原理

一般的,现在通常使用 3 种雷达干涉模式,即横跨轨道干涉测量方式、重复轨道干涉测量模式和沿轨道干涉测量方式。

7.2.1 横跨轨道雷达干涉测量

横跨轨道雷达干涉测量(SAR 交轨干涉测量-XTI)(Across Track Interferometric Synthetic Aperture Radar,XTI-SAR)是在同一飞行平台上安装两副雷达天线,其中一副雷达天线发射电磁波信号,两副天线都接收从地面反射的信号,两副天线连线与飞行方向保持垂直,从两副天线接收的两幅复影像中获取相位差。同一目标的相位差代表了地面目标至两副天线的距离差,而距离差的大小与该地面点的高程有关,即与地形情况密切相关。因此,如果能够获取干涉测量系统的几何参数、相位信息,通过处理这些相位差和几何参数,即可以获得地面点的高程,这是横跨轨道雷达干涉测量的原理。

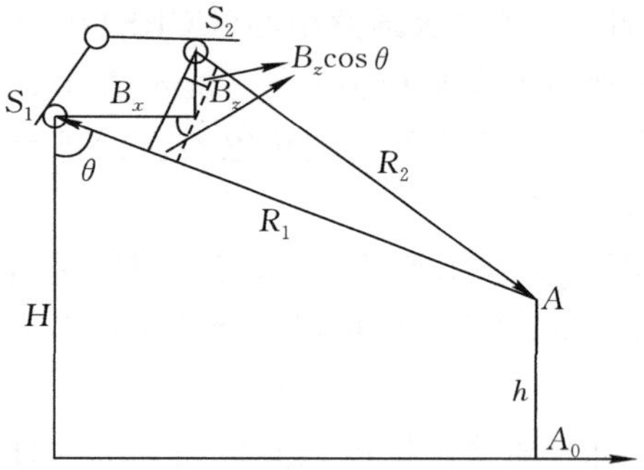

图 7.2 双天线横跨轨道雷达干涉测量原理

如图 7.2 所示,假设飞行平台上安置了两副天线 S_1 和 S_2,如果只用一副天线发射信号,S_1 和 S_2 同时接收从地面目标返回的信号,则干涉图中只反映出单程(信号的返程)的相位差,这种情况称为单轨双天线模式。经过简单的几何变换,可以得到单轨双天线干涉模式测量时影像点的高程 h 与真实干涉相位差 φ 的关系为

$$\begin{aligned}\varphi &= \frac{2\pi}{\lambda}(R_1 - R_2) \\ &= \frac{2\pi}{\lambda}\Delta R \\ &= \frac{2\pi}{\lambda}(B_x \sin\theta - B_z \cos\theta)\end{aligned} \tag{7.1}$$

$$h = H - R_1 \cos\theta \tag{7.2}$$

$$X = R_1 \sin\theta \tag{7.3}$$

式中,λ 为波长,θ 为视角,H 表示雷达传感器高度,B_x、B_z 表示两天线之间的基线 B 在 x 和 z 方向上的分量,R_1、R_2 表示目标点相对于天线 S_1 和 S_2 的斜距。

当考虑地球曲率的影响时,h 用式(7.4)代替

$$h = \sqrt{(a - R\cos\theta)^2 + (R\sin\theta)^2} - R_T \tag{7.4}$$

式中,a 表示卫星轨道的长半轴长度,R_T 表示地球的局部半径,R 表示斜距。

由于使用这种方式进行干涉测量时要安装两副雷达天线,到目前为止,这种方式在卫星上实现还比较困难,因此这种方式通常用于机载或航天飞机雷达测量任务。

7.2.2 单天线重复轨道雷达干涉测量

单天线重复轨道雷达干涉测量(Repeat-pass Track Interferometric Synthetic Aperture Radar,RTI-SAR)是采用与第一种模式不同的技术实现雷达干涉测量。它采用同一副天线,在两个不同的轨道上对同一地区进行重复飞行测量而获取具有重叠的雷达影像。两幅影像经过配准后,使用其中的一幅雷达复影像与另外一幅雷达复影像进行共轭相乘,从而产生出各个像素点的回波路径差,进而可以确定出地面的高程。一般的,星载侧视雷达系统通常都采用这种模式。

因为重复轨道雷达干涉测量是通过同一副天线在不同的轨道上发射和接收信号的，因此两幅影像中同名点复数像素的相位差 φ 与信号传播路径差 $2\Delta R = R_1 - R_2$ 之间的关系可以用式(7.5)表示，即

$$\varphi = \frac{2\pi}{\lambda}(2R_1 - 2R_2) = \frac{4\pi}{\lambda}\Delta R = \frac{4\pi}{\lambda}(B_x \sin\theta - B_z \cos\theta) \tag{7.5}$$

$$h = H - R_1 \cos\theta \tag{7.6}$$

$$X = R_1 \sin\theta \tag{7.7}$$

式中，λ 为波长，θ 为视角，H 表示雷达传感器高度，B_x、B_z 表示两天线之间的基线 B 在 x 和 z 方向上的分量，R_1、R_2 表示目标点相对于天线 S_1 和 S_2 的斜距。

7.2.3　沿轨道干涉测量

沿轨道干涉测量(Along Track Interferometric Synthetic Aperture Radar，ATI-SAR)又可以称之为纵向(方位向)干涉测量，这种方法目前只被用于机载雷达干涉测量系统中，星载的系统还在试验中。该方法是利用沿轨道，即方位向安置两副雷达天线同时发射和接收信号，在这种模式中，相应像素的相位差 φ 是由观测期间地面目标的运动产生的。如果以 u 表示地面目标的运动速度，v 表示平台的运动速度，则 φ、u、v 之间的关系可以用式(7.8)表示，即

$$\varphi = \frac{4\pi u B_z}{\lambda v} \tag{7.8}$$

式中，λ 表示雷达信号的波长，B_z 表示两天线之间的基线 B 在 z 方向上的分量。

沿轨道雷达干涉测量主要用于海洋动态监测和分析，一般可以用于海洋中冰块漂移和海上运动目标的监测、海面污染的监测和分析、海水和海水下目标尾波的监测等领域。

7.2.4　RTI 和 XTI 两种方法的简单比较

单天线重复轨道模式和双天线横跨轨道模式干涉测量是两种主要的雷达遥感测量模式，它们的应用领域、特点、优缺点和处理方法也有所不同。在这一节对这两种雷达干涉测量模式的区别作一简单分析。

1. 单天线重复轨道干涉测量模式

单天线重复轨道雷达干涉测量模式是使用一个雷达系统，一副雷达天线发射和接收电磁波信号，这种方式的雷达干涉测量系统结构简单，费用也低。但是一个显而易见的不足是雷达的重复周期长，例如 ERS-1 的重复周期分别为 3 天、35 天、176 天等。卫星的重复周期过长，雷达只能在不同的时间内获取同一地区的雷达影像，因而地面目标的后向散射特性在这个周期内可能发生较大的变化，从而也可能导致两幅雷达影像的差别，引起雷达干涉相位测定精度的降低。当然，对于干旱地区则可能没有那样严重，因为这种地区的反射特性变化不大，单天线重复轨道方式获取的两幅雷达干涉影像的灰度特性可能不会有很大的变化。但是对于其他的应用目的，例如对于农作物的监测等，5 天的时间可能会使雷达影像的相关性降低 10%左右，这是这种单天线重复轨道雷达干涉测量模式的一个主要缺陷。因此，为了避免这种单天线重复轨道雷达干涉模式的不足，现在国际上普遍采用两颗卫星串接飞行的模式，或者采用编队飞行的方式，例如使用 ERS-1 和 ERS-2 两颗卫星以一天的时差对同一地区进行飞行，而且两颗卫星飞行的位置差只有 50～300 m。使用这样的方式获取的两幅雷达干涉影像的灰度基本

上没有大的差别,这种串接飞行方式已经证明了其优异的性能和效率。

当然这种串接方式的单天线重复轨道干涉测量也存在一些困难和技术上的难点和要求。为了在一定的时间差内获得同一地区的两幅雷达影像,在技术上必须要保持两个位置上接收的雷达信号的入射角保持良好的一致性,在两个轨道上获取的同一地区的重叠影像的入射角不能有太大的差异,这一点在雷达飞行上要求比较高。但是,保持两个轨道尽可能近的缺点也可能造成两幅雷达影像的基线太小,这不利于雷达立体测量。反之,如果基线太长,则卫星在两个轨道上获取的雷达影像的入射角差别又太大,两幅影像的相关性又会降低,会造成相位测量的误差和错误,这就是所谓的基线太长而引起的抗相干效应。也就是说,基线太长,会造成抗相干性;基线太短,又会引起信号相位差的灵敏度降低,因此,这是一个矛盾。一般而言,基线的大小是 InSAR 系统的一个重要参数,选择合适的基线长度对于单天线重复轨道干涉测量是一个挑战。对于 ERS 系统而言,一般人们习惯于选择在 75～175 m 的范围内。

单天线重复轨道雷达干涉模式的另外一个不足是在两个轨道上以不同的时间对同一个地区进行干涉测量时,由于各种摄动的影响,卫星的轨道参数很难保持完全的一致。尽管引入了高精度的 GPS 系统用于定位,但是轨道参数的不同仍然为高精度地处理干涉雷达影像增加了难度。

综上所述,单天线重复轨道雷达干涉模式的优点是干涉雷达测量系统结构简单、费用低。其缺点是:第一,卫星的重复周期过长,地面目标的后向散射特性在这个周期内可能发生较大的变化,从而也将导致两幅雷达影像的差别,引起雷达干涉相位测定精度的降低;第二,串接方式的单天线重复轨道雷达干涉测量基线的选择是主要的难点和矛盾;第三,串接方式的单天线重复轨道雷达干涉模式获取的干涉雷达影像的几何处理的困难较大。

2. 双天线横跨轨道干涉测量模式

双天线横跨轨道干涉测量模式是通过在同一个雷达平台上安装两副天线(几乎)同时接收发射的雷达信号,从而获取同一地区两幅干涉雷达影像的方法。这种方式由于是(几乎)同时获取同一地区的雷达影像,因此地面目标的后向散射特性相同,获取的干涉雷达影像相关精度高,提取的地面目标的高程精度也高。同时,由于雷达的基线可以准确地确定,也为准确地处理干涉雷达影像创造了有利的基础。

但是,这种双天线横跨轨道干涉测量模式也存在缺点。为了在一个飞行器上安装严格符合基线要求的双天线,在技术上极其复杂和困难。为了解决这一难点,美国和意大利从 1983 年开始发展了一种新的手段,即在飞行器(主要是航天飞机)上方安装一颗子卫星,在这颗子卫星上安置两副天线,以此来实现单轨双天线干涉测量的目的。2000 年 2 月 12 日的另外一次航天飞机雷达飞行使命中,美国航空航天局采用了另外一种模式,即直接在航天飞机的左侧安装了一副直径为 1.12 m、长度为 60 m 的天线杆,而另外一副天线则直接安装在航天飞机的内部,这样就构成了具有固定基线的单轨双天线横跨轨道式的雷达干涉测量系统,那次使命证明了这种方式的成功。

§7.3 干涉合成孔径雷达数据处理

7.3.1 干涉合成孔径雷达数据处理一般步骤

InSAR 数据处理的主要目的之一是为了从雷达数据中提取地面目标的三维信息。欲求得地面目标的高程,一方面要求获得准确的相位差,另外一方面也要求能估算出精确的轨道参数。因此，可以这样划分 InSAR 数据处理的步骤，它们包括原始干涉雷达信号的处理、成像参数的归一化、影像的纠正和配准、干涉图的生成、噪声消除和滤波、基线估算、平地效应消除、相位解缠、高程计算和纠正（地理编码处理）等步骤。根据 InSAR 的特点和不同的处理方法，其中的一些步骤可能需要经过迭代处理来逐渐精化和准确地改善处理结果。另外，在某些应用中，往往还需要一定数量的地面控制点来解算有关的参数。这些处理的一般过程可以用图 7.3 来表示，图中的虚线表示雷达数据处理时的迭代过程。图 7.4 是通过几个实例来说明 InSAR 影像数据处理的相应过程和有关结果。

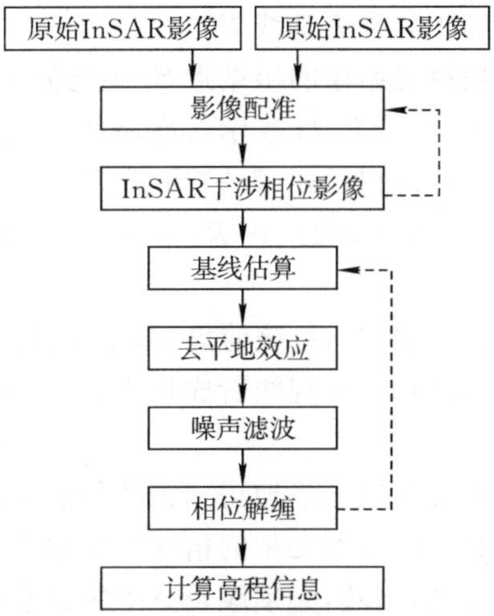

图 7.3　InSAR 影像数据处理流程

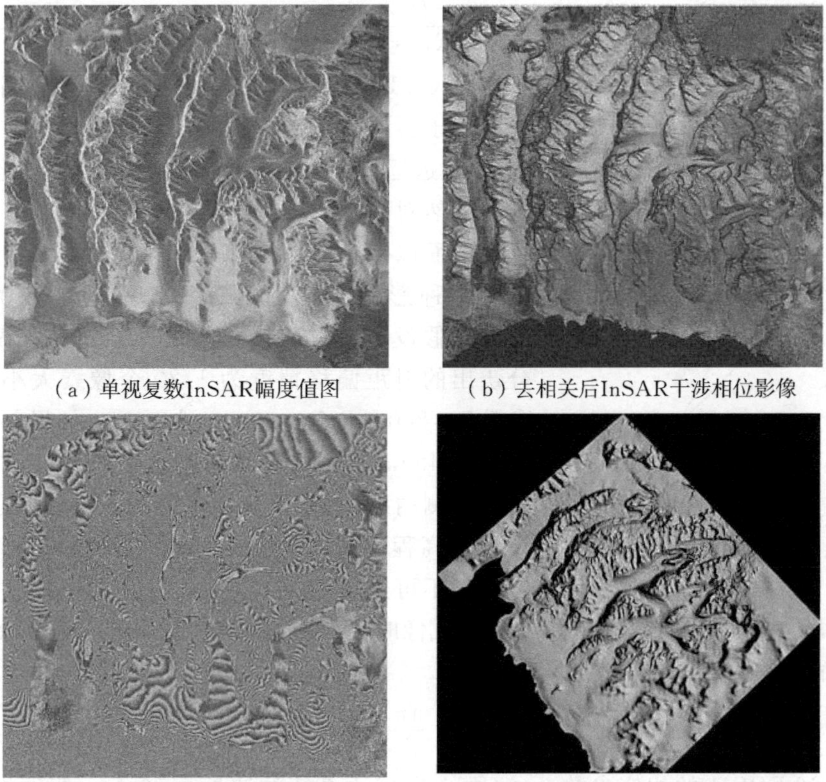
（a）单视复数InSAR幅度值图　（b）去相关后InSAR干涉相位影像

（c）去平地效应后的雷达影像　（d）获取的DEM影像图

图 7.4　InSAR 影像数据处理过程及结果

7.3.2　雷达干涉测量精度

SAR 可以以一定的分辨率量测地面目标点方位向和距离向的距离。当然，仅仅知道距离不能确定目标的位置和相对于基准面的高程，还需要从另外的位置对同一个地区进行重复雷达测量，即干涉测量。通常人们将这两幅影像分别称为“主影像”和“从影像”，两个传感器之间的空间距离称为基线 B。

假设主影像的摄站点 S_1 到地面上一目标点的距离为 R，从影像摄站点 S_2 到地面同名点的距离为 $R+\Delta R$，H 表示航高，α 为基线方位角，图 7.5 所示为重复轨道模式的情况。地面点目标的高程可以根据式(7.9) 和式(7.10) 计算得到，即

$$(R+\Delta R)^2 = R^2 + B^2 - 2RB\cos(90° - \theta + \alpha) = R^2 + B^2 - 2RB\sin(\theta - \alpha) \tag{7.9}$$

$$h = H - R\cos\theta \tag{7.10}$$

在星载雷达系统前提下，条件 $R \gg B$ 和 $R \gg \Delta R$ 成立，所以可以将两个雷达传感器 S_1 和 S_2 到地面目标点的视线看成是平行的，由式(7.9)可以得到下列简化公式，即

$$\Delta R \approx - B\sin(\theta - \alpha) \tag{7.11}$$

假设可以准确地得到雷达传感器的有关参数 B、H、α、θ，由此可以确定 R。这里的关键是计算参数 ΔR，参数 ΔR 的精度主要取决于斜距方向的分辨率，斜距分辨率越高，ΔR 的量测精度也会越高，当然，必须顾及 ΔR 的误差对最终高程计算精度的影响。由式(7.9)、式(7.10) 和式(7.11)，可以推导出

$$\frac{\partial h}{\partial \Delta R} = \frac{\partial h}{\partial \theta} \cdot \frac{\partial \theta}{\partial \Delta R} = R\left[-\frac{R+\Delta R}{BR\cos(\theta-\alpha)}\right]\sin\theta \approx -\frac{R\sin\theta}{B\cos(\theta-\alpha)} \tag{7.12}$$

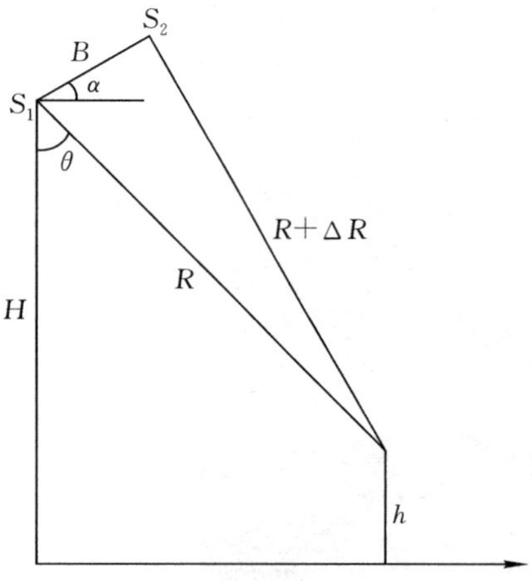

图 7.5 雷达立体测量

式(7.12) 表明，高程的分辨率或者说高程的量测精度取决于斜距与雷达基线的比例，即 R/B。在雷达成像系统中，R 远远大于参数 B，R/B 的值很大，因此，ΔR 的微小误差显然对高程的影响会很大。

下面以一个简单的 ERS-1 干涉成像雷达的例子来说明这种影响的含义，ERS -1 雷达的斜距分辨率为 9.6 m，假设主影像和从影像之间经过精确配准后，可以分辨出的斜距偏移精度为 1/20 个像素大小。ERS-1 的参数 $R=800$ km、$B=100$ m、$\theta=23°$。如果斜距的量测精度为 0.45 m，得到的高程精度为 1 500 m。如果要提高高程的量测精度，就需要加大基线的长度，假设基线加长到 15 km，高程的精度为 10 m，这种基线加长到 15 km 情况当然是不可想象的。

再来考虑雷达干涉成像的情况，在干涉成像时，量测的斜距之差 ΔR 是由影像之间的相位差计算得到的，由式(7.5)知道

$$\varphi = \frac{4\pi}{\lambda}\Delta R \tag{7.13}$$

因此，根据上述 ERS-1 的相应参数，C-波段的 ERS-1 系统的波长为 56 mm，假设相位 φ 的噪声标准差为 0.5，因此可以得到

$$\sigma_{\Delta R} = \frac{\lambda}{4\pi}\sigma_\varphi = 2.2 \text{ mm} \tag{7.14}$$

将这个结果代入式(7.12)，忽略 α 的影响，则可以得到

$$\sigma_h \approx -\frac{R\sin\theta}{B\cos(\theta-\alpha)}\sigma_{\Delta R} = \frac{800\,000\sin 23°}{100\cos 23°} \times 2.2 = 7.5(\text{m}) \tag{7.15}$$

7.3.3　单视复影像多视处理

正常地，雷达卫星系统提供的是单视复数据(Single Look Complex，SLC)，此数据一般应经过多视处理，然后才能进行进一步处理。以 ERS 雷达系统为例，该卫星的 SLC 数据格式是 CEOS 的标准格式，文件包括 3 个信息文件和 1 个数据文件共 4 个文件，分别为：

——卷目录文件(VOLUME DIRECTORY FILE)。

——头文件(SAR LEADER FILE)。

——数据文件(SAR DATA FILE)。

——卷尾标识文件(NULL VOLUME DIRECTORY FILE)。

1. 卷目录文件

卷目录文件的 4 个记录均为 360B，共 1 440B，它描述了本卷磁带的基本信息。具体格式见表 7.1。

表 7.1　卷目录文件

volume descriptor record	360B
leader file pointer record	360B
data set file pointer record	360B
text record	360B

2. 头文件

头文件辅助数据文件，描述了传感器成像的一些基本参数，共 17 560B。具体格式见表 7.2。

表 7.2　头文件辅助数据文件

file descriptor record	720B
data set summary record	1 886B
map projection record	1 620B
platform position data record	1 046B
facility related data record	12 288B

3. 数据文件

根据影像大小，数据的记录数有所不同。这里所用的数据共有 15 001 个记录，每个记录均为 19 612B。文件的第一个记录为描述性记录(19 612B)，其他均为图像数据记录。在图像数据记录的 19 612B 中，前 12 B 记录了行列序号，后 19 600B 为 4 900 个复型数据采样点，每个复型数据由 16 bit 有符号整数 I 通道和 16 bit 有符号整数 Q 通道组成。具体格式见表 7.3。

表 7.3　产品数据文件

file descriptor record	10 012B
image data record 1	10 012B
image data record 2	10 012B
…	…
image data record N	10 012B

4. 卷尾标识文件

卷尾标识文件一般由 360B 组成。具体格式见表 7.4。

表 7.4 卷尾标识文件

volume descriptor record	360B

雷达影像为复数据 $Z=a+bj$，其中 Z 表示像素，a 和 b 分别表示 16 bit 有符号整数 I 通道值和 16 bit 有符号整数 Q 通道值。复数的模表示复数据的幅度信息，复数的相位表示复数据的相位信息。图 7.6 和图 7.7 为读取的原始 SLC 数据影像和在原始数据基础上经过多视处理后得到的影像(按 1∶5 处理)。

图 7.6 原始 SLC 影像
(10 000 行×2 000 像素)

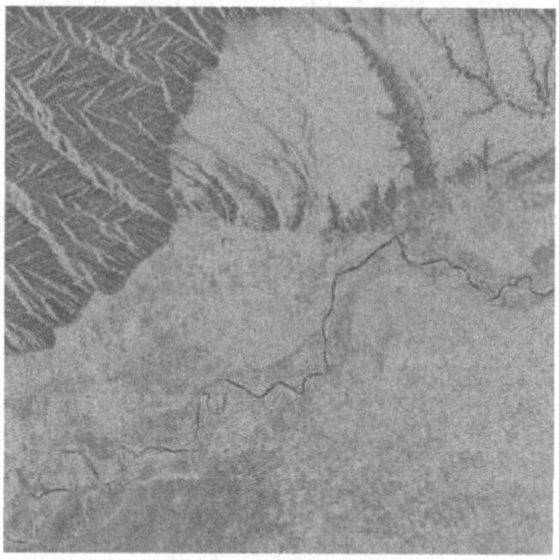

图 7.7 经多视处理后的数据影像
(2 000 行×2 000 像素)

7.3.4 影像配准

雷达影像配准是雷达干涉测量的重要组成，顾名思义，影像配准表示使同一地区的两幅雷达影像按照同名像点在空间位置上实现套合。其原理是利用两个信号的相关函数，通过某种相似度准则来评价两幅影像之间的相似度。在光学遥感影像情况下，由于只记录了被摄目标对光波的反射灰度信息，因此，影像匹配算法一般只在空间域进行处理。而在雷达复影像中，由于记录了幅度信息和相位信息，因此，雷达影像配准则扩展到了频率域。

在星载重复轨道成像模式下，InSAR 数据处理首先要解决的问题是影像对的配准，双天线 InSAR 成像系统同样要对雷达影像对进行高精度的配准，这是所有的雷达遥感观测系统都必须要做的工作。理论上，雷达影像对的配准精度需要达到子像素级(1/10 像素)，只有这样才能使地面目标的高程量测精度得到保证。但是，通常 InSAR 影像对是单视数的复影像，即没有进行任何辐射分辨率改善的影像，雷达影像的纹理比较模糊，而且原始的雷达影像还受到斑点噪声的影响，因此要达到子像素级的配准精度比较困难。

在 InSAR 复影像的配准过程中，保证相位信息的精确配准是 InSAR 影像匹配的唯一要求，通过评估干涉条纹图的质量可以评估 InSAR 影像配准的精度。当两幅 InSAR 复影像精确配准时，其相位差影像将有明显的干涉条纹；当影像配准的质量不好时，条纹将变得模糊。

1. 影像配准的一般步骤

雷达影像的配准是将同一目标地区的两幅或者多幅影像在空间位置上实现最佳套合，配准使用的两幅影像称为主影像(也可以称为参考影像)和从影像(也可以称为输入影像)。

这些影像可以是从同一传感器上在不同的时间或者是从不同的角度获取的，也可以是来自于不同的雷达传感器系统。其步骤是：首先在主影像和从影像之间寻找足够的同名像点；然后以这些同名像点作为控制点对影像对进行相对几何变形模型的变换，计算变换参数；最后根据这些变换参数对从影像进行重采样，其步骤见图7.8。

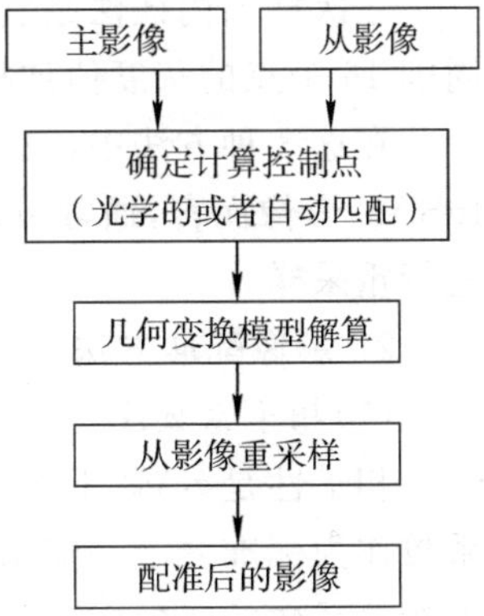

图7.8　影像配准的步骤

(1)控制点的确定

传统意义上的影像配准方法是人工在两幅影像上寻找同名的点作为配准的控制点。但是人工的方法确定成千上万的同名点，无论从哪方面来考虑都是不经济的，这种方法费时、费力，而且也很难实现，已经不适合现代空间观测的发展。

在数字摄影测量中讨论过数字影像匹配的概念和理论，这种自动地识别和匹配同名点的方法同样可以用于雷达遥感的领域，对此许多遥感学者进行了大量而有成效的研究。

寻找影像对之间同名点的方法可以是自动或者是半自动的，其核心是在两幅影像之间快速而准确地识别和确定同名点，即影像匹配。但是，以往的经验表明，不同的传感器、不同时相的遥感影像，其几何特性、物理特性、辐射特性及光谱特性都各不相同，因而针对不同的影像、不同的应用目的应采用不同的匹配策略和不同的算法。

(2)几何变换模型的确定及相对纠正变换

在确定了影像对上的同名像点后，就可以进行像对的相对纠正。相对纠正包括影像坐标的几何变换和影像灰度的重采样，对几何变换而言，通常采用的模型是多项式。假设已经知道一组同名像点对，在从影像上的坐标为 (x,y)，在主影像上的同名点坐标为 (x',y')，则可以引用下列变换模型

$$\left.\begin{aligned} x' &= a_0 + a_1 x + a_2 y \\ y' &= b_0 + b_1 x + b_2 y \end{aligned}\right\} \tag{7.16}$$

式中，a_i、b_i 表示多项式的系数。通过使用最小二乘法原理可以确定式(7.16)中的各系数，进而可以计算出多项式的拟合结果，例如残差或均方根差(Root Mean Square Error，RMSE)等，从而可以评价配准的效果。

上述多项式的阶数和区域的大小可以根据具体的情况来选择。多项式的阶数不宜太高，一般选择二阶多项式以下。如果影像的畸变不大，可以采用全局的多项式变换，否则应将整个影像区域分成较小的区域，进行分块纠正。

(3)灰度重采样

灰度重采样在相对纠正参数确定之后进行。通常采用的灰度重采样方法是最近邻像元法、双线性内插法或三次样条内插法。

最近邻像元法是在待求像素的邻居像素中，将距离待求像素最近的邻像素的灰度值赋给待求像素。该方法最简单，但校正后的图像会产生锯齿状，即存在灰度值不连续的情况。

双线性内插法是利用待求像素4个邻像素的灰度值在两个方向上作线性内插。这种方法比最近邻像元法计算复杂一些，计算量大，但是没有灰度不连续的缺点，结果能令人满意。它具有低通滤波的特性，可能使高频成分受损，使图像的轮廓有一定的模糊。

三次样条内插法是利用三次多项式来逼近理论上的最佳插值函数，它是利用待求像素点周围16个点的灰度值加权内插得到。

在这3种方法中，三次样条内插法计算量最大，但是内插的效果最好，精度最高。对于InSAR影像而言，通常习惯采用三次样条内插法，而且是分别对复数雷达影像的实部和虚部进行重采样。

2. 影像配准方法

(1)相干系数法

相干性是SAR干涉测量中衡量两幅雷达复影像之间相似性程度的指标，一般可以用相干系数作为标准之一。使用相干系数作为遥感影像配准测度的方法和实施过程与数字摄影测量中相关系数的匹配方法大致相同，其过程是：在主影像上以待匹配的点为中心取一个一定大小的参考窗口，对应地在从影像上的一定搜索范围内(搜索窗口)，逐点、逐行地移动一个与参考窗口大小一致的匹配窗口，并计算两个窗口内灰度的相干系数，相干系数最大的点即表示最佳匹配点。

这种方法要精确计算两幅影像上相应匹配窗口内的相干系数。对雷达图像而言，相干系数的计算复杂，因为这种相干性的计算是在复数空间进行的。假设 u_1 和 u_2 是两幅均值为零的复数高斯随机变量，则这种相干性测度定义为

$$\gamma = \frac{|E[u_1 u_2^*]|}{\sqrt{E[|u_1|^2]E[|u_2|^2]}} \tag{7.17}$$

式中，$E[\ ]$ 表示数学期望值，$*$ 表示共轭符号。相干系数测度准则也可以转化为信噪比(SNR)准则，它们二者之间的关系可以用式(7.18)表示，即

$$\gamma = \frac{SNR}{1-SNR} \tag{7.18}$$

即信噪比越高，相干系数越大。

在实际计算雷达影像的相干系数时一般不直接使用式(7.18)。假设要配准的影像对在匹配窗口 $N \times M$ 大小内的随机过程是平稳历经的，即在窗口大小为 $N \times M$ 的区域内，可以用样本的平均值来估计，则可以得到

$$\bar{\gamma} = \frac{\left|\sum_{n=0}^{N}\sum_{m=0}^{M} u_1(n,m)u_2^*(n,m)\mathrm{e}^{-j\varphi(n,m)}\right|}{\sqrt{\sum_{n=0}^{N}\sum_{m=0}^{M}|u_1(n,m)|^2\sum_{n=0}^{N}\sum_{m=0}^{M}|u_2(n,m)|^2}} \tag{7.19}$$

这种方法需要进行相干系数的精确计算。雷达影像相干系数的计算相当复杂，在式(7.19)中的分子部分含有相位校正项，也就是说要准确地计算出干涉相位，对共轭交叉相乘项进行补偿后才能计算出正确的结果。而准确的干涉相位的计算又依赖于精确的雷达影像对的配准，因此需要反复迭代计算才能完成。

(2)最大干涉频谱法

由于式(7.17)或式(7.19)计算复杂，人们提出了基于信噪比的配准算法，基于信噪比的配准算法称为最大干涉频谱法。这种算法的出发点是：当影像精确配准后，干涉复影像在频谱域中的频谱极大值为最大值，在这种情况下，两幅影像的干涉图的质量达到最好。

假设两幅复影像分别为 F 和 G，它们分别可以表示成

$$F: u_1 = |u_1| e^{j\varphi_1} = (a_{ij} + jb_{ij}) \tag{7.20}$$

$$G: u_2 = |u_2| e^{j\varphi_2} = (c_{ij} + jd_{ij}) \tag{7.21}$$

首先在两幅复影像中的匹配窗口 $N \times N$ 区域内进行干涉处理，第一幅影像中的像点复数与第二幅影像中的复数进行共轭相乘，得到干涉影像图

$$u = u_1 u_2^* = |u_1| |u_2| e^{j(\varphi_2 - \varphi_1)} = (a_{ij} + jb_{ij})(c_{ij} - jd_{ij}) \tag{7.22}$$

由于还没有完成影像的精确配准，因此此时的干涉条纹还很粗糙。进一步地，对此干涉图像 u 进行二维傅里叶变换（FFT），就可以得到二维频谱。频谱中的最大值（复频谱的幅度峰值）表示了最亮的干涉条纹的空间频率分量，其位置则表示了最亮条纹的空间分布频率。最亮条纹的相对质量可以用其频谱的信噪比（SNR）来确定，即可以将相位差影像频谱的最大值除以所有其他频谱值之和而得到信噪比，即

$$SNR = \frac{F_{\max}}{\sum_{i=1}^{N-1} F_i} \tag{7.23}$$

在实际处理时，SNR 用于大致判断影像配准的精度和确定配准匹配时的搜索范围。在匹配时如果移动匹配窗口的位置时，SNR 逐步增大，则意味着接近于最佳的匹配位置；反之，如果 SNR 逐步变小，则表示匹配的效果变差。在搜索区域内，每移动一次待匹配的窗口，均要记录其频谱幅度的峰值，最后可以得到同名点的位置和其在各个位置上的峰值。

为了得到子像素级的匹配结果，可以引入在数字图像处理中成熟的子像素内插的计算方法。在计算得到最大峰值对应窗口的相邻9个窗口内形成一个 3×3 的矩阵，用9个窗口内匹配得到的相干系数值或 SNR 值进行二维内插，找到峰值曲面上的极大值点，从而获得子像素级的配准精度。根据实际情况，可以选择更高一级的内插方法，用这种方法可以达到1/10像素的配准精度。

当然，这种方法也有缺点，最大的问题是计算量大，因为在实际计算中，要进行多次重复运算。例如，逐行逐列移动窗口并计算窗口内的干涉条纹图和频谱图。另外一个计算量很大的过程是二维FFT计算，随着配准窗口大小的增大，计算量也会急剧增加。

(3)相位差影像平均波动函数法

由于获取地面点高程是建立在获取相位差影像的基础上，因此地面点高程的测量精度主要取决于干涉相位差的计算精度。在没有噪声而且地面没有变形，即地面完全平坦的情况下，相位差影像在方位向上只是一个恒定的常数像素值，在距离向上的相位差值则呈现出锯齿型，即随着距离的增加，相位差值由零值增加到 2π，然后又从 2π 降到零值，而且相邻像素点之间的相位差值的变化很小。当地面存在地形变化时，雷达配准影像的相位差会发生变化，但是相邻像素之间的相位差仍然不大。当出现相位噪声时，则相邻像素之间会出现较大的相位差。由于相位噪声主要由于微波发射和接收时产生的热噪声和相干斑点噪声引起，而且这也是InSAR发射电磁波和接收相干回波的必然结果，因此在影像配准时，也不可能减少这种噪声。但是，当影像没有精确配准时，相位差影像的噪声会急剧增大，这种由于影像配准误差引起的噪声称为配准噪声。

在不顾及热噪声和相干斑点噪声的前提下，如果要精确配准两幅InSAR复影像，必须要想办法使配准噪声减低到最小。定义相位差影像中各个相邻像素相位差的差值之和为 f，这个参数也可以称为相位差影像平均波动函数，而 $p(i,j)$ 表示匹配窗口内两幅单视复影像在像

素位置(i,j)上的相位差。则f值可以按照下式计算得到，即

$$f=\sum\sum[\,|p(i+1,j)-p(i,j)|+|p(i,j+1)-p(i,j)|\,]/2 \tag{7.24}$$

平均波动函数配准法就是以相位差影像的平均波动函数作为评估干涉条纹质量的标准，即以相位差影像的平均波动函数达到最小值，来作为两幅雷达复影像是否配准的依据。

这种方法的计算步骤为：①在子像素的基础上内插第二幅影像；②计算相位差影像的平均波动函数；③根据平均波动函数的变化调整配准参数；④再次内插第二幅影像，重复上述过程，直到平均波动函数达到最小为止。

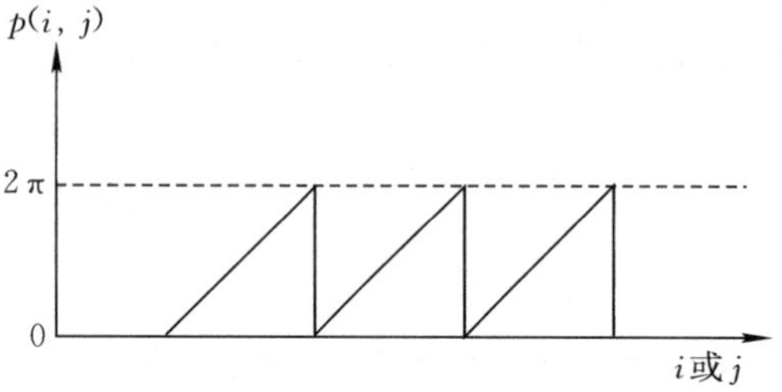

图 7.9 无地形变化时理想的影像相位差分布

由图7.9理想情况下无地面变形时的相位差分布可以看出，除从0到2π处有一个跳变外，相邻像素之间的相位差值变化很小，即使有地形起伏，相位差的分布规律会发生变化，但是相邻相位差之间的差值也很小。f是一个较小区域内的相位差之差值的总和，在跳变处出现大的差值的频数极小，在求和中不占主导地位。如果出现噪声，某些相邻像素的相位差的差值会增大。相位噪声由两方面的原因引起：一是InSAR成像过程中由传感器引起的固有噪声，如斑点噪声、热噪声等；二是配准噪声引起的噪声，它对像对的位置十分敏感。如果没有配准，则干涉条纹呈现出一片随机噪声。配准精度越高，条纹越明显、越清晰。

由上述分析可以得知，如果干涉图被精确配准，则f应该尽可能地小。因此，影像配准的测度变成了计算f的最小值f_{min}的位置。在使用该方法时，为了避免最后插值计算寻找子像素的位置，通常可以将影像预先放大10倍，然后逐点计算，比较f值，最后找到f_{min}对应的位置。

(4)上述方法存在的问题及讨论

前面主要讨论了3种InSAR影像的配准方法和各自的特点，下面对这些方法进行简单的分析。

第一，这些方法都是基于单点的匹配方法，即在主影像内以待匹配的点为中心确定一个合适的窗口，根据某种相似性测度或干涉条纹图的测度指标，在从影像上寻找最佳的匹配窗口，计算同名点的位置或相对偏移量。但是，因为这些匹配测度是在一个相对较小的区域内计算的估计值，由于噪声或干扰的影响，可能会出现多个极大(小)值的情况，而且其中的某个最大(小)值对应的位置可能不是正确的同名点位置。这是这种基于单点匹配方法的一个最大缺陷，这种情况在常规的数字摄影测量情况下同样不可完全避免。

第二，在匹配时，以整像素为单位移动匹配窗口，然后对定位结果进行多项式拟合和内插，进而计算出最佳配准点。这种"后处理"方法要真正地达到子像素级的匹配精度比较困难。在信噪比比较高时，理论精度可以达到0.15～0.2个像素范围；当信噪比比较低时，并不能保证精度真正达到子像素级，而且拟合后的位置有可能超出匹配的窗口范围。

第三，从干涉条纹图的质量出发来设计匹配测度的方法，需要反复生成局部的干涉图。而我们知道，只有当配准的精度达到一定的程度时，干涉条纹图才能被清晰地观察到。而且直观上很难判断复数像对之间的相似性程度，因此也很难对匹配计算的过程进行监控。

第四，这种基于单点的匹配方法在搜索范围内需要逐点移动匹配窗口，并计算相应的干涉图质量测度指标。这当然需要大量的重复运算，因此计算效率不高。

3. 基于特征的影像配准方法

基于特征的影像匹配算法在数字摄影测量领域已经得到肯定。其基本出发点是计算InSAR影像上的特征点(或者称为兴趣点),然后利用局部灰度匹配算法自动寻找同名点,其过程简单表述如下。

(1)特征点(线)提取以及影像的初级匹配

提取点特征中比较常用和成熟的算法是Foerstner兴趣算子。在利用这种点特征提取算子提取兴趣点的基础上,再利用局部灰度匹配算法自动寻找和配准初始的同名点。

基于灰度的匹配中,可以采用不同的质量测度指标,例如灰度差的绝对值等。也可以采用归一化的相干系数作为测度的尺度标准,其公式定义为

$$\max \rho = \frac{\sigma_{FG}}{\sqrt{\sigma_{FF}\sigma_{GG}}} \tag{7.25}$$

式中,σ_{FG} 表示主影像F和从影像G之间在匹配窗口内的灰度协方差,σ_{FF} 表示主影像F在匹配窗口内的灰度方差,σ_{GG} 表示从影像G在匹配窗口内的灰度方差,而公式$-1 \leqslant \rho \leqslant 1$成立。

灰度的线性畸变通常出现在由不同的传感器或同一种传感器在不同时相时获取的遥感影像上。ρ值是灰度平移、比例尺变形的函数,使用这个参数通常可以达到正确匹配的目的,因此,相干系数ρ是影像匹配中最常用的相似性测度标准之一。当然,相干系数法匹配的结果是整像素,如果使用相似性测度匹配后再进行局部的拟合,则可以达到子像素级的匹配精度。相干系数法实际上仍然是单点的卷积运算,实现的效率仍然较低,因此其结果通常是作为下一级精匹配的初始值,在这种初级匹配结果的基础上,再进行下一步的精匹配。

(2)基于最小二乘匹配的方法

在自动匹配算法中,最小二乘匹配算法是最成功和最常用的算法之一,它利用"灰度差的平方和为最小"的准则进行计算。如果在两个匹配窗口内,左右影像(即主影像$f(x,y)$和从影像$g(x',y')$)的灰度差表示为v,则可以假设公式

$$\sum vv = \min \tag{7.26}$$

成立。如果不考虑影像的灰度值中存在系统误差,而仅仅假设影像的灰度值存在偶然误差(随机噪声),则下列两式

$$n_1 + f(x,y) = n_2 + g(x',y') \tag{7.27}$$

$$v = f(x,y) - g(x',y') \tag{7.28}$$

成立。式中,n_1和n_2分别表示主影像$f(x,y)$和从影像$g(x',y')$的白噪声。如果进一步考虑影像的系统变形,可以引入系统变形参数,从而可以构成最小二乘匹配算法的基础。假设系统变形参数包括辐射畸变和几何畸变,进一步地,假设匹配窗口不会太大,在影像窗口的局部范围内可以只考虑几何畸变的一次项,则可以采用下列一次项公式,即

$$\left.\begin{aligned} x' &= a_0 + a_1 x + a_2 y \\ y' &= b_0 + b_1 x + b_2 y \end{aligned}\right\} \tag{7.29}$$

如果只考虑影像之间的相对位移情况,式(7.29)可以简化为

$$\left.\begin{aligned} x' &= x + \Delta x \\ y' &= y + \Delta y \end{aligned}\right\} \tag{7.30}$$

而辐射畸变一般只考虑其线性的畸变,即

$$f(x,y) = h_0 + h_1 g(x',y') \tag{7.31}$$

不失一般性，这里同样只考虑相对位移的情况，最小二乘匹配的原理和实施步骤可以分为以下四步。

第一步，建立误差方程式。

将式(7.30)代入式(7.27)中得到

$$n_1 + f(x,y) = n_2 + g(x+\Delta x, y+\Delta y) \tag{7.32}$$

将式(7.32)线性化得到

$$n_1 + f(x,y) = n_2 + g(x,y) + g'_x(x,y)\Delta x + g'_y(x,y)\Delta y \tag{7.33}$$

对上述公式进行改化得到

$$v(x,y) = g'_x(x,y)\Delta x + g'_y(x,y)\Delta y - (f(x,y) - g(x,y)) \tag{7.34}$$

此式写成矩阵形式为

$$\boldsymbol{V} = \boldsymbol{CX} - \boldsymbol{L} \tag{7.35}$$

式中

$$\boldsymbol{X} = [\Delta x \quad \Delta y]^{\mathrm{T}}$$

$$\boldsymbol{L} = [f(x_1,y_1) - g(x_1,y_1) \quad f(x_2,y_2) - g(x_2,y_2) \quad \cdots]^{\mathrm{T}}$$

$$\boldsymbol{C} = \begin{bmatrix} g'_x(x_1,y_1) & g'_y(x_1,y_1) \\ g'_x(x_2,y_2) & g'_y(x_2,y_2) \\ \vdots & \vdots \end{bmatrix}$$

因此，由误差方程可以建立下列法方程，即

$$\boldsymbol{C}^{\mathrm{T}}\boldsymbol{CX} = \boldsymbol{C}^{\mathrm{T}}\boldsymbol{L} \tag{7.36}$$

第二步，法化、答解并计算坐标改正数。

在建立了匹配窗口内所有影像点灰度的误差方程并法化后，可以进行法方程的答解，并计算出改正系数为

$$\boldsymbol{X} = (\boldsymbol{C}^{\mathrm{T}}\boldsymbol{C})^{-1}(\boldsymbol{C}^{\mathrm{T}}\boldsymbol{L}) \tag{7.37}$$

由此可以得到从影像点的改正坐标

$$\left.\begin{aligned} x' &= x + \Delta x \\ y' &= y + \Delta y \end{aligned}\right\} \tag{7.38}$$

第三步，从影像的重采样。

在 (x',y') 点对应的右方窗口内对相应的从影像进行重采样，采样的方法仍然可以采用双线性内插的方法。

第四步，计算重采样后主影像和从影像之间的相干系数。

计算主影像 $f(x,y)$ 和重采样后的从影像 $g(x',y')$ 之间的相干系数 ρ，根据 ρ 的变化并顾及偏移量 $(\Delta x,\Delta y)$ 值的收敛程度确定是否终止迭代计算的过程。

(3)讨论

——有效性。

试验证明，当匹配窗口大小为 30 像素×30 像素左右时，基于相干系数 ρ 的最小二乘匹配的精度可以达到 1/10 像素级。

——匹配窗口大小的影响。

当匹配窗口增大时，相当于多余观测值增加，因而抑制了噪声的干扰，匹配的精度有所提高。但是窗口选择过大，并不能毫无限制地提高精度。窗口过大，是以增加运算量为代价的，

一般窗口选择 30 像素×30 像素左右时比较合适。

——可靠性。

一般而言,匹配窗口内残差的大小即表明了匹配的质量,如果残差过大,可以引入剔除粗差的方法进行处理。另外一种途径是通过多项式拟合的方法对匹配的结果进行后加工。

——运算效率。

一般的,在对 InSAR 图像进行配准时,通常只使用复数雷达图像的幅度分量,这样就大大节省了计算量,提高了效率。

单视复影像对配准的精度是影响合成孔径雷达干涉高程测量或地面形变量检测精度的关键因素之一。Just 和 Bamler(1994)研究了影像匹配误差对相干性的影响,并给出了距离向和方位向配准误差对相干性影响的估算公式,即

$$|\gamma_{rg}| = \begin{cases} \dfrac{\sin(\pi\mu_{rg})}{\pi\mu_{rg}} & 0 \leqslant \mu_{rg} \leqslant 1 \\ 0 & \mu_{rg} > 1 \end{cases} \tag{7.39}$$

$$|\gamma_{az}| = \begin{cases} \dfrac{\sin(\pi\mu_{az})}{\pi\mu_{az}} & 0 \leqslant \mu_{az} \leqslant 1 \\ 0 & \mu_{az} > 1 \end{cases} \tag{7.40}$$

式中,μ_{rg} 和 μ_{az} 分别代表距离向和方位向上的配准误差(以像元数为单位),由这两个公式可见,雷达影像的相位信息远比能量信息对地形的变化敏感。如果两幅复影像的同名点相互错开一个像素,虽然此时干涉得到的能量图依然清晰可辨地形地貌特征,而两幅影像的相位信息将不相关,干涉相位图为纯噪声。所以,干涉处理要求影像配准精度一定要达到子像素级。通常认为,影像配准的误差必须在 1/8 像素以下才对干涉条纹图的质量没有明显影响(Just et al,1994)。

当前,学者们对提高影像匹配的精度已作了大量研究,提出了若干比较成功的算法,如最大干涉频谱法、最大相干系数法、相位差平均波动函数最小法、矩阵法以及各种改进算法等。各种算法在成像质量好的条件下一般均能使单视复影像匹配达到子像素级,但每种算法都有一定的局限性。如在地面植被覆盖率高,地形变化剧烈的情况下,大部分地区相干性保持较差,只有个别区域可以形成明显的干涉条纹。因此,如何选择理想的匹配区域,或是在不得已的情况下充分利用能量信息进行匹配,是 InSAR 影像研究领域中一个重要课题。

7.3.5　干涉图的生成及相位噪声滤波

1. 干涉相位图的生成

InSAR 数据的处理流程是生成高质量的干涉图,影像配准完成后,就可以提取正确的干涉相位。

干涉图计算是根据匹配模型,对复影像的复数值(包括振幅和相位)进行重采样,并逐点把主影像的复数值和从影像的复数值共轭相乘,计算出干涉相位,该相位值为相位差的主值,大小在[−π,+π]区间内。干涉相位值可以归化到[0,255]灰度值区间内显示形成干涉条纹图。干涉条纹图可以按照式(7.41)计算,即

$$\varphi = W\left(\arctan\left[\frac{a_2 b_1 - a_1 b_2}{a_1 a_2 + b_1 b_2}\right]\right) \tag{7.41}$$

式中,φ 为相位值,a_1 为主影像的实部,b_1 为主影像的虚部,a_2 为从影像的实部,b_2 为从影像的

虚部。通过式(7.41)可以使 φ 的取值在[0,2π]之间。

相干性反映了局部区域内干涉质量的好坏，在相干图中，低相关区域成暗色调，高相关区域成亮色调。可以对干涉图中低相关的区域作更多的空间滤波(去噪声)处理，以减少相对噪声的影响，提高相位解缠的可解性。还可以根据相干性大小选择相位解缠的顺序及策略。对于相干性非常小的区域，可以对其进行屏蔽，不进行干涉相位的解缠处理。干涉图滤波主要是对干涉图进行去噪声处理，以减小相位解缠的难度，滤波次数可以根据相干性大小决定，相干性小的地方进行较多的滤波处理。

2. 干涉相位图的滤波

干涉相位图中不可避免地存在各种各样的噪声。干涉图的噪声来源是多种多样的，一般情况下有下列几个方面：

(1)传感器系统的噪声。

(2)地形表面的变化引起的噪声。

(3)影像配准误差引起的噪声。

(4)基线的去相关引起的噪声。

(5)影像的聚焦不一致引起的噪声等。

第一和第二类噪声误差的产生是人为无法避免的，这是 InSAR 遥感固有的问题。但是，系统的噪声可以在后续的数据处理过程中通过某种方式进行一定程度的抑制，其他的几种情况可以在后续的数据成像处理中进行控制和补偿。

尽管各种噪声对干涉图的影响是类似的，但是产生这些噪声的原因和机理各不相同，因而噪声滤波的方式也要相应的有所区别。一般而言，对 InSAR 影像进行滤波可分为前置滤波和后置滤波两种方式。前置滤波表示在生成干涉图之前对原始的复影像进行滤波，后置滤波表示在生成干涉图之后对干涉图进行滤波。

目前对 InSAR 干涉条纹图滤波效果比较好的滤波器包括边缘检测的滤波算法，圆周期均值滤波器和圆周期中值滤波器等。经典的边缘检测滤波算法利用边缘检测算子与滤波窗口图像进行直积或卷积运算后，求各像素的和，把和的最大或最小值所对应的算子的方向作为边缘方向，然后在边缘方向上对影像窗口做低通滤波。这类方法的基本思想是只利用影像边缘方向的像素做统计滤波以保持边缘。另外，针对干涉条纹图的圆周期性问题，Eichel 等(1993)和 Lanari 等(1996)分别提出了圆周期均值滤波器和圆周期中值滤波器。这两种滤波器考虑了干涉相位图的圆周期特性，实现比较简单，计算速度快，效果较好。

除了前面介绍的方法外，在干涉相位图的滤波方法中，通过估计干涉相位图的局部频率，由假定的相位模型来实现干涉相位图重构也是一种有效的滤波方法。Spagnolini(1995)提出通过估计干涉相位图的局部频率来计算干涉相位图的相位梯度，实现干涉相位图的重构滤波，并分析和比较了各种不同的干涉相位图局部频率估计方法的性能。

好的滤波方法可使干涉相位图中的残点数降低，因而会使解缠更加容易进行，不容易出现无法解缠的区域。但是雷达干涉相位图中噪声和信号的分布有其自身规律，简单的平滑处理并不能达到理想的效果。廖明生等提出的中值-自适应平滑滤波对 C 波段的数据处理得到了很好的结果。在 Doris 和 Asf 的开放源代码软件中，则更多地利用 Goldstein 和 Werner 提出的滤波算法。Goldstein 滤波算法的基本思想是利用快速傅里叶变换的方法，将滤波转化到频域进行，然后再利用傅里叶反变换得到滤波后的相位值。这种滤波方法对相位噪声和相位梯度很敏感，故而使相位梯度平滑的地区得到较强的滤波，使相位梯度较大的地区得到较弱的滤波。

利用小波分析对信号进行消噪是小波包分析的基本应用。针对干涉相位图存在乘性噪声，并遵循瑞利分布的特点，采用一般的图像消噪方法（中值滤波法和均值滤波法）难以达到满意的效果。利用小波包消除干涉纹图的关键是：选择最佳的小波包分解树；对小波包分解系数的阈值进行量化；对分解系数和阈值量化后的系数进行重构。其对干涉相位图进行滤波的基本原理为：

（1）由两幅配准好的图像，经过复共轭相乘得到干涉相位图相位的实部和虚部；再经过平地效应消除后，得到相位图相位的实部和虚部。

（2）对上述相位图相位的实部和虚部分别进行处理。选择一个小波并确定小波的分解层数 n，然后对信号进行 n 层小波包分解；确定最佳小波包基（即计算最佳小波包树），对于一个给定的熵，计算一个最佳树；对每一个小波包分解系数，选择一个适当的阈值，并对系数进行阈值量化；根据第 n 层的小波包分解系数和经过量化处理系数，进行小波包重构。

（3）由经过小波重构后相位实部和虚部求取相位值。

7.3.6　干涉基线的估计

由于基线是雷达干涉系统中非常重要的参数，同时基线的计算也是 InSAR 数据处理过程中的重要一环，因此，雷达系统干涉基线的估计有重要的意义。具体的估计方法要随具体的应用和所要求的数据处理精度的不同而不同；同时，是否具备可靠的 DEM 数据，或者是否具备地面控制点，以及所处理地区的地形情况同样对估计方法的选择有重要的影响。

1. 基于星历表数据进行干涉基线估计

在每一幅雷达 SLC 图像的头文件中都提供了若干点位置上卫星的位置矢量和速度矢量、第一点位置处的时间以及两点之间的时间间隔等参数，因此可以根据一个简单的公式拟合一条时间和位置关系的三次曲线（王超等，2002）

$$\left.\begin{aligned} X_S &= a_0 + a_1 t + a_2 t^2 + a_3 t^3 \\ Y_S &= b_0 + b_1 t + b_2 t^2 + b_3 t^3 \\ Z_S &= c_0 + c_1 t + c_2 t^2 + c_3 t^3 \end{aligned}\right\} \tag{7.42}$$

在雷达 SLC 图像的头文件中，还提供了图像的第一行、中间行和最后行的成像时间，可以根据这些参数计算得到每一行成像时间的间隔，进而可以计算得到每一行的成像时间，从而求得每一行成像时的轨道参数。

每一行卫星的位置计算得到后，再返回计算卫星的基线。要计算卫星的基线，必须要知道两卫星对同一地面点成像的行。根据卫星 SAR 成像原理，雷达扫描的波束与飞行方向垂直，因此，基线矢量与该点的速度矢量垂直。如果以一幅图像中心点的卫星位置矢量和速度矢量为基准，通过计算可以得到基线矢量和速度矢量垂直时第二幅图像的卫星位置。由于两幅图像的方位向分辨率一致，计算出第一幅图像中间行与第二幅图像的基线后，其他成像行的基线也同样可以得到。

2. 基于地面控制点进行干涉基线估计

图 7.10 是在有地面控制点前提下的雷达成像示意图。假设选择 5 个地面控制点 $G_0(Y_0, h_0)$、$G_1(Y_1, h_1)$、$G_2(Y_2, h_2)$、$G_3(Y_3, h_3)$、$G_4(Y_4, h_4)$，给定地面控制点 G_1、G_2、G_3、G_4 与参考点

G_0 之间的相对距离和相对高度（高差），并且已知各个点之间的干涉相位差，可以得到（王超等，2002）

$$\Delta\varphi_{01} = -\frac{4\pi}{\lambda}(\Delta R_0 - \Delta R_1) \tag{7.43}$$

$$\Delta\varphi_{02} = -\frac{4\pi}{\lambda}(\Delta R_0 - \Delta R_2) \tag{7.44}$$

$$\Delta\varphi_{03} = -\frac{4\pi}{\lambda}(\Delta R_0 - \Delta R_3) \tag{7.45}$$

$$\Delta\varphi_{04} = -\frac{4\pi}{\lambda}(\Delta R_0 - \Delta R_4) \tag{7.46}$$

式中

$$\Delta R_0 = \sqrt{(Y_S - Y_0)^2 + (H_S - h_0)^2} - \sqrt{Y_0^2 + (H - h_0)^2} \tag{7.47}$$

$$\Delta R_1 = \sqrt{[Y_S - (Y_0 + \Delta Y_1)]^2 + (H_S - h_1)^2} - \sqrt{(Y_0 + \Delta Y_1)^2 + (H - h_1)^2} \tag{7.48}$$

$$\Delta R_2 = \sqrt{[Y_S - (Y_0 + \Delta Y_2)]^2 + (H_S - h_2)^2} - \sqrt{(Y_0 + \Delta Y_2)^2 + (H - h_2)^2} \tag{7.49}$$

$$\Delta R_3 = \sqrt{[Y_S - (Y_0 + \Delta Y_3)]^2 + (H_S - h_3)^2} - \sqrt{(Y_0 + \Delta Y_3)^2 + (H - h_3)^2} \tag{7.50}$$

$$\Delta R_4 = \sqrt{[Y_S - (Y_0 + \Delta Y_4)]^2 + (H_S - h_4)^2} - \sqrt{(Y_0 + \Delta Y_4)^2 + (H - h_4)^2} \tag{7.51}$$

式中的相对距离 ΔY_1、ΔY_2、ΔY_3、ΔY_4 可以根据5个地面控制点 $G_0(Y_0, h_0)$、$G_1(Y_1, h_1)$、$G_2(Y_2, h_2)$、$G_3(Y_3, h_3)$、$G_4(Y_4, h_4)$ 的坐标计算出来。

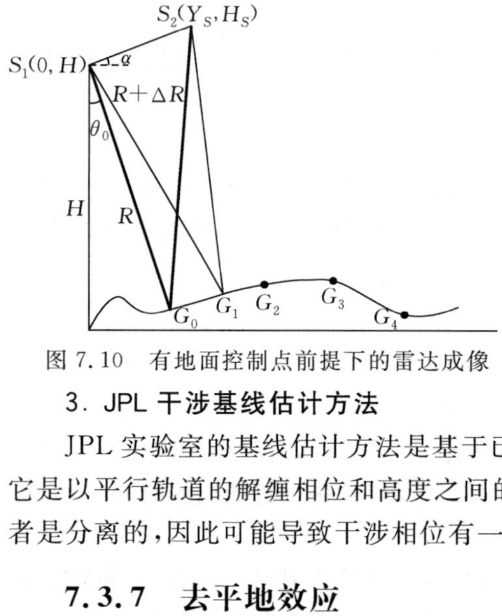

图 7.10 有地面控制点前提下的雷达成像

将式(7.47)至(7.51)代入式(7.43)至(7.46)中，整理并可以得到 4 个非线性方程，利用有效的算法可以解算这些非线性方程，进而可以得到参数 Y_S, H_S, H, h_0 和 Y_0 的值，利用下面两个公式

$$B = \sqrt{Y_S^2 + (H_S - H)^2} \tag{7.52}$$

$$\tan\alpha = \frac{H_S - H}{Y_S} \tag{7.53}$$

可以确定相应的基线参数。

3. JPL 干涉基线估计方法

JPL 实验室的基线估计方法是基于已知的经验方法，需要地面控制点和解缠的相位，并且它是以平行轨道的解缠相位和高度之间的关系为出发点的。但是实际的卫星轨道是交叉的或者是分离的，因此可能导致干涉相位有一个随方位位置变化的分量。

7.3.7 去平地效应

由于 InSAR 系统本身空间几何关系的影响，方位向或距离向上高度相同的地面点在干涉图上本来应该保持不变的相位差发生了变化，造成了干涉相位图的相位有一定的偏移，这种高度相等的平地在干涉相位图中所表现出来的干涉相位随距离向和方位向的变化而周期性变化的现象称为平地效应。平地效应使干涉相位图的质量受到影响，同时，这种干扰也会影响雷达影像配准的质量，如图 7.11 所示的例子。因此，为了保证信号的相位特征，给相位解缠提供质量较好的干涉相位图，在对干涉相位图进行滤波和相位解缠前应该首先消除这种平地效应。

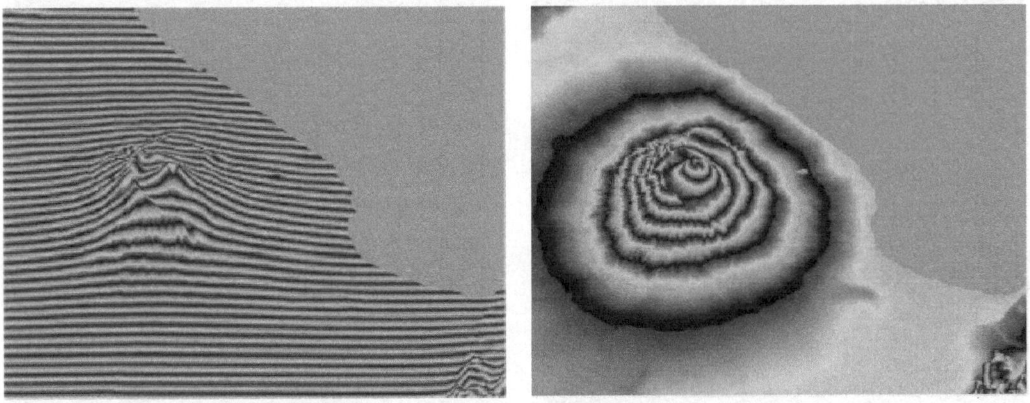

图 7.11 平地效应(基线长度为 50 m)

这种消除平地效应的过程也可以称为置平,进行置平的原因是因为干涉成像时平坦的地面同样会产生干涉条纹,这些条纹和地形起伏引起的条纹叠加在一起,使得条纹更加复杂,大大增加了相位解缠的难度。为了使相位解缠更简单和精确,必须要对这种平地效应产生的条纹图进行去平地效应处理,去平地效应处理的原理如图 7.12 所示。

在图 7.12 中,P' 和 P 点的高度相同,但是斜距不同,视角也不同,它们的视角分别为 θ 和 $\theta+\Delta\theta$,因此 P' 点的干涉相位为

$$\varphi' = -\frac{4\pi}{\lambda}B\sin(\theta+\Delta\theta-\alpha) \tag{7.54}$$

而在干涉相位图上,P' 和 P 两个点之间的相位差为

$$\begin{aligned}\Delta\varphi &= \varphi' - \varphi \\ &= -\frac{4\pi}{\lambda}[B\sin(\theta+\Delta\theta-\alpha) - B\sin(\theta-\alpha)] \\ &\approx -\frac{4\pi}{\lambda}B\cos(\theta-\alpha)\Delta\theta \end{aligned} \tag{7.55}$$

由图中可以看出

$$\Delta P \approx R\Delta\theta \approx R\sin\Delta\theta = \frac{\Delta R}{\tan\theta} \tag{7.56}$$

所以式(7.55)可以变换为

$$\Delta\varphi = -\frac{4\pi}{\lambda}\cdot\frac{B\cos(\theta-\alpha)\Delta R}{R\tan\theta} \tag{7.57}$$

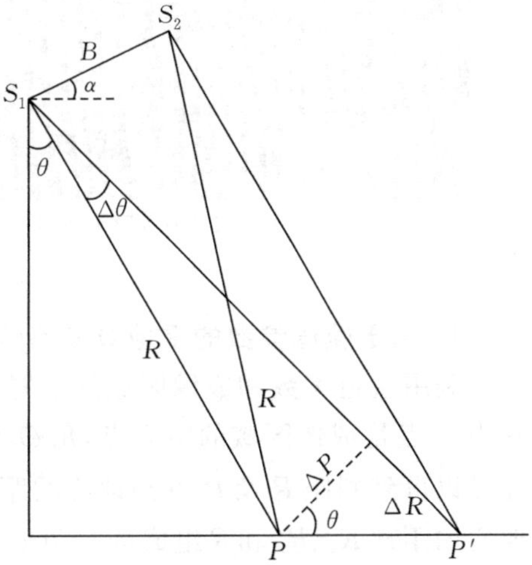

图 7.12 去平地效应原理

由式(7.57)可以看出,当地面点没有高程变化时同样会产生线性变化的干涉相位。图 7.13 和图 7.14 所示为平地效应对干涉相位图的影响和去平地效应后的干涉相位图的情况,从图中可以看出,平地效应产生的干涉条纹对相位的影响是很大的。因此,去平地效应对后述的处理有重要意义和影响。

目前常见的消除平地效应的方法一般可以分成 4 种:①基于轨道参数和成像区域中心点的大地经纬度计算平地效应的影响;②利用已有的 DEM 数据消除平地效应;③根据图像能量参数计算平地效应;④通过测量距离向和方位向占优势的干涉条纹的频率来计算平地效应,然后消除平地效应。下面对前两种方法作简单介绍。

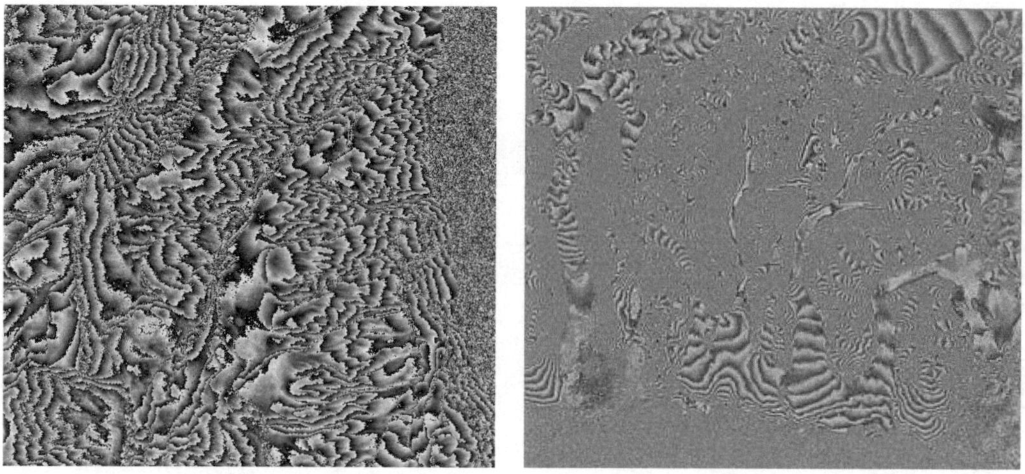

（a）未去平地效应干涉图　（b）去平地效应后的干涉图

图 7.13

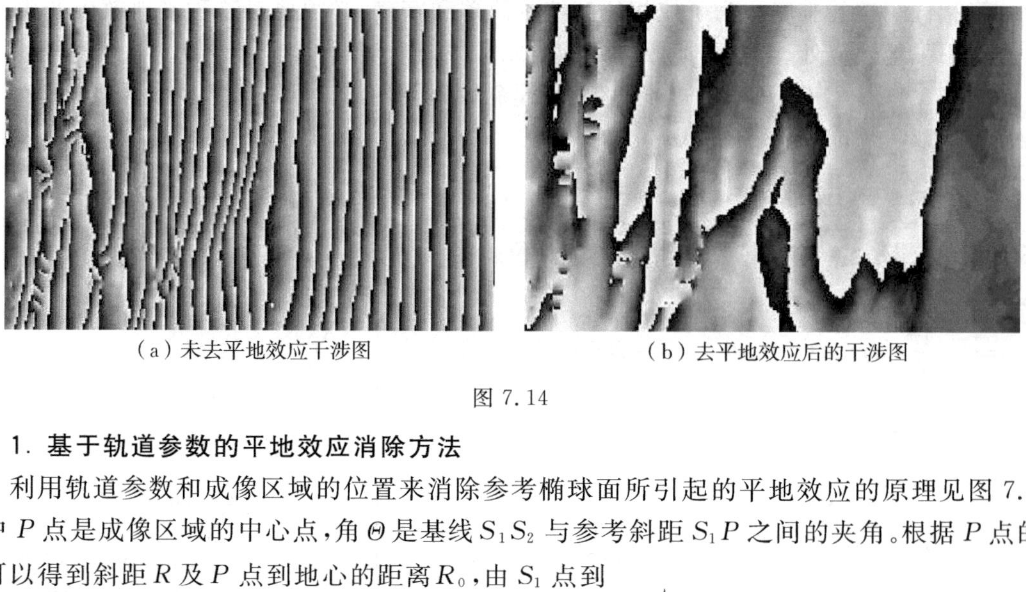

（a）未去平地效应干涉图　（b）去平地效应后的干涉图

图 7.14

1. 基于轨道参数的平地效应消除方法

利用轨道参数和成像区域的位置来消除参考椭球面所引起的平地效应的原理见图 7.15，其中 P 点是成像区域的中心点，角 Θ 是基线 S_1S_2 与参考斜距 S_1P 之间的夹角。根据 P 点的坐标可以得到斜距 R 及 P 点到地心的距离 R_0，由 S_1 点到地心的距离 R_z、R_0 和 R 组成的三角形，可以得到 P 点的视角 θ_0，从而可以得到角 Θ。根据角 Θ 可以计算出 $R+\Delta R$，进而可以得到 ΔR，根据 ΔR 值即可以计算出成像区域中心点在参考椭球面上的相位差（王超等，2002）。

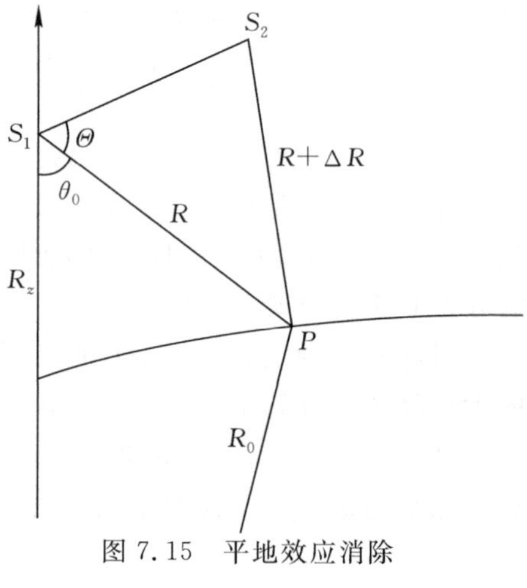

图 7.15　平地效应消除

成像区域中心点在参考椭球面上的相位差计算完成后，可以根据斜距分辨率，由区域中心点位置开始，逐步推导出各个像点在参考椭球面上的斜距。利用各个像元点的斜距差，得到各个像元点的相位差，进而求得参考椭球面所引起的相位差。然后，在所计算得到的干涉相位中，减去参考椭球面所引起的相位差，从而达到消除平地效应的目的。

2. 基于 DEM 数据的平地效应消除方法

利用粗精度的 DEM 数据可以消除平地效应。粗精度的、可用的全球 DEM 数据可以包括不同的来源，例如 GTOPO30 DEM 数据（格网间隔约为 1 km，坐标系统为 WGS-84）。利用这类数据消除平地效应的方法简述如下（王超等，2002）：

（1）读取并计算 DEM 数据格网点的间隔，同时计算干涉相位图中像元点的间隔，计算二者之间的比值。

（2）根据干涉相位图与 DEM 之间间隔的比值，对 DEM 数据进行重采样，利用最相邻像元插值的方法得到其像元值。

（3）基于多普勒方程、斜距方程和椭球方程，利用轨道参数将 DEM 数据转换到雷达坐标系统中。

（4）用最近邻插值法，对转换后的 DEM 数据进行重新赋值。

（5）对 DEM 数据进行计算，并转换为相位值。

（6）从干涉相位图中减去参考 DEM 数据所计算得到的相位值。

§7.4　利用合成孔径雷达图像生成 DEM

7.4.1　基于 InSAR 图像生成 DEM 的一般原理

利用 SAR 图像生成 DEM 是 InSAR 技术最重要的目的之一。为了生成 DEM，首先应进行雷达图像的相位解缠，只有完成了雷达图像的相位解缠后，根据成像几何参数及轨道参数等才可以由雷达图像进行数字高程模型的构建。相位解缠工作是 InSAR 数据处理的重要步骤，我们将在下一章专门介绍和讨论。在本节，假设雷达影像已经进行了相位解缠。

为了解算高程值，必须首先计算航高 H、斜距 R、基线 B、雷达俯角 θ 及 α 和波长 λ 等参数，见图 7.16。其中，λ 是雷达系统固有的参数，斜距 R 可以从图像参数中得到。对于星载系统而言，由轨道参数可以得到航高 H、基线 B、雷达俯角 θ 及 α。但是，这种获取方法是近似的和不可靠的，因此，在计算高程之前必须首先计算比较准确的 H、B、θ 及 α 值。在轨道参数不精确的情况下，一般可以利用星下点建立坐标系，同时把地球看成一个椭球体来看待。假设 R_t 表示 SAR 图像覆盖地区地球椭球体的径向距离，R_e 表示星下点地球椭球体的径向距离。在主图像 S_1 上选取一个控制点 G_i，从相应的地形图上可以确定其高程值 h，在解缠后的相位图上可以确定其解缠后的相位值 φ_i，因此可以得到干涉相位为（王超等，2002）

$$\varphi_i + \varphi_c = -\frac{4\pi}{\lambda}(R_{2_i} - R_{1_i}) \tag{7.58}$$

式中，$\varphi_i + \varphi_c$ 为绝对相位差，R_{1_i} 可以从图像参数中计算得到。同时，式（7.59）至式（7.62）成立

$$R_{2_i}^2 = R_{1_i}^2 + B^2 - 2(R_{1_{i_x}} B_x + R_{1_{i_y}} B_y) \tag{7.59}$$

$$R_{1_{i_x}} = R_{1_i} \cos\theta_i \tag{7.60}$$

$$R_{1_{i_y}} = -R_{1_i} \sin\theta_i \tag{7.61}$$

$$\cos\theta_i = \frac{R_{1_i}^2 + (H + R_e)^2 - (h + R_t)^2}{2R_{1_i}(H + R_e)} \tag{7.62}$$

式中，B_x、B_y 表示基线距B在x、y方向上的分量，$R_{1_{i_x}}$、$R_{1_{i_y}}$ 为R_{1_i} 在x、y方向上的分量，H 为 SAR 的高度，理论上，只要给出 4 个控制点就可以求解出基线分量 B_x、B_y、卫星高度 H 和相位值 φ_c 。

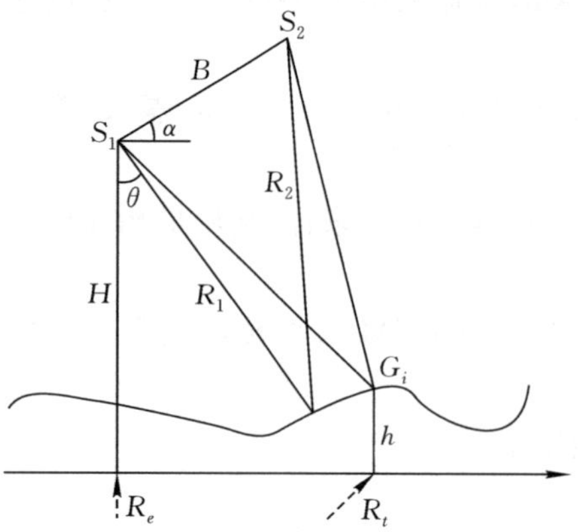

图 7.16 InSAR 几何参数

参数 B_x、B_y、H 和相位值 φ_c 在整个视场内一般不是常数，但是，它们的变化不是很大，一般可以认为是线性的，即可以用式(7.64)进行计算，即

$$\left.\begin{aligned} B_x(t) &= B_{x_0} + B_{x_1}(t) \\ B_y(t) &= B_{y_0} + B_{y_1}(t) \\ H(t) &= H_0 + H_1(t) \end{aligned}\right\} \tag{7.63}$$

式中，t 表示 SAR 像元坐标，而未知数 B_{x_0}、B_{y_0}、B_{x_1}、B_{y_1}、H_0、H_1 和 φ_c 一般可以通过 7 个或者更多的控制点求得，得到这些参数后，就可以求出每个分辨单元的高程值。

经过高程计算后，得到的 DEM 仍然是基于斜距多普勒坐标系，其坐标值必须进行地理坐标归化，以归化到统一的测量参考坐标系中，这个过程也可以称为地理编码。

为了得到特定投影的地图坐标，还需要进行进一步的坐标转换，即将 WGS-84 坐标转换到选定的椭球地理坐标系中，然后进行横向墨卡托投影，最终生成地图坐标，这个过程是以 WGS-84坐标系统为参考。

最终得到的地图坐标一般还要进行非规则取样，因此，必须依据规范的网格化数据进行重取样。为此，要对数据点进行三角测量，在每个三角形内进行双线性内插，最后得到格网值。

7.4.2 基于 ERDAS Imagine 系统提取 DEM

IFSAR DEM 是 ERDAS IMAGINE 软件系统 RADAR 模块的子模块，是利用相干影像建立 DEM 的专用模块。IFSAR DEM 模块包括了 InSAR 数据处理的 8 个步骤，其中有 5 个步骤是必须执行的，包括数据导入、影像配准、干涉图生成、相位解缠和高程计算等。为了用户的实际应用考虑，IFSAR DEM 模块增加了可以修改生成 DEM 区域范围的裁剪步骤、利用已有的粗级 DEM 生成精确 DEM 的 Ref. DEM 步骤和改善精度的 Constrain 步骤。基于 IFSAR DEM 模块生成 DEM 的过程包括下列步骤。

1. 数据转换

由于 IFSAR DEM 模块处理的雷达影像要求专门的格式(*. img)，因此在执行 IFSAR DEM 模块之前，必须将原始的 SLC 格式的 SAR 图像转换为 *. img 格式。ERDAS 在输入与输出模块中提供了这种图像格式的转换。例如 ERS-1 原始图像数据包括了 5 个文件，分别是 QUICKLOOK. ps、dat_01. 001、lea_01. 001、nul_dat. 001 和 vdf_dat. 001。其中 dat_01. 001 是记录数据的主要文件，格式转换时需要将其导入。

2. 数据导入

数据输入要求用户确定用于生成 DEM 的两幅 SAR 影像，例如主影像文件和从影像文件经过上述格式转换后的图像分别为：dat_93_3_5. img 和 dat_93_1_29. img。在 Reference Image 和 Match Image 文件选择框中，分别输入建立 DEM 时使用的参考影像(主影像)和匹配影像(从影像)。应注意的是,建立的DEM和主影像使用的应是相同的坐标系统,见图7.17。

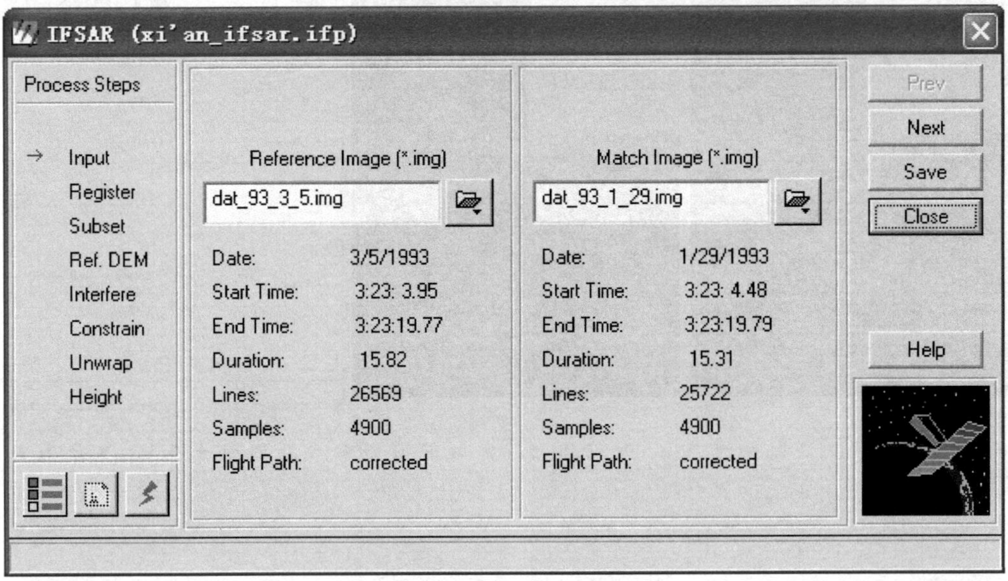

图7.17 图像输入

3. 影像配准

影像配准分为像元配准和子像元配准两个部分。对于InSAR数据处理而言,配准起着非常关键的作用,所谓配准,是指主影像和从影像上的同名点,通过计算偏移量,建立两幅影像间的数学关系。对于生成高精度DEM而言,进行子像元配准是非常有必要的,通过引入地面控制点修正传感器参数,使获取两幅影像时的卫星轨道保证较好的平行质量,是建立高精度DEM的关键。

(1)像元配准

首先,根据影像头文件提供的卫星轨道参数,通过计算主影像在从影像中心像元的行列值,得到两幅影像中心像元的偏移量,精度约为数十个像元;随后进行像元配准,配准时采用基于窗口的自动配准搜索。过程为:先在主影像上选取匹配窗口,再在从影像中按行列以不同的像元偏移量计算匹配窗口的配准质量指标,匹配采用相干系数法,得到匹配窗口的像元偏移量,精度为1个像元。

如图7.18所示,通过调整主影像和从影像对应点,使之尽可能达到一致。可以通过得到的相干系数查看当前匹配窗口内的配准质量,直到系统提示Good后显示yes,即相干系数值大于系统默认设置的值,像元配准完成。

(2)子像元配准

像元配准完成后,对主影像和从影像进行重采样处理,然后采用与像元配准方法相同的自动匹配搜索,得到一系列像素点的偏移量和延展值。调整匹配窗口内的子像元,直到子像元坡度值最小为止,得到影像的最大相干系数。像元配准和子像元配准过程中,需要进行多次操作,尽量使相干系数达到一个可能的最大值。当子像元配准精度达到1/8像元时,所造成的去相干很小(约为4%),可以满足干涉处理要求,见图7.19。

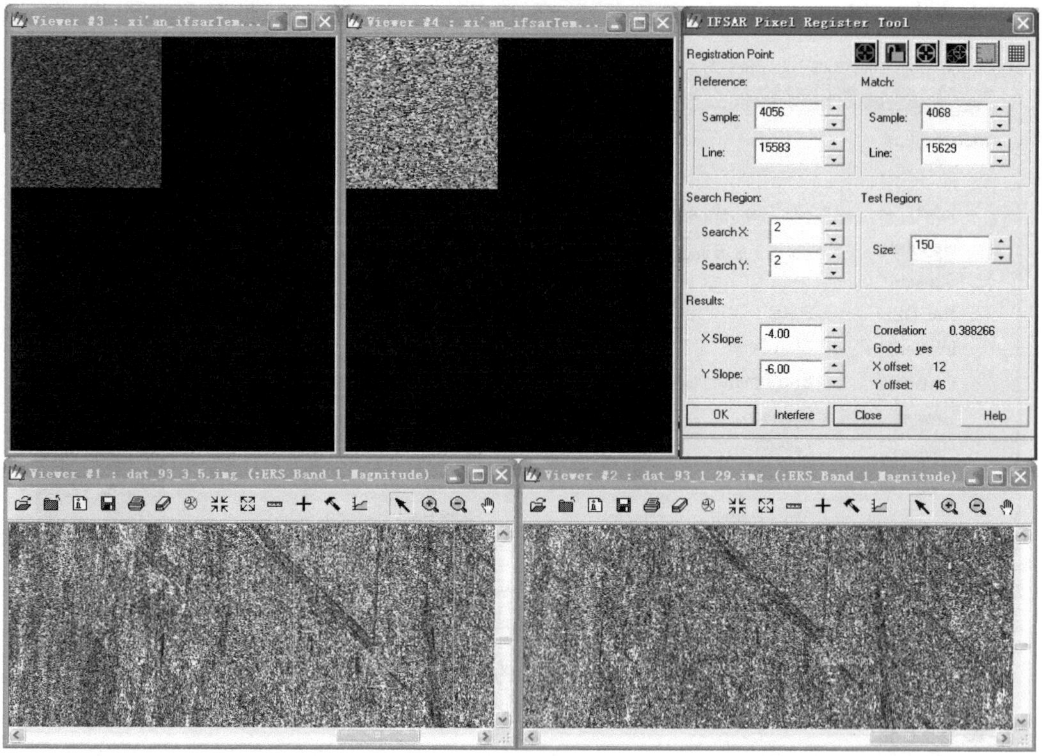

图 7.18 像元级配准

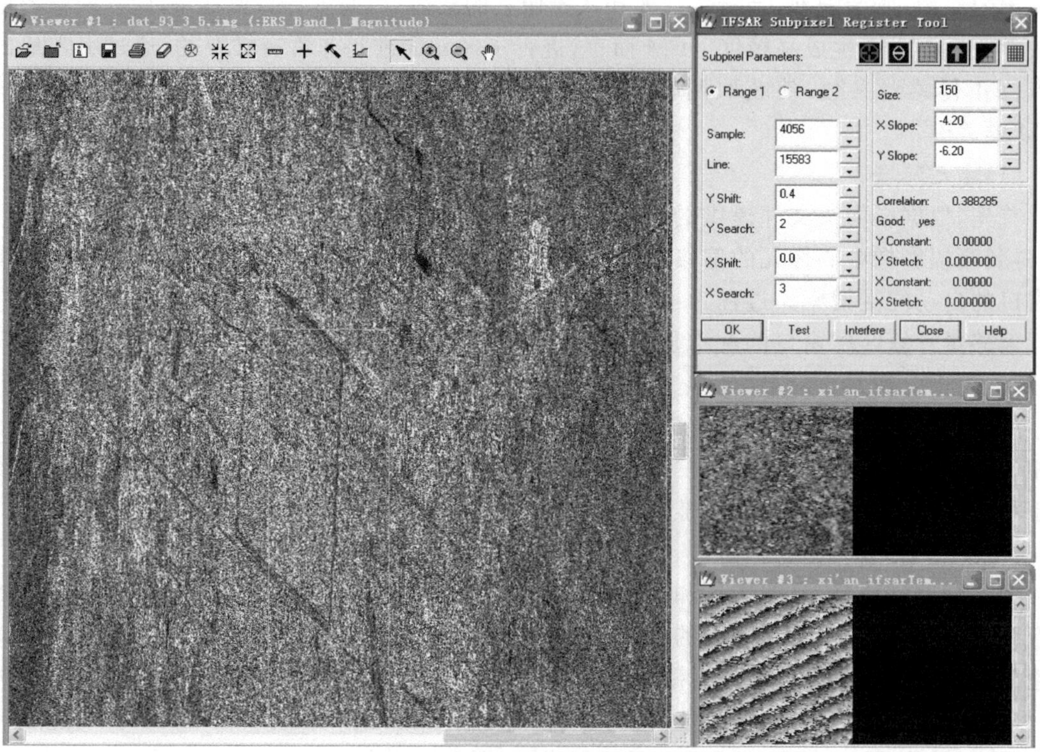

图 7.19 子像元级配准

4. 基线估算

在进行像元级和子像元级配准之后，ERDAS IMAGINE 提供了基线长度的估算，包括可以利用已知的地面控制点对卫星轨道数据进行纠正，可以查看两颗卫星间的基线长度（包括垂直基线和水平基线），还可以重置基线长度等，见图 7.20。

本节中所用数据的基线长度为 170.53 m，其中水平基线长为 91.53 m，而垂直基线长为 143.87 m，这将在后期的高程计算中被用到。当然也可以通过地面控制点来计算更加精确的垂直基线，这样可以提高 DEM 的计算精度。

5. 影像裁剪

影像裁剪根据用户的需求、区域大小及计算机设备的情况选择。如果选择了进行裁剪，输出的 DEM 就是裁剪后的那一部分。影像裁剪只需在主影像中选定裁剪区域，从影像的裁剪由系统自动进行。

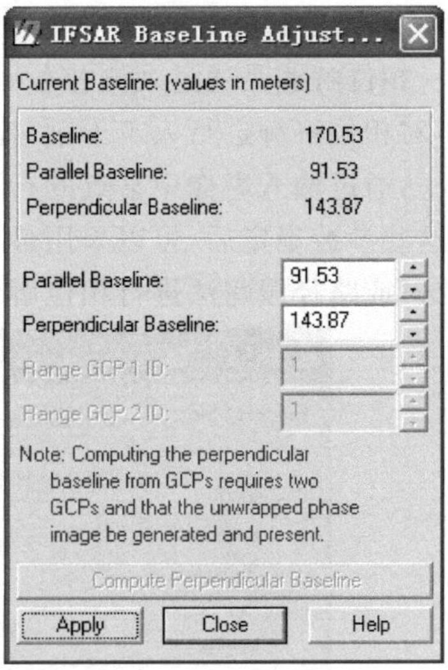

图 7.20　基线参数

6. 干涉图生成

生成干涉图是为了提取正确的干涉相位，并用于 InSAR 图像的相位解缠。这一步需要计算坡度值作为一个必要的参数，如果没有已知的参考 DEM 数据，系统将采用一个常数作为整幅影像的坡度，本试验生成的干涉图见图 7.21。

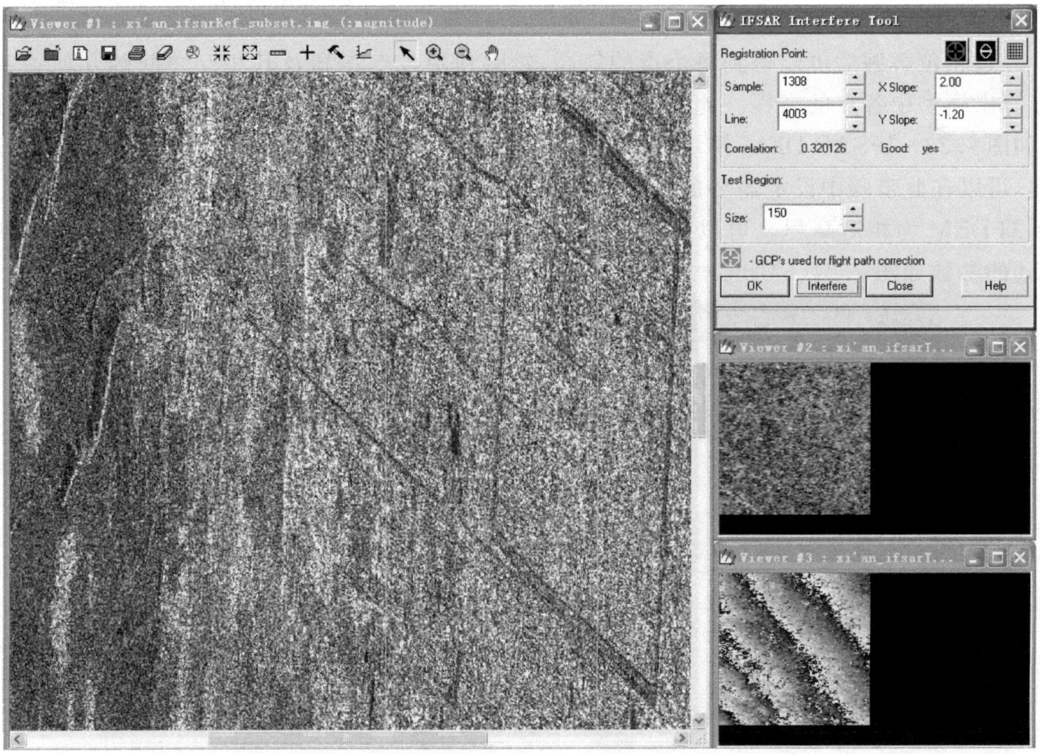

图 7.21　生成干涉影像

7. **相位解缠**

相位解缠是通过观测相位计算绝对相位的过程。通过设置中止相干系数和起始相干系数,对相位解缠进行人工干预,控制哪些点不会被解缠而哪些点优先被解缠。在解缠起始坐标框中,通过输入影像中某点的行列值,可以选择其中一点作为相位解缠的起始点,如图 7.22。当这些参数确定后,可以采用最小二乘梯度法(基于解缠后与解缠前的相位梯度差整体最小的方法)或路径跟踪法进行相位解缠。

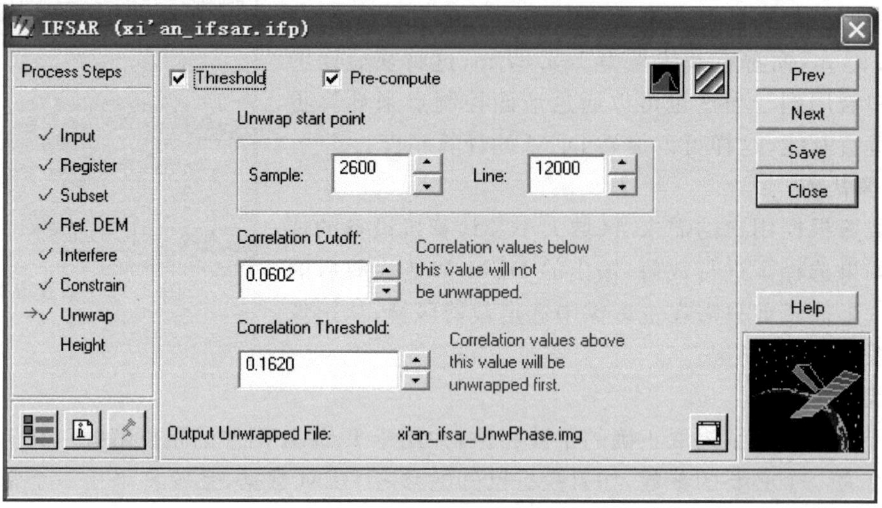

图 7.22 设置相位解缠时的控制参数

8. **高程计算**

经过相位解缠后可以得到每个点的斜高,然后利用各点斜高及其相互之间的几何关系可以计算出模型中各点的高程。此步骤中,需要设定输出 DEM 的文件名、输出路径和空间分辨率,如图 7.23。IFSAR DEM 模块中默认的投影方式为主影像的投影方式,如果需要改变投影方式,可以在此步骤中设定需要的地图投影方式,如图 7.24(a)所示。如果没有地面控制点,得到的 DEM 为相对高程。可以在执行完成后,看到 Height Values Type 为 relative,得到的 DEM 的参数如图 7.24(b)所示。

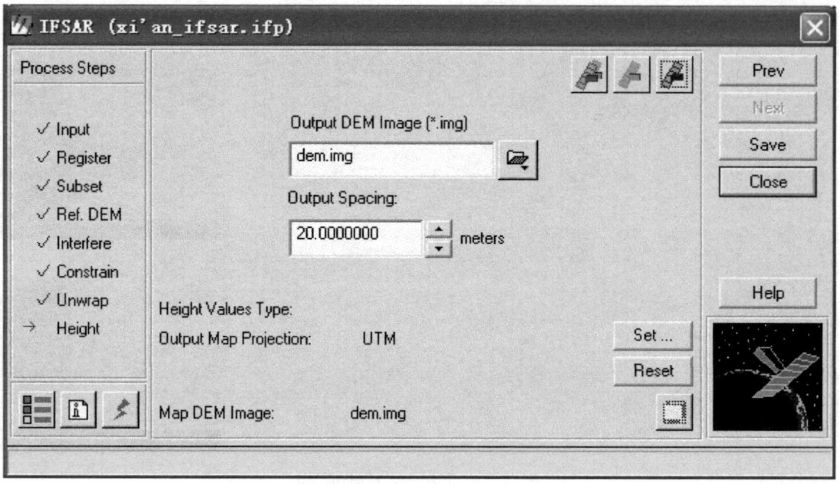

图 7.23 设定输出 DEM 文件和分辨率大小

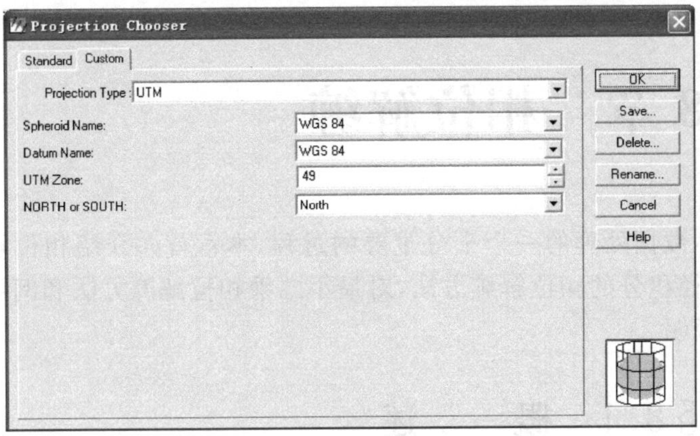

(a)

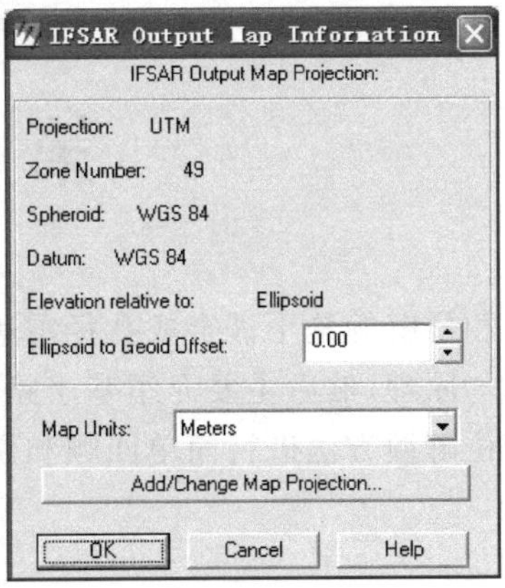

(b)

图 7.24　设置投影参数及输出 DEM 参数

9．IFSAR DEM 最终成果

通过上面的步骤可以得到 DEM 数据，用 ERDAS IMAGINE 系统的影像观察窗打开，也可以在 ERDAS IMAGINE 软件中的虚拟地理信息系统模块 Virtual GIS 窗口进行三维立体显示，可以观察到所研究区域的地形起伏状况，如图 7.25 所示。

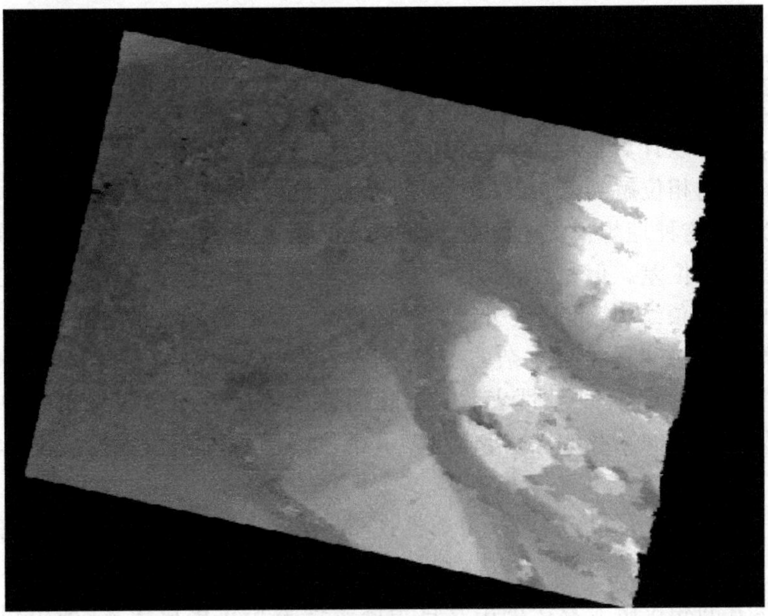

图 7.25　IFSAR DEM 最终成果

第8章　相位解缠

相位解缠是干涉合成孔径雷达数据处理的一个十分重要的过程，本章首先介绍相位解缠的基本原理，然后主要介绍基于路径积分的相位解缠方法，对最小二乘相位解缠方法和网络规划相位解缠方法进行简单回顾和说明。

§8.1　概　　述

在图7.3所示的雷达图像处理流程图中，相位解缠是计算高程信息前的最后一个处理过程。相位解缠是为了计算干涉图中的真实相位，并为最终获取地面高程信息做准备。

从干涉图中提取的相位差值实际上只是主值，其取值范围在$[-\pi, +\pi]$之间，为了得到真实的相位差，必须在这个范围的基础上加上或者减去2π值的整数倍，这个过程称为相位解缠。换句话说，经过干涉处理后得到的相位差图像仅仅是相对的相位差图像，缠绕的相位值Ψ(其取值范围为$[-\pi, +\pi]$)不能表达地面目标到雷达天线真实的斜距信息，它丢失了相位值2π的整数倍n。因此，人们无法利用从干涉图中得到的相对相位值Ψ来计算目标点的高程。必须要找回其丢失的相位值2π的整数倍n，从而求得全相位值φ，即计算出$\varphi = 2n\pi + \Psi$，利用这个全相位值φ就可以计算得到地面目标的真实高程。

二维干涉影像的相位解缠是InSAR数据处理最重要的过程之一。如果InSAR影像没有噪声和其他干扰，在这种理想情况下计算提取相位的偏导数，然后通过一个简单的积分运算就可以反演出真实的相位差。但是，实际上星载或者机载干涉雷达测量影像存在着由于地形起伏等因素引起的干涉条纹、地形起伏引起的顶底倒置、雷达阴影等雷达噪声，因而使得InSAR数据的处理和相位解缠变得十分复杂。一般来说，InSAR影像的二维相位解缠要顾及两方面的因素，即一致性和精确性。一致性表示在雷达图像解缠后的相位数据矩阵中任意两点之间的相位差与这两点之间的路径无关；精确性表示相位解缠后的相位数据应能真实地恢复原始相位的信息。

一般的，可以将相位解缠方法划分为3类：一是基于路径积分的相位解缠算法，二是基于最小范数的相位解缠方法，三是基于网络规划的相位解缠算法。

基于路径积分的相位解缠算法的出发点是逐个搜索相位影像像素，利用相位数据的局部信息，通过一定的算法得到雷达图像相位解缠的全局解的方法。基本思路是采用不同的策略选择合适的积分路径，避开雷达图像数据中的噪声点或者不连续点，以满足相位梯度闭和与路径积分为零的条件。

基于最小范数的相位解缠算法是一种全局的方法，它通过寻找一个全局的解缠算法来拟合观测到的缠绕相位。例如基于快速傅里叶变换(FFT)或者离散余弦变换(DCT)的等权最小二乘算法、基于多分辨率格网的变权最小二乘算法等，这类算法的优点是其全局的相位解缠原理。在这些方法中权的选择是关键，如果权值选择的不合适会引起较大的误差。

1996年后，人们根据求解最小费用流的网络优化原理，提出了不同版本的基于网络规划的相位解缠算法。基于网络规划算法相位解缠按照所处理的网络的不同，一般可以分成基于规则网络的最小费用流算法和基于不规则网络的最小费用流算法。

相位解缠工作是 InSAR 数据处理的一个关键而且很困难的命题，现有的相位解缠算法存在着下列几方面的问题有待于解决：

(1)虽然已经有不同的相位解缠算法被讨论和使用，但是相位解缠仍然是一个还没有得到圆满解决的难题，相位解缠的误差一直是 InSAR 数据处理结果误差的一个主要来源之一。

(2)基于路径积分的相位解缠方法一般使用 2×2 的窗口进行梯度的计算，而使用这种方法计算得到的相位梯度很容易受到雷达噪声和地形起伏的影响而造成解缠结果不可靠和产生误差。因此，这种依赖于相位梯度的算法会受到解缠过程中误差的严重影响，也就是所谓的误差传播影响，因而，最终计算得到的 DEM 结果当然也不可避免地产生误差。

(3)在大多数的相位解缠算法中，干涉雷达图像的相干系数值和相位梯度被作为主要的评价参数，因而这两个参数的计算会影响对解缠结果的评价。同时，仅仅依赖相干系数和相位梯度等指标作为相位解缠结果的评价指标显然有很大的局限。因此，一方面有必要进一步研究和讨论相干系数的计算方法，另一方面，寻找其他相位解缠的评价方法十分必要。

(4)如何获得基于最小化的 L^p 范数的相位解缠方法的全局最优解的问题是现在研究的方向和重点。

(5)如何利用多基线干涉测量数据或已有的 DEM 数据来减少相位解缠的难度和误差，是雷达干涉测量的另外一个课题。

§8.2　相位解缠基本原理

相位解缠最早出现在 20 世纪 60 年代末、70 年代初，当时主要是同态信号处理的需要，所研究的主要内容是一维相位解缠的问题。一维相位解缠一般采用积分的方法，在相邻点之间进行主值差的积分。而后又发展了自适应积分法，它具有获取充分采样的傅里叶变换的性能。

二维相位解缠的研究始于 20 世纪 70 年代末，它是由于自适应光学和补偿式成像的发展需要而产生的。如果直接将一维相位解缠算法推广到二维，往往得不到满意的结果，因为误差会沿着水平或垂直方向传递，相位解缠的结果与一维分割的取向、二维采样率和信噪比都有很大的关系。

在一定条件下，雷达图像的相位解缠可以通过对相位梯度（数字图像处理领域一般称为差分）的积分实现。假设相位是二维的连续函数，并且从某一个起始点 r_0 沿着某一条积分路径的梯度已知，从而，在任意一点 r 上的相位就可以以下列的积分方式得到，即（廖明生等，2003）

$$\varphi(r) = \int_C \nabla_\varphi \mathrm{d}r + \varphi(r_0) \tag{8.1}$$

式中，C 表示二维空间上连接起始点和当前点之间的路径，∇_φ 表示相位的梯度。

根据微积分学原理，线积分的结果与积分的路径本身无关，它只取决于路径的起点和终点（当前点），假设

$$I = \int_C F(r)\mathrm{d}r \tag{8.2}$$

参考图 8.1 并且假设

$$F(r) = f(x,y)\boldsymbol{i} + g(x,y)\boldsymbol{j} \tag{8.3}$$

式中，$\boldsymbol{i}$，$\boldsymbol{j}$ 分别是 x，y 方向上的单位矢量。

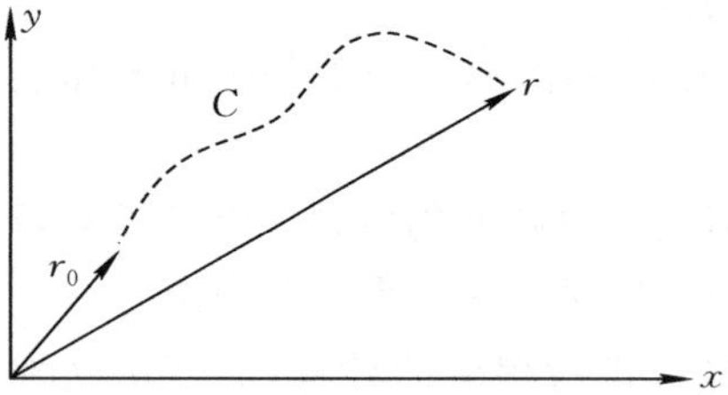

图 8.1 InSAR 影像相位解缠线积分路径

如果函数 $F(r)$ 在其定义域内处处严格可微，那么该积分与积分的路径无关，用另外一句话可表示为：在一条简单的闭合路径上的积分为零。可以将 φ 看成为需要解缠来恢复的相位值，即缠绕相位，而把 $F(r)$ 看成为相位函数的梯度 ∇_{φ}，因此可以这样解释，对于一个给定的缠绕相位场，并且满足上述相位解缠与积分路径无关这个条件，由此得出结论，相位解缠的工作可以归纳为如何寻找和选择合适的积分路径的问题，或者发展一个满足某个最小化准则的算法来估计相位。无论哪种算法，最终的目的都必须要以合适的手段计算梯度函数的积分。

几十年来，众多的学者对相位解缠问题进行了不懈的研究探索，取得了许多有益的结果，相位解缠算法可以通过表 8.1 作一个归纳和总结（王超等，2002）。

表 8.1 二维相位解缠算法

序号	作者	引入时间	采用的算法	积分路径	优　点	缺　点
1	Fried	1977	LS	NPF	有效松弛	无权重
2	Hudgin	1977	LS	NPF	易硬件实现	无权重
3	Ghiglia 等	1987	细胞自动机	NPF	无方向性，并行算法	在局部非连续区域有分歧
4	Grierloff	1987	区域法	PF	基于区域边界分析进行区域位移决策	难以实现区域识别
5	Goldstein 等	1988	枝切法	PF	识别残差点	寻找枝切点过于费时
6	Takajo 等	1988	LS&FFT	NPF	非迭代算法、采用镜像对称操作	无权重
7	Huntley	1989	枝切法	PF	设置不受噪声影响的枝切线	存在大量不连续点时无法工作
8	Prati 等、 Su 等、 Derauw 等、 Flynn	1990 1993 1995 1996	Mask-Cut	PF	在相位质量图的指导下设置枝切线	当残差点与质量图发生冲突时难以确定切割线
9	Bone	1991	像元扩散法	PF	对相位求二阶偏导数	难以设置全局阈值
10	Judge 等	1992	MST	PF	像元级的相位解缠	将相位梯度作为权重
11	Lin 等	1994	条纹检测	PF	曲线拟合区域解缠	要求条纹间隔必须清晰
12	Pritt 等	1994	LS	NPF	FFT 变换	无权重
13	Ghiglia	1994	LS&FFT&PCG	NPF	利用 FFT 和 DCT 算法实现有权重和无权重相位解缠	假定有可利用的权重值
14	Quiroga	1994	像元排序	PF	根据像元梯度对像元进行排序	只利用了相位梯度
15	Quiroga	1995	像元排序	PF	自适应设置局部检测阈值	只利用了相位梯度
16	Spagnolini	1995	LS	NPF	IF 估值和解缠过程相互独立	低 SNR 情况下的 ML 估值
17	Huntley 等	1995	枝切法	PF	偶极子枝切线设置	残差点过多时无法工作

续表

序号	作者	引入时间	采用的算法	积分路径	优点	缺点
18	Buckland 等	1995	枝切法	PF	总的切割线长度全局最小	需要有关不连续特征的先验知识
19	Pritt 等	1996	LS	NPF	针对加权重的 LS 方法的多网格算法，速度比 PCG 更快	只对二值权重收敛性好
20	Fornaro 等	1996	GE&FFT	NPF	理论上等同于 LS	误差传递
21	Strobel 等	1996	像元排序	PF	结合相位和相位质量信息	难以实现相位解缠与 Gauss 滤波的结合
22	Charette 等	1996	像元扩散	PF	通过平面拟合检测间断点	无指导的像元扩散
23	Takeda 等	1996	MST	PF	交振幅权重	速度慢
24	Ghiglia 等	1996	L^p 范数	NPF	最小 L^p 范数	费时，权重与数据相关
25	Fornaro 等	1996	FEM&GE	NPF	时间域的加权重 FEM 法估算不可靠数据区的梯度，频率域的 GE 算法全程进行积分	速度慢，权重影响大
26	Costantini	1996 1998	网络规划	NPF	网络规划	权重选择
27	Taraye 等	1996	多干涉纹图法	NPF	区域线性模拟获取全局模型	多干涉纹图的获取
28	Li 等	1997	像元排序	PF	区域解缠，边缘检测	只利用边缘信息
29	Flynn	1997	最小加权不连续法	PF NPF	全局优化	费时，权重的选取
30	Collaro 等	1998	遗传算法	NPF	随机查找	费时，无权重
31	Zebker 等	1998	枝切法 & 最小二乘算法	NPF	依据质量图和枝切线设置权重	枝切线设置不当
32	Leitao	1998	模拟 & 滤波法	NPF	优于 Kalman-Bucy 滤波	需先验知识
33	Strand	1998	区域 LS	NPF	降低 LS 的复杂度	无权重，误差传递
34	Xu 等	1999	区域生长法	PF	多相位预测方向，可信度评价，区域解缠	不一致区域难以通过可信度检测
35	Davidson 等	1999	多分辨率法	NPF	多分辨率瞬时频率估算，坡度自适应谱移滤波	费时，误差传递
36	Costantini	1999	相位场分量投影法	NPF	分离无旋场和有旋场	需先验知识
37	Fornaro	1999	区域生长&LS	NPF	基于 FEM 的区域 LS 法	无权重
38	Carballo	2000	网络流法	NPF	最大似然费用	残差点间无关联

注：LS 为最小二乘法；IF 为瞬时频率；FEM 为有限元法；FFT 为快速傅里叶变换；DCT 为离散余弦变换；PCG 为预解共轭梯度；MST 为最小生成树；PF 为路径跟踪；NPF 为非路径跟踪；GE 为格林公式。

§8.3 基于路径积分的相位解缠方法

8.3.1 残差点

如果二维相位场满足下列条件，则可以定义该相位场是连续的，或者是“无旋”的，即：①相位值处处有定义。这一点可以这样解释，如果某个像元的干涉强度为 0，则该像元就没有任何相位信息。因此，二维相位解缠的“一致性”要求干涉条纹图的强度必须不为 0。②相邻像元的真实相位差在$[-\pi,\pi]$之间。但是真实干涉条纹图中的很多像元的相位信息都很难满足“一致性”条件，原因是：第一，较低的相干性；第二，地形因素，例如顶底移位、伪相位信息以及雷达阴影等；第三，雷达数据中存在一些噪声因素。

在进行相位解缠时，为了确定“有旋”相位分量对相位解缠的影响，可以引入不连续点或者残差点（或余数）的概念。基于计算和寻找残差点的相位解缠方法一般称为余数法，或者枝切法或局部积分法，它是由 Goldstein 于 1988 年提出的相位解缠方法（Goldstein et al，1988）。这种基于路径积分的方法的出发点是假设影像的采样频率都能满足相邻点的相位差不超过半个周期，如此相位解缠就可以逐点递推（即累加）计算干涉相位。根据相邻点的相位差不超过半个周期这个前提，在相位序列中总是可以加上最小的整数周期进行相位解缠。

对于二维相位序列而言，在对干涉相位进行纵横递推检测后发现，在许多相邻相位差大于半个周期的地方产生了累积误差，这些累积误差导致了相位解缠结果的不一致。在一些实际的研究中也发现，当沿着环绕一个二维区域的闭合路径对缠绕的相位差进行积分时，发现沿着不同的路径积分的结果是不一致的，也就是说，相位解缠的结果在应用实际数据时是与路径有关的。通过进一步的研究发现，这些不一致的现象一般发生在一些孤立的点或者较小的区域上。

为了解决这个问题，人们发展了一些检测这些孤立点或区域的方法，其一般原理是在一幅二维相位影像中，围绕每个 2×2 像素模板上的路径，将缠绕的相位梯度值进行累加。这个路径是影像中所能够定义的最小闭合路径，该路径也是测试是否与路径有关的条件之一。其原理可以借助于一个简单的例子来解释，图 8.2 所示为一幅二维影像上的一块局部影像的相位分布，假设图中数值以角频率周期 2π 为单位，即相位的实际值应该在这个值的基础上乘以 2π，其数值的取值范围为$[-0.5,+0.5]$。在离散数据的情况下，相位的梯度可以通过缠绕相位 φ_W 的差分取主值来估算，即

$$\left.\begin{aligned}\Delta1 &= W[\varphi_W(i,j+1)-\varphi_W(i,j)]\\ \Delta2 &= W[\varphi_W(i+1,j+1)-\varphi_W(i,j+1)]\\ \Delta3 &= W[\varphi_W(i+1,j)-\varphi_W(i+1,j+1)]\\ \Delta4 &= W[\varphi_W(i,j)-\varphi_W(i+1,j)]\end{aligned}\right\} \tag{8.4}$$

假设

$$q=\sum_{i=1}^{4}\Delta i=\begin{cases}\text{零} & \text{连续节点}\\ \text{非零} & \text{非连续节点}\end{cases} \tag{8.5}$$

如果缠绕相位差之和 q 等于 0，则这 4 个节点是一致的，否则该节点是不一致的。通常将左上角的像元称为“残差点”，如果 q 大于 0，则称该点为正残差点，反之称为负残差点。

根据图 8.2 中相位数据分布，按照式(8.4)可以计算得到各个差分值为

$$\left.\begin{aligned}\Delta 1 &= +0.1\\ \Delta 2 &= -0.3\\ \Delta 3 &= +0.0\\ \Delta 4 &= +0.2\end{aligned}\right\}\tag{8.6}$$

如果按照图 8.2 中所示的 2×2 路径，将式(8.5) 中计算得到的相位差分值累加起来，得到的差分值(残数或者余数) 的和 q，即积分值为零，这表示在这幅影像的相位情况下，沿着这个积分路径进行积分没有不一致性的情况出现，或者表示在这个模板上没有出现残数(余数)。如果积分的结果不等于 0，则表示这是一条非零的积分路径，即表示这 4 个像元不保持一致，有残差点。

观察另外一个例子，见图 8.3，同样可以得到下列相位差分的结果

$$\left.\begin{aligned}\Delta 1 &= -0.4\\ \Delta 2 &= -0.2\\ \Delta 3 &= -0.3\\ \Delta 4 &= -0.1\end{aligned}\right\}\tag{8.7}$$

根据式(8.5) 计算得到的 q 值为 -1.0，因此可以确定这 4 个像元是不连续的，因此就定义左上角点为负残差点。

残差点是路径跟踪相位解缠算法及其他改进方法的一个十分重要的指示器，它不仅可以表征干涉条纹图的质量，同时也为设置正确的积分路径提供了有利的帮助，包括质量图指导的路径跟踪相位解缠算法和网络规划相位解缠算法等都利用了这个参数。

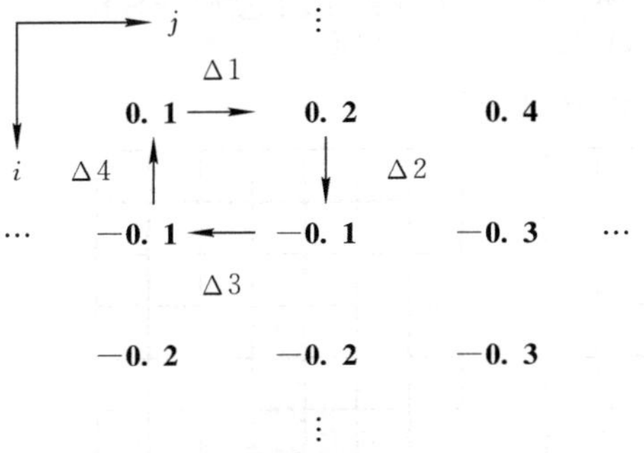

图 8.2　局部干涉路径方法解缠的原理举例 1

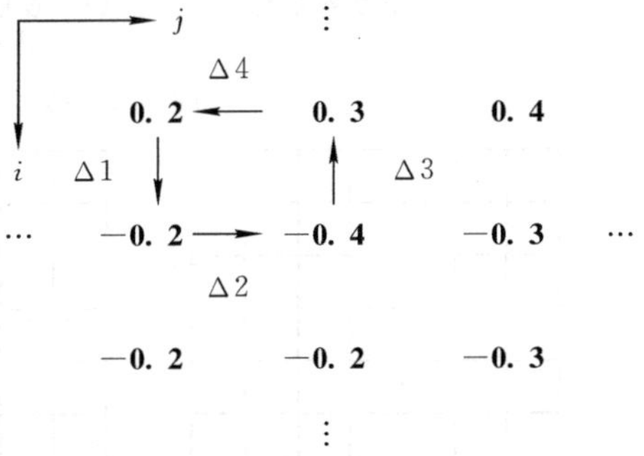

图 8.3　局部干涉路径方法解缠的原理举例 2

8.3.2　Goldstein 枝切法

Goldstein 于 1988 年提出了枝切法(Goldstein et al，1988)，它可以快速并且有效地计算理想的分割路径。Goldstein 枝切法的基本原理是：首先根据式(8.4)和式(8.5)计算和识别正负残差点，并连接邻近的残差点对或多个残差点，以连接的残差点达到“电荷”或者“正负”的平衡为目标，生成最优(最短)的枝切线，最终确定积分路径，防止误差沿积分路径的传递，并且在整个分割路径的产生过程中，要求始终满足路径长度和最小的原则。Goldstein 算法执行的速度比较快，效果也比较好。但是由于忽视了相位值的质量问题，可能会导致分割路径产生的位置出现错误。为了避免这些问题，一些可以指导分割路径产生的辅助信息显然是必需的。

Goldstein 枝切法操作步骤为：首先对干涉相位图逐个像元进行搜索，寻找残差点。如果发现一个残差点，则记录相应的极性(正性或者负性)；接着将一个 3×3 的窗口以该残差点为中心点位置，逐步移动窗口寻找其他的残差点。如果找到其他新的残差点，则在这两个残差点

之间建立枝切线。如果这两个残差点的极性相反,则表示通过连接枝切线实现了残差点的“极性平衡”,从而完成了一条枝切线的检测,然后重新进行搜索以检测另外一条枝切线。如果这两个残差点的极性相同,则移动搜索窗口继续寻找新的残差点。如果找到了新的残差点,将该残差点与窗口中心的残差点相连。如果该残差点尚未与其他的残差点相连,则将其极性(−1或者+1)加入到本枝切线残差集中。如果该残差点已经与其他的残差点相连,则其极性无须加入。当累积的“电荷”为0时,则表明残差点之间达到了平衡,完成了一条枝切线的检测。如果累积的“电荷”不为0,并且已经完成了窗口的搜寻,那么以下一个残差点为中心重新定义窗口,开始新一轮的搜寻。如果累积的“电荷”仍然不为0,则可以将窗口扩大为5×5继续搜寻。重复上述的操作(重新定位、窗口扩展),直至累积“电荷”为0或者窗口到达图像边界。如果窗口到达图像的边界,则将残差点与边界相连。生成枝切线后,确定积分路径,利用像元扩散法进行相位解缠。这一过程如图8.4至图8.8所示(王超等,2002)。

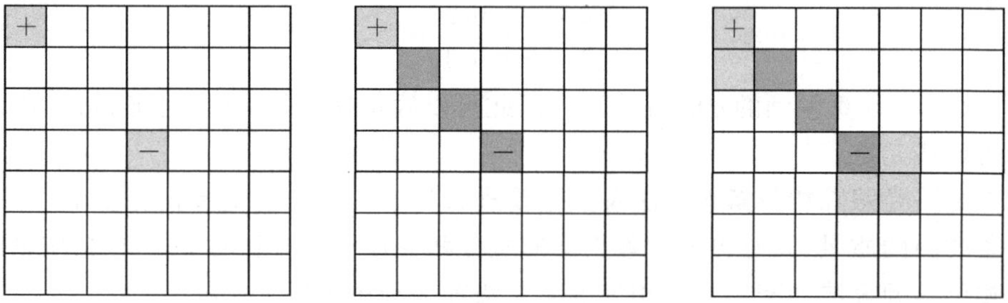

(a)正负残差点　(b)连接残差点的枝切线方法,用深色像元表示枝切线　(c)枝切线不包括左上角的像元

图8.4　残差点之间连接枝切线的方法

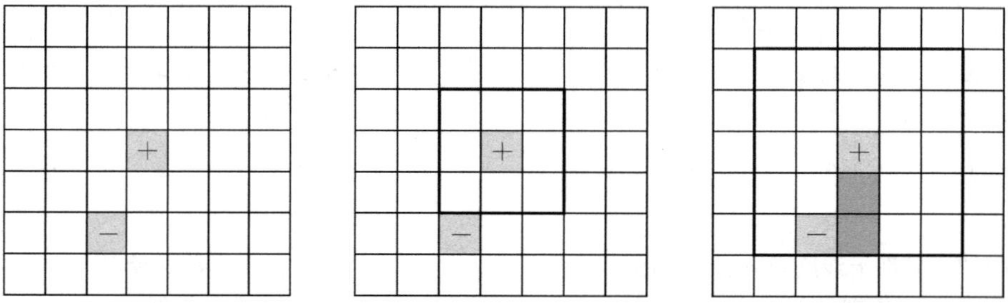

(a)正负残差点　(b)用3×3搜索窗口时得到的结果　(c)用5×5搜索窗口时得到的枝切线连线结果

图8.5　Goldstein枝切法操作

注:图中用深色像元表示枝切线。

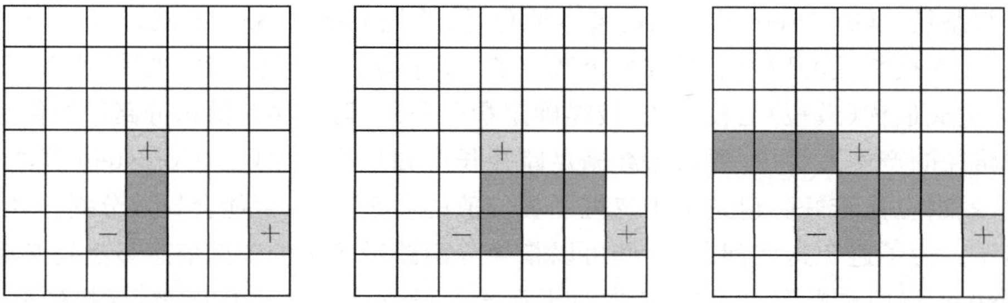

(a)在图像的右下方有一个新的正残差点　(b)连接新的残差点枝切线　(c)连接残差点与边界

图8.6　存在第3个残差点时Goldstein枝切法搜索枝切线的操作

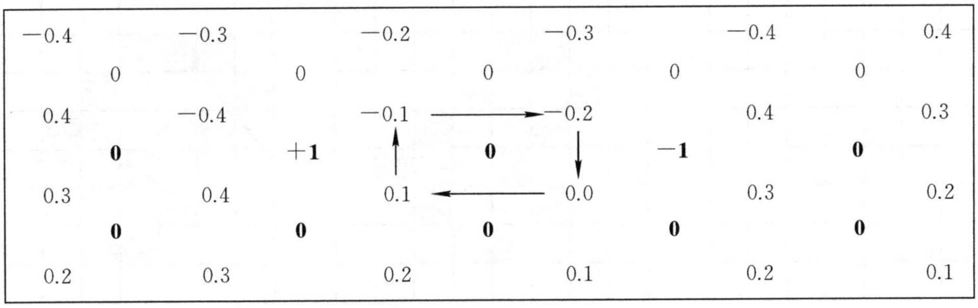

图 8.7　由缠绕相位计算出来的残差点值

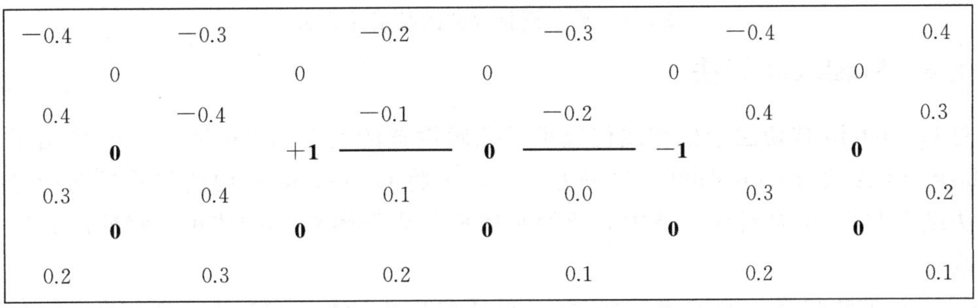

图 8.8　利用 Goldstein 枝切法相位解缠时得到的枝切线

Goldstein 枝切法相位解缠方法速度较快，效率高，其计算的时间主要取决于雷达图像的大小及残差点的数量和分布情况。这种方法可以比较有效地防止误差传递，但是有时通过 Goldstein 枝切线并不能完全确定误差区，当枝切线计算不准确时，会造成错误的相位跳跃，导致误差的传递。

8.3.3　质量图指导的路径跟踪法

由于 Goldstein 枝切法仅考虑了残差点的分布而没有利用其他信息，因此常常会出现大片孤立区和枝切线位置选择不当的问题。为了解决这些问题，在进行相位解缠时，除了残差点信息外，还可以利用其他一些"辅助信息"来帮助计算和设置合理的积分路径。

例如可以使用相位质量图作为辅助信息，通过分析相位质量图，可以确定相位数据的质量，从而达到积分路径可以沿着高质量的相位像元进行的目的，进而可以避开低质量的相位像元，最大限度地避免误差的传递。质量图质量的评价指标可以利用相位数据的二次偏导数，设置一个阈值作为相位像元的"质量指标"；也可以利用相干图作为评价指标；另外一种改进的利用相位质量图来"指导"相位解缠的方法是可以对阈值的计算自适应化，即计算自适应的阈值。

质量图指导的路径跟踪法操作过程为：从质量图中寻找出一个高质量的像元，从此高质量的相位像元出发，检测此像元的 4 个邻近像元，对邻近的像元进行相位解缠，将解缠后的像元的邻近像元（即未解缠的）存储在一个所谓的"邻接列表"中，依据相位的质量从这个"邻接列表"中移出高质量的像元进行相位解缠，同时更新此"邻接列表"，重复上述过程步骤直至所有的像元解缠完为止，见图 8.9（王超等，2002）。

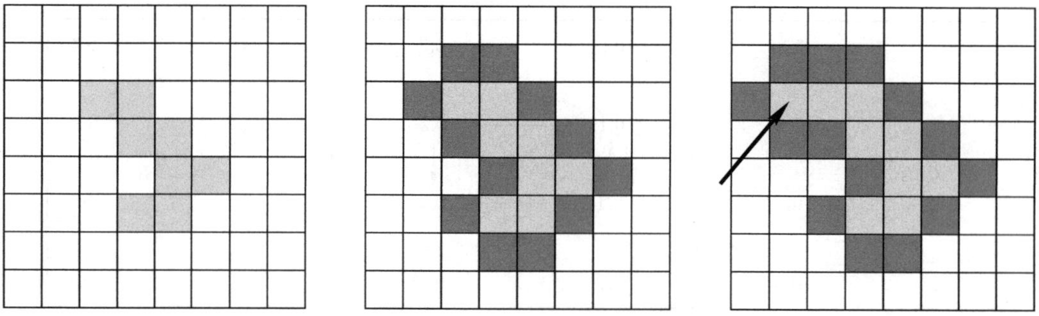

（a）已经被解缠的像元　（b）邻接像元数据　（c）箭头所指向的像元被选中而且被解缠

图 8.9　质量图指导的路径跟踪算法

8.3.4　Mask-cut 算法

针对 Goldstein 枝切法中枝切线位置难以准确设置的问题，1996 年，Flynn 提出了一种所谓的 Mask-cut 方法（Flynn，1996），这种方法实际上将 Goldstein 枝切法与质量图指导的路径跟踪方法结合起来，但是对前一节中介绍的利用相位质量图来“指导”相位解缠的方法进行了一定的改善。

Mask-cut 方法也是从残差点开始，穿过低质量区生成像元 Mask。当一个 Mask 所连接的残差点的“电荷”总和为 0 时，或者是 Mask 已经生长到图像的边界区域时，则终止这种“生长的过程”。由于 Mask-cut 法实际上是采用区域生长的方法，所以，采用 Mask-cut 方法生成的切割线一般比较粗，随后一般要进行细化处理，然后利用扩充填充法对 Mask-cut 周围的像元进行相位解缠。

与 Goldstein 枝切法类似，Mask-cut 方法同样要计算和识别残差点，并且要用切割线将残差点连接起来。与 Goldstein 枝切法不同的地方是它是利用相位质量图指导切割线的计算和设置。一般的，Mask-cut 方法与质量图指导的路径跟踪算法的解缠结果基本类似。但是，如果残差点不仅仅分布在所谓的低质量的相位区的话，则 Mask-cut 方法与质量图指导的路径跟踪算法都无法很好地正常工作，而在这种情况下，Goldstein 枝切法更有效。

一般而言，基于路径跟踪的几种相位解缠法中，Goldstein 枝切法计算速度快，效率高；Mask-cut 法则利用了两类信息，即相位质量图和相位差，它基于相位差确定残差点后，再利用相位质量图帮助确定枝切线正确的生长方向。

8.3.5　区域生长相位解缠法

区域生长法的原理是：从高质量的相位数据出发，沿着动态路径进行相位解缠。该方法的关键是：①相位解缠在多个区域同时进行；②计算缠绕像元与其邻近的解缠相位的梯度预测值，然后基于该预测值对相位进行解缠；③利用多个方向的解缠相位信息，降低单个预测方向误差的影响；④基于相位预测值的一致性原则对解缠结果进行可信度检测；⑤逐渐松弛可信容忍度，对多个像元进行相位解缠；⑥从多个不同的连接路径，实现多个区域的整合。

其原理和步骤如图 8.10 所示（王超等，2002）。对于一个将要进行相位解缠的像元来说，n_u 表示该像元邻近已经解缠的像元的个数，一般而言 n_u 要大于 1。φ_k^p 表示由第 k 个邻近解缠像元所预测的解缠相位值，它取决于预测方向上所拥有的已经解缠的像元的数目。一般有下列两种情况出现：

(1)如果沿着预测方向有两个已经解缠的像元 k 和 k'，此二像元的解缠相位值为 $\varphi[k]$ 和 $\varphi[k']$，则该预测方向所确定的解缠相位预测的解缠结果为

$$\varphi_k^p = 2\varphi[k] - \varphi[k'] \tag{8.8}$$

(2)如果沿着该预测方向上只有一个已经解缠的像元 $\varphi[k]$，则该预测方向所确定的缠绕相位预测的解缠结果为

$$\varphi_k^p = \varphi[k] \tag{8.9}$$

因此，由 n_u 个已经解缠的像元所确定的解缠预测值 φ^p 为

$$\varphi^p = \frac{\sum_{k=1}^{n_u} w_k \varphi_k^p}{\sum_{k=1}^{n_u} w_k} \tag{8.10}$$

式中，w_k 为解缠预测值 φ_k^p 所对应的权值。

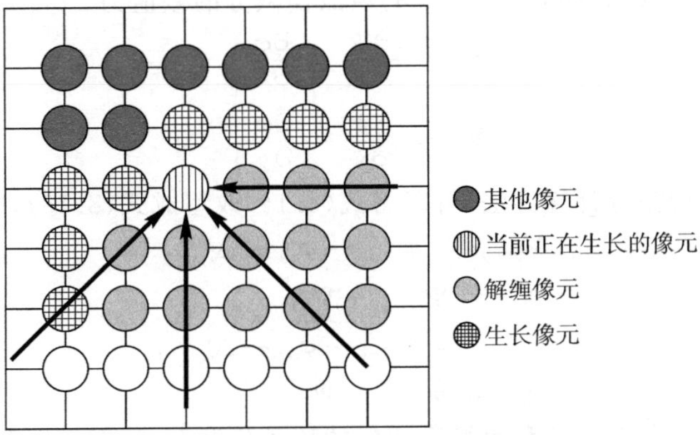

图 8.10　区域生长方法

对于当前正在生长的像元来说，其解缠后的相位值 φ 为

$$\varphi = \Psi + 2\pi m \tag{8.11}$$

式中，Ψ 表示的是缠绕相位，m 是模糊数，其值为

$$m = \mathrm{int}\left(\frac{\varphi^p - \Psi}{2\pi}\right) \tag{8.12}$$

式中，$\mathrm{int}(x)$ 表示最接近于 x 的整数。

区域生长法的优点在于可以实现多个图像块相位的同步解缠，运算速度比较快，同时，它还顾及了多个方向的解缠相位信息，降低了单个预测方向的误差影响。缺点是在噪声过多的区域会产生“孤岛”现象，使相位信息无法得到圆满的恢复。

§8.4　最小二乘相位解缠方法

最小二乘相位解缠方法不需要计算识别残差点，它是根据使缠绕相位函数的离散偏微分与解缠后的相位函数的离散偏微分的差值达到极小为条件。如：无权重的最小二乘相位解缠方法、基于误差方程的最小二乘相位解缠方法、基于快速傅里叶变换(FFT)的最小二乘相位解缠方法、基于离散余弦变换(DCT)的最小二乘相位解缠方法和多级格网法等。

基于 FFT 变换的最小二乘法相位解缠方法是一种重要的方法，这种方法引入了余弦变换来计算求解大型矩阵的逆矩阵，从而解决了最小二乘法的求解问题，并且将相位的梯度向量作为平滑约束条件集成到最小二乘求解的运算过程中。而基于 DCT 变换的最小二乘相位解缠方法与基于 FFT 变换的最小二乘法相位解缠方法基本类似，不同之处在于这种方法不需要进行二维镜像对称操作以实现二维周期延拓。本节只介绍基于误差方程的最小二乘相位解缠方法。

最小二乘相位解缠方法属于基于最小范数 L^p 相位解缠方法中的一类，是最容易实现而且是较为成熟的一种。假设缠绕相位为 Ψ，解缠后的相位为 φ，则其原理可表示为求解下式

$$\text{minimize}\left\{\sum_{i,j} w_{i,j}^{(x)}(\Delta\varphi_{i,j}^{x}-\Delta\Psi_{i,j}^{x})+\sum_{i,j} w_{i,j}^{(y)}(\Delta\varphi_{i,j}^{y}-\Delta\Psi_{i,j}^{y})\right\} \tag{8.13}$$

式中，$\Delta\varphi^x$ 和 $\Delta\Psi^x$ 分别表示 x 方向的解缠相位梯度和缠绕相位梯度，$\Delta\varphi^y$ 和 $\Delta\Psi^y$ 分别表示 y 方向的解缠相位梯度和缠绕相位梯度，$w^{(x)}$ 和 $w^{(y)}$ 为对应于每一个梯度差所定义的权，i 和 j 分别代表行数和列数，$\sum\limits_{i,j}(\cdot)$ 为求和算子，表示对整个数据范围内所有(i) 和(j) 求和。

根据上述原理，假设有缠绕函数 $\Psi_{i,j}(i=0,1,\cdots,M,j=0,1,\cdots,N)$ 和解缠后的函数 $\varphi_{i,j}(i=0,1,\cdots,M,j=0,1,\cdots,N)$，二者的离散偏微分的差值为

$$\left.\begin{aligned} V_x &= \frac{\partial\Psi}{\partial x}-\frac{\partial\varphi}{\partial x} \\ V_y &= \frac{\partial\Psi}{\partial y}-\frac{\partial\varphi}{\partial y} \end{aligned}\right\} \tag{8.14}$$

根据离散函数的偏微分计算方法，可以将式(8.14)改写成式(8.15)，即

$$\left.\begin{aligned} V_{x(i,j)} &= \varphi_{i+1,j}-\varphi_{i,j}-\Delta_{i,j}^{x} \\ \Delta_{i,j}^{x} &= \Psi_{i+1,j}-\Psi_{i,j} \\ V_{y(i,j)} &= \varphi_{i,j+1}-\varphi_{i,j}-\Delta_{i,j}^{y} \\ \Delta_{i,j}^{y} &= \Psi_{i,j+1}-\Psi_{i,j} \end{aligned}\right\} \tag{8.15}$$

根据使缠绕相位离散偏微分和解缠后相位的离散偏微分的差值为最小的原则，式(8.15)可以改写成

$$\boldsymbol{V}=\boldsymbol{A\Phi}-\boldsymbol{L} \tag{8.16}$$

式中，$\boldsymbol{\Phi}=[\varphi_{0,0}\ \varphi_{0,1}\ \cdots\ \varphi_{0,N-1}\ \varphi_{1,0}\ \varphi_{1,1}\ \cdots\ \varphi_{N-1,N-2}\ \varphi_{N-1,N-1}]_{NN}^{\mathrm{T}}$，$\boldsymbol{L}=[\Delta_{0,0}^{x}\ \Delta_{0,1}^{x}\ \cdots\ \Delta_{0,N-1}^{x}\ \Delta_{1,0}^{x}\ \cdots\ \Delta_{N-2,N-1}^{x}\ \Delta_{0,0}^{y}\ \cdots\ \Delta_{N-1,N-3}^{y}\ \Delta_{N-1,N-2}^{y}]_{2N(N-1)}^{\mathrm{T}}$，$A$ 是大小为 $2N(N-1)\times NN$ 的系数矩阵，其系数可以按照式(8.15)来组成。

式(8.16)共有 $2N(N-1)$ 个线性方程，根据最小二乘原理，由误差方程(8.16)组成法方程为

$$\boldsymbol{A}^{\mathrm{T}}\boldsymbol{PA\Phi}=\boldsymbol{A}^{\mathrm{T}}\boldsymbol{PL} \tag{8.17}$$

$$\boldsymbol{A}=\begin{bmatrix} -1 & 0 & 0 & \cdots & 0 & 1 & 0 & 0 & \cdots & 0 & 0 & 0 \\ 0 & -1 & 0 & \cdots & 0 & 0 & 1 & 0 & \cdots & 0 & 0 & 0 \\ \vdots & \vdots & \vdots & & \vdots & \vdots & \vdots & \vdots & & \vdots & \vdots & \vdots \\ 0 & 0 & 0 & \cdots & 0 & -1 & 0 & 0 & \cdots & 0 & 1 & 0 \\ 0 & 0 & 0 & \cdots & 0 & 0 & -1 & 0 & \cdots & 0 & 0 & 1 \\ -1 & 1 & 0 & \cdots & 0 & 0 & 0 & 0 & \cdots & 0 & 0 & 0 \\ 0 & -1 & 1 & \cdots & 0 & 0 & 0 & 0 & \cdots & 0 & 0 & 0 \\ \vdots & \vdots & \vdots & & \vdots & \vdots & \vdots & \vdots & & \vdots & \vdots & \vdots \\ 0 & 0 & 0 & \cdots & 0 & 0 & 0 & 0 & \cdots & -1 & 1 & 0 \\ 0 & 0 & 0 & \cdots & 0 & 0 & 0 & 0 & \cdots & 0 & -1 & 0 \end{bmatrix}_{2N(N-1),NN}$$

式中，$\boldsymbol{P}$ 为缠绕相位差偏微分的权矩阵。一般地，如果干涉相位质量较好，可以认为各个像元点的权重相等，$\boldsymbol{P}$ 一般可以选择单位矩阵。而如果干涉相位质量不好，则可以根据各点的信噪比或相干性等衡量干涉相位质量的参数，对 $\boldsymbol{P}$ 矩阵中的参数进行定义，给定一定的权值，解法方程，即可以得到解缠后相位的最小二乘估计值为

$$\widetilde{\boldsymbol{\Phi}} = (\boldsymbol{A}^{\mathrm{T}}\boldsymbol{PA})^{-1}(\boldsymbol{A}^{\mathrm{T}}\boldsymbol{PL}) \tag{8.18}$$

权矩阵的选择对于本方法的解缠有重要影响，一种方法是可以对干涉相位图进行分析，根据干涉相位图中各个像元的质量引入不同的权，这类似于基于质量图指导的相位解缠方法。但是，基于误差方程的最小二乘相位解缠有严格的数学描述，是一种整体解缠方法，如果干涉相位图质量不好，解缠效果会受到影响。另外，由于这种方法要计算很大的方程，因此计算效率受到限制。

§8.5　基于网络规划的相位解缠方法

相位解缠的两类算法——路径跟踪法和最小范数法主要面临两个难题：第一，运算速度和精确性很难兼顾。现有的各种相位解缠算法都致力于克服相位场的不一致性，其不同之处在于每一种算法克服该困难的方法不一样，由此也就导致了各种算法的速度和精确性的不同。第二，对于噪声比较严重的干涉图，目前已有的这两类方法及由此而衍生的其他算法都无法对此进行圆满的解决。目前虽有所谓的加权最小二乘法可以降低影像质量较差的区域对相位解缠过程的影响，但是同样无法对此问题圆满解决（王超等，2002）。

为了解决现有相位解缠算法的不足，提出了不同的解决思路，例如 Kalman 滤波算法、遗传算法、退火算法、基于特征提取的算法及小波分解的方法等。这些算法可以称为基于最优估计的相位解缠算法，其中基于网络规划的相位解缠算法是比较成功的相位解缠算法，而基于网络规划的相位解缠算法又可以分为基于规则格网和不规则格网两种方法。

基于网络规划的相位解缠算法于 1996 年由 Costantini 提出（Costantini，1996），他将相位解缠问题转化为计算最小成本的网络流问题。该算法的优点是处理的结果是全局最优的，同时限制了低质量区域的相位误差的传递。该算法的主要思想是最小化解缠相位的导数与缠绕相位的导数之间的差异，在此基础上许多人提出了众多不同的改正方案。

由于一般的解决最小化问题的方法其计算效率都比较低，因此寻找高效率的最小化问题的解决方案是主要目标。由于计算最小费用流的问题有比较成熟的算法，而且计算效率也都比较高，因此，如果将相位解缠问题转化为求解最小费用流的网络优化问题的话，就可以大大降低相位解缠算法的时间和空间复杂度，也可以使整个相位解缠的效率得到提高，同时可以防止误差的再传播，提高相位解缠结果的可靠性。

基于网络规划的相位解缠算法的基本原理为：设 $\Psi_{i,j}$ 是周期为 2π 的缠绕相位，$\varphi_{i,j}$ 为缠绕前的真实相位。则相位解缠问题可以描述为

$$\varphi_{i,j} = \Psi_{i,j} + 2\pi n_{i,j} \quad (i,j \in S) \tag{8.19}$$

式中，S 表示相位函数的定义域，$S = \{(i,j) \mid 0 \leqslant i \leqslant M-1, 0 \leqslant j \leqslant N-1\}$，$\Psi_{i,j} \in [-\pi,\pi]$，$n_{i,j}$ 表示 2π 模糊量的整数值。

由于缠绕相位函数 $\Psi_{i,j}$ 是有旋场，因此缠绕相位在 x 和 y 方向上的离散偏导数和解缠相位在两个方向上相应的离散偏导数有下列关系

$$\Delta^x\varphi_{i,j} = \Delta^x\Psi_{i,j} + 2\pi n^x_{i,j} \quad (i,j \in S_1) \tag{8.20}$$

$$\Delta^y\varphi_{i,j} = \Delta^y\Psi_{i,j} + 2\pi n^y_{i,j} \quad (i,j \in S_2) \tag{8.21}$$

式中，$S_1 = \{(i,j) \mid 0 \leqslant i \leqslant M-2, 0 \leqslant j \leqslant N-1\}$，$S_2 = \{(i,j) \mid 0 \leqslant i \leqslant M-1, 0 \leqslant j \leqslant N-2\}$ 。

于是相位解缠问题就转化为如何寻找离散函数偏导数的残差，即

$$n^x_{i,j} = (\Delta^x\varphi_{i,j} - \Delta^x\Psi_{i,j})/2\pi \quad (i,j \in S_1) \tag{8.22}$$

$$n^y_{i,j} = (\Delta^y\varphi_{i,j} - \Delta^y\Psi_{i,j})/2\pi \quad (i,j \in S_2) \tag{8.23}$$

由此，可以将求解 $\Delta^x\varphi_{i,j}$ 和 $\Delta^y\varphi_{i,j}$ 的问题转换为求解 $n^x_{i,j}$ 和 $n^y_{i,j}$ 的问题。显然，所有的 $n^x_{i,j}$ 和 $n^y_{i,j}$ 的绝对值之和应当尽可能的小，即

$$\sum_{i=0}^{M-2}\sum_{j=0}^{N-1} w^x_{i,j} \left| n^x_{i,j} \right| + \sum_{i=0}^{M-1}\sum_{j=0}^{N-2} w^y_{i,j} \left| n^y_{(i,j)} \right| = \min \tag{8.24}$$

式中，$w^x_{i,j}$ 和 $w^y_{i,j}$ 表示权函数，同时还要满足

$$n^x_{i,j+1} - n^x_{i,j} - n^y_{i+1,j} + n^y_{i,j} = (\Delta^x\Psi_{i,j+1} - \Delta^x\Psi_{i,j} - \Delta^y\Psi_{i+1,j} + \Delta^y\Psi_{i,j})/(-2\pi) \tag{8.25}$$

式中，$n^x_{i,j}$ 和 $n^y_{i,j}$ 都是整数。

式(8.24)和式(8.25)所要阐述的问题为线性最小化问题，因此可以将其转化为线性最小化求解，以便于提高效率。假设

$$\left.\begin{aligned} x_1^+(i,j) &= \left|\max[0, n^x_{i,j}]\right| \\ x_1^-(i,j) &= \left|\min[0, n^x_{i,j}]\right| \\ x_2^+(i,j) &= \left|\max[0, n^y_{i,j}]\right| \\ x_2^-(i,j) &= \left|\min[0, n^y_{i,j}]\right| \end{aligned}\right\} \tag{8.26}$$

则上述问题又可以转化为求解 $x_1^+(i,j)$，$x_1^-(i,j)$ 和 $x_2^+(i,j)$，$x_2^-(i,j)$ ，并且使式(8.27)成立，即

$$\sum_{i=0}^{M-2}\sum_{j=0}^{N-1} w^x_{i,j}[x_1^+(i,j) + x_1^-(i,j)] + \sum_{i=0}^{M-1}\sum_{j=0}^{N-2} w^y_{i,j}[x_2^+(i,j) + x_2^-(i,j)] = \min \tag{8.27}$$

同时还要满足下列约束条件

$$\begin{aligned} &x_1^+(i,j+1) - x_1^-(i,j+1) - x_1^+(i,j) + x_1^-(i,j) - x_2^+(i+1,j) + x_2^-(i+1,j) + \\ &x_2^+(i,j) - x_2^-(i,j) = -\frac{1}{2\pi}[\Delta^x\Psi_{i,j+1} - \Delta^x\Psi_{i,j} - \Delta^y\Psi_{i+1,j} + \Delta^y\Psi_{i,j}] \end{aligned} \tag{8.28}$$

式中，$x_1^+(i,j)$，$x_1^-(i,j)$ 和 $x_2^+(i,j)$，$x_2^-(i,j)$ 为实数，并且均大于等于 0。

由于计算费用流的算法比较费时，而且数据量比较大，处理时间大大增加，研究不同的提高效率的方法十分必要，例如可以通过分块的方式等。王超等介绍了一种基于不规则三角网的方法，其原理如下(王超等，2002)。

基于不规则格网的网络规划相位解缠算法的基本思想是：首先计算出相干系数较大的相位，以此作为高质量的相位数据的集合。由于这些相位点的位置都不确定，因而还无法构成一个规则的网络，所以需要根据相位点的位置建立一个三角网；其次，在这个三角网中识别出该三角网内的残差点，然后应用最小费用流算法连接正负残差点对，建立枝切线；最后，按照绕过枝切线或穿过枝切线加减 $2n\pi$ 的方法进行积分，从而得到解缠相位的结果。

图 8.11 是一个三角网构成方法，其中黑色结点代表提取的高质量的相位点，通过图中的实线将这些高质量的相位点连接成一个三角网。图中的白色结点代表残差点，每一个三角形

都可以计算出一个残差点的值,可以取值为+1、0 或者-1,因此,只需要将所有的正负残差点对连接起来,并使得路径和最小即可。

图中的虚线同样可以构成不同的网络。该虚线网络中的每一个白色的顶点都可以对应一个三角网中的一个三角形,该虚线网络中的每一条边都仅仅与三角网中的一条实边相交。

最小费用流算法可以根据虚线网络中的白色结点的残差值计算出虚线上的流量,根据该流量,可以采用穿过枝切线加减 $2n\pi$ 的方法进行求解。如图 8.11 中,虚线表示流,当流 $x_{ij}=1$ 时,像元 b 和像元 a 之间存在一个枝切。当沿着 ba 方向进行积分时,应当将计算得到的相位值加上 $-2x_{ij}\pi$,即加上 -2π。同样,当沿着 ab 方向进行积分时,应当将计算得到的相位值加上 $2x_{ij}\pi$,即加上 2π 。通过这种方法可以最终计算得到相位解缠的结果。

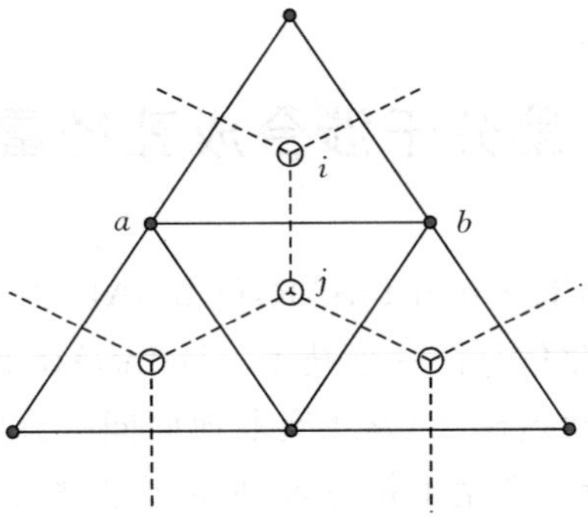

图 8.11　三角网构成方法

从本质上看,这种方法仍然属于路径跟踪方法。但与传统的路径跟踪算法有所不同,该算法中质量较好的数据点都在三角网中,所以消除了噪声对相位解缠过程的影响。因此,这种方法对噪声比较严重的干涉条纹图的处理结果比较有效和可靠。

第9章　差分干涉合成孔径雷达及其应用

本章讨论差分干涉合成孔径雷达技术及应用问题，介绍了差分干涉合成孔径雷达的基本知识、原理和主要应用领域，并以一个实际例子介绍这一技术在地面沉降监测中的应用。另外简单介绍了基于永久散射体的干涉测量技术用于地壳长期缓慢变形监测的原理。

§9.1　差分干涉合成孔径雷达简述

差分干涉合成孔径雷达(Differential InSAR,D-InSAR)是以合成孔径雷达复数据提取的相位信息为信息源获取地表变化信息的一项技术。D-InSAR通过两副天线同时观测(单轨模式)或两次近平行的观测(重复轨道模式)方式获取地面同一景观的复图像对。由于目标与两天线位置的几何关系，在复图像上产生了相位差，形成干涉条纹图。干涉条纹图中包含了斜距方向上的点与两天线之间距离之差的精确信息。因此，利用传感器高度、雷达波长、波束视向及天线基线距之间的几何关系，可以精确测量出图像上每一点的三维位置和变化信息(王超等,2002)。

1989年，Gabriel等首次论证了D-InSAR技术可用于探测厘米级的地表形变，他利用Seasat卫星L波段雷达数据测量美国加利福尼亚州东南部的英佩瑞尔河谷灌溉区的地表形变(Gabriel et al, 1989)。1993年，Massonnet等人利用ERS-1的雷达数据获取了Landers地震(M=7.2)的形变场，并将D-InSAR的测量结果与其他类型的测量数据以及弹性形变模型进行了比较，研究成果发表在《Nature》上，引起了国际地震界震惊，D-InSAR技术在探测地表形变方面的有效性被大家所认识(Massonnet et a1, 1993)。此后，D-InSAR技术在地球表面形变场探测方面的研究在世界各国普遍地开展起来。早期主要是开展形变比较明显的地震、火山活动的监测研究，随着技术的不断成熟和研究的不断深入，研究重点逐渐转移至地面沉降、山体滑坡等引起的细微持续的地表位移。

在过去的20多年里，已有4颗雷达卫星进行了许多成功的干涉应用，新一代雷达系统都充分考虑了雷达干涉测量应用的需要，未来将拥有更丰富的雷达数据资源，可以开展更为深入和广泛的研究与应用，因此，可以建立旨在长期监测活动地震带、火山和其他地表变化现象的专用航天任务。为了优化D-InSAR的监测任务，可以采用更长的雷达波长(如L波段，波长为24 cm)、更宽的扫描带宽(100 km或更宽)、更长的使用期限(3年或更长)、双天线(用同一轨道可获取高分辨率、高精度的地形数据)。另外，实现地表细微变化监测的D-InSAR测量也将进一步扩大其应用范围，如探测由于土地翻耕、掘松以及压实而引起的厘米级的高程变化等。可以预见，随着雷达系统的完善和D-InSAR技术研究的不断深入，D-InSAR技术将在各个领域得到更广泛的应用。

§9.2　D-InSAR 数据处理方法

如果雷达传感器对某一地物两次成像时天线处于同一位置,雷达信号往返的路径之差应该是天线视线方向的变化,具体表现为相位之差。在图 9.1 中,假设天线 S_1 和 S_2 分别接收到的信号之传播路径 R_1 和 R_2 的差为 Δ_R,其相位分别为 φ_1 和 φ_2,同时,假设天线 S_1 接收到的雷达影像为主影像,而天线 S_2 接收到的雷达影像为从影像,因此,仍然可以从 InSAR 的一般原理来分析。

在图 9.1 中,假设摄站之间的基线 $S_1S_2 = B, S_1S_3 = B', S_1A = B_1, S_2A = B_{11}$。由图 9.1 中的几何关系出发,可以得到

$$R_2^2 = R_1^2 + B^2 - 2R_1B\cos(\alpha + 90° - \theta) \tag{9.1}$$

由此式经过简单的变换,可以得到式(9.2)

$$\Delta_R = R_1 - R_2 = \frac{2R_1B}{R_1 + R_2}\sin(\theta - \alpha) - \frac{B^2}{R_1 + R_2} \approx B\sin(\theta - \alpha) - \frac{B^2}{2R_1} \tag{9.2}$$

实际星载雷达系统飞行过程中,基线 B 远远小于斜距 R_1,因此上式中的第二项可以忽略不记,从而可以得到简化公式

$$\Delta_R \approx B\sin(\theta - \alpha) \approx B_{11} \tag{9.3}$$

式中,B_{11} 表示基线 B 在视线方向上的分量,见图 9.1,因为

$$\angle S_2S_1P = 90° + \alpha - \theta, \angle S_1S_2P \approx 90° + \alpha - \theta,$$

所以

$$B_{11} = S_2A = B\cos(90° + \alpha - \theta) = B\sin(\theta - \alpha)。$$

结合式(9.2)和式(9.3)可以得出用干涉方式得到的相位差 φ 与视线方向的基线分量 B_{11} 成正比,即在重复轨道干涉成像模式时干涉相位值 φ 为

$$\varphi = \varphi_2 - \varphi_1 = \frac{2\pi}{\lambda}(2R_2 - 2R_1) = -\frac{4\pi}{\lambda}\Delta_R = -\frac{4\pi}{\lambda}B_{11} \tag{9.4}$$

再来考虑在同一地区先后形成两幅干涉图的情况。假设在同一地区成像了第三幅单视复雷达影像,如图 9.1 所示,在摄站 S_3 上的雷达传感器的传播路径为 R_3。S_3 与第一幅干涉影像中的主影像形成第二幅干涉条纹图,于是这两幅干涉条纹图的相位就可以进行某种相互比较。假设形成的第二幅干涉图的基线距离为 B',类似于式(9.3),基线 B' 在视线上的分量 $B'_{11} = B'\sin(\theta - \alpha')$,式中,$\alpha'$ 为基线与水平方向的夹角。类似于式(9.4)可以得到第二幅图的相位差 φ'

$$\varphi' = -\frac{4\pi}{\lambda}B'_{11} = -\frac{4\pi}{\lambda}B'\sin(\theta - \alpha') \tag{9.5}$$

进一步由式(9.4)和式(9.5)可以得到

$$\frac{\varphi'}{\varphi} = \frac{B'_{11}}{B_{11}} \tag{9.6}$$

此式可以这样解释,即相位的比值等于基线距的垂直分量的比值,而且此比值与地形本身无关。当然这里的相位表示的是没有缠绕的相位值。

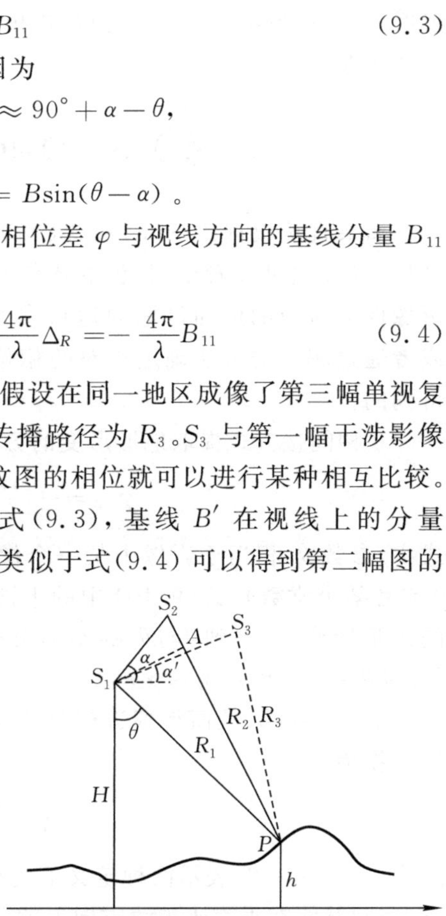

图 9.1　D-InSAR 基本原理

如果在第三次成像前地形表面发生变形,并且假设

这种形变与雷达分辨率单元相比很小，可以认为雷达信号仍然是相关的，那么此时的相位信息除了与地形有关外，还包含了雷达视线方向的形变分量 ΔR 。因而，第二幅干涉相位图的相位可以表示为

$$\varphi' = -\frac{4\pi}{\lambda}(B'_{11} + \Delta R) \tag{9.7}$$

对上式进行变换，得

$$\varphi' = -\frac{4\pi}{\lambda}B'_{11} - \frac{4\pi}{\lambda}\Delta R$$

因有

$$\varphi' + \frac{4\pi}{\lambda}B'_{11} = \varphi' + \frac{4\pi}{\lambda}B_{11}\frac{B'_{11}}{B_{11}} = \varphi' - \varphi\frac{B'_{11}}{B_{11}} = -\frac{4\pi}{\lambda}\Delta R$$

从而得到

$$\varphi' - \varphi\frac{B'_{11}}{B_{11}} = -\frac{4\pi}{\lambda}\Delta R \tag{9.8}$$

另外，根据式(9.6)，可以将基线的比值用式(9.9)表达，即

$$\frac{\varphi'}{\varphi} = \frac{B'_{11}}{B_{11}} = \frac{\sin(\theta - \alpha')}{\sin(\theta - \alpha)} \tag{9.9}$$

根据式(9.8)和式(9.9)就可以计算出地形的形变大小，这就是 D-InSAR 测量地面形变的原理和计算方法。

§9.3 D-InSAR 数据处理间接方法

如果直接根据式(9.8)和式(9.9)计算地形的形变量，在实际操作上会产生某些困难。分析式(9.9)可以看出，相位的比值是参数 θ 的函数，而视角 θ 与传感器的成像几何参数和影像像素对应的地面目标的地形参数有关。如果要直接计算，则必须要首先获得干涉图，或者通过解缠的方法确定绝对的相位值，或者利用已知的 DEM 数据，这些当然都是不容易得到的。

一种间接方式提取地形形变的方法是假设校正了地球曲率影响后的相位为

$$\varphi_{\text{flat}} = -\frac{4\pi}{\lambda}B(\sin(\theta - \alpha) - \sin(\theta_0 - \alpha)) \tag{9.10}$$

式中，参数 θ_0 相当于影像中某一个像素的视角，这个视角假设了一个局部的水平面(高程为 0 或者某个常数)。式(9.10)中的干涉相位反映了相对于地球曲面的地形起伏和被观测区域的地形形变。考虑到 θ 与 θ_0 的差别很小，可以将式(9.10)右边的第一项展开，即假设 $\delta_\theta = \theta - \theta_0$，则 $\theta - \alpha = \theta_0 + \delta_\theta - \alpha = \theta_0 - \alpha + \delta_\theta$，$\sin(\theta - \alpha) = \sin(\theta_0 - \alpha + \delta_\theta) = \sin(\theta_0 - \alpha)\cos\delta_\theta + \cos(\theta_0 - \alpha)\sin\delta_\theta$，从而得到近似公式 $\sin(\theta - \alpha) \approx \sin(\theta_0 - \alpha) + \delta_\theta\cos(\theta_0 - \alpha)$。式(9.10)则可以变换为

$$\varphi_{\text{flat}} = -\frac{4\pi}{\lambda}B\delta_\theta\cos(\theta_0 - \alpha) \tag{9.11}$$

式中，$\delta_\theta = \theta - \theta_0$ 表示两种定义下的视角之差，$B\cos(\theta_0 - \alpha)$ 表示在没有地形起伏的假设条件下，空间基线在垂直于视线方向上的分量，因此，干涉相位 φ_{flat} 可以看成是基线的垂直分量与地形起伏引起的视角变化值的乘值。根据上述原理同样可以得到第二幅干涉条纹图的相位值

φ'_{flat}，因此，两幅干涉图的相位之比 $\varphi_{\text{flat}}/\varphi'_{\text{flat}}$ 只是 θ_0 而不是 θ 的函数，也就是说此比值只与基线和传感器的成像几何关系有关，而与地形情况无关。

式(9.9)是视角的函数，受成像参数如基线、视角和 α 角等的影响，因此必须知道研究地区的高程数据。根据式(9.11) 可以得到 φ_{flat} 和 φ'_{flat}，对式(9.8) 作一些简化，通过去除平地效应后的干涉相位 φ_{flat} 和 φ'_{flat} 计算形变值，即可以通过式(9.12)计算地形形变(王超等，2002)，即

$$\varphi'_{\text{flat}}-\varphi_{\text{flat}}\ \frac{B'\cos(\theta_0-\alpha')}{B\cos(\theta_0-\alpha)}=-\frac{4\pi}{\lambda}\Delta R \tag{9.12}$$

从式(9.12)可以看出，干涉相位取决于局部的地形情况和多次对地观测期间的地形形变或微小的运动情况，在这种情况下可以无需准确的视角值和地形高程信息，前提是要准确估计基线值，否则将引起误差。

§9.4　D-InSAR 技术用于获取地形形变

9.4.1　一般原理

前面讨论得出雷达干涉相位的变化取决于地形起伏和地形表面的形变两方面因素。利用这个原理可以提取地面高程信息，从而，进一步利用差分干涉技术可以检测出地面的变化情况。

对式(9.5)求导数，可以得到相位对于地形起伏变化的灵敏度，即

$$\frac{\partial\varphi'}{\partial\theta}=-\frac{4\pi}{\lambda}B'\cos(\theta-\alpha') \tag{9.13}$$

根据图 9.1 得到关系式 $h=H-R\cos\theta$，因为 $\partial h=R\sin\theta\partial\theta$，将此关系代入式(9.13)中得到

$$\frac{\partial\varphi'}{\partial h}=\frac{\partial\varphi'}{\partial\theta}\cdot\frac{\partial\theta}{\partial h}=-\frac{4\pi}{\lambda}\cdot\frac{B'\cos(\theta-\alpha')}{R\sin\theta} \tag{9.14}$$

而干涉相位值相对于地形表面形变的灵敏度为

$$\frac{\partial\varphi'}{\partial(\Delta R)}=-\frac{4\pi}{\lambda} \tag{9.15}$$

对于雷达系统而言，式(9.15)的右边是一个常数，而式(9.14)中的右边则是这个常数乘上一个分式。由于斜距 R 远远大于雷达传感器的基线 B，因此式(9.14)右边的值远小于式(9.15)右边的值。因此，当利用 InSAR 技术生成 DEM 时，精度一般只能达到数米级的水平。但是，当使用这一技术进行变形测量时，可以达到厘米级或者是毫米级的水平。

当然，在讨论上述问题时进行了一系列的假设，从而忽略了一些在实际雷达图像中无法忽略的问题。实际上对 InSAR 或 D-InSAR 影像处理时存在多方面的不利因素。有下列几点有必要提到。

1. 时间去相关问题

在前面的章节中讨论过，时间基线对于雷达干涉成像有重要的影响，有时隔数天就会对雷达成像产生明显的影响。微小的变形可能发生在较短的时间内，实施差分干涉测量至少需要三次重复观测，因此至少有两次之间有可能相隔的时间较长，从而使地形表面的变化比较大，导致干涉成像时的相干性大为降低。在这种情况下，生成的干涉图往往不具备很好的质量，给

下面的处理工作带来困难。

2. 相位解缠的问题

D-InSAR 影像用于地形形变检测时，在提取地形变化信息之前需要对其中的一幅干涉图进行解缠，然后再除掉地形的影响，最后才能提取地形形变的信息。如果利用已有的 DEM 数据，当然可以避免对干涉图进行解缠处理，但是使用这种方式得到的干涉图仍然是缠绕的，因此相位解缠对地形形变的计算十分重要。

3. 电磁波在大气传播过程中的延时问题

电磁波在空气中传播时的延时和传播路径的弯曲相当于在干涉图中附加了一个相位。问题是，不同时间实施的雷达飞行所对应的大气水分含量和电离层是不同的，因而，附加的这个常数性质的相位可能引起量测结果的不确定性。解决的方案是选择长基线的干涉测量、选择波长较长的 SAR 系统或者利用多次重复观测的干涉像对对结果进行平均等。除此之外，对流层也会对干涉相位产生影响，从而影响了形变测量的精度。

9.4.2 基于 D-InSAR 影像进行变形检测的一般方法

D-InSAR 技术可以有效地获取局部地形在一定时间内的变形。如果要获取地形表面的形变信息，首先必须要消除区域内的地形信息的影响。有 3 种方法可以消除地形因素的影响：

第一种方法是选取基线距离为 0 的干涉像对，这种情况下可以无须考虑地形因素的影响。但是这种基线距离为 0 的情况很少出现。

第二种方法是采用“二轨法”。这种方法是利用实验区内地形表面变化前后两幅影像生成干涉条纹图，然后利用事先获取的 DEM 数据模拟条纹图，从干涉条纹图中去除地形信息，就可以得到地形表面变化的信息。这种方法的优点是无须进行相位的解缠，工作量减少。缺点是对于无 DEM 数据的区域无法采用这种方法。另外，在引入 DEM 数据的同时，也有可能带来新的误差。

第三种方法是“三轨法”，其原理是采用 3 张雷达图像，以其中的一幅作为主图像，另外两幅作为从图像，分别生成两幅干涉图。其中第一幅一般相隔时间很短，不包含地面形变信息，其基线长度较长；第二幅一般相隔时间较长，包含地面沉降信息，基线较短。由于该方法可以直接从雷达图像中提取出地表形变信息，被认为是差分干涉模型最经典的方法。三轨法基于以下 3 个假设：①只有第二幅干涉图受到形变的影响。②在第二幅干涉图中，形变不会影响地面高程从而造成相位发生跳跃。③第一幅干涉图可以获得精确的 DEM，也就是说它可以被完整且正确的解缠。三轨法的主要优点是无需地面信息，数据间配准比较容易实现，缺点是相位解缠的质量会严重影响最终的结果。

1. 二轨法

二轨法是利用其他地形测量数据消除干涉条纹图中地形因素的影响，从而得到地形形变信息的方法。二轨法主要有下列几个步骤：

(1)计算干涉图像，并对干涉图像进行精确配准。

(2)基于局部地形坡度对干涉图像进行滤波处理，然后生成干涉条纹图。

(3)计算 DEM 格网点的间隔与干涉条纹图像元间隔之间的比值，对 DEM 数据进行重采样。基于多普勒方程、斜距方程和椭球方程，利用轨道参数将 DEM 数据转换到雷达系统中，然后将 DEM 数据转换为相位值。

(4)从干涉条纹图中减去利用 DEM 模拟的干涉条纹图。

(5)将干涉条纹图投影到地理坐标系中。

2. 三轨法

三轨法与二轨法获取地形形变的方法有所不同,它是利用三幅雷达影像实现地形表面形变监测,它不需要其他的辅助 DEM 数据支持,对于一些无地形数据的变化监测尤为重要。其基本的数据处理步骤为:

(1)用两幅干涉图像对生成干涉条纹图 1,然后进行平地效应消除处理,干涉条纹图 1 中包含地形信息和地形形变信息。

(2)主图像与第三幅图像形成干涉图像对,生成干涉条纹图 2,同样进行平地效应消除处理,干涉条纹图 2 中仅包含地形信息。

(3)对消除了平地效应的干涉条纹图 1 和干涉条纹图 2 进行相位的解缠处理。

(4)利用有关的式(9.8)和式(9.9)即可以计算地形形变的信息。

(5)将形变图投影至地理坐标系中。

在三轨法中,相位解缠的结果直接影响了量测的地形形变结果的精度,并且平地效应的消除方法和精度同样对获取的地形形变的精度有较大的影响,因此,在实际应用过程中,应当根据影像数据的情况和地形的特点选择合适的差分算法用于地形形变的检测,图 9.2 所示为三轨法 D-InSAR 用于获取地形形变的过程(王超等, 2002)。

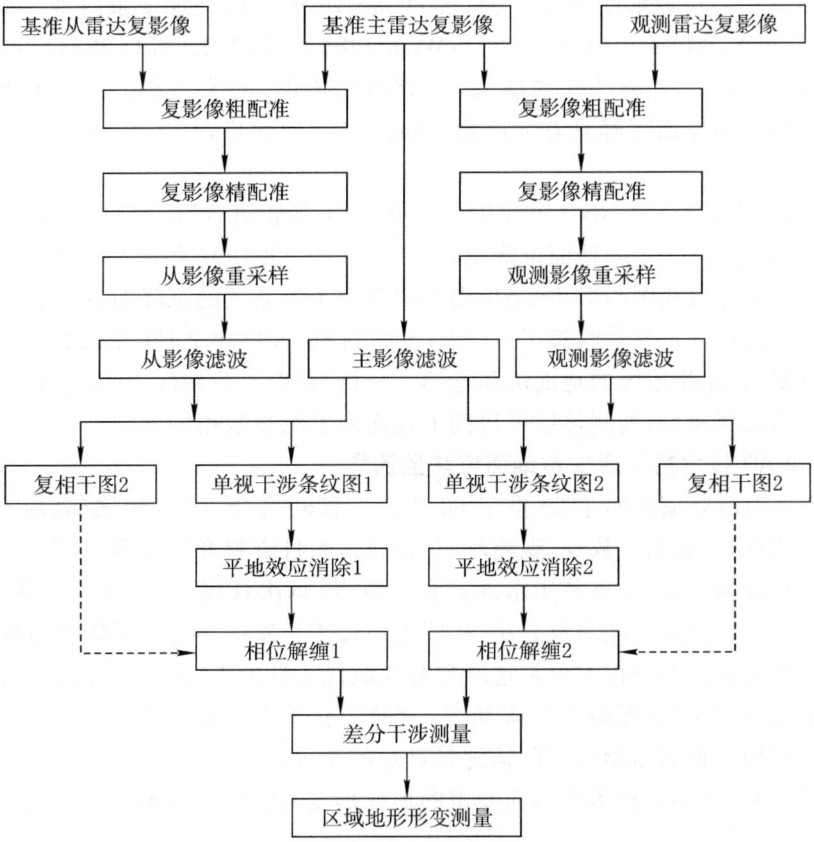

图 9.2　三轨法 D-InSAR 用于获取地形形变的过程

3. 四轨法

除了三轨法和二轨法外，还可以采用四轨法用于差分干涉测量。四轨法是利用变形前后的四幅雷达影像，分别组成干涉像对进行干涉处理，得到变形前后的两幅干涉相位图，再将两幅干涉相位图进行差分处理，得到的差分相位即为形变相位，然后由形变相位可以计算得到地面形变。

四轨法是为了解决三轨法在某些情况下很难挑选满足三轨模式的差分干涉影像对的困难而提出来的。例如三幅图像中，第一个干涉像对的基线不适合生成 DEM，或者第二个干涉像对的相关性很差，无法获得好的形变信息。在四轨法中可选择四幅 SAR 图像进行差分干涉处理，即选择两幅适合生成 DEM 的 SAR 图像，以及两幅适合做形变的 SAR 图像。但是选择四轨法有一个很大的应用阻碍是如何将两幅干涉影像进行配准，在三轨法中，可以把两幅从图像都配准到一张主图像上，但是在四轨法中却没有这一途径(李陶，2004)。

9.4.3 D-InSAR 技术在西安市地面沉降监测中的应用

1. 概述

城市地面沉降主要是由于过量开采承压含水层而引起的地质灾害，此外由于煤矿和石油的开采、地热场及人工建筑也会造成地面沉降。地面沉降过程一般都较为缓慢，因而需要采用时间间隔长的 SAR 影像像对进行研究。而时间基线过长，常常会造成图像失相干，同时大气影响也会造成形变假象，从而给 D-InSAR 的数据处理带来困难。从 1994 年开始，Carnec 等(2000)，Massonnet 等(1993)，Wegmuller 和 Fielding 等(1998)已经利用 D-InSAR 技术进行地面沉降形变场的探测研究，研究结果表明，与常规的地面沉降测量方法相比，D-InSAR技术监测地面沉降具有大面积、快速、准确的优势，是水准测量和 GPS 测量的有效补充。

在国内，天津市采用 ERS-1 和 ERS-2 卫星的重复轨道 SAR 数据，经 D-InSAR 处理后得到该市 1990 年至 1997 年的地面沉降图，并将 1990 年和 1997 年两年中由重复精密水准测量得到的地面沉降等值线图与 D-InSAR 得到的基于干涉条纹的沉降图进行了对比，对比结果表明二者具有一致性。王超等收集了从 1993 年 2 月到 2000 年 2 月间的 11 景 ERS-1 和 ERS-2 雷达影像数据，对苏州地区的地面沉降进行了分析，获取了该地区 1993 年至 2000 年间地面的垂直形变量及沉降速率，其测量结果得到了地面水准测量数据的验证。

2. D-InSAR 技术用于西安市地面沉降监测❶

西安市地面沉降监测始于 20 世纪 60 年代。1960 年至 1988 年之间，由于沉降量很小没有引起人们的重视，观测次数少，观测时间间隔长，而且资料和数据保存的不完善。1988 年至今基本上每年观测一次，主要利用水准点和导线点，每次观测约 1 500 个监测点的地面高程。观测采用二、三、四等水准测量方法，起算点为位于长安区太乙宫翠华山的基岩点。

目前对地面沉降的分析主要是选取具有地域代表性的点，分析其观测周期的变化幅度，采用统计的方法来定性分析地面沉降状况，这种方法有很大的局限性，可靠性低，因此，引入 D-InSAR技术用于西安市地面沉降监测是理想的手段。

为了利用 D-InSAR 技术监测西安市的地面形变，选取了 12 幅 ERS-1/2 SAR 图像，其中

❶ 主要参考何伟研究成果(何伟，2007)。

一幅如图 9.3 所示。数据处理采用荷兰代尔夫特(Delft)大学的 SAR 干涉测量数据处理软件 Doris,其中相位解缠算法是美国斯坦福(Stanford)大学的 Curtis W. Chen 博士所编写的 Snaphu 1.4.2 网络流算法解缠软件。

通过对 12 幅西安地区 SAR 影像进行分析,并将这 12 幅雷达图像组合为 5 种试验方案,见表 9.1。由这 5 组 SAR 影像出发,采用三轨法进行地面形变分析。处理流程是先利用两幅时间基线较短、相关性较好、理论上没有形变的主从影像来获取 DEM,再利用时间基线较长,有形变发生的主从影像来获取地形及形变信息,然后将两幅干涉图进行差分干涉,获取差分干涉图,以得到形变信息,即为地面沉降。

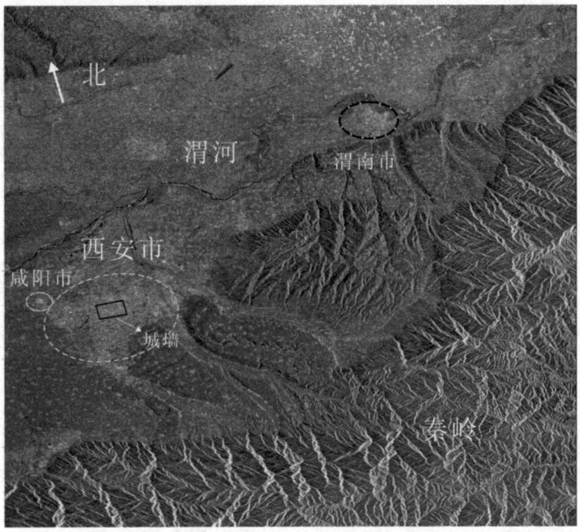

图 9.3　西安市 SAR 影像图

表 9.1　SAR 影像试验组合方案

编号	日期	轨道	垂直基线/m	平行基线/m	时间间隔/d
1	1993-03-05	8551	144.1	94.8	35
	1993-01-29	8050	−246.1	−85.9	210
	1992-07-03	5044			
2	1993-01-29	8050	−144.1	−94.8	35
	1993-03-05	8551	190.2	93.7	210
	1992-08-07	5545			
3	1993-03-05	8551	−801.3	−327.3	35
	1993-04-09	9052	−79.0	21.7	210
	1992-09-11	6046			
4	1996−05-26	25428	−311.9	−83.2	36
	1996-07-01	6256	40.2	−45.7	176
	1996-01-07	23424			
5	1998-08-09	36951	515.8	224.6	1
	1998-08-10	17278	−613.6	−260.1	35
	1998-07-06	16777			

(1)西安地区 1992-07-03 和 1993-01-29 图像的差分干涉测量结果

图 9.4 是将研究区域集中于西安市区,获得的 1992-07-03 和 1993-01-29 期间的差分干涉结果,从图中可以清晰地看出西安市区的沉降条纹。在这 210 天内,西安市南郊一带发生了大约 1 个半周期(4～5 cm)的地面沉降,东北郊发生了大约 1 个周期(2～3 cm)的地面沉降,东郊及东南郊发生了大约 2 个半周期(7 cm)的地面沉降。

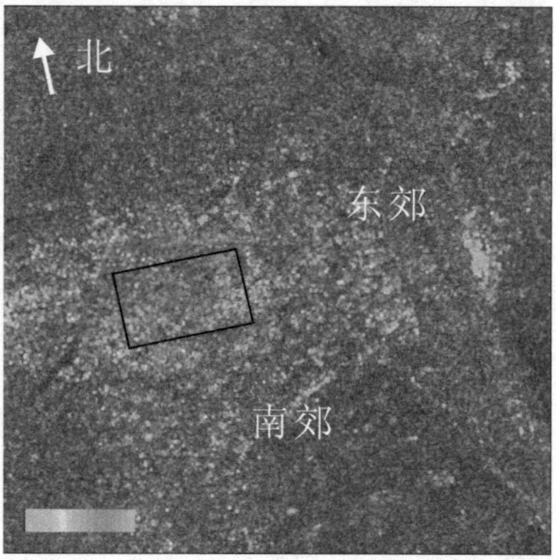

（a）差分混合图

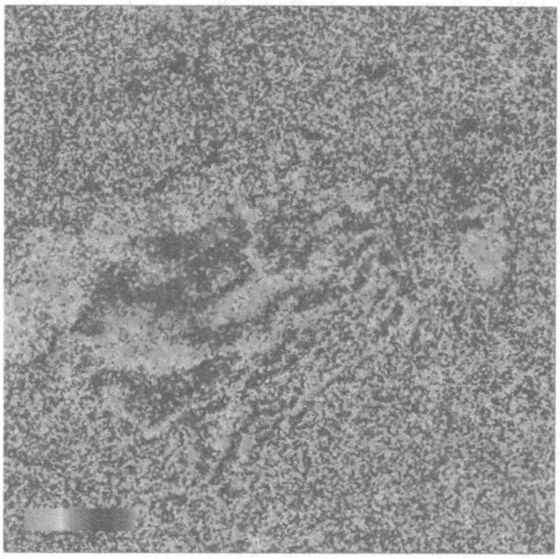

（b）差分干涉图

图 9.4 1992-07-03 和 1993-01-29 图像的差分干涉测量结果

（2）西安地区 1992-08-07 和 1993-03-05 图像的差分干涉测量结果

图 9.5 为 1992-08-07 和 1993-03-05 期间的差分干涉结果，从图中同样可以清晰地看出西安市区的沉降条纹。在这 210 天内，西安市的南郊也表现出了大约 1 个半周期（4～5 cm）的地面沉降，东北郊发生了大约 1 个周期（2～3 cm）的地面沉降，东郊及东南郊发生了大约 2 个周期（5～6 cm）的地面沉降。此结果与前面的结果类似。

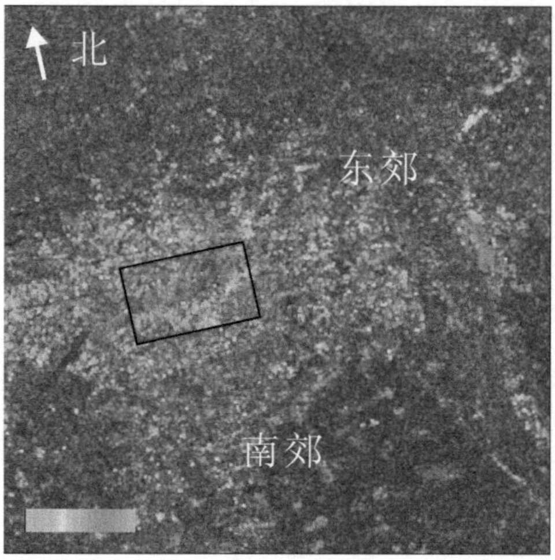

（a）差分混合图

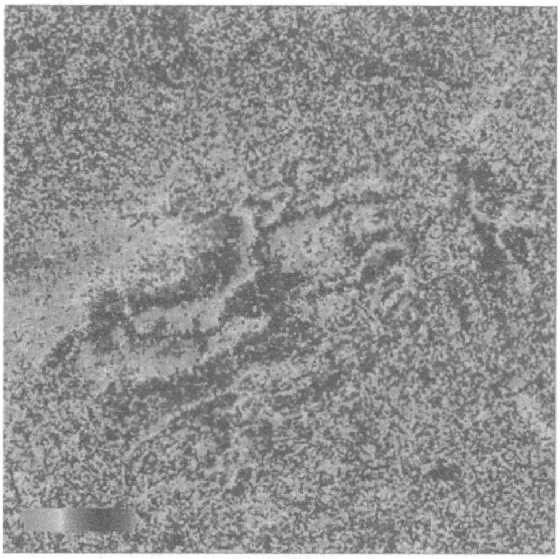

（b）差分干涉图

图 9.5 1992-08-07 和 1993-03-05 图像的差分干涉测量结果

（3）西安地区 1992-09-11 和 1993-04-09 图像的差分干涉测量结果

图 9.6 为另外一个时间段的差分干涉测量结果，从图 9.6（b）中也可以清晰地看出西安市的南郊与东郊有明显的沉降条纹。

（4）西安地区 1996-01-07 和 1996-07-01 图像的差分干涉测量结果

图 9.7 将研究区域集中于西安市区，从图 9.7（b）中可以看出，西安市的南郊与东郊沉降条纹清晰连续。在这 176 天内，西安市南郊一带发生了大约 1 个半周期（4～5 cm）的地面沉降，东北郊发生了大约 2/3 个周期（2 cm）的地面沉降，东郊及东南郊发生了大约 2 个周期（5～

6 cm)的地面沉降。

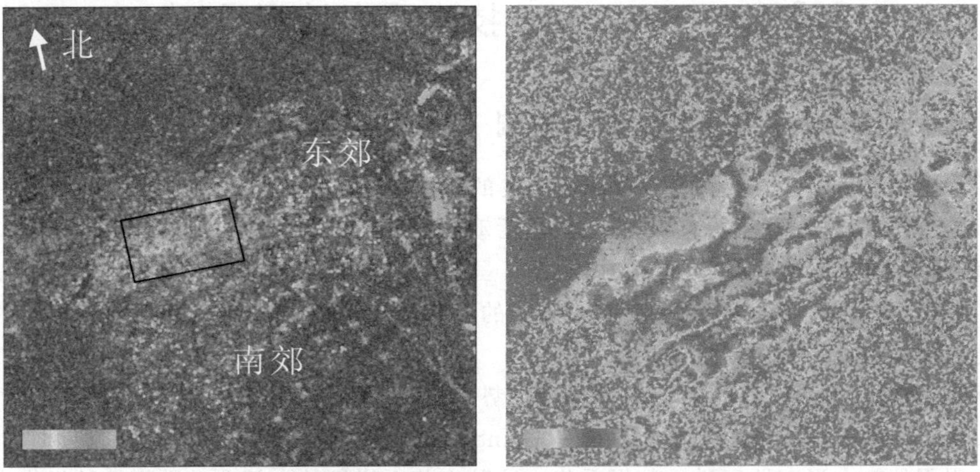

(a) 差分混合图　　(b) 差分干涉图

图 9.6　1992-09-11 和 1993-04-09 图像的差分干涉测量结果

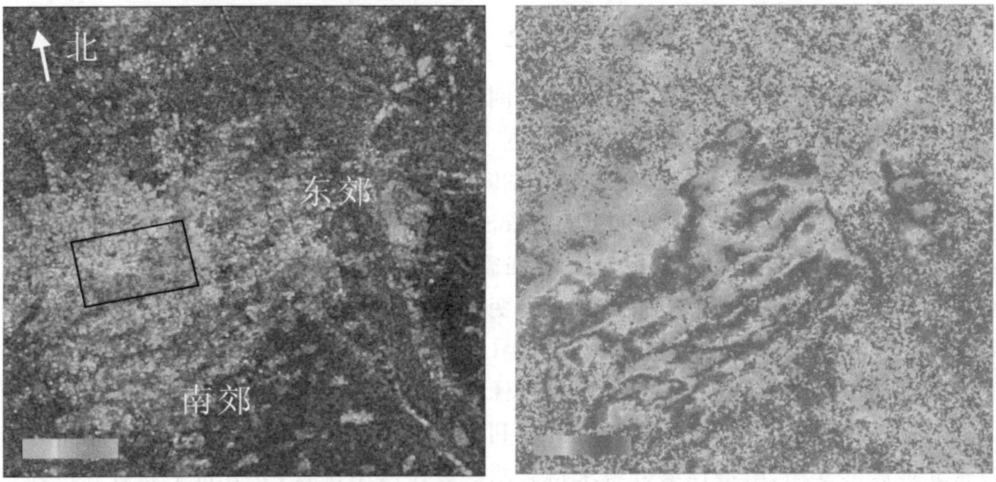

(a) 差分混合图　　(b) 差分干涉图

图 9.7　1996-01-07 和 1996-07-01 图像的差分干涉结果

通过对上述 4 组试验例子中的每一幅差分干涉图进行形变解缠计算和适当的数据处理分析,得到西安市区在 4 组不同时段的地面沉降数据信息,见表 9.2 。由于上述 4 组试验例子中的差分干涉图存在一些由气象因素所导致的条纹,所以上述例子中的结果包含这部分因素引起的误差。但是干涉图所反映的西安市地面沉降趋势及沉降所发生的位置与现有的一些资料在沉降量级上是一致的。

表 9.2　西安市区 4 个不同时段的地面沉降信息

时间	时间间隔/d	沉降量/cm			垂直基线值/m
		南郊	东北郊	东郊及东南郊	
1992-07-03 至 1993-01-29	210	4～5	2～3	≈7	−246.1
1992-08-07 至 1993-03-05	210	4～5	2～3	5～6	190.2
1992-09-11 至 1993-04-09	210	4～5	1～2	5～6	−79.0
1996-01-07 至 1996-07-01	176	4～5	≈2	5～6	40.2

§9.5 D-InSAR 技术用于地形监测

9.5.1 D-InSAR 技术用于火山监测

目前全球有 1 000 座以上的火山存在爆发的可能(其中有爆发记录的约占一半),许多火山位于人口稠密地区,每年约有 50 座火山是活动的,只有少部分火山的爆发具有一定的规律性,能够利用 GPS 进行常规监测的火山更少。虽然一些火山的活动和形变在喷发前并没有处于峰值点,但多数火山在喷发前确实有很显著的地表形变,因此,准确地进行地表形变的监测可以比较准确地进行火山爆发的预测。

D-InSAR 技术用于监测火山活动具有优势,特别是星载 D-InSAR 技术更是提供了可靠的手段用于火山监测和预报。主要原因是 D-InSAR 技术能够提供大范围的覆盖数据,能够对活火山周围的整个形变地区进行数据采集。这种大范围详细的空间覆盖数据能够提供有关岩浆移动和其他深层运动过程的重要信息,实现对火山爆发过程的认识和进行火山爆发的预测。

9.5.2 D-InSAR 技术用于地震研究

利用 D-InSAR 技术进行地震研究包括震间、震后和抗震构造的机理研究。在这方面,从 1992 年开始,已经在美国加利福尼亚、日本的神户、希腊的哥里瓦那、土耳其的第纳耳、中国的张北等地区取得了十分有意义的研究结果。1993 年,Massonnet 等首先在美国兰德斯开展了 D-InSAR 技术用于地震领域的研究,揭开了 InSAR 技术在地学领域应用的序幕。后续研究表明,D-InSAR 技术不仅适用于研究特大型强震的同震形变,随着观测精度和研究手段的不断提高,它还可以在研究强震余震引起的地壳变形特征、小震同震位移、活断层运动监测等许多领域发挥越来越重要的作用(Massonnet et al, 1993)。

王超等利用震前两景和震后一景 SAR 图像,通过 D-InSAR 方法得到张北地震的同震形变场。为了进一步分析张北地震的震源机制,利用 D-InSAR 技术,通过弹性半空间位错模型来模拟张北地震形变场,由最佳参数解求得震源参数及震中位置,并分析了其震源机理和孕震构造。根据震源参数和区域构造背景分析及模拟结果表明,张北—尚义地震的断裂活动可能与张家口—蓬莱断裂北西端的活动有关,表明该断裂活动性有所加强,并对本地区的地震活动造成一定的影响。这表明地震记录存在多解性,如果结合 D-InSAR 技术,对缺乏实测数据的震区进行震源机理和孕震构造的分析将会有很大的帮助(王超等,2002)。

9.5.3 PS-InSAR 技术用于地壳长期缓慢形变监测

1. 简述

目前,D-InSAR 技术用于地壳形变监测主要受到失相干和大气影响两个因素的制约(Zebker et al,1992;1997)。针对 D-InSAR 技术的缺点,近年来,国际上一些学者提出了基于永久散射体(Permanent Scatterer,PS)的干涉测量技术(PS-InSAR)(Ferretti et al,2000;2001)。由于 PS-InSAR 技术是建立在相干性很高的永久散射体上的,而且大气效应被很好地估计并去除,因而一般能达到较高的监测精度。近年来,PS-InSAR 技术在监测地表变形方面已经获得广泛的应用,如监测地质断层的季节性变形(Colesanti et al,2003),监测每年以毫米量级移动的滑坡变形(Hilley et al,2004),甚至监测大型建筑物的变形(Ferretti et al,2005)。法国学者在对巴黎市区因地铁建设造成的沉降及美国洛杉矶盆地的沉降分析中,最早利用PS-InSAR技术进行了研究。

当然,PS-InSAR技术用于地面变形监测也有一些问题和困难(Ferretti et al,2000;Ferretti et al,2001),主要有:①PS-InSAR假设PS点的变形和大气效应呈线性变化,这种假设使它只适用于范围比较小(如几平方千米),而且变形比较缓慢(每年变形在数厘米至数毫米)的地区;②PS-InSAR是通过优化"整体相干性"来迭代求解的,而"整体相干性"的精度与干涉图的个数有关,因此PS-InSAR需要大量的影像(≥30幅)才能获得比较可靠的精度;③PS点的识别问题和迭代算法的收敛性及稳定性等问题。

与PS-InSAR相似的另外一种干涉技术是角反射器干涉技术(Corner Reflector InSAR,CR-InSAR)。2001年,德国地学研究中心(GFZ)的夏耶博士在三峡地区开展了CR-InSAR的验证实验(Xia et al,2004),在两次SAR成像期间,人为抬升和降低部分角反射器,并与解算的形变进行比较,结果显示监测精度为毫米级。Ferretti等把角反射器安装在可精确测定位移的移动平台上,进行对照实验,结果显示监测精度为亚毫米级(Ferretti et al,2007)。所有这些都显示了CR-InSAR在形变监测方面的巨大潜力。然而,CR-InSAR也存在一些问题,如:①大气效应没有补偿或作为参数进行估计,会引入较大误差;②稀疏的角反射器点的相位解缠的问题;③基于角反射器建立的变形方程属于病态方程,此病态方程的解算相当困难。

2. PS-InSAR 原理

PS-InSAR技术是D-InSAR技术不断创新的结果,其主要目标是研究某一区域内地表长期缓慢变形的过程及变化规律。InSAR技术通过比较相位差测量地形和形变,但形变测量值对大气因素引起的相位延迟也相当敏感,大气误差会严重影响InSAR测量的精度。同时,当两次成像时间间隔比较长时,或是成像季节差异比较大时,地表的反射特性可能会发生很大的变化,这势必会造成图像的严重时间失相干,导致干涉处理无法进行。而PS-InSAR技术作为对D-InSAR技术的创新,在解决时间失相关的同时,计算并消除大气影响,保证了干涉处理的正常进行。

PS-InSAR的基本原理是:在给定的一组雷达干涉图像中,按照某种准则选择相位稳定的一系列点作为永久散射体,也就是PS点,并且根据给定的相位模型,去除这些PS点上的大气附加相位、DEM误差和其他噪声,进而得到准确的地表升降变化值。通常,PS技术需要处理同一地区30幅以上的干涉图,以选取一组反射特性强、时间上稳定的地物目标作为PS点,保证计算结果的精确性。

3. PS 点的选择

PS-InSAR技术实施的关键在于选取大量时间上稳定、反射性强的目标点作为反射体。可以作为PS点的地物目标有两类:一是天然PS点,如建筑物、无植被覆盖的山峰、山脊、裸露巨石等,这些地物的几何尺寸有的可能小于像元分辨率,但由于它是强散射体,仍然表现出稳定的振幅和相位关系;二是人工PS点,如人工角反射器等。选取天然PS点虽然经济可行,但是为了保证计算的精度,干涉处理时往往要在一幅图像上选取大量的点,这对研究人迹罕至区域地壳形变的工作来说是一个挑战,因为在这些地区不存在或很少存在由人工建筑物所形成的强反射体,在PS点数量上达不到要求。而作为对PS技术的补充,人工角反射器技术的利用则可以很好地解决这个问题。

4. PS-InSAR 数据处理

PS-InSAR 数据处理包括以下几个过程。

(1)生成干涉图

给定要进行 PS 处理的 $N+1$ 幅 SAR 图像，选择其中一幅作为主图像，其余的作为从图像。主图像的选择要考虑到空间基线、时间间隔、季节及图像质量等因素，如果分析的结果表明主图像的相位受大气影响很大，则应该选取其他图像作为主图像。选定了一幅主图像和其他 N 幅从图像后，可以生成 N 幅干涉图，同时获得相干图及重采样后的从图像等。在生成干涉图的同时，还应该去除平地效应引起的相位。

(2)PS 点检测

PS 技术研究的对象不是整幅干涉图像，而是干涉图像中具有较好相干性的 PS 点。PS 点的选择对于地壳形变计算至关重要，一方面，我们希望选择尽可能多的 PS 点；另一方面，要避免错误地选入其他点作为 PS 点，以避免造成结果的偏差。统计和分析每个像元的强度值和相干性，设定一个阈值，可以确定 PS 候选点。消除大气影响和其他误差后，还要再次计算，对这些候选点进行适当删除和增加。

(3)地形相位去除

在生成干涉图的同时还应去除平地相位。为了分离出形变相位，还要通过外部 DEM 或干涉生成的 DEM 去除地形相位。

(4)求解

在去除平地相位和地形相位之后，剩余的相位成分包括形变相位、大气相位、DEM 误差引起的地形误差相位、噪声相位等。有 N 幅干涉图，对每一个 PS 点也就有 N 个等式。对这些等式进行联立解算，得到最优的形变速率、DEM 误差和大气相位项。对经过大气相位修正的干涉图再次进行计算，可以得到大气校正后的形变值。

5. PS-InSAR 技术在地壳缓慢变形监测中的应用

地壳形变是断层运动与板块活动的直接反映，它的变化是一种缓慢的过程，因此，可以利用 PS-InSAR 技术监测地壳长期缓慢形变。首先在地壳活动比较强烈的地带安装人工角反射器，结合天然 PS 点，不断增加观测网的点密度。根据获取的研究区连续几年的 SAR 图像，通过 PS 处理计算出研究区域活动断层每年的地壳形变位移量、年平均形变位移量、运动速度等定量数据，结合 GPS 数据分别计算出断层水平与垂直方向的位移形变量、滑移方向，将两个方向上的位移形变量在时间轴上进行矢量叠加，可以得到区域地表的三维动态位移场、速度场和应变场，进一步建立断层运动与地震发生的理论模型，为监测震前的微量形变、震间的同震位错和震后的变形回弹等地表形变研究提供可靠数据。

第10章　雷达图像解译

遥感图像解译是遥感应用的重要组成部分，雷达图像解译不完全类似于常规的遥感图像解译。本章介绍雷达图像解译的一些特点。

§10.1　雷达图像的解译标志特点

遥感图像解译判读是根据遥感图像及相关资料，将地图上或者其他目的所需要的地形要素识别出来，并用规定的符号在图像或图纸上表示出来的技术。

遥感图像是对地物电磁波辐射的记录，它不仅包含了物体的空间信息，也包含了物体的光谱信息。近年来，随着空间遥感技术和遥感传感器的发展，遥感图像的空间分辨率和光谱分辨率越来越高，对遥感图像解译提供了有利条件。

雷达传感器成像机理独特，不同于可见光和红外图像。由于它是主动遥感，以斜距成像，有多种极化方式，它的色调与我们所观察到的自然界色彩有较大的差异，甚至完全相反，故其解译过程有着许多与其他图像不同的地方，因此对雷达图像进行目标解译也显得与众不同。

对雷达图像进行解译时，同样可以针对不同地物目标的特征建立解译标志，即根据色调特征、形状特征、几何大小特征、阴影特征、纹理图案特征及相对位置特征等方面的特点，建立标志信息，借以区分不同的地物。

雷达图像记录的是目标的后向散射强度，因此原始雷达图像都是黑白图像。物体在雷达图像上的色调是雷达回波强弱的表现，它主要取决于物体散射截面，而散射截面又取决于目标的后向散射系数和目标的表面积，因此，后向散射系数直接决定了目标在雷达图像上的色调。除此之外，雷达图像的色调还与其他许多因素有关，例如波长、入射角、极化方式、地物目标的方位、复介电常数、表面粗糙度、是否构成角反射器等。因此，在分析雷达图像色调时，必须考虑这些因素。

目标物体在雷达图像上的形状一般来说与物体本身的形状是类似的，例如铁路、公路、水渠等在雷达图像上仍然是线状的，盐田、稻田和耕地等则仍然呈现明显的面状结构。但是有许多目标，特别是一些几何尺寸不大，但后向散射系数很大的目标，其在雷达图像上的形状与实际形状差异很大，而且常常是实际目标的部分轮廓。例如，平顶楼房在雷达上一般表现为“L”形，或者表现为细条状。一些面积较大的目标物体，例如，大型油罐、工厂的大型车间等在雷达图像上的形状一般只是其边界形状，单纯从视觉上看与实际地物形状同样差别很大，因此在分析地物形状时，应注意这些情况。

地物在雷达图像上的大小与图像的分辨率有关，其大小应按照像片比例尺缩小，但是在雷达图像上的目标的大小往往不符合这个规律。例如，我们比较感兴趣的铁路、居民地、飞机、植被及其他特殊地貌，它们在雷达图像上的大小，不仅取决于影像比例尺，而且与这些目标的后向散射特性关系很大。公路、铁路在雷达图像上一般比实际宽，而植被的范围由于极化的关系有可能比实际范围要小。低分辨率的情况下有可能无法准确反映地物大小，分辨率高的情况下，又取决于它的回波信号与邻近地物的差异，否则无法辨别出它的大小。另外，地物所处的位置也是影响目标解译的重要因素，如果目标在坡面上，因为透视收缩、叠掩和阴影的影响会造成图像的变形，这些因素都会影响雷达图像的解译。

雷达图像的阴影是由于高于地面物体的遮挡，使雷达脉冲无法到达的区域在雷达图像上所形成的黑色调影像。雷达阴影的产生与地形坡度、雷达入射角等有关，因此在解译时，须将阴影部分靠近判读人员，亮的部分则远离判读人员，否则会造成错觉，将原本是凸起的地形看成是凹下的。

纹理是色调变化的空间频率，在雷达图像上的纹理是其分辨率的函数，它一般可以分为3种，即细微纹理、中等纹理和宏观纹理。细微纹理与分辨单元的大小和分辨单元内独立地物的多少有关，如果有高分辨率的图像，就能发现地物纹理上的差异，比如不同类型的植被等。中等纹理是细微纹理的包络，它是由数个分辨单元为尺度的纹理特征，由多个分辨单元中的同一目标色调的不均匀性或不同目标的不同色调构成，比如在有露生树种的森林区域，再如沼泽地带中各种土壤和植被的分布等，其图像中的纹理带有斑点或亮点，有的则是颗粒状的，同一类型地物的中等纹理则比较有规律。中等纹理特征是雷达图像解译中常用的纹理特征，它在图像分析中起着重要的作用。宏观纹理是以数百个甚至更多的分辨单元为尺度的色调变化特征，它主要反映地形结构特征。由于雷达回波随地形结构变化改变了雷达波束与地物目标之间的几何关系和入射角，从而造成宏观纹理的变化，宏观纹理是地形地貌和地质判读中的关键因素(舒宁,2003)。

地物的相对位置关系在雷达图像的判读中往往起着特殊作用，特别是在铁路、桥梁、公路和居民地区域。在这些特殊区域，由于雷达成像的特殊性，有些目标往往被遮挡，而在某些情况下，由于多次反射的因素有可能形成虚假目标。在这些情况下，可以通过不同目标的相对关系进行正确解译，辨别目标的类型。比如道路与路旁的树木，有时邻近地物的回波可能掩盖道路的信息，但其两旁的目标如树木却可以在图像上表现为亮线条，从而把道路的信息透视出来。

§10.2 雷达图像中各类地物的解译简介

10.2.1 植被

影响植被回波大小的因素主要是它的含水量、粗糙度、密度和结构等，雷达波束的入射角也是植被分析的重要参数，适当的入射角和观测方向可以更好地识别出图像上植被的边界。植被层下面是土壤，因此可能引起穿透植被灌层能量的表面散射。如果植被很密，从植被上将产生很强的后向散射。一般的，农作物类型的植被和树叶对于较短的波长的敏感性好，在这些波长中，体散射占有优势，而下面土壤的表面散射最小，而较长的波长则对于树干和树枝的敏感性更好。不同农作物的散射回波差异不大，因此，解译农作物时，主要影响因素是农作物表面的粗糙度，因此利用多极化信息，再结合多波段和多时相的变化信息会更有利于农作物的解译。一般而言，VV极化方式比较有利于农作物的解译，但农作物表面常常是一个粗糙面，具有去极化作用，故利用交叉极化方式能提高分类的可靠性。

一般说来，含水量大的植被回波信号强，沼泽地植被的回波比干燥地的回波要强。植被的粗糙度也可分为微粗糙度、中等粗糙度和宏粗糙度。微粗糙度的尺度小于一个分辨单元，仅与植物本身的状况如叶面大小、树冠疏密、枝叶密度等有关。中等粗糙度一般以数十甚至数百个分辨单元为尺度，它与植被的密度、高差及分布有关，与图像的纹理有直接关系，一般分布着稀疏植物的地面和农作物的图像纹理比较均匀、细致。而自然植被的雷达图像有更多的斑点。宏粗糙度实际上是地貌粗糙度，这样的地物目标在雷达图像上的回波强度主要受坡度的影响。

植被表面的后向散射系数还受到其他因素的影响，例如含水量高的植被比干燥的植被后向散射更强；同样，农作物在雷达传感器的方位向上排列成行比在距离向上排列成行有更多的能量回波。

植被的解译是图像解译中的重要内容。因为地面上大部分为植被覆盖，植被的信息不仅关系到它本身，而且关系到与它有联系的其他地物，例如不同土壤表面上生长着不同的植被，再如植被类型的密度与地质结构和岩石类型同样有关联等。因此，植被的解译不仅局限于植被本身，也影响着植被下覆盖的土壤、岩石和水资源等。

不同的季节和植被不同生长期对植物回波的影响也很明显，因为植物在不同的季节和生长期含水量不同，植物枝叶密度不同。因此，利用多时相雷达图像，会有助于更好地区分不同类型农作物。图 10.1 和图 10.2 给出了雷达图像用于植被分类的例子，图 10.1(b)为 X 波段雷达图像，分辨率为 0.5 m；图 10.2 是巴西雨林地区不同地质层、湖泊和森林的雷达图像和卫星光学影像。

(a) 卫星光学影像　　(b) SAR图像

图 10.1　雷达图像和卫星光学影像植被区域对比

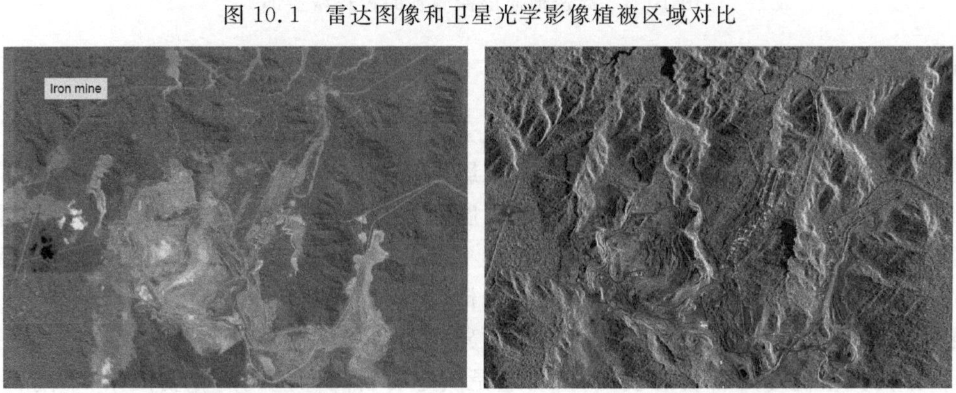

(a) 卫星光学影像　　(b) 雷达图像

图 10.2　巴西一区域雷达图像和卫星光学影像植被区域对比

10.2.2 土壤

土壤的回波主要与土壤的含水量、粗糙度和土壤颗粒结构类型有关。土壤的介电常数随土壤含水量的变化十分明显，从而大大影响雷达波束的后向散射系数。土壤的后向散射系数除了受含水量的影响外，还受土壤表面的粗糙度、土壤结构、土壤盐成分等影响。

一般说来，土壤的含水量增加，其表面对电磁波的反射增大，回波增强，穿透力减弱。实验表明，X 波段的雷达波束在干砂土中可穿透 100 cm 左右，若含水量增加 3%，则穿透深度减少一个数量级。在没有植被覆盖的情况下，一般可以依照土壤的含水量和粗糙度对土壤进行区分。在有植被覆盖的情况下，则不仅要考虑不同类型土壤的含水量因素，还要顾及不同植被的长势和类型。

因为水的介电常数至少是干土的 10 倍，所以可以在雷达图像中探测到无植被生长的裸露土壤表层几厘米深处的水分。土壤湿度通常将雷达波的穿透能力限制在几厘米深的范围内，如果是极端干燥的土壤，例如在沙漠地区，L 波段的雷达波一般可以穿透几米到几十米深。

中科院利用雷达技术探测地下目标，特别是考古方面研究取得了丰硕成果，图 10.3 为利用 SIR-C 雷达图像探测到的宁夏和陕西交界处的明长城遗址。

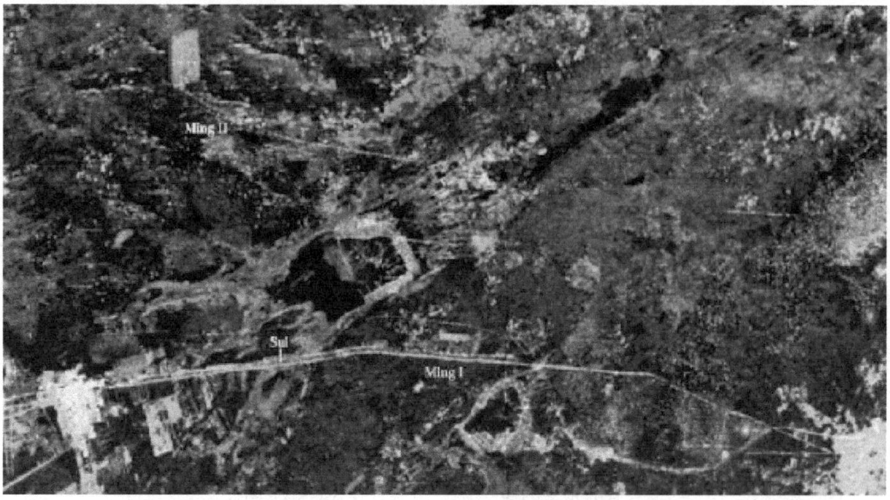

图 10.3 穿透地质层探测到的古长城遗址

10.2.3 岩石和地质构造

岩石的散射特性主要取决于它们的组成成分。一般而言，暗色矿物含量高的岩石，介电常数高，散射的回波响应强一些；岩石的含水量也影响矿物岩石的介电常数，因而也影响了雷达图像的色调；另外，岩石的介电常数还与它的亮度温度特性密切相关；岩石表面的植被覆盖、岩石表面形状的随机性也使得对岩石的分类增加不少的困难。

在雷达图像上对岩石地层及地质构造的分析、识别和判断，主要是借助于岩石的表面粗糙度、风化特点、岩石的元素组成和地貌形态等差异所形成的雷达图像色调和纹理结构的差异进行区分和分类。粗糙度是岩石的表面特征，它是决定岩石图像色调的重要因素；不同岩性的岩石由于风化的作用会形成不同的地表形态，反映在雷达图像上则是不同的纹理。另外，还应利用不同岩性形成的特殊的图像特征和水系网、植被、耕地等相互位置关系信息进行分析解译。

因此，雷达图像对于地质构造分析和解译十分有意义，岩石的解译不仅可以得到地势、地貌的信息，还可以获取地质构造信息。

雷达波束的入射角对于从雷达图像上分析岩石结构有重要影响，当雷达波束方向与地面线性构造方向垂直或接近垂直时，线性构造的信息反映得最为丰富。如果入射角合适，则不会产生大量阴影，并可避免造成图像的变形，则地质构造的信息通过纹理分析更容易地表现出来。通过纹理分析，可以将地貌和地质结构信息综合为一体，更有利于岩石和地质构造的分析。图 10.4 分别给出了两个区域的卫星光学影像及其相应的雷达图像，从雷达图像上的不同纹理可以看出地质构造的不同。

(a) 卫星光学影像　(b) 相应地区雷达图像　(c) 卫星光学影像　(d) 相应地区雷达图像

图 10.4　不同地质构造的雷达图像和卫星光学影像对比

10.2.4　水

对于水系而言，平静的水面总是构成镜面反射，无回波信号，在雷达图像上为黑色调，这种情况有时与雷达阴影发生混淆，例如面积很小的水面。在这种情况下，可以利用水面周围地物与水面形成的不同的回波信号，并结合相互位置关系对水系进行准确解译。对于有波浪的水面，由于水面的粗糙度比较大，因此在雷达图像上出现明暗相间的色调变化，或者有斑点存在，因此在这种情况下很容易发现水面。

对于流动的水系如河流而言，河流的流向与雷达波束方向所形成的角度不同，会影响雷达图像的色调。当河流的流向与雷达波束方向垂直或它们之间的夹角比较大时，由于河堤或岸边的树而形成角反射器，在图像上产生强回波，与河面形成较大的反差，因此比较容易发现和分类河流。

当河流流向与雷达波束方向近乎一致时,河岸地物所形成的角反射器效应就会消失,河流的边界不会有明显强回波,因此解译比较困难。

用海洋资源雷达卫星系统进行实验显示,当波浪高度大于大约 1 m、表面风速超过 2 m/s 时,波长大于 100 m 的波浪可以被探测到。同时还发现,当波浪在距离方向上移动(向着或者离开雷达系统移动)时,比在雷达方位向上移动更容易被探测到。图 10.5 是一幅跨越河流和岸边的雷达图像,河流上的目标以白色斑点的形式显示。

图 10.5　HIMAGE 3 雷达图像

注:2008 年 3 月 15 日,HH 极化方式,角度为 24°。

海洋目标监测是雷达卫星遥感的重要内容,特别是海洋洋流、海风、海上浮冰、海岸线和海上船只以及海面污染监测等。

污染的海面一般是粗糙的表面,海风也是影响海面粗糙度的主要因素之一,海上油污染使雷达后向散射特性发生变化,一般形成条带状或者斑点。图 10.6 和图 10.7 为雷达图像探测船只和水面上油污的例子,船只在雷达图像上显示的是白色的斑点,而海面上的油污则是条带状形式。

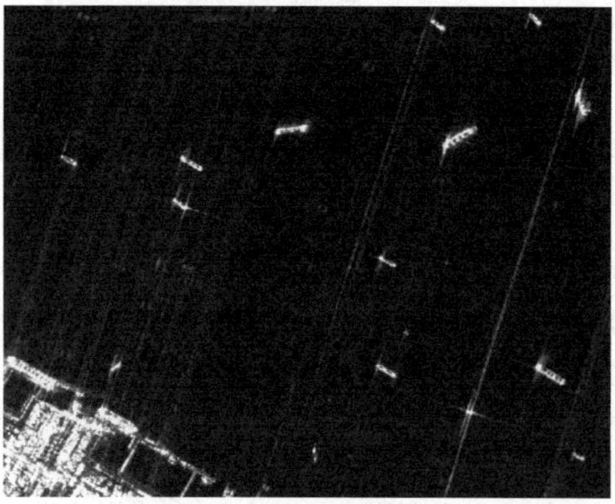

图 10.6　雷达图像探测船只

注:HIMAGE 1 雷达图像,2008 年 3 月 12 日,HH 极化方式,角度为 55°。

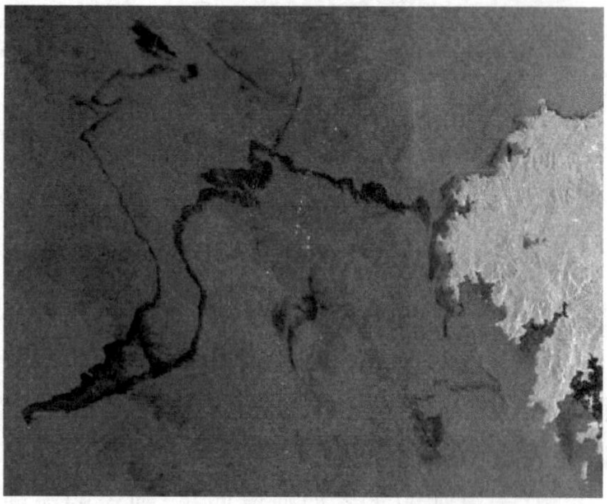

图 10.7　雷达图像探测海面油污

10.2.5 冰雪

冰雪是一类重要的地物。由于冰雪的不同结构、含水量和介电常数等的不同，对雷达波束的反射不一，在雷达图像上色调也出现不同的情况。

在冰面，大面积的冰层一般是光滑表面，回波信号一般很弱或没有回波信号，在雷达图像上一般呈现黑色。但是海面或河面上的浮冰，使水面粗糙度增加，形成了粗糙的表面，雷达回波显著增强，在雷达图像上大多呈现斑点状。

新鲜雪一般密度比较低，介电常数比较小，雷达波束对其穿透能力较强，其表面的反射很小。当雪存在的时间较长，密度增高时，介电常数随之增加，直至达到冰的介电常数，对雷达波束的反射增加。而冰和水的混合物，介电常数进一步增加，随着水的含量增加，冰雪表面的反射能力增强。

雪层是地表各种地物的覆盖层，因此反映在雷达图像上除了雪的回波外，还不同程度地夹杂着地物的回波信号。雪层含水量各有不同，其介电性能因而也不一致，回波信号也就不同。雪的不同厚度对雷达回波也具有一定的影响。另外，不同的雷达波长对雪的穿透程度不一，因而回波信号也不一样，长波穿透能力强，回波就相应弱些。

海面上不同类型的冰具有不同的色调，没有浮冰的水面和光滑的冰在雷达图像上具有相似的色调，浮冰一般呈现暗灰色调，碎冰色调明亮，冰山是有阴影的明亮斑点等。图 10.8 为雷达图像用于监测海上浮冰的例子。

冰的雷达后向散射依赖于介电特性和冰的分布情况。另外，冰龄、表面粗糙度、内部几何学、温度等也是影响雷达波后向散射特性的重要因素。X 波段和 C 波段雷达系统已经被证明可以用于确定冰的类型和冰的厚度。L 波段雷达波对于展现冰的全部范围比较有效，但是，它常常很难准确识别冰的类型和厚度。图 10.9 为 Radarsat-2 用于海上冰探测的例子。

图 10.8　海上浮冰和冰山

注：Cosmos-Skymed 雷达图像，分辨率为 5 m。

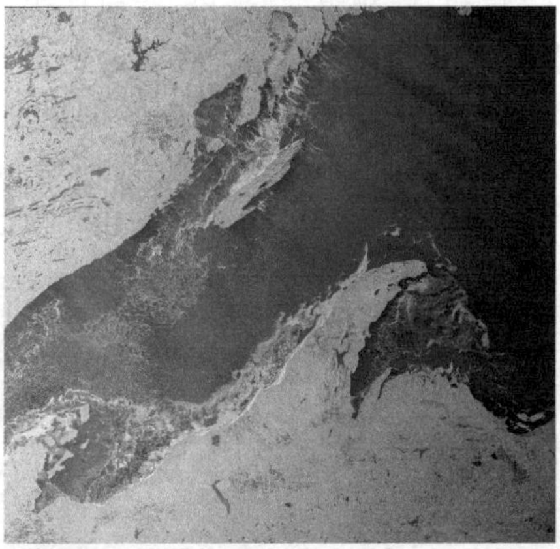

图 10.9　Radarsat-2 ScanSAR

注：VV，VH 极化，2008 年 3 月 3 日。

10.2.6 房屋与城市建筑物

在雷达图像上，居民地及建筑物群是比较容易识别解译的地物目标。居民地主要由建筑物、街道及居民地内外围的树木组成，这些目标一般具有较强的后向散射信号。单独建筑物的侧面和顶面一般可以受到雷达波束照射，侧面与地面等可能组成多个角反射器，故回波较强，不同高度的建筑物也是强反射体，沥青屋顶也具有较强的后向散射能力，居民地内的树木体散射能力显著，因此居民地在雷达图像上一般呈亮色或白色。如果建筑物面积较小，则在雷达图像上出现很亮的点状目标。平顶建筑物屋顶大多形成镜面反射，屋顶呈暗色调，于是整个建筑物在雷达图像上呈现 L 形。图 10.10(a)为很典型的建筑物目标的雷达图像，图 10.10(b)为相应的卫星光学影像，在雷达图像上，建筑物的侧面形成 L 形白色边缘，由于镜面反射的原因，屋顶则为黑色。

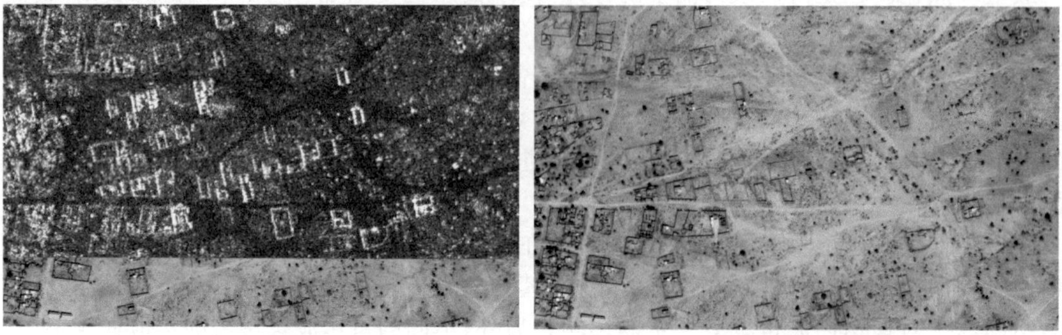

(a) 雷达图像　　(b) 相应的卫星光学影像

图 10.10　建筑物群雷达图像及基于雷达图像的解译结果

村庄、集镇中的建筑物目标面积比较小，其回波强度高，在雷达图像上一般表现为亮点群，因此在雷达图像上很难解译出居民区内的街道。

城市的建筑物群相对密集，排列多且很整齐，建筑物的面积比较大，同时由于排列方向的不同，以及雷达入射角的关系，城市中的建筑物目标有时回波很强，有时可能比较弱，它不像单独的建筑物可以构成角反射器。

城市中的其他目标，例如飞机场等，由于目标的面积比较大，而且具有多种其他辅助设施如机库、停机坪、跑道、指挥塔、候机厅等，建筑物回波强，跑道和停机坪等无回波，因此机场在雷达图像上最明显的特征是黑色的跑道。而机场内的草坪等低矮目标一般具有中等回波，在图像上的特征比较明显，因此机场的识别比较容易。另外，构建机场跑道的不同材料在雷达图像上也可能反映出不同的色调。图 10.11 为机场的雷达图像和对应的卫星光学影像，从图中可以比较容易地解译出机场跑道和其他设施。

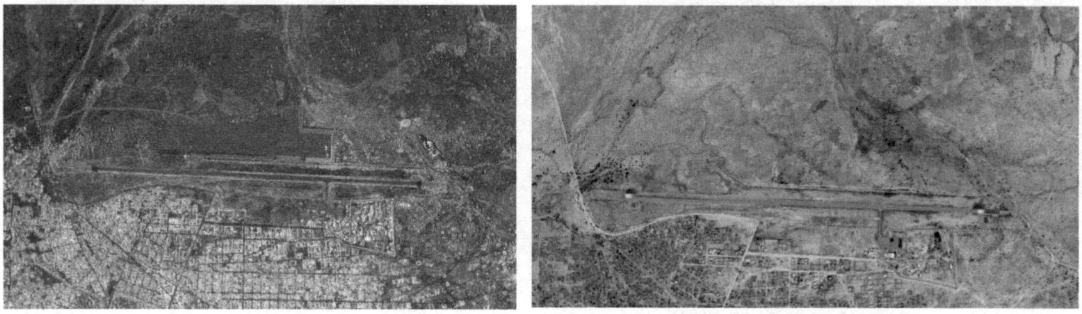

(a) 雷达图像　　(b) 相应的卫星光学影像

图 10.11　机场跑道及机场建筑物群雷达图像及卫星光学影像

10.2.7　公路、铁路与桥梁及其他

公路、铁路、沟渠和桥梁都是线状目标，在雷达图像上可形成比较明显的条带影像，但是由

于构成这些目标的材料的不同、线状目标的走向的不同及雷达入射角的不同，这几类地物目标在雷达图像上的色调往往有较大的差异。

在雷达图像上，决定雷达图像色调的因素很多，例如公路的材料、公路走向和地势、公路两边是否有树林及雷达图像的分辨率等。一般来说，沥青路面比水泥路面的后向散射系数要高一点。公路两边有树木时，在雷达图像上一般呈现亮白色。在 X 波段和 K 波段的雷达图像上，公路的后向散射比较低，图像上是无回波的暗线条。L 波段对公路的表现更好一些。当雷达图像的分辨率较低时，公路很难在图像上体现出来，但道路两旁的地物如建筑物、树林等有可能与道路构成角反射器，而在图像上形成亮线条，因此有助于解译。对于高速公路而言，由于高速公路中间往往有隔离物如水泥墙墩、栏杆或高的植被带，这些隔离物在公路的两条暗线条间一般可以形成亮线条，因此，结合这些因素可以比较容易地解译出不同等级的公路。图 10.12(a)卫星光学影像，图 10.12(b)很清楚地说明了高速公路雷达图像的特点：公路两边是亮色的线条，由于镜面反射的原因，公路路面是暗色的；高速公路之间的隔离带在两条暗线条间形成亮线条。

(a) 卫星光学影像

(b) 雷达图像

图 10.12　高速公路卫星光学影像及雷达图像

沟渠和河流在雷达图像上色调一般比较暗，沟渠的两边或一边有亮色线条，因此，单独从暗线条这一特征上不能说明一定就是公路，灌溉渠道或公路两边的沟渠等目标也有可能形成暗线条，这时需要根据相关的目标进行分析，比如桥梁、水体、建筑物等。图 10.13 为典型的高速公路的雷达图像特点，由于二面角的原因，图中右边的桥梁则为亮色的。

对于铁路目标的解译而言，由于雷达波束入射方向与铁路走向夹角的不同，雷达极化方式的区别及铁路两边树木等因素的影响，铁路在雷达图像上的色调变化很大，有时很强，有时很弱。一般而言，铁路在雷达图像上表现为白色或者灰白色调。当铁路的延伸方向与雷达图像的距离向一致时，图像上的信息为一暗线条，加上铁路路面窄，在分辨率低时，铁路的信息就会被掩盖。在铁路与航向平行时，铁轨与路面，铁路与两旁的树木，路基与两侧地面构成二面角，图像上出现亮线条。但是，如果只有铁轨本身的后向散射起作用，而没有其他的强散射体，由于铁路目标本身比较细，如果雷达图像的空间分辨率比较低时，则铁路在雷达图像上一般呈现为灰色或者深灰色调。图 10.14 为一段铁路在雷达图像上的情况。

图 10.13 一幅典型的高速公路雷达图像

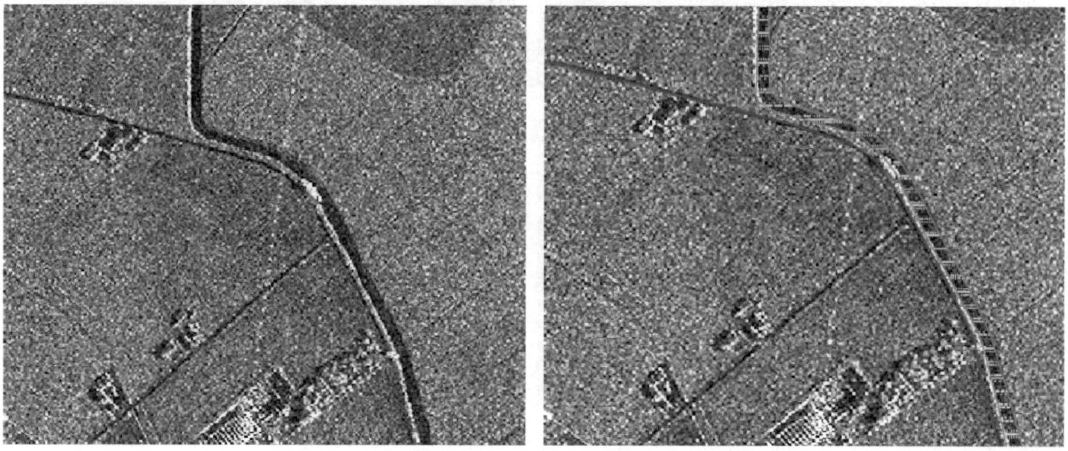

图 10.14 铁路雷达图像及雷达图像解译结果

桥梁一般与道路或河流连通，本身特征十分明显。因此，尽管通常情况下桥梁的桥面因镜面反射在雷达图像上无回波，但是由于桥梁各部分，如扶墙、栏杆、桥墩等之间能形成许多角反射器，并与其他目标联系在一起，此外，桥墩和水面所形成的二面角反射器也能产生强回波，在图像分辨率很高的情况下，甚至可以分出桥墩的数目，因此在雷达图像上，桥梁一般可以比较容易地被识别出来。但是，由于二面角反射器的效应，桥梁有可能在图像上形成虚桥，即图像上可以看到两条靠得很近的桥，这是在判读时应该注意的，如图 10.15 所示。

输电线路如高压线同样是遥感图像解译的重要目标之一。由于雷达图像的分辨率一般较低，高压线很难在雷达图像上显现出来，但是对于高大的钢制高压线塔架，或当雷达图像分辨率较高时，高压线塔架一般具有较强的体散射，因而在雷达图像上可以识别出来。

码头在雷达图像上一般具有比较明显的位置特征，它们都位于河边、海边，因此，这类目标的解译相对容易实现。

（a）卫星光学影像　（b）雷达图像

图 10.15　桥梁的雷达图像及雷达图像上的多重反射

第 11 章　航空激光雷达系统原理介绍

航空激光雷达是一种新型的主动式遥感信息获取系统，对这种系统获取的数据进行处理是当今国内外遥感领域热门的课题。本章介绍激光的特点、航空激光雷达系统的原理、系统获取的数据的初级处理方法，以及系统鉴定的方法和功能特点。

§11.1　概　　述

激光雷达(Light Detection and Ranging，Lidar)和侧视雷达一样，是一种主动式遥感系统。这一技术包括使用激光脉冲定向照射地面并测量脉冲的往返时间，通过处理每个发射的脉冲经过目标反射后返回到传感器的时间，可以计算出传感器到地面或者地面上的目标之间的距离。

用航空激光雷达来精确确定地面上目标的高度，始于 20 世纪 70 年代后期。最初的系统是仿型设备，仅能获得在飞行器路径正下方的地面目标信息。这些最初的激光地形测量系统也是很复杂的，并且不适合于大范围地获取地面目标的三维数据。由于没有高效的航空全球定位系统(Global Positioning System，GPS)，也没有高精度的惯性导航系统(Inertial Navigation System，INS)，所以它们的应用受到了限制。一个比较成功的早期航空激光雷达系统是用于测定水的深度，在这种情况下，第一次被反射的回波记录了水面的信号，然后从水体的底部返回相对比较弱的回波信号，水的深度就可以从脉冲的回波传播时间的差异中计算出来，图 11.1 为航空激光雷达系统的海测原理。

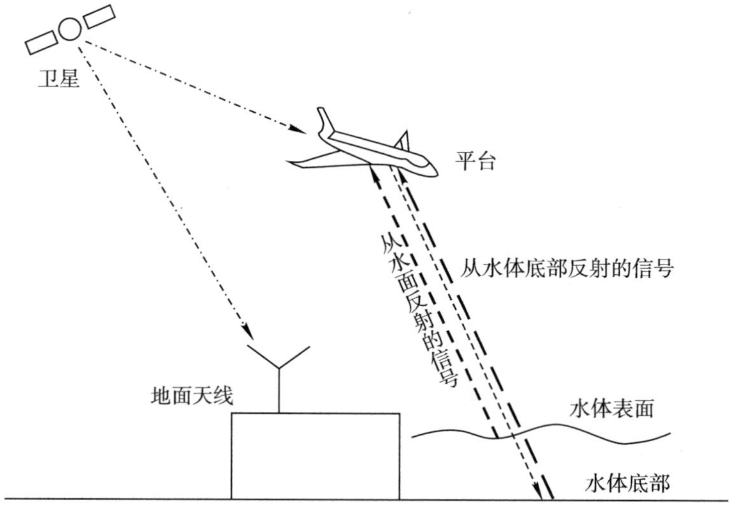

图 11.1　航空激光雷达测量水深原理

使用航空激光雷达的优势在于，对地形和表面特征制图时，可以补充和替代传统的摄影测量方法。优点之一是可以获取山区大倾斜地形区域、森林地区及常规摄影测量手段难以获取的困难地区的三维信息。

航空激光雷达或激光扫描(Airborne Lidar 或 Airborne laser scanning)技术可以说是近数十年来摄影测量与遥感领域最具革命性的成就之一。激光扫描测量是在差分 GPS (Differential Global Positioning System,DGPS)、惯性导航系统支持下,通过激光扫描仪和距离传感器,经微电脑对测量资料进行内部处理、显示或存储、输出距离和角度资料,并与距离传感器获取的数据相匹配,最后经过相应软件进行一系列处理,获取被测目标的表面形态和三维坐标数据,从而进行各种量算或建立地面三维模型。该技术的最初目的是为了在困难地区、森林地区、沙滩及其他一些使用常规摄影测量方法费时、费力或者很困难,直到不可能完成获取 DEM 数据的难题而发展起来的一种高效、直接获取高精度 DEM 数据的技术。

航空激光雷达信息获取系统从 20 世纪 70 年代正式开始研制,表 11.1 给出了该技术的一个概略发展过程。

表 11.1　航空激光雷达技术的发展过程简表

时　间	发展过程
1963—1972	航空断面扫描(Airborne Profile Recorder,APR)及组合光束法平差
1980—1988	在美国及澳洲等国家进行了系统可行性和不同的应用研究
1989—1990	在德国研究基金会特别研究项目 SFB“高精度导航”项目资助下,Ackermann 教授在 Stuttgart 大学第一次开展了激光断面扫描仪的研制
1993	加拿大 Optech 公司的 ALTM 1020 系统第一次投入商业运行;Ackermann 教授在 PFG 杂志上第一次介绍了基于航空激光雷达系统获取地面模型的试验结果
1999	全球范围内超过 30 类可运行的航空激光雷达系统
2001	全球范围内约有 75 个公司使用超过 60 类可运行的航空激光雷达系统
2002	全球范围内约有 120 个公司使用航空激光雷达系统

航空激光雷达技术最初目的是为了用于困难地区的测图和获取数字高程模型(Digital Elevation Model,DEM)或数字地面模型(Digital Terrain Model,DTM)或数字表面模型(Digital Surface Model,DSM)。当然,随着该技术的不断发展,其应用领域远远不止这些。简单回顾一下地形测量的发展,从而可以帮助我们进一步认识航空激光雷达的优势所在。

1965 年前的平板仪测图时代,通常通过 2～3 人使用平板仪和标杆测量特征点,然后以手工的方式绘制等高线、断裂线及地物目标等,这种方式在很长的一段时间里曾经是主要的数据获取手段。从 20 世纪 60 年代开始,航空摄影照片的使用,(摄影)测量学经历了历史性的进步。从 20 世纪 60 年代前后的模拟摄影测量开始,到 70 年代开始的解析摄影测量,经过近 30 年的发展,(全)数字摄影测量可以说基本上已经逐步取代传统的解析摄影测量作业。

(全)数字摄影测量方法获取 DEM 的局限性在于其精度、可靠性和作业周期,特别是在森林地区和植被覆盖密集的地区,自动匹配算法提取的 DEM 的可靠性难以得到保证。因而,人们开始寻求发展更先进和更可靠的直接获取 DEM 的技术,航空激光雷达遥感信息获取系统就是这样一个可以有效解决这一难题的主动式的高效系统。

与传统摄影测量方法相比,通过航空激光雷达技术获取 DEM 有很大的优势,简单讲表现在下列几方面:

(1)对天气和气候条件的依赖较少。

(2)理论上可以白天及夜晚遥感。

(3)不需要昂贵的测图设备。

(4)可以以极高的密度获取地面三维信息(每平方米0.2～8个点)。

(5)特别适合于森林、沙漠等无地面控制的困难地区DEM的获取。

(6)所需费用是传统摄影测量方法的20%～30%。

(7)作业周期是传统摄影测量方法的30%～40%,因而可以更实时地获取现实可靠的DEM。

(8)在平坦地形区域至少可以达到摄影测量的精度,在困难地区高于摄影测量的精度。

当然,任何技术也都有其不足的地方,航空激光雷达技术也不例外。与传统的摄影测量方法相比,在获取DEM方面,有下列不足的地方:

(1)需要地面GPS控制站。

(2)获取的原始离散数据不具有特征线信息。

(3)在某些情况下需要正射影像或者地形图作为数据处理的支持信息。

(4)需要研制高效、可靠的数据后处理方法用于点云数据分类滤波。

对于第二点和第四点,已经可以通过研制和发展高效的数据后处理算法和特征提取算法得到有效解决。在基于点云数据提取特征线方面,国内外许多学者已经或正在进行多方面的研究和系统开发,也有部分比较实用的基于航空激光雷达点云数据提取地面特征坎线的技术和算法。

现代航空激光雷达系统是以“摄影测量飞机”开始的,现有的系统都装备了航空GPS(用于对地面目标和传感器进行三维定位)、惯性导航系统(用于确定遥感传感器相对于地面的角方向)、快速的脉冲调节激光器(频率为每秒2万～10万次脉冲或更高)、高精度的时钟、足够的计算机支持、可靠的电子设备及智能的数据存储等。当然,飞行计划的制订同样重要。

与任何航空GPS使用的情况类似,航空激光雷达系统同样要求在区域内建立有效的已测的地面基准位置,同样需要进行GPS差分后处理。另外,传感器的位置和方向参数需要校正,这是确保航空激光雷达系统数据精度的必要条件。

除了脉冲调制之外,现代航空激光雷达系统能够记录每个脉冲多达5次的返回信号。这种方式保证了航空激光雷达系统可以区别森林冠层和地表面的特征,还可以区别森林的层次结构和森林林叶的下层。在城市地区,航空激光雷达数据的第一次反射可以用来测量树木的表层、房屋的表面和其他不被阻挡的地面目标。这些数据很容易被获取、处理,进而可以获取高精度的DEM或DTM数据。叠加上同时获取的地面彩色影像,可以得到逼真的地面三维景观图。图11.2为德国IGI公司航空激光雷达系统获取的图像,图11.2(a)为使用航空激光雷达技术获取的地面高程数据转换成高程的图,图11.2(b)为相应地区的光学影像,从这两幅对照图中可以看出航空激光雷达技术用于获取地面信息的可靠性。航空激光雷达数据的另外一个优势在于由这种技术获取的数据本身已经带有地理参考系,因此它可以简单而方便地与地理信息系统(Geographic Information System,GIS)兼容。

航空激光雷达点云数据处理可以分成两个层面:第一层面是数据处理的初级阶段,这个阶段主要是对原始的观测数据信号,例如记录的原始信号、时间参数、距离参数、GPS和INS数据进行归化处理、对数据进行坐标变换处理等,初级处理的结果是地面目标的三维 (x,y,z) 坐标,这类数据通常称为“点云”数据。坐标的格式可以根据用户的要求定义,即可以得到不同数据格式的文件;数据处理的第二层面是精处理,也称为后处理(Post Processing),这一步主要是对得到的地面目标的三维（x,y,z）坐标进行分离处理。原始的航空激光雷达点云数据分布在不同的目标上，为了得到 DEM 数据，为了测量树的高度，为了获取城市的三维模型，必须首先对数据进行滤波和分离。

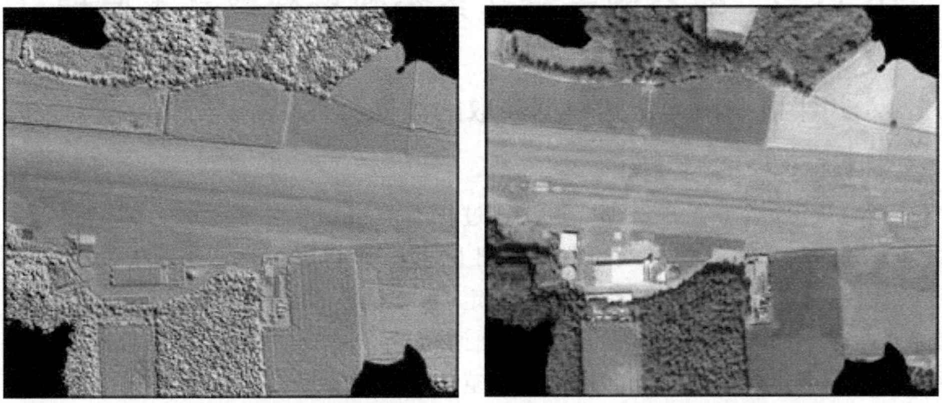

（a）使用航空激光雷达获取的地面高程数据　（b）相应地区的光学影像

图 11.2　航空激光雷达高程数据图像与光学影像的对照

由于地球表面的复杂性，例如植被的不同高度、树木层次的不同、地形起伏的随机性等，航空激光雷达系统飞行时获取的数据量极大，一般每平方米可以记录数个点（可以达到每平方米 3～8 个点以上），也就是说，每平方千米可以记录 300 万～800 万个离散点。图 11.3 为两幅各 1 km^2 的航空激光雷达原始点云数据高程值图像，图 11.3(a)有 300 多万个高程点，图11.3(b)则是由 120 万个离散点云数据产生的高程值图像。

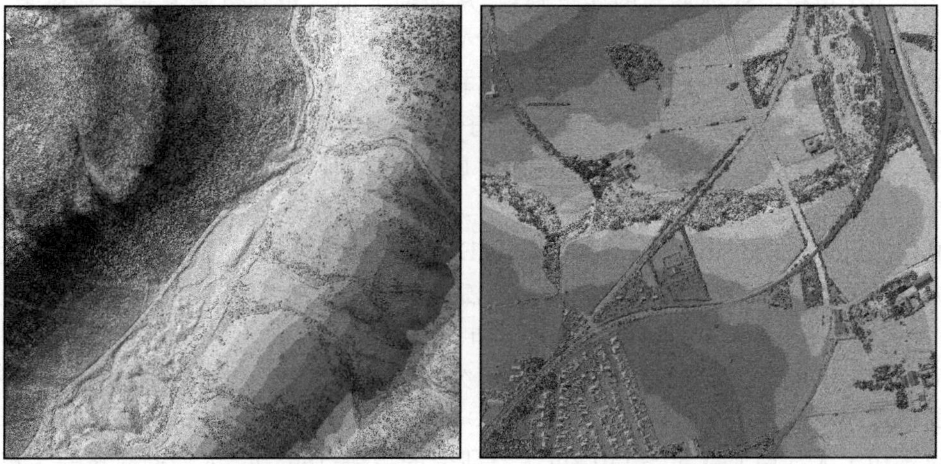

（a）高山地区高程值图像　（b）平坦地区高程值图像

图 11.3　航空激光雷达原始点云数据高程值图像

迄今为止，大部分的激光雷达传感器都是航空的和地面的，即所谓的航空激光雷达扫描系统或地面 3D 激光雷达系统。美国航空航天局在 1994 年和 1997 年两次将航天激光测高仪(Shuttle Laser Altimeter，SLA)安装在航天飞机上，用以建立基于 SLA 的全球控制点数据库，激光脚点间隔 750 m，光斑大小为 100 m，每秒 10 个脉冲。而第一个星载的激光雷达系统于 2000 年在美国航空航天局进行了非动力飞行试验，该系统称为植被冠层激光雷达系统。该系统有五个分离的、工作于波长 1.064 μm 的激光发生器，每一束激光光束在地面上的轨迹是直径约为 25 cm 的圆形。

§11.2 航空激光雷达系统数据获取基本原理

11.2.1 用于航空激光雷达数据获取的激光特性

1. 激光的物理特性

人类对光的认识，经历了一个曲折的认识过程。英国物理学家牛顿(1643～1727)在德国天文学家开普勒(1571～1630)等人的理论基础上，进一步提出了光是从源中发出的微粒，构成一种特殊的物质，光的颜色是由微粒的大小而定的，即光的微粒说。但在同一世纪，荷兰物理学家惠更斯(1629～1695)提出了与牛顿微粒理论截然不同的理论，即光的波动理论。他认为光是一种波，而不是什么微粒，还认为光在水、空气等物质里有一种特殊的物质"以太"。由于牛顿的微粒说和惠更斯的波动说都可阐明一定的现象，所以在当时的科学技术水平中不能确定出哪一个学说的理论更加优越。因当时牛顿在科学界的贡献大、威信高，光的微粒学说占了上风，致使惠更斯的波动学说的观点被忽视，甚至被遗忘了近百年之久。

一个世纪以后，有人使用双缝干涉实验，测出了可见光的相应波长，于是光的波动学说战胜了光的微粒学说而居于主导地位。到了 19 世纪中期，电磁理论得到大力发展，英国物理学家麦克斯韦(1831～1879)根据电磁理论，推断光也是一种电磁波，并推算出电磁波的传播速度为 3×10^5 km/s，而且使推断得以证实。后来，德国的普朗克(1858～1947)等人在做了大量的实验后又提出了电磁波这种形式的能量辐射，从而使人们认识到电磁波是某种粒子，即光量子。为了强调光的粒子属性，光量子被称之为"光子"，光子的质量在运动中显示出来。

光的基本特性，从光的量子理论可以得知，辐射的频率 f 为光子的能量。从波动理论可以了解到，不同的振动波，其频率是不一样的。量子理论又说明，其间存在着 $E=hf$ 关系(h 是普朗克常量)，表明了光具有波动性和微粒性两重属性。这就使人们把光的波动性和微粒性两者统一起来，并用以叙述光的本质。

激光(Light Amplification by Stimulated Emission of Radiation，Laser)是通过激励的射线发射方法的光线加强，或者简单理解成受激辐射光放大，这指明了激光射线的产生过程。自从 1958 年根据 Schawlow 和 Townes 的建议和 1960 年由 Maiman 建造了世界上第一台红宝石(Rubin-Laser)激光器以来，这一技术取得了突飞猛进的发展。在摄影测量和遥感领域，激光技术的应用同样取得了令人注目的成就。1963 年，Fiocco 和 Smulin 第一次报道了关于使用激光技术用于大气层上空 60～140 km 大气研究的结果；1963 年，人们同时试验了第一批激光测高仪，使用这种激光测高仪第一次用于空中三角测量和后来的航空雷达断面扫描系统(Radar Airborne Profile Recorder，Radar APR)，这种航空激光雷达断面扫描系统可以说是现代航空激光雷达技术的最初雏形。Ruddock 和 Schwieder 并于 1968 年第一次报告了使用这种 Radar APR 技术进行飞行的情况和取得的结果。

激光是 20 世纪 60 年代中发展最活跃的科学技术领域之一。激光是一种特殊的光源，正如我们了解到的阳光、灯光等，都是向四面八方辐射的，没有一个确定的方向。但激光具有高亮度、单色性、方向性及相干性好等特点。它广泛应用于工业、农业、科学技术、国防等，在医疗方面的应用更广阔。为了能很好地了解激光，先简单了解一下物质的分子、原子结构。

(1)原子结构。一切物质中分子是由原子组成的，而原子又是由原子核和电子构成的。原子核带正电荷，电子带负电荷。原子核中所带的正电荷与核外电子带的负电荷在数值上相等，其代数和是零，使整体的原子呈中性。原子核是原子的核心，它的密度很大，不计核外电子质量，那么原子的质量就可以由核的质量来决定。核外电子一面绕原子核转，一面不停地自转，这样的运动与太阳系中各个星球围绕太阳的旋转相似。原子核由带正电的质子及不带电的中子组成，在核内质子与中子的数目是相等的，所以使原子整体呈中性。在原子核周围的电子是由静电引力把它们吸引在原子核的周围，并且电子与原子核保持一定距离。在某种原因的作用下失去核外电子，使原子转变成离子而带电，即具有电的性质。原子核外的电子排列比较规律，不是杂乱无章地排列，是以不同层次及不同轨道排列。最靠近原子核的第一层电子与原子核的作用力最强，离原子核越远的电子层，电子与原子核之间的作用力就越小。二者之间的作用力越小，越容易推动电子。外层电子与原子核的作用力松散，因此在较小能量的作用下电子就可以脱离原子核，使原子变成离子。在化学反应中最外层电子为价电子，在光学中，最外层电子参与光学过程，如光的吸收、光的发射等，因此在光学中最外层电子叫光学电子。

(2)能级和状态。原子中电子总是不停地在自动轨道上运动，由于电子运动时产生一定的动能，电子被核吸引则有一定势能，这两个能在原子中构成了原子内能。内能取决于核外电子与核的距离，距离增大，内能增大，反之缩小。由于核与电子的距离对内能有影响，那么原子内的电子从一个自行轨道跳跃到另一轨道，就反映了整个原子内能的变化。一般表示原子能量的方法是把能量的大小，按比例画出数条横线，每一条线代表一个能量值，从而体现出原子能量的不断连续性，只有在这些横线上能量存在，其他的地方无能量，这主要是由于原子中的电子运动的轨道是固定的。每一横线叫做原子的一个能级，把这些线画在坐标轴中，所形成的图为原子能级图。最下面的能级为 E1，在 E1 能级上原子的能量状态叫原子基态，基态以上的能级叫高能级，如 E2、E3，…都为激发态。一般正常情况下，大多数原子都处于低能级上，只有少数在高能级中。近代物理学中已经知道，原子核外的电子是按主量子数 n、角量子数 L、磁量子数 m 和自旋量子数 s 来排布，并遵循泡利不相容原理和能量最低原理。

(3) 原子光谱。在正常条件下，原子外层电子总是处于最低能级轨道，以保持稳定状态。当外界有足够的力量作用于基态的原子时，就可以使基态原子中的电子从它所在的轨道能级跃迁到外层高能级的轨道，这种由低能级跳跃到高能级的过程叫激发。当电子从高能级跃迁到低能级时把所吸收的能量以光波的形式发散出来，形成大家熟知的发光现象。原子所吸收的能量，以及原子所放出的能量，都是相应能级上的能量之差。即 $f=1/h(E_n-E_k)$，在此公式中，f 是发射光波的频率，h 是普朗克常量，E_n 是原子在高能级上的能量，E_k 是过渡到低能级上的能量。从能量之差可以了解到，原子中的电子跃迁越高，在复回原级位置上时，释放的能量就越高，因此这就是产生原子光谱的原因。

激光光线物理特性的不同主要在于其光源的不同。从最早的红宝石激光器，到现在的氦-氖激光器(He-Ne Laser)，使用的激光器材料的不同决定了激光器使用可能性的不同。按照使用材料的不同，一般可以将激光器分成气态激光器(例如 He-Ne Laser)、液态激光器、固态激光器(例如红宝石激光器，钕-钇铝石榴石激光：NeoDymium-Yttrium Aluminum Garnet，Nd-YAG 等)及半导体激光器(例如镓-砷化物激光：Gallium-Arsendide，Ga-As 激光器)。对实际使用而言，激光器的动力起重要作用。

人们也可以将激光器分成连续波激光器（Continuous Wave Laser）、脉冲波激光器（Pulse Laser）、多普勒或非多普勒、相干或非相干、点光束或扫描光束等激光器。固态和液态的激光器只能以脉冲方式发射激光脉冲；半导体激光器可以以连续波和脉冲波两种方式工作。

连续波激光器通常用于距离近的被测对象，着重平均特性的测定，而不是针对对象个体特性的测量。

脉冲波激光器的优点是激光能量大，信噪比高，因此适用于距离远的被测对象，如航空、航天遥感。此外，还有连续波和脉冲波兼有的。

多普勒激光雷达是利用激光与被测物相对运动而产生的多普勒频移来测量而得名的。当目标远离激光源运动，返回脉冲波长将增长；当目标接近激光源运动，返回脉冲波长将缩短。

相干激光雷达是指既可测量回波强度，又可测量回波相位的激光雷达。众所周知，从回波相位中可以提取回波平均频率、平均频谱和极化等信息，进而提取被测对象的有用信息，如平均风速信息就包含在平均频率中。

点光束是指非扫描聚焦光束，通常以光斑尺寸和光斑间隔来表达，扫描光束如同扫描型光学辐射仪，通常以瞬时视场（Instantaneous Field of View，IFOV）和扫描视场（Field of View，FOV）来表征。点光束光斑尺寸通常为几十米，光斑间隔为几百米到几千米。扫描光束的IFOV，小的只有几十厘米，大的为几十米；FOV为几十米到几千米不等。激光高度计通常是点光束型，激光制图仪（Laser Mapping）则为扫描型，供测绘3D地形图使用，所以又称为成像型激光高度计（Imaging Laser Altimeter）。

Nd-YAG激光器属于固态激光器件，作为载体，钕（Nd）材料位于YAG结晶中。发射的光线的波长位于近红外波段，其波长为1 064 nm，最大功率可以达到50 MW，同时可以在10～35 ns内产生进一步的脉冲。这种固态激光器的另外一个优点是需要的电力能源很低，激光光束的最大作用距离可以达到10 km，这个作用距离对于航空遥感来说足够了。这种激光器件的一个最大的缺点是其脉冲重复频率太低，现有的这种激光器件的脉冲重复频率只能达到10～20Hz，这一致命的缺点限制了其使用的范围。

Ga-As激光器是一种半导体激光器件，半导体激光器与其他激光器件的区别主要有三个方面，即材料的结构、功能和产生的光束的特性。由于半导体的生产方式及其便宜的成本，使半导体激光器件成为激光扫描系统的主要来源。另外一个优点是半导体激光器相对较低的输出功率，它只需要200 W左右。半导体激光器的工作波长一般位于904 nm，在150 W的脉冲频率情况下，这种方式的激光器的有效作用距离可以达到500～600 m，脉冲持续时间为15 ns，而其脉冲重复频率可以达到4 kHz。

2. 激光在大气中的传输

激光光束的波长较短，大气对它的吸收和散射作用较强，大气穿透能力较差，大气层中的雨滴、尘埃、雾、霾等对激光的干扰作用比较大。大气层对激光光线的影响主要有两个方面，即大气衰减和折射。大气衰减主要是由气体分子和气溶胶粒子、尘埃、雾、雨等的吸收和散射引起的；大气折射则主要是大气密度分布不均匀而导致激光光线沿光路产生的折射。

假设光束传播路径上大气层均匀分布或分层均匀分布，则光的传播特性可以用布格埃-朗伯特定律描述为

$$I(\lambda,s)=I(\lambda,0)e^{-\sigma(\lambda)s} \tag{11.1}$$

式中，s 为传播距离，$I(\lambda,0)$，$I(\lambda,s)$ 分别表示波长为 λ 的激光光束的初始光强度和在距离光源为 s 处的光强度，$\sigma(\lambda)$ 表示与波长有关的衰减系数。

而总的衰减系数可以按照式(11.2)计算，即

$$\sigma(\lambda)=\sigma_m+k_m+\sigma_a+k_a \tag{11.2}$$

式中，σ_m 为散射系数，k_m 表示分子吸收系数，σ_a 为气溶胶散射系数，k_a 气溶胶吸收系数。

大气的散射分为瑞利散射和米氏散射。当光线的波长远远大于大气中粒子直径时，大气散射表现为瑞利散射。当大气微粒直径很大，与激光波长大小类似时，大气散射服从米氏散射规律，一般说来，米氏散射是气溶胶散射。总体说来，大气分子和气溶胶的散射系数服从高度的负指数规律，即随着高度的增加，散射系数很快减小。当在 5 km 以上高度大气层时，气溶胶散射系数与地面相比一般相差一个量级以上；当接近地面和在低空时，气溶胶散射占据主要地位；在高空时，分子散射与气溶胶散射的效果相当。

3. 激光的反射特性

激光光束发射到物体上会发生不同的能量转化现象，这种能量变换与物体材料的特性、波长和激光光束的能量有关。能量转化体现在能量和几何-光学特性上，例如高性能的能量转化特性可以用于医学和机械上的材料切割。对于激光测距而言，激光光束受大气层的影响(即大气吸收)是我们所关心的。大气吸收主要由散布在大气层中的尘粒和水蒸气引起，激光光束的能量由此而衰减并最终限制了激光设备的最大作用距离，温度、气压、水蒸气的分布等是激光光束衰减的主要原因。

激光光束的反射性能属于几何-光学能量转换特性。发射到地球表面上的激光光束原则上以漫反射的方式向四周反射，而不是向一个特定的方向反射。方向反射只有出现在镜面反射的情况下，即只在玻璃或者金属材料的表面上时才可能产生这种镜面反射。

漫反射特性除了可以以几何的观点分析外，还可以以能量的观点考察，因为反射的激光光束在大气中的分布也可以以能量分布的方式起作用。当然这种作用与地形表面目标的方向特征有关，并且可以通过反射系数(反射率) ρ 来表达。根据不同的目标，自然表面的反射系数有下列基本的变化范围：对于沙地表面，其反射系数介于 10%～30%之间；植被类表面的反射系数在 30%～50%之间；对于雪和冰类的表面，其反射系数则位于 50%～80%之间；对水面而言，激光光束的反射率取决于水面的运动性，对于平静的水面，激光光束的反射率大约为 1%，在运动的水面上可以达到 20%的反射率。

对于地形测量目的而言，森林地区的反射特性起着重要的作用。如果主要使用 Nd-YAG 和 Ga-As 激光器作为激光距离测量光源的话，在地面目标是固体时，这两种主要在近红外波段发射光线的激光器不具备穿透能力(与其他微波遥感相比)。在这种情况下，如果谈论激光光束的穿透能力，则表示的是激光光束通过森林地区的局部无树木的“空地”穿透到达地形表面的情况。因此，在比较密集的森林地区，激光光束在反射的过程中有可能在树木的多层次上发生多次反射，最终可能一部分发射的激光光束到达地面后被反射，并被激光器上的接收单元接收。还有可能部分发射的光束经过一次或者多次反射后被接收。表 11.2 为部分地面目标的反射系数。

表 11.2 部分地面目标的反射系数

反射体目标	反射率/(%)	反射体目标	反射率/(%)
白纸	接近 100	黑橡胶	5
雪地	80～90	洁净的水面	5
落叶林	约 60	白色的砖石建筑	85
针叶林	约 30	石灰石、黏土	75
干地	57	海岸、沙滩、沙漠裸地	50
湿地	41	平滑的湿泥土	24
含卵石的沥青	17	熔岩	8

4. 激光的瞬时视场角 IFOV

如果知道激光的波长 λ 及激光器光孔的孔径 D，则可以按照式(11.3)对因有限衍射形成的激光的发散角度进行估计，即

$$IFOV_{\text{diff}} = 2.44 \cdot \frac{\lambda}{D} \tag{11.3}$$

5. 激光的光斑大小

激光光线照射在地面上的瞬时光斑大小称为激光光束在地面上的光斑，也有人称为激光脚点的光斑大小。由于航高和飞行速度的关系，其在地面上的形状一般为近椭圆形。它与平台的航高 H、地面倾斜(地形坡度)ω、倾斜角 θ 及激光光束的发散角 β 等因素有关，图 11.4 所示为不同飞行姿态和地面倾斜条件下的激光光斑情况。

当飞行平台处于水平飞行状态而没有倾斜，并且地面也处于平坦状态，激光光线垂直照射地面时，如图 11.4(a)所示，则激光光斑大小可以按照式(11.4)计算，即

$$2L = 2H\tan\left(\frac{\beta}{2}\right) \approx H\beta \tag{11.4}$$

例如当飞行航高为 1 000 m，激光光束的发散角 $\beta = 1$ mrad 时，按照式(11.4)计算得到的激光光斑大小为 1 m。

当飞行平台处于水平飞行状态，且地面平坦，激光光线以倾斜角 θ 照射地面时，如图 11.4(b)所示，则激光光斑大小按照式(11.5)计算，即

$$2L = H\left[\tan\left(\theta + \frac{\beta}{2}\right) - \tan\left(\theta - \frac{\beta}{2}\right)\right] \tag{11.5}$$

当飞行平台处于水平飞行状态，地面倾斜角为 ω 时，激光光线以倾斜角 θ 照射地面，如图 11.4(c)所示，则激光光斑大小可以按照式(11.6)计算，即

$$2L = \frac{H\sin\left(\frac{\beta}{2}\right)}{\cos\theta\cos\left(\theta + \frac{\beta}{2} - \omega\right)} + \frac{H\sin\left(\frac{\beta}{2}\right)}{\cos\theta\cos\left(\theta - \frac{\beta}{2} - \omega\right)} \tag{11.6}$$

从激光器上发射的激光光束在地面上形成具有一定面积的光斑是航空激光雷达系统的特点。激光光束只有在地面形成一定大小的光斑，才有可能接收到足够的反射能量。在其他因素，如地面倾斜、瞬时视场以及激光光束的发散角等不变的条件，光斑的大小与航高的关系示意图如图 11.5 所示。

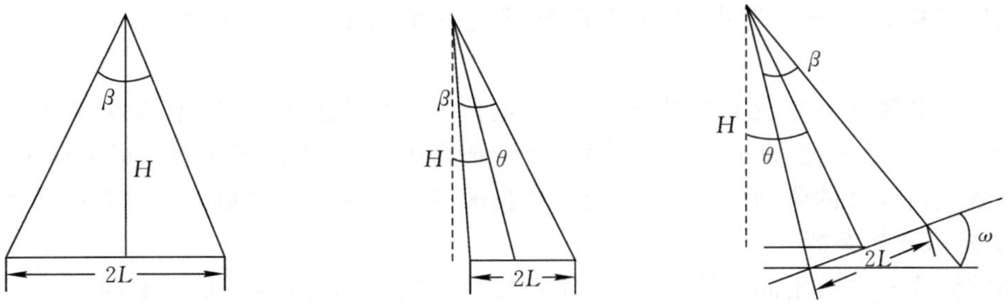

(a)　(b)　(c)

图 11.4　不同地形和飞行姿态情况下激光光斑情况

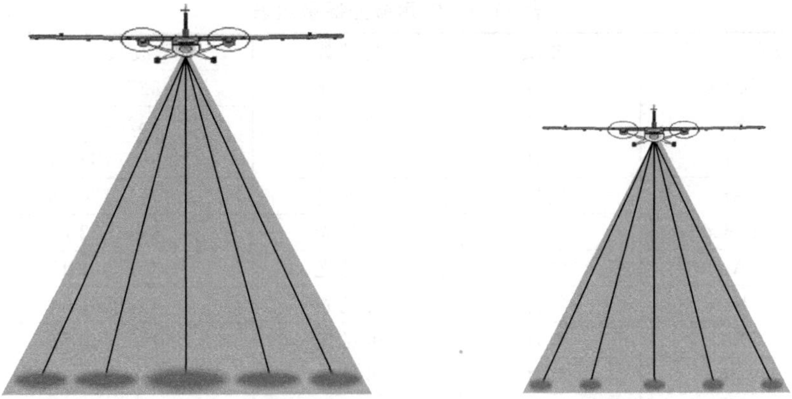

(a) 航高高，光斑大　(b) 航高低，光斑小

图 11.5　同一系统不同航高时激光光斑大小

11.2.2　激光器系统及激光器参数

1. 星载激光器系统

2003 年 1 月 13 日，在美国加利福尼亚州范登堡空军基地，美国航空航天局用美国波音公司的 Delta-2 火箭，成功地发射了“激光高度计试验卫星”(ICESat)。这是一颗试验型激光高度计卫星，星上装载激光高度计系统（Geoscience Laser Altimeter System，GLAS)。ICESat 是地球观测系统(EOS)计划中的一颗卫星，由美国航空航天局戈达德航天飞行中心主持 GLAS 的研制和科学应用。这是第一个用于连续全球观测的星载激光测距系统，其轨道高度为 600 km。同时搭载发射的有用于监测星际热等离子体光谱的小卫星(CHIPSat)，它由加利福尼亚大学伯克利分校研制。ICESat 是世界上首颗激光高度计卫星，ICESat 中的 ICE 是冰(Ice)、云(Cloud)和陆地高程(land Elevation)的缩写。该卫星装有激光测距系统、GPS 接收机和恒星跟踪姿态测定系统，系统发射近红外光(1 064 nm)和可见绿光(532 nm)的短脉冲(4 ns)。激光脉冲频率为每秒 40 次，激光点大小实地为 70 m，间隔为 170 m，其高程精度可望达到米级。

GLAS 测高的基本原理与雷达高度计相同，但 GLAS 是光学遥感器，工作频段是可见光(蓝光)和近红外光，而雷达高度计是微波遥感器，工作频段是微波频段，如 Ku 频段，所以 GLAS 工作频率比雷达高度计要高得多(10 000～100 000 倍)。GLAS 如同雷达高度计一样，采用星下点指向方式，即先由激光发送器向星下点方向发送窄脉冲，后经地面或大气分子散射后返回脉冲，然后由 GLAS 接收望远镜(口径 1 m)送至光电倍增管接收，最后在地面对返回脉冲的时延及其他特征进行处理。为了使 GLAS 获得精确的高度值，ICESat 采用 GPS 定轨，以保证轨道位置精确测定。此外，卫星采用高精度三轴稳定姿态控制方式，以确保激光定向精确。

欧洲在星载激光器系统领域也进行了大量研究，计划进行6次“地球探测任务”。2003年，我国启动了嫦娥工程，即月球探测计划，上海技物所、上海光机所共同承担了嫦娥一号卫星有效载荷激光高度计的研制任务，该激光器是我国第一套具有自主知识产权的星载激光器。

2. 激光器波长参数

不同的激光器具有不同的特性，除了体现在介质的不同外，其波长也不同。表11.3为几种常用的激光器的主要波长等参数。

表11.3 常用激光器参数表

激光器名称	介质	光频数	波长/nm
He-Cd	气体	紫外光	325.0
N_2	气体	紫外光	337.1
Kr	气体	紫外光	350.735 64
Ar	气体	紫外光	351.136 38
He-Cd	气体	可见光	441.653 78
Ar	气体	可见光	457.951 45
Kr	气体	可见光	461.967 64
Xe	气体	可见光	460.362 71
Ar-Kr	气体	可见光	467.567 64
He-Ne	气体	可见光	632.8
Rubin-Laser	固体	可见光	694.3
Kr	气体	红外光	753.079 90
Ca、Al、As	固体(半导体)	红外光	850.0
Ga-As	固体(半导体)	红外光	904.0
Nd	固体	红外光	1 060.0
Nd-YAG	固体	红外光	1 060.0
He-Ne	气体	红外光	150.033 900
CO_2	气体	红外光	1 060.0
HCN	气体	红外光	3 370.0

3. 激光器发射频率

在相同条件下，激光器的发射频率越高，所获得的激光点的密度越大，对于地形地貌的反映就越精细、越准确。但是由于激光器功率的限制，激光器的最大发射频率是受飞机飞行的高度影响的。

在1995年至1998年期间，也就是激光雷达刚刚开始民用时，当时所使用的机载激光雷达的频率大约在3 000 Hz。2004年以来，瑞士Leica公司推出了ALS40/50系统，激光器的发射频率已达到83 kHz，加拿大Optech公司的ALTM3100，其激光器的发射频率达到100 kHz，奥地利的Riegl公司完成了基于转动扫描的可发射100 kHz的激光雷达。大约在2007年，德国的Topsys公司推出了基于光纤激光器的高达120 kHz的机载激光雷达，国内已经有公司引进了这一类型的系统。而Riegl公司正在测试200 kHz的激光器。

11.2.3 激光雷达分类

激光雷达可以按照所用激光器、探测技术及雷达功能等来分类。目前激光雷达中使用的

激光器有 CO_2 激光器、Nd-YAG 激光器、Ga-As 半导体激光器、He-Ne 激光器和倍频 Nd-YAG 激光器等。

根据探测技术的不同，激光雷达可以分为直接探测型和相干探测型两种。其中直接探测型激光雷达采用脉冲振幅调制技术，且不需要干涉仪。相干探测型激光雷达可用外差干涉、零拍干涉或失调零拍干涉，相应的调谐技术分别为脉冲振幅调制、脉冲频率调制或混合调制。

相干探测型激光雷达又有单稳与双稳之分，在单稳系统中，发送与接收信号共同在单稳态系统中，发送与接收信号共用一个光学孔径，并由发射和接收开关（Transmitting and Receiving beams，T/R）隔离。T/R 开关将发射信号送往输出望远镜和发射扫描系统进行发射，信号经目标反射后进入光学扫描系统和望远镜，这时，它们起光学接收的作用。T/R 开关将接收到的辐射送入光学混频器，所得拍频信号由成像系统聚焦到光敏探测器，后者将光信号变成电信号，并由高通滤波器将来自背景源的低频成分及本机振荡器所诱导的直流信号统统滤除，最后高频成分中所包含的测量信息由信号和数据处理系统检出。双稳系统的区别在于包含两套望远镜和光学扫描部件，T/R 开关自然不再需要，其余部分与单稳系统相同。

按照不同功能，激光雷达可分为跟踪雷达、运动目标指示雷达、流速测量雷达、风剪切探测雷达、目标识别雷达、成像雷达及振动传感雷达等。

激光雷达最基本的工作原理与无线电雷达没有区别，即由雷达发射系统发送一个信号，经目标反射后被接收系统收集，通过测量反射回来的激光光线的运行时间而确定目标的距离。至于目标的径向速度，可以由反射的多普勒频移来确定，也可以测量两个或多个距离，并计算其变化率而求得速度，这也是直接探测型雷达的基本工作原理。由此可以看出，直接探测型激光雷达的基本结构与激光测距仪颇为相近。

11.2.4　航空激光雷达系统的组成

GPS、INS 及激光扫描仪共同组成了一个整体的航空激光雷达系统，图 11.6 所示为德国 IGI 公司航空激光雷达系统组成的情况。对于地形测量而言，从空中的飞行载体上（可以是专业的航空摄影飞机，可以是直升机，也可能是专业气球等）对地面进行测量的原理是大家都熟悉的“双路”时间测量方法，也就是说，只需要记录从激光扫描仪发射到激光信号返回的时间。

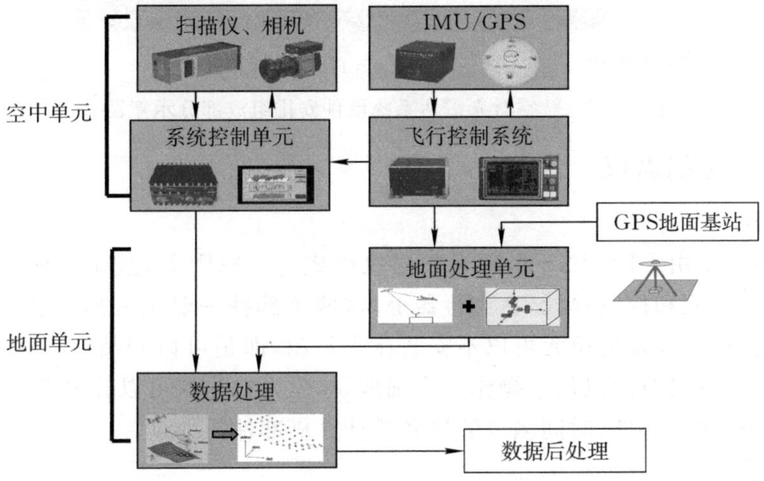

图 11.6　航空激光雷达系统组成部分

一个典型的航空激光雷达系统是一个整体，它在飞行载体上必须按照严格的位置安排，整个系统是由 GPS、INS 以及激光扫描仪组成。各部分的功能简单介绍如下。

1. 全球定位系统 GPS

用于卫星定位、导航及时间传输的 GPS（Global Position System）系统是一个可以提供给无限用户使用的、与天气无关、在全球范围内任何时候都可以使用的高精度的三维定位系统。整个 GPS 又可以分成 3 个主要的部分，即空间单元（位于卫星上）、地面控制单元（地面接收站）及用户单元（GPS 接收机）。

2. 惯性导航 INS

INS（Inertial Navigation System）惯性导航系统用于测量确定有关设备的倾角，整个系统的方位角参数通过 3 个互相垂直安置的陀螺仪和加速度仪测定。

3. 激光扫描仪

激光扫描仪（Laser Scanner）是一个复合系统，它由多个部件组成。一般的，它可以分成传感器部件和控制器部件。进一步地，一个传感器部件可以细分成发射单元和接收单元等。一个控制单元则可以分成时间记录器、微处理机、指示器和输出部件等。

图 11.7 所示为德国 IGI 公司航空激光雷达系统并附加一台数字照相机 DigiCam 14K 在飞机上整体安装的示意图。此系统被作为一个整体安装在飞行载体上，并具有一个固定的坐标系，即所谓的飞机固定坐标系。而激光扫描仪也有单独的坐标系，通过严格的鉴定可以确定它们之间的相互方位。

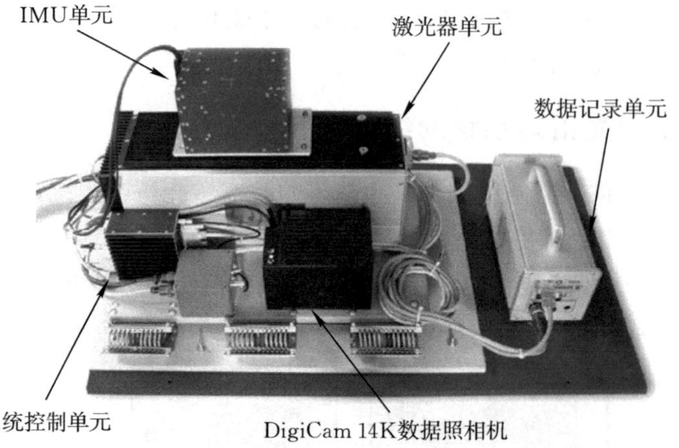

图 11.7 航空激光雷达系统硬件安排组成部分示意图

11.2.5 激光扫描仪

1. 组成部分

航空激光雷达是由 GPS、INS 和激光扫描仪组成的。原则上，激光扫描仪由两个独立的部件组成，即发射单元和控制单元，在飞行器上，这两个部件一般是分离安装的。这种分离安装有一个主要的好处，即发射单元可以不安装在密封舱，而是可以安装在飞机的机身上，而控制单元则可以安装在机舱内以便于操作。详细地说，激光扫描仪可以分成 5 个单元，它们是发射单元、光学部分、接收部件、时间测量装置和微计算机部件。

（1）发射单元

发射单元主要由发射激光脉冲的激光器组成。激光的脉冲频率由飞行作业人员预先选定。在飞行过程中，作业人员可以随时观察激光频率的运行情况，随时调整频率，以使其与其他部件保持匹配。

(2)光学部分

在飞机上安装的激光扫描仪光学部分又包含了两部分，一是发射单元光学系统，二是接收单元光学系统，分离安装的发射和接收光学系统的光学轴线平行。从激光扫描仪产生的激光射线由发射器光学系统发出，与传统的激光扫描仪技术所要求的极细的光线相反，在地形测量时，人们往往要求激光光束在地面上形成一个相对较大的斑点，目的是为了能够接收尽可能强的地面目标的反射信号。一般而言，在现有的激光测量系统中，激光光束在地面上的斑点可以达到直径为1 m的圆形斑点。

接收单元光学系统接收并聚焦返回的激光光线。在接收器光学系统和接收器单元之间安装了一个光学滤波器，这个滤波器的作用是为了在一个很窄的波带内只允许波长与发射的激光光束的波长一致的回波信号被通过和接收，通过这种方法可以避免其他杂波被接收。

(3)接收部件

接收器光学系统接收的光学脉冲通过一个光学检波器转换成电信号。另外，与光学检波器连接在一起的还有一个电子放大器。光学检波器不断检测、分析周围的光线，以便能够分析并计算由于噪声引起的阀值。只有当信号超过这个阀值时，才被作为有用的信号而接收。光学检波器和光学滤波器的组合可以有效地保证接收到的信号是真正发射信号的反射信号。

(4)时间测量装置

激光脉冲的运行时间通过时间间隔测量而实现。时间间隔测量从一个特定的基准信号上开始，发射出去的激光信号必须在一定的时间内被返回和接收。如果在一个确定的时间内没有激光脉冲被接收到，时间间隔系统则自动中断接收功能，这个确定的时间由激光扫描仪的最大作用距离确定。

为了能够保证好于0.1 m的距离分辨率，时间测量一般要在1.5 GHz以上的频率上进行。当然，实际上一般很难在如此高的频率上工作，为了保证在相对低的频率时，在较远距离上仍然能够取得较高的距离测量精度，通常在测量时采用一个附加的高效内插方法。

另外，为了保证能够有效地区分多次反射信号，在时间记录系统上还要安装一个特殊设备，以便能够区分和记录最后一次的反射信号。在信号记录时是记录第一次反射的信号，还是记录最后一次的反射信号由用户决定和选择。

(5)微计算机部件

由飞行平台上的时间测量模块将测量记录的时间间隔以数字的方式传给飞行平台上的微处理机，微处理机可以随即计算出距离目标的距离。在航空激光雷达测量时一般可以不顾及大气折射的影响，可以使用常数的光线传播的速度等参数。计算出来的距离可以以不同的格式提供给用户。

2. 激光扫描仪的作用距离

激光扫描仪的作用距离是航空激光雷达系统的一个重要参数，它表示激光扫描仪发射的激光脉冲能够达到的最大距离。它一般由四个因素决定：激光扫描仪的效率、激光扫描仪在大气中的能量衰减、目标表面的反射能力及接收单元的敏感度。起决定性的当然是从目标反射回来的，并到达接收单元的激光反射信号能量是否足够。另外，下列因素同样影响激光扫描仪的作用距离，即大气吸收、目标体的反射率和激光射线的几何-光学定律。在顾及大气衰减和

目标表面反射率 ρ 的条件下，返回到接收单元的激光光束的能量 P_r，可以借助于发射单元发射出去的激光光束的能量 P_t 和几何传播定律计算出来。

假设，对于任何地表面满足 Lambert 射线定律，并且发射和接收光学器件的轴线垂直于目标的表面，因此到达接收单元的返回的激光射线的能量可以由式(11.7)计算得到，即

$$P_r = P_t e^{-2\beta s} \rho A_r \frac{1}{s^2} \tag{11.7}$$

式中，P_r 为到达接收单元的功率，W；P_t 为激光扫描仪发射的功率，W；$e^{-2\beta s}$ 为大气衰减；s 为激光扫描仪到目标的距离，m；ρ 为目标表面的反射率；A_r 为接收单元的有效面积，m^2。

大气衰减和目标表面的反射率是两个很难在实际中被准确确定的参数。大气吸收的影响可以通过周围的温度和水平可见度来估计。可以通过图 11.8 来说明这几个因素对激光射线作用距离的影响情况，分别以地面目标反射率为 20%，环境温度为 20℃，以及水平可见度为 20 km 作为基本标准。

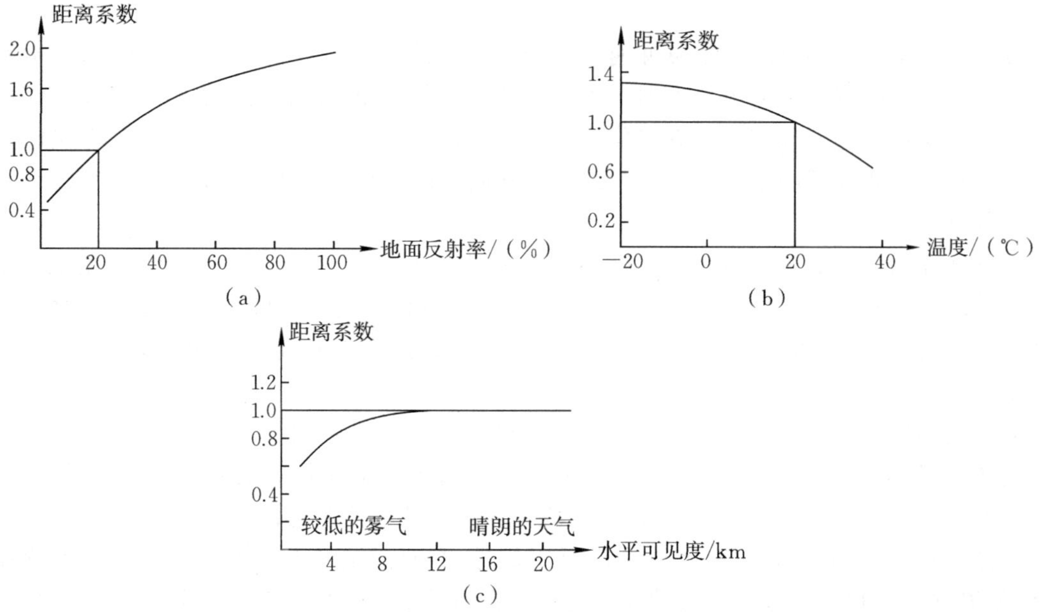

图 11.8 地面反射率、环境温度和地面可见度对激光扫描仪作用距离的影响

由图 11.8 可以看出地面目标的反射率、环境温度和可见度 3 个参数对激光扫描仪作用距离的影响情况。地面反射率对作用距离的影响系数在 0.5～2.1 之间；温度对距离测量的影响在－20°～＋40°之间，其系数在 0.8～1.3 之间；而大气漫反射的影响则通过大气可见度来体现。

3. 影响激光距离测量精度的因素

(1)时间与距离

假设由时间间隔测量系统测量得到的激光光线的往返运行时间为 t，光波速度为 c，则可以得到激光扫描仪与目标的距离为

$$s = \frac{1}{2}ct \tag{11.8}$$

距离的误差是由时间间隔测量的误差和假设的光波速度误差引起的，于是可以得到距离

测量的误差为

$$ds = \frac{1}{2}(t\mathrm{d}c + c\mathrm{d}t) \tag{11.9}$$

时间间隔测量的误差主要是由仪器本身引起的，与测量的距离长度无关。而光波速度的误差则与仪器本身没有关系，它主要是由大气折射引起的。光波速度的测量误差 dc 与时间间隔 t 和测量的距离 s 成正比。

(2)折射率

按照麦克斯韦理论，电磁波在真空中的传播速度 c_0 是介电常数 ε_0 和导磁率 μ_0 的函数，其公式为

$$c_0 = \frac{1}{\sqrt{\varepsilon_0 \mu_0}} \tag{11.10}$$

在一个介电常数 $\varepsilon_r > 1$，并且没有电磁特性(相对于 $\mu_r = 1$)的介质层内，电磁波的传播速度为

$$c = c_0 \frac{1}{\sqrt{\varepsilon_r \mu_r}} = c_0 \frac{1}{\sqrt{\varepsilon_r}} \tag{11.11}$$

在光学上，人们一般不使用介电常数的概念，而是习惯于使用折射率的表达方式，折射率一般用公式 $n = \sqrt{\varepsilon_r}$ 表达，因此式(11.11)变换为

$$c = \frac{c_0}{n} \tag{11.12}$$

式中，c 表示光速，c_0 表示真空光速，n 表示介质的折射率。

为了计算电磁波在大气层中的传播速度，必须首先计算大气中沿着电磁波传播路线的折射率 n。关于折射率的计算可以参考有关的物理学教材。

为了计算激光测量的距离，一般假设电磁波在大气层中的传播速度是一个常数。由物理学教科书中得知，这种假设而引起的电磁波在大气层中的传播速度的偏差在 10^{-5} 级。这一偏差相当于 1 000 m 距离时产生 0.01 m 的偏差，这一误差大小对于航空地形测量而言几乎是不可忍受的，补救的方法是发展合适的处理模型以弥补这一假设引起的误差。

(3)系统设备

整体设备的稳定性和运行时的温度也会影响激光距离测量的精度。高的稳定性可以保证记录的时间间隔准确而没有偏差。时间间隔测量的质量主要取决于鉴频器的功能，鉴频器获取和决定何时停止接收反射的信号。

(4)经验精度

一般的，生产厂家给定的激光扫描仪距离测量的精度为 0.1～0.2 m。这个精度指标是在实际飞行时，从空中对每一个距离只测量一次而得到的。实际上，如果在一个稳定的环境下，对一个目标进行多次重复测量可以取得 5 mm 的距离测量精度。经验研究证明，在飞机上实际使用这样的一种激光距离测量设备可以达到远好于 0.1 m 的距离测量精度。

11.2.6　航空激光雷达系统数据获取原理

航空激光雷达系统是一种在 GPS、INS 和激光扫描仪支持下的，基于角度和距离测量的几何数据获取系统。一束从传感器上发射的激光信号被地面目标反射后，被激光雷达系统上

的接收单元接收。根据记录的发射和接收信号之间的时间差，可以计算出传感器与地面目标之间的距离。

地球的表面及覆盖其上的目标，譬如植被或建筑物等都可以产生反射，因此激光雷达系统上的接收单元所接收到的反射信号包含了地面目标的反射信息。大部分的航空激光雷达系统提供了两种不同的数据获取方式："首次脉冲"和"末次脉冲"记录方式。正常情况下，一束激光光束只产生一次反射，但是，在密集的森林地区则有可能产生两次或多次反射，见图 11.9。在这种情况下，必须要选择接收第一次反射的信号，还是最后一次反射的信号，大部分的航空激光雷达系统提供了这种选择功能。根据不同的使用目的，"末次脉冲"记录方式一般用于获取数字高程模型，因为尽管植被或树林的多次反射，激光光束仍有可能到达地球表面。顾名思义，"首次脉冲"记录方式则记录激光信号的第一次反射，因而，这种扫描方式更适合用于获取三维城市模型等地形表面的目标。图 11.10 所示为飞行过程的一个模拟，图 11.11 和图 11.12 为第一次反射和最后一次反射得到的同一地区的数字地形模型数据。

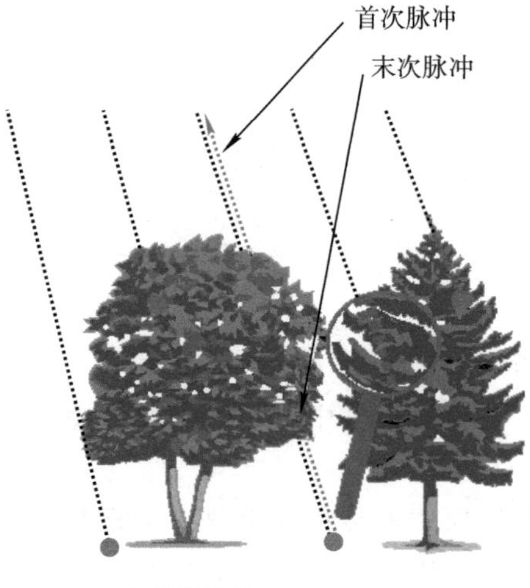

图 11.9 激光束在地形表面上的多次反射

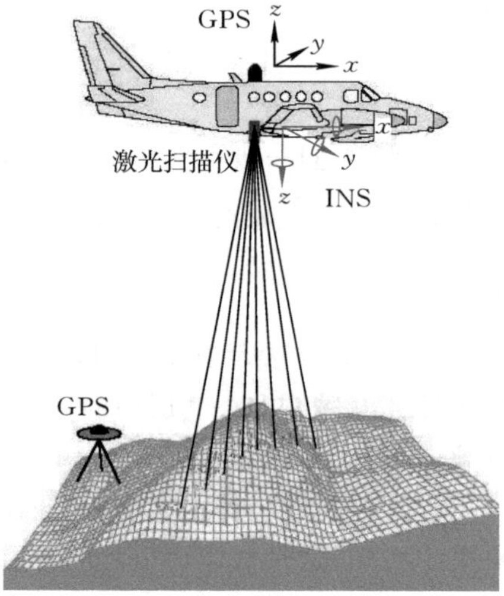

图 11.10 航空激光雷达系数飞行过程模拟

直接距离测量方法是基于短波电子信号在一个均匀的介质层内(即空气)，以恒定的速度直线传播，并且在不同的介质分界面(地球表面)被反射回来。

从激光发射器发射出的激光光束到达地面并被反射后，被激光扫描仪上的接收单元接收和记录。一般把从发射到接收这段时间称为运行时间或时间间隔 t，这个时间参数 t 与光束的出发点和地面之间的双倍距离 R 成正比，由此，可以计算出此距离值为

$$R = c \cdot \frac{t}{2} \tag{11.13}$$

角度参数的测量通过相应的 INS 系统完成。它们与距离参数、时间参数等一起参与对地面三维目标的定位和计算过程。

一般来说，航空激光雷达系统的扫描方式按照其光束在地面上的轨迹和形状可以分成 2～3种，图 11.13 演示的是其中的 3 种扫描方式。由于这 3 种扫描方式的不同，其数据获取的方式也不同，对于用户而言，可以根据不同的使用目的选择。在图 11.13(a)的"近椭圆扫描方式"中，激光光束借助于一个行列扫描仪接收地面目标的反射信号。在飞行过程中，行列扫描仪围绕一个固定的轴线 360°地旋转，由于飞行的影响，光束在地面上则形成一个近似的椭圆，

因而也可以称其为“行列扫描方式”。在图 11.13(b)的“之”字形扫描方式中，激光光束通过激光扫描仪的调整而在垂直于飞行方向上左右摆动。左右摆动的幅度和角度可以根据飞行的高度、飞行的速度、要求的航带的宽度、地面高差及要求的扫描密度等作出调整。因为飞行器同时向前飞行的关系，激光光束在地面上的轨迹为一个“之”字形，由于扫描点在地面上的这种“之”字形分布，所以这种扫描方式被称为“之”字形扫描方式。图 11.13(c)所示为并行扫描方式，它实际上是比较早期的断面扫描，每次扫描一行。

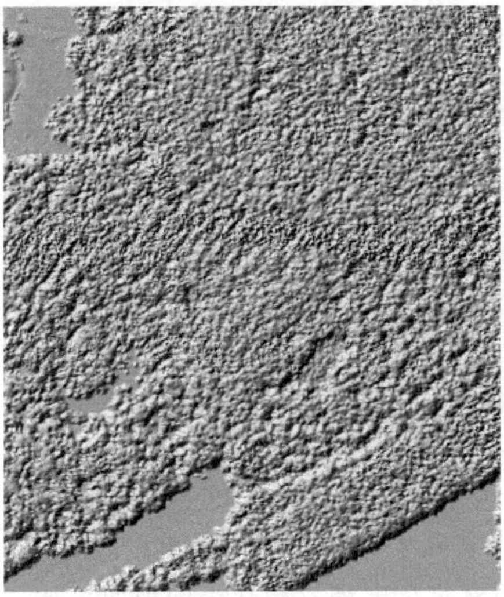

图 11.11　第一次反射

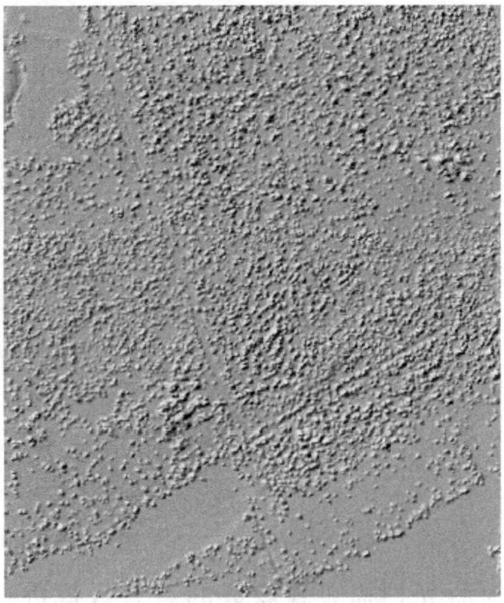

图 11.12　最后一次反射

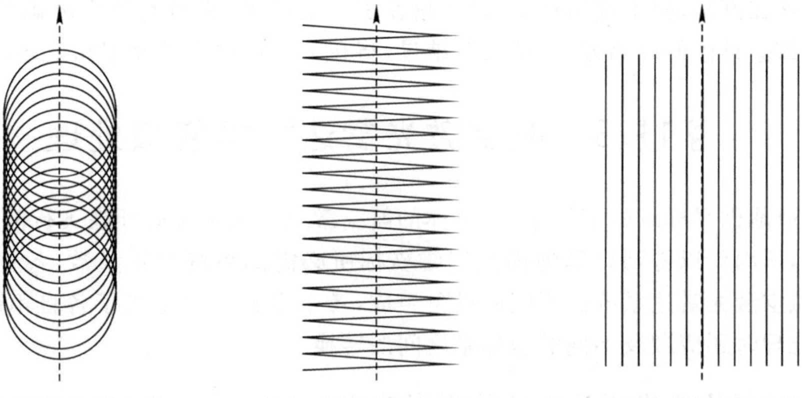

(a) 近椭圆扫描方式　(b) “之”字形扫描方式　(c) 并行扫描方式

图 11.13　激光雷达系统不同扫描方式获取的地面点分布情况

航空激光雷达系统获取的地面目标的三维坐标的分布是随机的、不规则的。虽然可以选择不同的扫描方式(譬如间隔式的断面扫描方式，或者是旋转式的近椭圆式扫描方式)、不同的反射方式(譬如记录第一次反射的信号，或者记录最后一次反射的信号)，或选择合适的飞行季节(譬如为了更有效地获取地面信息，人们一般选择地面植被较淡的秋季或者没有雪覆盖的冬季等)，但是获取的地面三维信息不可避免地会落在各种各样的地面目标上。图 11.14 为一幅航空激光雷达扫描系统获取的地面断面上目标点的分布情况，图 11.15 是一幅在实际飞行地区获取的离散点云数据地面分布情况。

图 11.14 地面断面上目标点的分布

图 11.15 离散点云数据地面点分布

对激光扫描方式获取的点云数据进行处理的目的就是将上述分布在不同地面目标上的点进行分离。简单地说，就是将落在地形表面上的点，即地面点与那些非地形表面上的点(譬如图 11.14 中落在汽车、树木或植被上，以及落在房屋上的点)进行有效而准确的分离。关于激光雷达点云数据具体的分离方法、算法及结果，将在下一章中给予介绍和论述。

§11.3 航空激光雷达数据初级处理

为了获取地面目标点的三维坐标，整体的航空激光雷达系统必须在飞行前、后进行一系列的设备鉴定，从而可以得到计算地面点三维坐标所必需的系统改正参数、各种系统误差参数等。同时，航空激光雷达系统由不同的设备组成，各个设备一般定义了各自不同的坐标系，因此，在数据处理时还应顾及不同的坐标系之间的转换。

11.3.1 航空激光雷达系统的坐标系统

地面目标点的三维坐标是通过一系列的坐标变换来完成的。在计算地面目标点的坐标之前，必须首先定义合适的坐标系统。只有定义了不同的坐标系统，测量得到的数据、参数及系统的鉴定参数和系统误差改正参数才有可能进行整体的规划和转换，最后得到地面目标点的三维坐标。

整个航空激光雷达系统及数据处理一般有下列 5 类坐标系统要使用。

1. 激光扫描仪坐标系

激光扫描仪坐标系是一种基于激光传感器的局部坐标系统。其原点位于激光扫描仪的零点上，z 轴由激光光线构成，x 轴和 y 轴的定义可以根据需要任意选择，一般以保持与下面的飞机固定坐标系之间的旋转角度尽可能地小为这个坐标系选择的原则。

因为激光扫描仪与飞机固定在一起，激光测量数据可以直接归化到飞机固定坐标系中，因此这个坐标系有时显得没有太大的必要性。定义这样一个坐标系的目的主要是为系统的扩展而准备的。例如可以将激光扫描仪安装到一个独立的部件中，或者安装其他的照相设备等。

2. 飞机固定坐标系

飞机固定坐标系是一个与飞机的整体捆绑在一起，并与飞机同步运动的坐标系。因为所有在飞机上的量测设备都是相对于此坐标系而确定其方位的，因而，此坐标系在整个坐标系统中起中心作用。此坐标系的各个角度由安装在其上的 INS 系统确定，其坐标原点由 GPS 确定，即位于 GPS 的天线上；x 轴位于飞行方向上；y 轴则位于垂直于 x 轴的方向上，其指向则位于机舱的右手方向；z 轴则指向地面。

3. 局部天文大地坐标系

为了使用 INS 系统，引入局部天文大地坐标系是必要的。此系统的原点像飞机固定坐标系一样位于 GPS 天线上；z 轴由磁力线方向决定，一般指向下方；x 轴位于局部天文大地子午面上，垂直于 z 轴并指向北；y 轴则指向东，三轴组成一个右手坐标系统。

4. WGS-84 坐标系

GPS 观测是基于 WGS-84 坐标系（1984 世界大地坐标系，World Geodetic System 1984，WGS-84）进行的。WGS-84 坐标系由美国国防部研制，自 1987 年 1 月 10 日起开始起用。WGS-84 坐标系的原点为地球质心 M；Z 轴指向国际时局 BIH 1984.0 时元定义的协议地极；X 轴指向 BIH 1984.0 时元定义的零子午面与 CTP 相应的赤道的交点；Y 轴垂直于 XMZ 平面，且与 Z、X 轴构成右手坐标系。

WGS-84 坐标系采用的地球椭球称为 WGS-84 椭球，其常数为国际大地测量学与地球物理学联合会第 17 届大会的推荐值，4 个主要参数为：椭球半径 $a=(6\,378\,137\pm2)$ m，地心（含大气层）引力常数 $GM=(3\,986\,005\times10^{8}\pm0.6\times10^{8})\,\mathrm{m^3/s^2}$，正常二阶带谐系数 $C_{2.0}=-484.16\,685\times10^{-6}\pm0.6\times10^{-6}$，地球自转角速度 $\omega=(7\,292\,115\times10^{-11}\pm0.15\times10^{-11})$ rad/s。（张勤等，2005）。

5. 大地测量坐标系

WGS-84 坐标通常以空间直角坐标（X，Y，Z）或以椭球大地坐标（B，L，H）的形式给出，而实用的常规地面测量或是国家大地坐标系，或是属于地方独立坐标系，因此必须将 WGS-84 坐标进行转换。转换模型通常采用 7 参数的布尔莎（Bursa）模型、莫洛金斯基模型（Molodensky）等，也可以采用 9 参数的霍丁模型，或 10 参数的克拉克威斯基-汤姆森模型等（张勤等，2005）。

11.3.2　航空激光雷达系统获取的参数

航空激光雷达系统的最终目的是为了获取地面点坐标。按照测量的目的，下列数据在整个系统中以不同的方式被获取，并以不同的形式用于坐标的计算，这些参数以坐标转换的方式被引入到计算处理中。

1. 激光距离测量值

激光距离测量值 S_L 表示的是激光扫描仪坐标系的原点到地面目标点之间的距离值。必须指出，这里的距离测量值表示的是已经进行了系统鉴定的距离值，而不是原始的激光扫描仪测

量的距离值 S_0。原始的激光扫描仪测量的距离值 S_0 只有进行必要的附加改正和比例尺变换后才能得到激光距离测量值 S_L 。

2．天线位置参数

GPS 天线的位置参数 $(X_A, Y_A, Z_A)_W$ 由 GPS 导航定位仪通过相对的、动态的定位确定，此坐标位置是飞机上的基于 WGS-84 坐标系的坐标。

3．倾斜角度参数

倾斜角度参数 (φ, θ, Ψ) 是 INS 的测量结果，它们描述了飞机固定坐标系相对于局部天文坐标系的角度方位。

4．用于改正系统误差的参数

在整个航空激光雷达系统中，用于改正系统误差的参数一般包括两部分内容：一是变换参数 $(\Delta x, \Delta y, \Delta z)_W$，二是旋转参数 (α, β, γ) 。变换参数 $(\Delta x, \Delta y, \Delta z)_W$ 表示的是用 GPS 确定的位置测量值的有效系统误差；旋转参数 (α, β, γ) 描述为了改正 INS 设备的系统误差而产生的附加角度。

5．系统的鉴定参数

为了准确描述激光扫描仪相对于飞机固定坐标系的位置和方位，在飞行前后对整体系统进行系统鉴定是十分必要的。这一工作像常规的航空摄影测量一样是为了鉴定各个分系统之间的相互关系。

在飞机固定的坐标系中，这些参数在每次飞行时是常数，在不同次飞行时则是可变的，即对于每次飞行都要进行这样的系统误差的鉴定工作。一般的，有下列一些参数需要进行鉴定。

(1)激光扫描仪安装角 $\Delta r, \Delta p$

激光扫描仪安装角描述了激光扫描仪相对于飞机机体的安装角度，它们表示激光扫描仪坐标系相对于飞机固定坐标系的旋转位置。在飞机上安装激光扫描仪时要注意使激光扫描仪发射的激光光束尽可能地垂直于地球表面。

(2)偏心率参数

通过偏心率参数 $(X_L, Y_L, Z_L)_F$ 的鉴定，可以确定飞机顶部(或尾部)的 GPS 天线和飞机内部或者底部的激光扫描仪之间的位置关系。偏心率参数的各个分量分别描述了激光扫描仪坐标系的原点相对于飞机固定坐标系的位置。

11.3.3 航空激光雷达系统的坐标系变换

各个不同的坐标系之间存在着确定的关系，这种空间关系可以通过相应的空间转换来实现，空间转换的参数可以通过测量的参数值和系统鉴定的参数来描述。由 11.3.1 五类坐标系的定义出发，在数据预处理时应进行下列 4 种坐标系统的变换，用 $\boldsymbol{R}(a \quad b \quad c)$ 表示通用的旋转矩阵表达式，按照通用的习惯，$\boldsymbol{R}(a \quad b \quad c)$ 可以由下列 3 个标准化的旋转矩阵 $\boldsymbol{R}_1(a)$、$\boldsymbol{R}_2(b)$ 和 $\boldsymbol{R}_3(c)$ 组成，即 $\boldsymbol{R}(a \quad b \quad c) = \boldsymbol{R}_1(a)\boldsymbol{R}_2(b)\boldsymbol{R}_3(c)$ 成立。于是可以将坐标变换罗列如下。

1．激光扫描仪坐标系到飞机固定坐标系的转换

一个在激光扫描仪坐标系中的坐标矢量 $\boldsymbol{r}_L = [x \quad y \quad z]_L^{\mathrm{T}}$，可以借助于前面介绍的系统的整体鉴定参数 $\Delta r, \Delta p$ 和 $[X_L \quad Y_L \quad Z_L]_F^{\mathrm{T}}$，变换到飞机固定坐标系中的矢量 $\boldsymbol{r}_F = [x \quad y \quad z]_F^{\mathrm{T}}$，其变换公式的矩阵形式为

$$\begin{bmatrix} x \\ y \\ z \end{bmatrix}_F = \begin{bmatrix} X_L \\ Y_L \\ Z_L \end{bmatrix}_F + \boldsymbol{R}[\Delta r \quad \Delta p \quad 0] \begin{bmatrix} x \\ y \\ z \end{bmatrix}_L \tag{11.14}$$

2. 飞机固定坐标系到局部天文大地坐标系的转换

一个在飞机固定坐标系中的坐标矢量 $\boldsymbol{r}_F = [x \quad y \quad z]_F^{\mathrm{T}}$，可以借助于三轴旋转，即倾斜角度参数($\varphi$, θ, Ψ) 变换到局部天文大地坐标系中的矢量 $\boldsymbol{r}_H = [x \quad y \quad z]_H^{\mathrm{T}}$，其变换公式的矩阵形式为

$$\begin{bmatrix} x \\ y \\ z \end{bmatrix}_H = \boldsymbol{R}[\varphi \quad \theta \quad \Psi] \begin{bmatrix} x \\ y \\ z \end{bmatrix}_F \tag{11.15}$$

式(11.15)假设 INS 观测参数没有误差。如果 INS 观测量存在误差，则必须要考虑 INS 系统误差因素的影响，即要考虑旋转参数 (α, β, γ) 引起的旋转矩阵，由此得到

$$\begin{bmatrix} x \\ y \\ z \end{bmatrix}_H = \boldsymbol{R}[\alpha \quad \beta \quad \gamma]\boldsymbol{R}[\varphi \quad \theta \quad \Psi] \begin{bmatrix} x \\ y \\ z \end{bmatrix}_F \tag{11.16}$$

3. 局部天文大地坐标系到 WGS-84 坐标系的转换

假设局部天文大地坐标系的原点在 WGS-84 坐标系中的坐标为 $\boldsymbol{r}_0 = [x_0 \quad y_0 \quad z_0]_W^{\mathrm{T}}$，而大地纬度和经度为 ($B_0$,$L_0$)。一个在局部天文大地坐标系中的矢量 $\boldsymbol{r}_H = [x \quad y \quad z]_H^{\mathrm{T}}$，可以变换到 WGS-84 坐标系中的矢量 $\boldsymbol{r}_W = [x \quad y \quad z]_W^{\mathrm{T}}$，其变换公式的矩阵形式为

$$\begin{bmatrix} x \\ y \\ z \end{bmatrix}_W = \begin{bmatrix} x_0 \\ y_0 \\ z_0 \end{bmatrix}_W + \boldsymbol{R}_3(-L_0)\boldsymbol{R}_2\left(\frac{\pi}{2} + B_0\right) \begin{bmatrix} x \\ y \\ z \end{bmatrix}_H \tag{11.17}$$

在实际的系统中，局部天文大地坐标系的原点是以 GPS 的天线为基准的。因此在这个变换中要以 GPS 的天线位置 $(x_A, y_A, z_A)_W$ 为基础进行，假设天线位置的大地纬度为 B_A，大地经度为 L_A，同时假设 GPS 观测的参数有误差。因此同样要考虑 GPS 的系统误差因素的影响，即要考虑变换参数 $(\Delta x, \Delta y, \Delta z)_W$ 引起的旋转矩阵，由此得到

$$\begin{bmatrix} x \\ y \\ z \end{bmatrix}_W = \begin{bmatrix} x_A \\ y_A \\ z_A \end{bmatrix}_W + \begin{bmatrix} \Delta x \\ \Delta y \\ \Delta z \end{bmatrix}_W + \boldsymbol{R}_3(-L_A)\boldsymbol{R}_2\left(\frac{\pi}{2} + B_A\right) \begin{bmatrix} x \\ y \\ z \end{bmatrix}_H \tag{11.18}$$

4. WGS-84 坐标系到大地测量坐标系的转换

从 WGS-84 坐标系向大地测量坐标系的转换，根据采用的基准面的不同及大地参数的不同而不同。一般而言可以分成两步：第一步是由 WGS-84 坐标进行 7 个参数的空间变换，7 个参数中包括 3 个位移参数 (δ_x,δ_y,δ_z)，3 个旋转参数(a,b,c) 及一个比例尺系数 m，即

$$\begin{bmatrix} x \\ y \\ z \end{bmatrix}_B = \begin{bmatrix} \delta_x \\ \delta_y \\ \delta_z \end{bmatrix}_B + m\boldsymbol{R}[a \quad b \quad c] \begin{bmatrix} x \\ y \\ z \end{bmatrix}_W \tag{11.19}$$

第二步再将位置矢量 $\boldsymbol{r}_B = [x \quad y \quad z]_B^{\mathrm{T}}$ 转换为地理坐标 $BL = [B \quad L \quad H]_B^{\mathrm{T}}$，然后再将地理坐标转换为大地测量坐标，即

$$\begin{bmatrix} B \\ L \\ H \end{bmatrix}_B \leftarrow \begin{bmatrix} x \\ y \\ z \end{bmatrix}_B \tag{11.20}$$

和

$$\begin{bmatrix} \text{横坐标} \\ \text{纵坐标} \end{bmatrix}_{\text{高斯-克吕格}} \leftarrow \begin{bmatrix} B \\ L \end{bmatrix}_B \tag{11.21}$$

高程参照第 5 章方法得到。

在激光距离测量中，一般观测到的激光扫描仪坐标为

$$\begin{bmatrix} x \\ y \\ z \end{bmatrix}_L = \begin{bmatrix} 0 \\ 0 \\ S_L \end{bmatrix}_L \tag{11.22}$$

于是，可以将上述坐标变换通过一个统一公式表示出来

$$\begin{bmatrix} x \\ y \\ z \end{bmatrix}_W = \begin{bmatrix} x_A \\ y_A \\ z_A \end{bmatrix}_W + \begin{bmatrix} \Delta x \\ \Delta y \\ \Delta z \end{bmatrix}_W + \boldsymbol{R}_3(-L_A)\boldsymbol{R}_2\left(\frac{\pi}{2}+B_A\right)\boldsymbol{R}[\alpha \quad \beta \quad \gamma]\boldsymbol{R}[\varphi \quad \theta \quad \Psi]\left[\begin{bmatrix} X_L \\ Y_L \\ Z_L \end{bmatrix}_F + \boldsymbol{R}(\Delta r \quad \Delta p \quad 0)\begin{bmatrix} x \\ y \\ z \end{bmatrix}_L\right] \tag{11.23}$$

11.3.4 航空激光雷达系统的系统鉴定

1. 系统鉴定概述

对于航空激光雷达系统而言，系统的各个部件及各个部件在整个系统中相互位置关系的准确鉴定，是有效利用这一技术的前提。只有获得高精度的系统鉴定结果后，才能得到高精度的地面三维坐标。同时，在飞行计划具体实施前，系统同样需要进行室内和(或)室外的鉴定。系统鉴定整体上包括两部分内容：一是各个部件的独立鉴定，包括 GPS 系统、INS 系统和激光扫描仪系统参数的鉴定；第二是各个系统之间的坐标位置关系的鉴定。鉴定的参数包括坐标位置、角度、仪器系统的系统误差等。

(1)系统部件的独立鉴定

系统中的每一个独立部件必须首先进行独立鉴定，目的是为了确定整个量测系统的基准点和基准方向，并用于定义激光扫描仪测量单元的基准点。在计算和处理航空激光雷达系统测量的数据时，用于计算激光点坐标的三个测量仪器(GPS、INS 和激光扫描仪)必须进行独立的鉴定。

(2)系统部件相互位置关系的鉴定

系统中的每一个独立部件在整个系统中的相互位置关系也要进行严格鉴定，主要包括激光扫描仪相对于飞机机体的安装角度、激光扫描仪坐标系的原点相对于飞机固定坐标系的偏心率参数、激光扫描仪相对于由 GPS 和 INS 规定的飞机固定坐标系的方位。

(3)系统改正误差的鉴定

除了前面说明的系统单元的独立鉴定和独立部件在整个系统中的相互位置鉴定外，在系统鉴定中还包括 GPS 和 INS 设备的系统误差改正参数的确定，这些参数必须在每次飞行任务

时重新鉴定。

原则上，航空激光雷达系统的系统误差可以采用直接或者间接的方式进行确定。直接鉴定方法可以借助于鉴定设备（一般为鉴定仪）进行，或者可以直接测量鉴定参数的方法进行；与此相反，间接方法是借助于控制测量的方法通过平差计算来估计鉴定参数。

根据以往和类似航空摄影测量系统误差鉴定的方法和经验，在对航空激光雷达系统的系统误差进行鉴定时，应该避免使所有的参数在一个整体的模型中进行直接或者间接的计算，原因是因为这些系统误差中，有些误差参数之间具有很强的相关性，例如激光扫描仪坐标系的原点相对于飞机固定坐标系的偏心率参数、激光距离测量的附加常数和比例尺系数之间就存在着这种相关性。因此，为了避免这种相关性的影响，一般采取将整体的鉴定计算工作分开进行的策略，每个策略中采用不同的方法和模型，从而可以避免这种相关性的影响。为了更好地进行系统误差的鉴定，根据参数的不同可以采用下列几个准则：

——如果参数只需要确定一次，并且可以在实验室完成全部鉴定工作，这样的参数表明它们是与飞行无关的、稳定的。满足这些条件的参数包括激光距离测量的附加常数和比例尺系数及偏心率参数 $(X_L, Y_L, Z_L)_F$ 。

——如果参数只需要确定一次，并且这种参数的鉴定任务可以通过飞行鉴定工作完成。满足这一条件的参数包括激光扫描仪相对于飞机机体的安装角度 $\Delta r, \Delta p$ 。

——如果参数在每次飞行过程中都要重新鉴定，满足这一条件的参数包括用于改正GPS、INS 系统误差的参数，即变换参数 $(\Delta x, \Delta y, \Delta z)_W$ 和旋转参数 (α, β, γ) 。

为了在这 3 个准则下对系统误差进行可靠的鉴定，可以采取下列几种手段：一是可以采用实验室鉴定的方法，二是采用室外飞行鉴定的方法，三是采用综合平差的方法进行系统误差的鉴定。

2. 系统误差的实验室鉴定

(1)激光扫描仪系统参数的鉴定

激光扫描仪的鉴定包括下列目的：

——确定激光距离测量系统的零点位置，并且确定此零点位置在仪器上的机械基准点位置。

——确定距离测量单元的比例尺。

——确定发射单元和接收单元之间的相互位置关系。

激光扫描仪光学系统的对准可以借助于鉴定仪器直接确定，激光距离测量系统的零点位置和比例尺参数可以借助于一个附加常数 a_L 和一个比例尺系数 m_L 确定。而目标的测量距离可以通过公式 $s_L = a_L + m_L s_0$ 计算得到，s_0 表示激光扫描仪测量的原始距离。

附加常数 a_L 和比例尺系数 m_L 通过地面电磁波测距的方法确定，其原理是：在地面上设置观测站，然后测量至少两个点的距离，比较地面上测量的至少两个点的距离与理论距离的距离差即可以完成这两个参数的确定任务。在采用这种方式进行鉴定时有一点要注意，即地面目标的反射率问题。所选定的目标必须具有较高的反射率，作为理想的目标可以选择一个建筑物的亮色墙面，同时，测试的距离也要可变。第一次测试时一般选择 30～60 m，然后距离逐渐增加，直到达到激光扫描仪的最大作用距离为止。另外一点对于参数的鉴定同样很重要，即大气条件的偏差问题，这一点在地面上进行比例尺参数鉴定时要顾及相应的大气改正。

尽管附加常数 a_L 和比例尺系数 m_L 属于一次性鉴定参数类别，但理论上，这两个参数仍然要定期鉴定。

(2)GPS和INS系统参数的鉴定

GPS接收机和INS系统的全面鉴定可以在不同的层次上进行，然而对于用户而言，这两个系统的鉴定可能很少有机会直接参与。大部分的系统是通过一个自检校的方式进行的，在这个自检校过程中，各个电子元器件被自动校准，用户只需要通过特定的改正参数在数据处理时对GPS和INS观测值进行鉴定即可。

在实验室对GPS系统进行鉴定，包括在GPS天线内部确定GPS观测值的基准点，这些工作原则上由天线的供应商完成。

INS在整个航空激光雷达系统中主要用于确定系统的倾斜角度参数，INS系统的实验室鉴定一般是在一个运动的模拟装置上进行，用于确定INS基准系统的零点和量测轴，当然，量测轴的位置在仪器上做有标定。在将INS系统安装在飞行器上时，INS的量测轴和飞行平台之间的位置关系和基准必须唯一和严格确定。

(3)激光扫描仪坐标系和飞机固定坐标系之间相互关系的鉴定

偏心率参数$(X_L, Y_L, Z_L)_F$表示激光扫描仪的原点在飞机固定坐标系中的位置，飞机固定坐标系的原点位于GPS天线上，这组参数一般可以在实验室直接测定。因为GPS天线和激光传感器通常位于飞行器平台的外部，这些仪器设备可以从外部通过地面电磁波测量的方式确定方位，因此，也就可以比较方便地进行直接鉴定。这些参数的鉴定必须在飞机固定坐标系内进行，系统方位参数的变换通过测量定义在飞机机体上的控制点完成。

激光传感器相对于飞机固定坐标系的安装角$\Delta r, \Delta p$原则上同样可以通过直接方式确定。而实际上这种直接测定的方式可能比较困难，因此，一般是通过野外飞行鉴定的方式间接确定。

(4)激光传感器和数码相机之间相互关系的鉴定

一般而言，激光传感器和数码相机之间相互位置关系的鉴定对于计算激光雷达点云数据的坐标没有必要，但是，对于激光雷达点云数据的分类和解译则有帮助。原则上，数码相机的轴线必须尽可能地与激光光线保持平行，激光传感器和数码相机之间相互位置关系的鉴定只能采用直接测定的方法实现。

完成二者之间相互位置关系准确而严格鉴定的前提是二者应该固定安装在同一个单元上，这样就可以将二者作为一个整体进行鉴定。为了进行鉴定，一般使用一种近红外仪器，使用这种设备可以观测到激光点目标。在鉴定前，必须将这个激光点进行标记，然后将数码相机对中在这个点的中心位置上。而轴线之间的鉴定最少要重复接收两次从反射面上返回来的距离。

除了这些参数应该进行鉴定外，二者之间的同步性也应该进行鉴定。这一工作可以采用不同的方式进行，可以采用在数码照相机上标记一个标记，在飞行试验过程中，当飞过一个建筑物或者其他三维目标时，通过比较激光传感器记录的信号而判断和识别二者之间时间的差别。

3. 野外飞行实验场鉴定方法

(1)野外实验场地面控制点的布设

借助于野外飞行实验场的方法进行系统参数鉴定的一个重要条件是要具备足够的、高精度的野外控制点。像摄影测量一样，坐标已知的地面点一般称为控制点，传感器对这些控制点进行数据采集，然后将其引入到数据处理过程中。在航空激光雷达系统中，地面控制点可以设置在飞行范围内地面的特征点上，这些点可以是具有比较明确特征的地面特征点，也可以是人工建筑物等地面目标。地面控制点可以借助于数码相机进行辨别和定义。

在地面控制点选择和归类后，其坐标可以在地形图或在数字存储的数据库中获取。地面控制点坐标的精度可能有所不同，一般而言，高程分量比较容易区分和量测，在飞行方向上点的坐标分量的精度直接与测量的速率，即与激光雷达点云之间的距离有关。比较困难的是确定横向垂直于飞行方向上点云点的坐标方向，为了识别和测量这样的点云，必须要将更多的激光雷达点云点的相邻点引入到数据处理中。

采用这种方法进行系统鉴定的质量直接取决于地面控制点的识别和测量精度。因为控制点的识别和测量精度并不能随意提高，因此使用尽可能多的地面控制点是提高系统鉴定质量的一个可靠的保证。

地面控制点的识别和测量应该以大地测量坐标系为基准，因为下列各种平差处理工作都是基于 WGS-84 坐标系的，因此这些坐标应转换到 WGS-84 坐标系下。

(2)需要鉴定的参数

通过实验室鉴定后，还有 3 组参数共 8 个分量需要进行鉴定，这几个参数可以通过地面控制点测量直接确定。

——2 个鉴定参数 $\Delta r, \Delta p$ 。

——3 个用于改正 GPS 系统误差的变换参数 $(\Delta x, \Delta y, \Delta z)_W$ 。

——3 个用于改正 INS 系统误差的旋转参数 (α, β, γ) 。

参数 $\Delta r, \Delta p$ 是固定不变的，对于每一个航空激光雷达系统而言，原则上只需要确定一次。然而，这两个参数只能与另外 6 个参数通过室外飞行的方法一起估计才能计算得到，因此也就没有所谓的固定参数和可变参数的概念了。

参数 $(\Delta x, \Delta y, \Delta z)_W$ 表达了用 GPS 测量值确定的定位坐标的系统误差。这组变换参数的影响并不是按照系统误差的原因而区分的(例如大地参考坐标系变换的不可靠性、通过非模型化原因在 GPS 观测值处理时的系统误差等)，系统误差的改正原则上应该作为与时间有关的函数进行处理。当然，完全按照与时间有关的原则进行处理是很困难的，因此人们一般假设系统参数在一定的时间段内可以达到满足要求的精度。根据一般的精度要求，定位的精度可以达到远远高于 5～10 cm 的级别，在这种野外实验场的鉴定方法中主要强调的是要有足够数量的地面控制点，而且这些地面控制点同时要均匀分布在要实验的区域内。

与 GPS 系统误差参数 $(\Delta x, \Delta y, \Delta z)_W$ 鉴定方法类似，INS 系统所获取的旋转角度参数同样也要进行有效的鉴定和改正。旋转参数 (α, β, γ) 不应与 INS 原始测量值 (φ, θ, Ψ) 直接相提并论，在这里同样应假设在一定的时间段内系统参数是与时间无关的。

(3)参数的可确定性问题

在采用平差的方法直接确定激光传感器相对于飞机固定坐标系的安装角 $\Delta r, \Delta p$ 、变换参数 $(\Delta x, \Delta y, \Delta z)_W$ 和旋转参数 (α, β, γ) 之前，首先应该讨论一下这些参数的可确定性问题。为此需要弄清楚单个参数对地面控制点的影响是否可分离，通过下列几组实验结果图对这一问题进行研究。

图 11.16、图 11.17 和图 11.18 给出了个 4 个地面控制点，它们设置在正方形飞行区域的 4 个角点上。假设 4 个地面控制点位于一个水平面内，并且假设飞机固定坐标系的横轴与地面坐标系的横轴保持一致，因此，激光束光线是垂直向下的。飞行的路线沿着地面控制点点 1 到点 2，然后做一个拐向，再由点 3 向点 4 飞行。模拟实验以不同的航高在同一地区重复飞行两次。在图中，单个参数对控制点平面坐标的影响通过直线表示，而对高程坐标的影响则通过垂直线段表示。产生的坐标差仅仅通过图表表示，它们的大小并没有严格按照比例尺表示，因

此，垂直方向上的坐标影响值被夸张了。

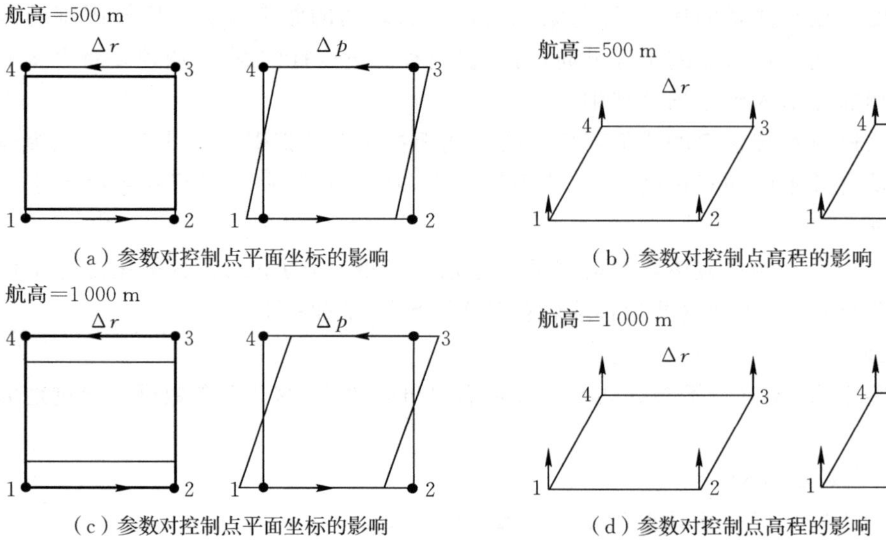

（a）参数对控制点平面坐标的影响

（b）参数对控制点高程的影响

（c）参数对控制点平面坐标的影响

（d）参数对控制点高程的影响

图 11.16　参数 $\Delta r, \Delta p$ 对控制点坐标的影响

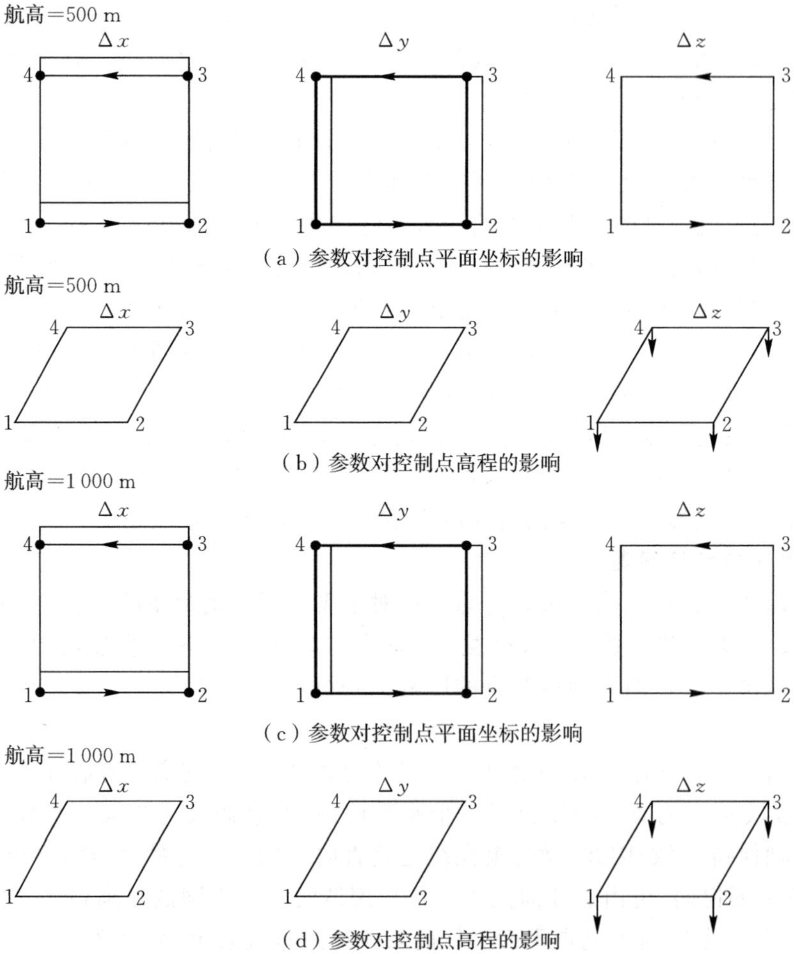

（a）参数对控制点平面坐标的影响

（b）参数对控制点高程的影响

（c）参数对控制点平面坐标的影响

（d）参数对控制点高程的影响

图 11.17　参数 $(\Delta x, \Delta y, \Delta z)_W$ 对控制点坐标的影响

图 11.16 所示为系统安装角参数 $\Delta r,\Delta p$ 对控制点坐标的影响。参数 Δr 引起了垂直于飞行方向的位移，这个位移从飞机上观察总是在同一个方向上；参数 Δp 则在飞行方向上引起了位移。根据坐标系统的不同，$\Delta r,\Delta p$ 对地面点坐标的影响与飞行方向交替变化；影响的大小则与飞行高度成正比。根据安装角度大小的不同，这两个参数对高程的影响一般只是对平面坐标影响值的 1/10 左右。

图 11.17 所示为变换参数 $(\Delta x,\Delta y,\Delta z)_W$ 对控制点坐标的影响情况。不同飞行方向和飞行高度对平面位置影响相同，不同航高对高程分量有所影响。当然，变换参数 $(\Delta x,\Delta y,\Delta z)_W$ 的影响是在中心化的水平面坐标系中定义的，在实际的 WGS-84 坐标系情况下，图 11.17 中结果有可能不同。

图 11.18 最后演示了旋转角参数 (α,β,γ) 对控制点坐标的影响情况。旋转角参数是定义在局部天文大地坐标系下的，因而这组参数对所有的点在各个方向上的影响与飞行方向无关。同时，因为旋转角参数选择局部天文大地坐标系原点作为其旋转中心，因而此参数对激光点坐标的影响与飞行航高成正比。

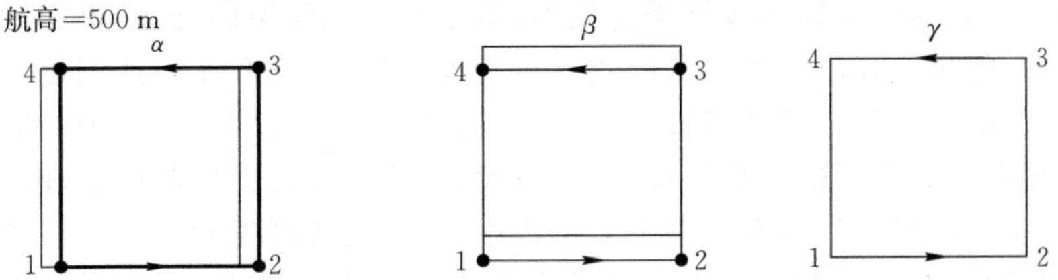

（a）参数对控制点平面坐标的影响

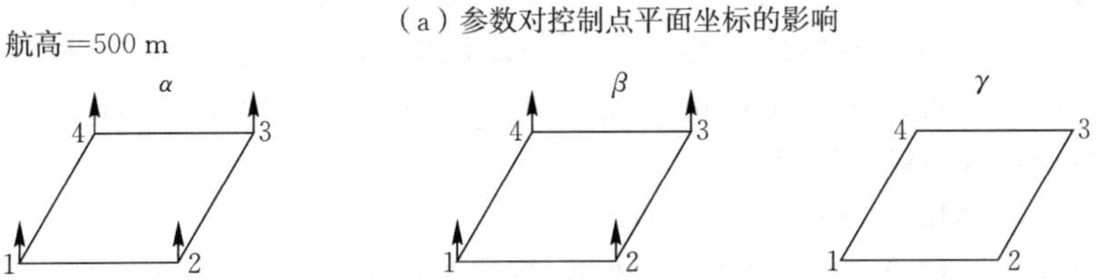

（b）参数对控制点高程的影响

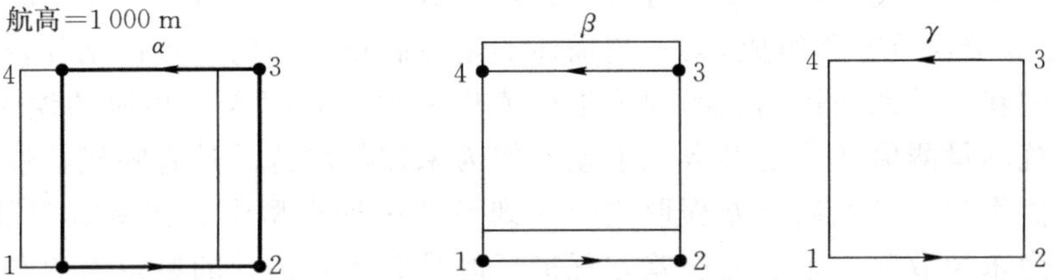

（c）参数对控制点平面坐标的影响

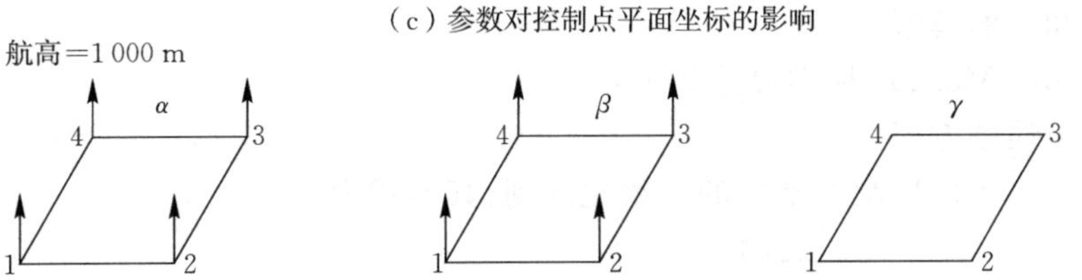

（d）参数对控制点高程的影响

图 11.18　参数 (α,β,γ) 对控制点坐标的影响

通过上述分析可以得出结论，通过野外飞行实验鉴定的方法确定的鉴定参数是可分离的，并且可以通过测量在地面控制点上的影响值而整体确定。前提是飞行实验必须是在布设了地面控制点的区域上相对飞行至少两次以上。关于不同航高的条件，实际实验时也可以采用将

地面控制点布设在不同高度的地面上代替。当然，两次相对飞行是至少条件，如果在原来的飞行方向上进行附加的交叉飞行，则可以提高参数估计的可靠性，而参数估计的可确定性和可分离性原则上一般保持不变。

(4)参数鉴定的整体平差

① 一般条件

用于改正系统误差(变换参数 $(\Delta x, \Delta y, \Delta z)_W$ 和旋转参数 (α, β, γ))而需要确定的参数可以间接获取，即通过量测地面控制点上的变形而计算得到。原则上，在平差计算参数时必须要引入足够多的地面控制点，然后根据最小二乘法的原理在平差模型中估计这些参数，在这种平差模型中，参数 $\Delta r, \Delta p$ 也可以一起被顾及。整体平差的必要性可以这样理解，因为通过野外鉴定飞行，一方面可以确定上述变换参数和旋转参数，另外一方面，系统误差参数同时可以作为未知参数而一起参与平差。

平差的任务在于估计鉴定参数和改正参数，这个估计过程可以通过航空激光雷达系统的观测值计算得到的地面控制点的坐标和独立确定的理论坐标值之间的差值的最小化进行。当然，为了解算平差问题，可以采用多种平差模型，对于有效的模型而言，起决定性作用的是寻找数学模型未知的、随机的和固定的常数问题。特别地，对于航空激光雷达测量系统的系统鉴定而言，必须要注意随机模型的灵活特性。首先，具有已知先验量测精度知识的航空激光雷达系统的测量值必须在平差模型的随机项部分顾及；然后，可以将地面控制点的理论坐标值作为随机量引入到平差模型中。当然，在这种平差过程中，已有的各种先验知识应当考虑。

解决平差问题的有效模型首先可以考虑采用带未知数的条件平差方法，条件是航空激光雷达系统计算得到的地面点坐标值与理论坐标值之间的一致性，在这个条件下，未知的鉴定参数就可以估计。在这里可以采用不同的模型类型，例如可以采用 Gauss-Helmert 模型，或者可以采用扩展的 Gauss-Markov 模型等。

② 扩展的 Gauss-Markov 模型用于平差

平差模型的基准坐标系采用 WGS-84 坐标系。在这个系统下，地面控制点的坐标可以非相关地由航空激光雷达飞行数据变换得到。鉴定参数的估计过程在 Gauss-Markov 模型中进行，而此模型由 3 类误差方程组成，第一类描述的是控制点坐标的一致性条件，在这里，从航空激光雷达系统中获取的地面控制点的理论坐标值作为观测值引入到相应的误差方程中，而航空激光雷达系统的量测值和鉴定参数在平差中作为未知数对待。具有随机特性的航空激光雷达系统的测量值作为第二类误差方程形式引入到平差过程模型中。在函数项部分，实际测量的量测值归类为未知数项。第三类误差方程描述的是关于要估计的鉴定参数和改正参数的函数和随机先验知识的模型。

扩展的 Gauss-Markov 模型描述如下：

——第一类误差方程。

第一类误差方程即控制点坐标的一致化准则，其形式为

$$E\left\{\begin{bmatrix} x_{TP} \\ y_{TP} \\ z_{TP} \end{bmatrix}_W\right\} = \begin{bmatrix} x_A \\ y_A \\ z_A \end{bmatrix}_W + \begin{bmatrix} \Delta x \\ \Delta y \\ \Delta z \end{bmatrix}_W +$$

$$\boldsymbol{R}_3(-L_A)\boldsymbol{R}_2\left(\frac{\pi}{2}+B_A\right)\boldsymbol{R}(\alpha\ \ \beta\ \ \gamma)\boldsymbol{R}(\varphi\ \ \theta\ \ \Psi)\left\{\begin{bmatrix} X_L \\ Y_L \\ Z_L \end{bmatrix}_F + \boldsymbol{R}(\Delta r\ \ \Delta p\ \ 0)\begin{bmatrix} 0 \\ 0 \\ S_L \end{bmatrix}_L\right\} \quad (11.24)$$

$$D\left\{\begin{bmatrix} x_{TP} \\ y_{TP} \\ z_{TP} \end{bmatrix}_W\right\} = \boldsymbol{C}_{TP} \tag{11.25}$$

——第二类误差方程。

第二类误差方程即航空激光雷达系统的测量值方程，其形式为

$$\left.\begin{aligned} & E\left\{\begin{bmatrix} x_A \\ y_A \\ z_A \end{bmatrix}_W\right\} = \begin{bmatrix} x_A \\ y_A \\ z_A \end{bmatrix}_W \\ & D\left\{\begin{bmatrix} x_A \\ y_A \\ z_A \end{bmatrix}_W\right\} = \boldsymbol{C}_{POS} \end{aligned}\right\} \tag{11.26}$$

$$\left.\begin{aligned} & E(\varphi) = \varphi \\ & E(\theta) = \theta \\ & E(\boldsymbol{\Psi}) = \boldsymbol{\Psi} \\ & D(\varphi, \theta, \boldsymbol{\Psi}) = \boldsymbol{C}_{ALT} \end{aligned}\right\} \tag{11.27}$$

$$\left.\begin{aligned} & E(S_L) = S_L \\ & D(S_L) = \sigma_L^2 \end{aligned}\right\} \tag{11.28}$$

——第三类误差方程。

第三类误差方程即关于未知的鉴定参数的随机先验知识，其形式为

$$\left.\begin{aligned} & E\left\{\begin{bmatrix} \Delta x \\ \Delta y \\ \Delta z \end{bmatrix}_W\right\} = \begin{bmatrix} \Delta x \\ \Delta y \\ \Delta z \end{bmatrix}_W \\ & D\left\{\begin{bmatrix} \Delta x \\ \Delta y \\ \Delta z \end{bmatrix}_W\right\} = \boldsymbol{C}_{CT} \end{aligned}\right\} \tag{11.29}$$

$$\left.\begin{aligned} & E(\alpha) = \alpha \\ & E(\beta) = \beta \\ & E(\gamma) = \gamma \\ & D(\alpha, \beta, \gamma) = \boldsymbol{C}_{CR} \end{aligned}\right\} \tag{11.30}$$

$$\left.\begin{aligned} & E(\Delta p) = \Delta p \\ & E(\Delta r) = \Delta r \\ & D(\Delta p, \Delta r) = \boldsymbol{C}_{CL} \end{aligned}\right\} \tag{11.31}$$

式中，$E(\ )$ 为期望，$D(\ )$ 为方差，$\boldsymbol{C}$ 为方差-协方差矩阵，$(x_{TP},\ y_{TP},\ z_{TP})_W$ 为地面控制点在 WGS-84坐标系中的坐标，$(x_A, y_A, z_A)_W$ 为 GPS 天线在 WGS-84 坐标系中的位置坐标，$(\varphi, \theta, \boldsymbol{\Psi})$ 为 INS 测量的倾斜角，S_L 为航空激光雷达测量的距离，Δp、Δr 为激光扫描仪安装角的鉴定参数，$(\Delta x, \Delta y, \Delta z)_W$ 为对于 GPS 系统的变换参数，(α, β, γ) 为对于 INS 系统的旋转参数，$\boldsymbol{C}_{TP}$ 为地面控制点协方差，$\boldsymbol{C}_{POS}$ 为 GPS 定位坐标协方差，$\boldsymbol{C}_{ALT}$ 为 INS 角度测量值协方差，σ_L^2 为激光距离测量值方差，$\boldsymbol{C}_{CT}$ 为变换参数随机先验协方差，$\boldsymbol{C}_{CR}$ 为旋转参数随机先验协方差，$\boldsymbol{C}_{CL}$ 为激光扫描仪安装角鉴定参数随机先验协方差。

扩展的 Gauss-Markov 模型误差方程式结构的线性化表达形式为

$$\left.\begin{aligned}\boldsymbol{l}_{\mathrm{TP}}+\boldsymbol{v}_{\mathrm{TP}} &= \boldsymbol{A}\boldsymbol{x}_{\mathrm{beo}}+\boldsymbol{B}\boldsymbol{x}_{\mathrm{cal}}\\ \boldsymbol{l}_{\mathrm{beo}}+\boldsymbol{v}_{\mathrm{beo}} &= \boldsymbol{I}\boldsymbol{x}_{\mathrm{beo}}\\ \boldsymbol{l}_{\mathrm{cal}}+\boldsymbol{v}_{\mathrm{cal}} &= \boldsymbol{I}\boldsymbol{x}_{\mathrm{cal}}\end{aligned}\right\} \tag{11.32}$$

其随机特性为

$$\begin{pmatrix}\boldsymbol{l}_{\mathrm{TP}}\\ \boldsymbol{l}_{\mathrm{beo}}\\ \boldsymbol{l}_{\mathrm{cal}}\end{pmatrix}\sim\left\{\begin{pmatrix}\boldsymbol{A}\boldsymbol{x}_{\mathrm{beo}}+\boldsymbol{B}\boldsymbol{x}_{\mathrm{cal}}\\ \boldsymbol{I}\boldsymbol{x}_{\mathrm{beo}}\\ \boldsymbol{I}\boldsymbol{x}_{\mathrm{cal}}\end{pmatrix}\begin{pmatrix}\boldsymbol{C}_{\mathrm{TP}} & & \\ & \boldsymbol{C}_{\mathrm{beo}} & \\ & & \boldsymbol{C}_{\mathrm{cal}}\end{pmatrix}\right\} \tag{11.33}$$

式中，$\boldsymbol{l}$ 为观测值向量，$\boldsymbol{x}$ 为平差公式中的未知数向量，$\boldsymbol{v}$ 为改正数向量，$\boldsymbol{C}$ 为方差-协方差矩阵，TP 为地面控制点坐标，beo 为航空激光雷达系统量测值，cal 为系统鉴定和系统改正参数。

③ 平差模型的讨论

扩展的 Gauss-Markov 模型提供了一种动态的手段用于估计航空激光雷达系统的参数和改正参数，模型所依据的基础是所有的量测值和未知参数具有随机特性。通过引入第二类和第三类误差方程式到第一组误差方程中的方法，可以消去未知数 $\boldsymbol{x}_{\mathrm{beo}}$ 和 $\boldsymbol{x}_{\mathrm{cal}}$，并且这种扩展的 Gauss-Markov 模型可以过渡到条件平差中。选择扩展的 Gauss-Markov 模型的原因是其简单的计算可实现特性和计算的稳定性。

为了顾及控制点的不确定性和误差，在第一类误差方程式的随机项部分可以引入控制点的精度信息，根据控制点的精度给定不同的权，这样就可以在稳健平差模型中消除有粗差的控制点。

第二类误差方程式的函数和随机部分，用于提供实际量测的航空激光雷达数据和它们的随机特性。

与第一类和第二类误差方程式不同，第三类误差方程式并不针对每一个地面控制点，而是适合于系统参数的鉴定目的。关于函数项部分，可以给定系统鉴定参数 $\Delta r, \Delta p$ 的近似值，特别是如果航空激光雷达系统的安装角在更早的飞行时已经被确定的情况下。对用于改正系统误差的参数（变换参数 $(\Delta x, \Delta y, \Delta z)_W$ 和旋转参数 (α, β, γ)），原则上不具备先验知识，为了提高平差的稳定性，可以在法化时对其期望值引入相对较小的权值。

除了未知的系统鉴定参数和改正参数外，求解误差方程式的同时也得到了其他一些重要的随机信息，例如可以从控制点的坐标改正数中估计精度等。

从求得的法方程的逆矩阵中可以导出估计的系统鉴定参数和改正参数的精度及可确定性的信息，这些信息可以用于评价参数的精度。

11.3.5 几个航空激光雷达系统简介

现在已投入使用的航空激光雷达系统很多，本节简单介绍其中几种航空激光雷达系统。

1. Leica ALS-40/50 航空激光雷达系统

Leica ALS-40 航空激光雷达系统包括：发射源、集成扫描和电子测时的激光扫描仪子系统，差分 GPS 和 INS 子系统及数据存储、处理软件子系统等。激光扫描装置允许在高空作业，频率达到 40 kHz。激光扫描装置由铍镜子、电流表、编码器组成，可提供最高达 75°的可变视角。

控制器单元包含主系统接口和时间模块。这些串行接口包括定位和导航单元，脉冲端口数据输入为时间同步，并且有一个串行接口来存储数据。定位单元和激光扫描仪系统的实际控制通过 Windows NT 图形用户界面实现，该界面运行在一台专用于定位单元和激光扫描仪系统的可靠的计算机上。

所有的数据被记录在一个大型的、高吞吐量的可移动硬盘上。激光扫描仪子系统和定位子系统的数据用 GPS PPS 时钟作了标记，激光数据流还包含 GPS 时间，以便可以用于后续的时间匹配和处理。

为航空激光雷达系统开发和集成的传统定位系统是 APPLANIX POS/DG，它可以很好地满足空中三角测量的需要。系统的核心是惯性测量单元(Inertial Measurement Unit，IMU)和装有内置 GPS 卡片和数据列表的 POS 计算机系统。完全固态化的 IMU 具有很高的可靠性，它包含 3 个低噪的可调陀螺仪。内置的全球定位系统接收机可以独立使用，也可以进行实时差分校正或后处理应用。实时操作要求数据从基准站实时传输，经过地面站双频接收机接收后，用来精确计算出航空传感器的位置坐标。

系统采用一种对地面的正弦扫描模式，其视角范围为 1°～75°。点的间距为 1.5～12 m，平面精度 15 cm～1 m，垂直精度 15～60 cm。

GPS 位置被确定后，扫描仪位置及传感器方位参数就可以用于精确计算地面的点位，如果需要，还要对数据进行严格的异常检查。在生产过程中的一个重要阶段是采用立体像对，并通过摄影测量的方法来校正和检验航空激光雷达点云数据。然后经过一系列处理，最终获取规则格网的 DEM 数据，也可以交付为 ASCII 码的点云数据文件。

Leica ALS 50 是瑞士 Leica 公司最新型的航空激光雷达系统，其优势在于可全天候甚至夜间或恶劣天气下进行航空遥感作业，快速获取高精度 DEM。该系统与光学或数字影像结合使用，在林业、海洋、土地利用调查、灾害评估、城市模型等领域可以取得最佳效果。

2. TopoSys 航空激光雷达系统

德国 TopoSys 公司发展了多种型号的航空激光雷达系统，其中最著名的是 FALCON Ⅲ 系统、HARRIER 24 系统和 HARRIER 56 系统。

(1)FALCON Ⅲ 航空激光雷达系统

FALCON Ⅲ 航空激光雷达系统基于光纤传输的原理，具有较宽的激光光束，可以达到 125 kHz 的高效率的测量速率(50～125 kHz)，加上快速且灵敏的回波探测功能，因此能达到最高的数据质量和突出的生产效率。

FALCON Ⅲ 航空激光雷达系统的设计是为了应用于那些需要高密度和可靠的高程模型数据的领域，例如三维城市模型和城市规划、森林总量测量或估算、水力模拟、洪水监测和防护及带状地区成图等。

系统主要性能为：

——不需要重复校准。

——激光探测得到的测量结果可以保持重叠。

——扫描点可以密集而均匀地分布在飞行扫描带上。

——具有较短的回波分辨时间。

——可以选择多回波、全波形数字化扫描方式。

——系统提供一种高效集成的光学线性扫描仪。

——易操作，系统参数设置简单。

该系统的主要参数见表 11.4。

表 11.4 FALCON Ⅲ系统主要参数

视场角	60°	航　高	30～2 500 m
测量频率	50～125 kHz	光束发散度	0.7 mrad
扫描宽度	航高×0.46	距离分辨率	0.01 m
垂直精度	<0.10 m	水平精度	<0.20 m
重量	40 kg	尺寸	40 cm×40 cm×45 cm
电源	28 V DC, 15 A max.	POS	Applanix POS/AV 410
影像	R, G, B, NIR	影像像素	每行 4×2 048
像素大小	最小 0.05 m	影像比例尺	1∶500～1∶10 000

(2)HARRIER 24 航空激光雷达系统

HARRIER 24 航空激光雷达系统增加了一套支持多媒体格式的数字成像系统，它与宽角激光扫描仪共同组成了航空激光雷达扫描系统。

由于 HARRIER 24 航空激光雷达系统由宽角激光扫描仪和数字成像系统共同组成，因此系统可以处理航空摄影测量和遥感数字图像。加上宽角扫描仪，HARRIER 24 航空激光雷达系统拓宽了使用范围和空间。

HARRIER 24 航空激光雷达系统将多媒体格式的数码相机 Applanix DSS 322 和高效率的机载激光扫描仪 Riegl LMS-Q240 结合在一起，按照一定的数据处理流程，可以将图像和高程数据完美地融合在一起。

系统主要性能为：

——集成化的 22M 数码相机 Applanix DSS 322。

——图像分辨率达到 3 cm。

——可以达 10 kHz 的高效的距离测量速率。

——视场角可以达到 60°(也可选择 80°)。

——可以用于获取最大高度为 6 500 m 的图像。

——宽角激光扫描仪与数字成像系统可以融合。

——高效的处理方法。

3. Optech ALTM 3100EA 航空激光雷达系统

ALTM 3100EA 是加拿大 Optech 公司研制的新型航空激光雷达系统，与 Optech 公司以往的航空激光雷达系统相比，本型号采用了许多新技术，增加了许多新功能。在理想情况下，采用该系统获取的地面目标的精度可以达到±3 cm(在 500 m 航高、33 kHz 扫描频率、扫描角为±10°情况下)。通过提高系统的稳定性，该系统可以大大降低高程噪声。因此，ALTM 3100EA 航空激光雷达系统能够探测到更精细的地面目标，从而，该系统可以满足大比例尺成图的要求。

ALTM 3100EA 系统参数说明：

——飞行作业高度，80～3 500 m。

——平面位置精度，1/5 500×航高。

系统高程精度指标和性能参数见表 11.5 和表 11.6。

表 11.5　ALTM 3100EA 系统高程精度指标

脉冲频率/kHz	500 m 航高	1 000 m 航高	2 000 m 航高	3 000 m 航高
33	<5 cm	<10 cm	<15 cm	<20 cm
50	<5 cm	<10 cm	<15 cm	
70	<10 cm	<10 cm	<15 cm	
100	<10 cm	<10 cm		

表 11.6　ALTM 3100EA 系统参数

性　能	参　　数
距离测量方式	每个脉冲可以得到 4 次距离测量结果
强度测量	每个测量结果有 12 bit 的动态变化范围
扫描角	从 0°到±25°变化，以±1°为增量可调
滚动位移补偿	可以达到以 5 Hz 的速率进行更新(扫描角+滚动补偿角=25°，即±20°的扫描角允许±5°的补偿)
扫描幅宽度	在 0～0.93×高度之间变化
导航定位系统	Applanix POS/AV，适用于 12 通道的双频 2Hz 的 GPS 接收机
地面点云分布	"之"字形分布，均匀地分布在 96%的扫描区内
脉冲频率	33 kHz(在最大飞行高度 3 500 m 情况下) 50 kHz(在最大飞行高度 2 500 m 情况下) 70 kHz(在最大飞行高度 1 700 m 情况下) 100 kHz(在最大飞行高度 1 100 m 情况下)
数据存储硬盘	抗震移动硬盘，在 100 kHz 扫描频率前提下，最短连续记录时间可以达到 7 h
光束发散度	双重发散，0.3 mrad 或者 0.8 mrad
系统所需功率	28 V 直流电，最大值电流 35 A
系统适合温度(气温)	控制部件：+10℃～+35℃ 传感器：　-10℃～+35℃
存储器适合温度	-10℃～+50℃
系统适合湿度	0%～95%(非冷凝状态下)

4. IGI 航空激光雷达系统

(1)LiteMapper 2400 航空激光雷达系统

LiteMapper 2400 是德国 IGI 公司比较早期的航空激光雷达系统，根据参数的不同，又分成两种型号，即 LiteMapper 2400-60 和 LiteMapper 2400-80，其参数见表 11.7。

表 11.7　LiteMapper 2400 系统参数

系统参数		条　件	LM 2400-60	LM 2400-80
测距单元	最大测距	地面平坦度为 80%	450 m	
		地面平坦度为 20%	230 m	
	最小测距	2 m		
	测距分辨率	5 mm		
	测距精度	正常而平坦地面	$\leqslant 20\ \mathrm{mm} \pm 20 \times 10^{-6} d$	
	目标探测方式	第一次返回或最后一次返回或者交替方式		
	激光波长	905 nm		
	最大脉冲频率(PRF)	30 kHz		
	光束发散度	3 mrad		

续表

系统参数		条　件	LM 2400-60	LM 2400-80
扫描仪单元	扫描仪	圆柱体多边形棱镜		
	棱面数		4	3
	扫描方式	平行扫描线		
	扫描角		±30°（总共60°）	±40°（总共80°）
	角度分辨率	0.005°		
	扫描频率		每秒扫描6～80行	每秒扫描5～60行
	最大有效测量速率	每秒测量10 000个点		
	扫描宽度		1.15×高度	1.68×高度
惯性测量单元(IMU)	IMU精度(滚动角、俯仰角、航偏角)	0.004°、0.004°、0.01°		
	IMU采样频率	128 Hz,可选择256 Hz		
作业参数	作业高度	地面平坦度≥20%	10～200 m航高	10～180 m航高
	地面点间距(点密度)	50 m航高、40 kHz	0.34 m×0.34 m、每平方米8.7点	0.41 m×0.41 m、每平方米6.1点
		100 m航高、40 kHz	0.48 m×0.48 m、每平方米4.3点	0.41 m×0.41 m、每平方米6.0点
		180 m航高、40 kHz		0.58 m×0.58 m、每平方米3.0点
		200 m航高、40 kHz	0.68 m×0.68 m、每平方米2.2点	0.78 m×0.78 m、每平方米1.7点
	地面采样场元直径		0.6 m (200 m航高)	0.5 m (180 m航高)
	地面点精度(平面/垂直)	不包括GPS误差	0.04 m、0.02 m (200 m航高)	0.05 m、0.02 m (180 m航高)

(2)LiteMapper 5600航空激光雷达系统

LiteMapper 5600是德国IGI公司最新设计的航空激光雷达系统，该系统相对于LiteMapper 2400型号做了许多改进，系统基本参数见表11.8。

表11.8　LiteMapper 5600系统参数

系统参数		条　件	LM 5600-5
测距单元	最大测距(PRF≤40 kHz)	地面平坦度=80%	1 500 m
		地面平坦度=20%	850 m
	最小测距	30 m	
	测距分辨率	5 mm	
	测距精度	正常而平坦地面	$\leq 20\ \text{mm} \pm 20\times10^{-6}d$
	目标探测方式	返回的次数没有限制(波形式)或第一次返回或最后一次返回或交替进行(联机式)	
	激光波长	1 550 nm	
	单发射波内多目标分离	0.6 m(波形式)	
	返回脉冲宽度分辨率	0.1 m(波形式)	
	最大脉冲频率(PRF)	100 kHz	
	光束发散度	0.5 mrad	

续表

系统参数		条　件	LM 5600-5
扫描仪单元	扫描仪	锥体多边形棱镜	
	棱面数		4
	扫描方式	平行扫描线	
	扫描角		±22.5°(总共 45°)
		90%×最大距离	±30°(总共 60°)
	角度分辨率	0.002 5°	
	扫描频率		每秒扫描 5～160 行
	扫描仪线圈间隙因数	50%(45°扫描角),60%(60°扫描角)	
	最大有效测量速率	每秒 50 000 个点(45°扫描角),每秒 66 000 个点(60°扫描角)	
	扫描宽度		0.83×高度(45°扫描角) 1.15×高度(60°扫描角)
惯性测量单元(IMU)	IMU 精度(滚动角、俯仰角、航偏角)	0.004°、0.004°、0.01°	
	IMU 采样速率	128 Hz 可选择 256 Hz	
作业参数	作业高度(PRF≤40 kHz)	地面平坦度≥20%	30～785 m 航高,45°扫描角, 30～665 m 航高,60°扫描角,
地面点间距(点密度)		50 m 航高、40 kHz	0.13 m×0.13 m、每平方米 60.4 点
		100 m 航高、40 kHz	0.18 m×0.18 m、每平方米 30.2 点
		200 m 航高、40 kHz	0.26 m×0.26 m、每平方米 15.1 点
		300 m 航高、40 kHz	0.32 m×0.32 m、每平方米 10.0 点
		300 m 航高、100 kHz	0.50 m×0.50 m、每平方米 4.0 点
		500 m 航高、100 kHz	0.64 m×0.64 m、每平方米 2.4 点
		665 m 航高、100 kHz	1.20 m×1.20 m、每平方米 0.7 点
		785 m 航高、100 kHz	1.28 m×1.28 m、每平方米 0.6 点
		785 m 航高、150 kHz	1.56 m×1.56 m、每平方米 0.4 点
	地面采样场元直径		0.4 m(785 m 航高)
	表面点精度(平面/垂直)	不包括 GPS 误差	0.13 m/0.04 m (785 m 航高)

第 12 章　航空激光雷达数据后处理方法

本章介绍航空激光雷达点云数据后处理的原理和方法。首先给出几类航空激光雷达系统的应用实例，然后主要介绍两类点云数据后处理的方法，第一类是数学形态学算子，第二类是稳健滤波估计方法。

§12.1　航空激光雷达系统应用领域和潜力

航空激光雷达系统最初的目的是为了获取数字高程模型。随着这一技术的进一步发展和完善，其应用领域也被大大地扩展。可以这样说，摄影测量与遥感几乎所有的领域都可以看到这一技术应用的例证和潜力。随着 RGB 数字照相机与航空激光雷达系统一体化的安装和使用，这一技术的使用范围得到了扩展。

可以通过一系列的图例来演示和验证航空激光雷达技术在不同领域使用成功的证明。图 12.1 是一组平坦地区航空激光雷达点云数据处理后的结果，该地区高差为 50 m 左右，区域大小为 1 000 m×1 000 m 的范围，约 100 万个离散点。图 12.1(a)是原始航空激光雷达点云数据的一幅高程值图，经过数据滤波、分离等处理后，图 12.1(b)是分离后的非地面点的高程值图，图 12.1(c)是经过滤波处理后得到的地面点高程值图。此结果可以验证使用这一技术高效地获取数字高程模型的有效性。

(a) 原始的离散数据高程值图　(b) 处理后的非地面点高程值图　(c) 处理后的地面点高程值图

图 12.1　一组平坦地区数据处理后的结果

图 12.2 是一组高山地区航空激光雷达点云数据处理后的结果。此地区高差为 500 m 左右，数据覆盖的范围为 1 000 m×1 000 m，约 300 多万个离散点，也就是说，这一块数据中，每平方米有 3 个点左右。图 12.2(a)是原始的航空激光雷达点云数据高程值图，经过数据滤波、分离等处理后，图 12.2(b)是分离后的地面点高程值图，并在此高程值图上附加了等高线。由此结果可以看出航空激光雷达数据用于高山地区的数字高程模型获取时的高效性能。

前面讨论航空激光雷达技术相对于摄影测量方法的优势和不足时提到，其中的一个不足是航空激光雷达系统不可能直接获取地面的断裂线和其他的特征线。随着数字图像处理和数字影像分析方法的引入，已经有比较可行的解决方法和研究结果(Sui，2003)。近年来，国内外

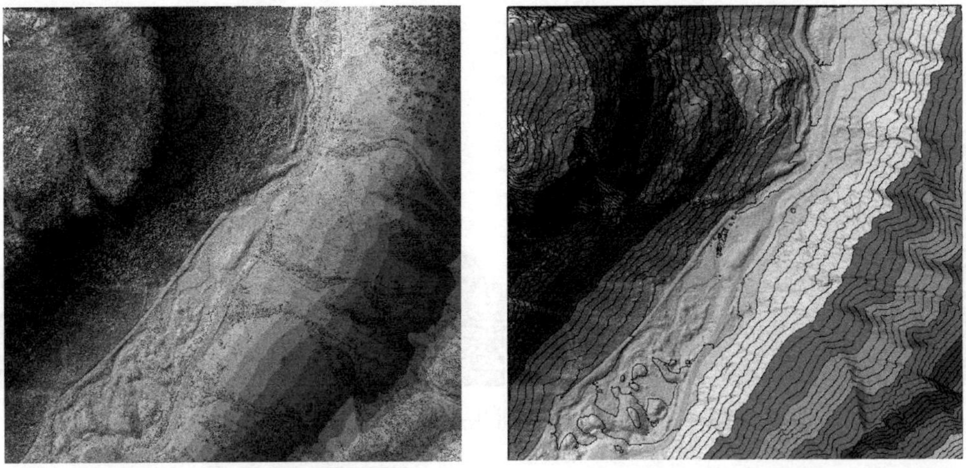

（a）原始的离散数据高程值图　　（b）处理后的地面点高程值图和等高线图

图 12.2　一组高山地区数据处理后的结果

许多学者对此进行了研究，也取得了一些研究成果，图 12.3 为一幅使用航空激光雷达数据提取地面特征坎线的例子，图 12.3(a)为基于航空激光雷达点云数据提取的特征线，图 12.3(b)为原始地图上已有的特征线。

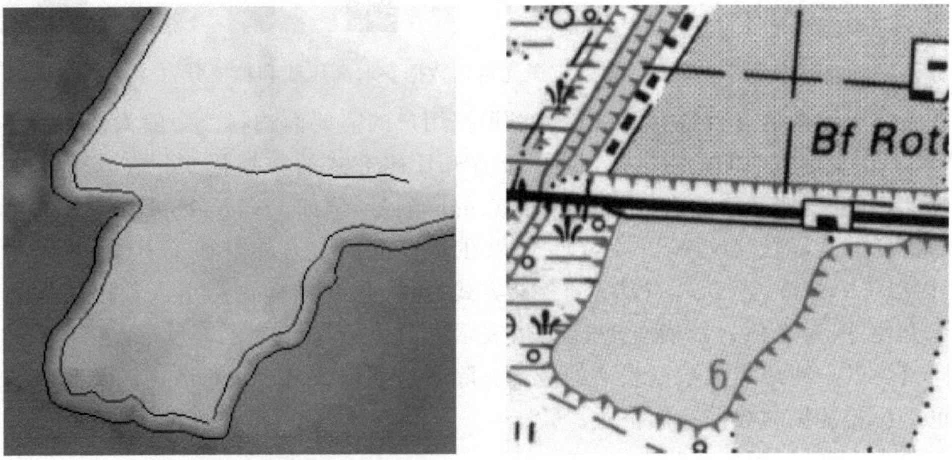

（a）基于激光雷达数据提取的地面特征　　（b）原始地图上地面特征

图 12.3　使用航空激光雷达数据提取特征线

航空激光雷达数据另外的重要应用领域是获取地形表面模型和三维城市模型。图 12.4 很形象地演示了使用这种数据获取 3D 建筑物的可能性和结果。激光雷达方法获取地面三维信息的重要优势是这种方式可以根据使用目的的不同，很方便地选择不同的扫描方式和飞行高度等参数，从而可以获取不同密度的地面坐标。另外，人们通过附加 RGB 照相机，可以同时获取地面的数字影像，从而可以很方便和高精度地导出地面的正射影像图。

在这两组试验结果中，所提取的地面特征坎线和建筑物目标仅依据航空激光雷达点云数据，没有引入任何其他辅助数据和影像用于特征目标的提取和分类。

航空激光雷达数据的使用范围极其广泛，可以用于不同的目的，而不是仅仅为了构建数字高程模型。譬如，航空激光雷达数据可以有效地用于获取高压线的分布，在农业及森林业上也可以用于获取树木的高度和分布等，以及用于森林的监视和分类等，见图 12.5。

图 12.4 使用航空激光雷达点云数据提取 3D 建筑物

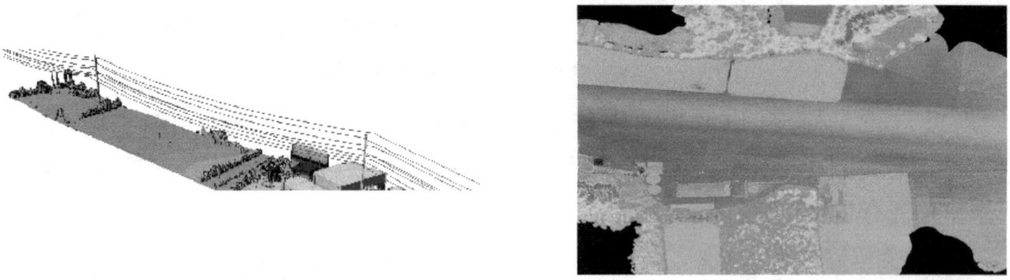

图 12.5 使用离散航空激光雷达数据获取高压线和植被分类

离散航空激光雷达点云数据的格式可以根据用户的需要而选择。一般人们习惯于使用常规的 (X,Y,Z) 坐标方式的离散数据结构，即 ASCII 码方式的数据格式。在这个基本数据结构的基础上，可以增加其他的附加信息，譬如点的序列号，例如 (N,X,Y,Z) 的结构。可以附加地面点的密度信息，例如 (N,X,Y,Z,I)。如果在飞行设备上另外附加了 RGB 数码照相机的话，则可以以 (N,X,Y,Z,I,R,G,B) 的存储方式提供。这些结构也为引入数字图像处理的方法提供了方便。因为 X 值表示横向坐标，Y 值表示纵向坐标，Z 值表示高度(或者深度)，由横向以及纵向值可以方便地定义数据表达的范围。除了这些格式外，LAS 格式以及其他二进制数据格式也是比较常见的数据存储格式。

§ 12.2 数据后处理方法一般描述

对离散的航空激光雷达点云数据进行有效的处理是该系统最主要的组成部分。只有高精度及准确而可靠地分离不同信息后，人们才可能有效地将这些数据用于不同的目的。正常情况下，这种分离处理可以用滤波或分类来表达。

迄今为止，人们可以将这种离散点云数据的滤波处理方法归纳成两类，一类是直接分离方法；另一类是分离(分步)处理方法。在直接方法中有两种观点被引用，一种是“滑动最小值”及“凸-凹罩方法”，其原理为：从原始的离散点云数据出发，通过内插得到一个规则分布的高程删格网，然后在这个规则分布的高程删格网中寻找最低点来实现离散点云数据的分类。这种方法中要引入“坎线长度”或者是“高度阀值”作为控制参数，如果在寻找的范围内，最低高程值小于这个阀值，则此点被接受为地面点，否则被假设为非地面点。

另外一种直接滤波方法是“最小二乘预测推估法”。这种方法从所有的观测点出发，通过“平差”过程来达到滤波的目的，其平差过程是逐步迭代进行的，(Kraus et al，1997)。Kraus 建议，在迭代开始时，所有的原始观测值被假设为具有同样的“权”。随着迭代过程的重复，那些可能的较低的点被逐渐赋予较大的权系数，相反，较高的点其权值逐渐减少，每一次迭代后，每一个离散点(观测值)的权系数 w_i 被重新计算。Kraus 认为，这个权系数 w_i 与平差后的观测值的改正数 v_i 的绝对值成反比，因而，也可以通过相应的改正数计算观测点迭代的权系数。权函数可以选择为

$$w_i=\frac{1}{1+(a\,|\,v_i\,|\,)^b}\quad a,\ b>0 \tag{12.1}$$

或者

$$w_i=\frac{1}{1+(a\,|\,v_i-g\,|\,)^b}\quad a,\ b>0 \tag{12.2}$$

式中，a 和 b 用于决定权函数的陡峭程度，其值可以在 $1\sim4$ 之间选取；g 是位移参数，它主要用于控制最小二乘推估时权系数 w_i 的选取。对于可能的较低的地面点而言，其平差后的改正数较大的可能是负值，因而，此点的权系数 w_i 则赋予较大的值。而那些位于树木或植被上的所谓的非地面点，其改正数值为正值的可能性较大，因而，此点的权系数 w_i 值则较小。

由这个权函数出发，一个任意点 P 上的观测值的估计值 h 可以由 n 个支持点 P_i 上的观测值表示，即

$$h=[C(PP_1)C(PP_2)\cdots C(PP_n)]\begin{bmatrix}V_{ZZ} & C(P_1P_2) & C(P_1P_3) & \cdots & C(P_1P_n)\\ & V_{ZZ} & C(P_2P_3) & \cdots & C(P_2P_n)\\ & & \ddots & & \vdots\\ & & & & V_{ZZ}\end{bmatrix}^{-1}\begin{bmatrix}h_1\\ h_2\\ \vdots\\ h_n\end{bmatrix} \tag{12.3}$$

与这种直接方法相反，分离算法的理论基础和出发点是假设原始的离散点云数据具有不同的权系数。其算法是将整个处理过程大体上分成两步(Lindenberger，1993；Sui，2003)：第一步是通过一个相对简单的处理过程将原始的离散点云数据进行“粗”分离，经过粗分离后，原始离散点云数据被分成两组，一组是近似的地面点，即“地面点假设”；另外一组是近似的非地面点，即“非地面点假设”。在粗分离的基础上，第二步是通过引入统计的方法对地形表面进行逼近和模型化处理，它包括模型化和假设检验，第二步的处理也可以称为“细分离”或“精处理”。这种处理过程为引入数字图像处理的方法奠定了基础，在常规数字图像处理中，滤波是表示将数字影像中含有的噪声进行有效的过滤。在离散数据处理中，这种滤波过程在一定的条件下可以表达成粗差的探测和分离过程。

§12.3　数学形态学模型用于数据处理

本节主要介绍分离算法用于处理离散航空激光雷达点云数据的原理和方法，在这里主要介绍数学形态学方法。

12.3.1　简述

数学形态学(Morphology)是一门专门研究集和集联系的理论。通过不同数学形态学算子的组合，在许多影像处理问题上都可以看到这一理论应用的例子，例如在特征提取、影像特

征的骨架化处理、影像和目标的分类方面等。

许多参考文献对这一理论进行了详细而范围广泛的介绍。例如在图像平滑中这种理论得到了有效的应用，因为图像上的干扰信号在形态上明显地有别于有效信号。这种有针对性地引入关于期望的有效信号形态的知识构成了数学形态学图像处理的基础。因而，这种理论也可以称为研究自然界形态或形状的科学。

数学形态学在整个数字图像处理这一框架下占有一个很特殊的地位。首先是因为在数字图像处理领域内，几乎没有另外一个分支像数学形态学那样有它自己坚实的数学基础。

数学上的集的理论提供了数学形态学图像处理的理论基础。例如在一幅二值图像中的每一个目标，也就是由像素灰度值为1组成的区域，可以作为一个集看待。一般的，在这样的二值图像上，所有的目标是由这样的灰度值为1组成的一系列区域构成的，背景图像则由灰度值为0组成的集构成。因而，人们简单地通过这两种集的区分可以分类目标影像和背景影像。

在使用灰度图像进行目标分类时，人们可以通过一系列的预处理将不同的目标分成不同的灰度等级。一般的，同一类目标其灰度值大体上在不大的范围内变化，不同的目标其灰度值则有较大的区别，例如建筑物目标和森林区域与地面目标之间。这一事实在处理深度图像时有特别意义，因为可以按照目标的高度将不同高度的目标变换成灰度值，不同的高度则具有不同的灰度等级。因而，这一理论在使用航空图像或数字地面模型等三维数据提取建筑物或其他三维目标信息时得到了广泛的应用。

12.3.2 数学形态学基础算子——腐蚀和膨胀

在数学上，数学形态学图像处理一般有两个基础算子，即腐蚀(Erosion)和膨胀或扩张(Dilation)。在数学集理论上，这两个算子是这样定义的：假设 G 和 $g(z)$ 是任意两个集，在一维情况下，集 $g(z)$ 可以称为结构元素或核，在二维情况下，集 $g(z)$ 称为结构窗口(或结构函数)。在数字图像处理中，集 G 一般表示成原始图像点集，集 $g(z)$ 表示操作算子图像点集，$f(\boldsymbol{x})$ 表示原始(或目标)图像。在数字图像处理中，结构元素可以以不同的方式定义。图12.6给出了几个结构元素或结构窗口的例子。

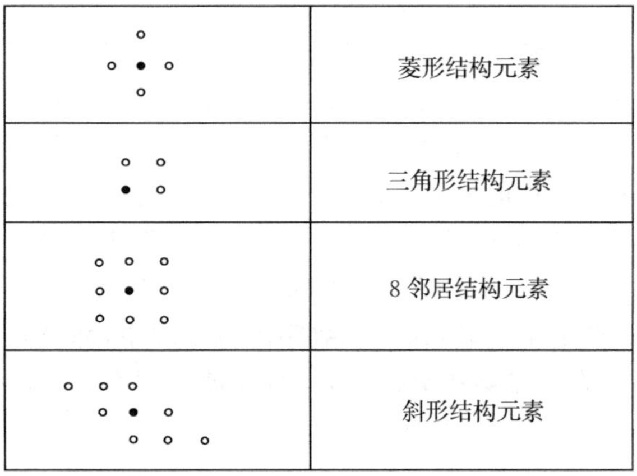

• 涉及的当前点　　∘ 黑点的邻居点

图 12.6　结构元素或结构窗口

1. 膨胀⊕

一个目标(在这里总是图像) $f(\boldsymbol{x})$ 通过结构元素或结构窗口 $g(z)$ 以下列方式被膨胀

$$f'(x,y) = f \oplus g = \max_{x \in G}\{f(\boldsymbol{x}-\boldsymbol{z}) + g(\boldsymbol{z})\} \tag{12.4}$$

2. 腐蚀Θ

一个目标(在这里总是图像) $f(\boldsymbol{x})$ 通过结构元素或结构窗口 $g(z)$ 以下列方式被腐蚀

$$f'(x,y) = f \Theta g = \min_{x \in G}\{f(\boldsymbol{x}+\boldsymbol{z}) - g(\boldsymbol{z})\} \tag{12.5}$$

在离散图像处理中，一般可以这样进行这两种算子的操作处理，假设 $s_e(x,y)$ 是一幅灰度图像，作为结构元素可以使用一个模板 K，这个模板决定哪些像点作为在位置(x,y)上要处理的点的邻居像点。

在腐蚀操作中，模板在整个图像上逐行和逐列移动，位置 (x,y) 上要处理的涉及点(当前点)的灰度值用在结构模板范围内的最小灰度值代替。在二值图像处理中，这个操作相当于背景图像范围被扩展，目标图像范围被腐蚀。换句话说，这个过程将去掉目标边缘的部分点。图 12.7 给出腐蚀处理的一组简单例子。

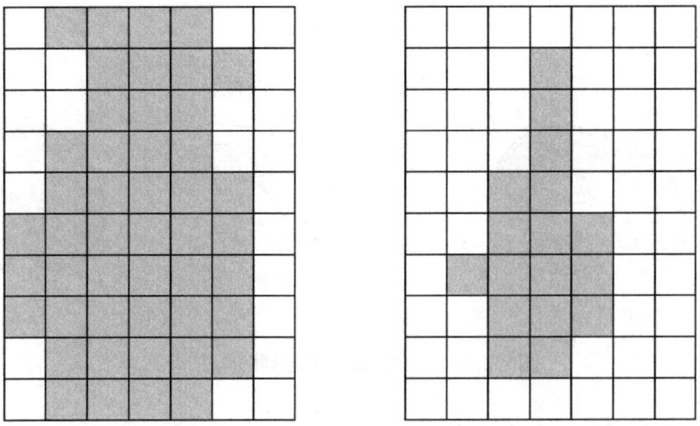

(a) 原始图像　(b) 腐蚀后的结果

图 12.7　腐蚀处理

注：图中白为背景，灰为目标，模板大小为 3×3。

腐蚀操作的另一个有趣的特点是可以消除干扰，这一特点不仅可以用于影像干扰的平滑处理，在处理离散数据中同样可以得到有效的应用。

在膨胀操作中，模板在整个图像上逐行和逐列移动，位置 (x,y) 上要处理的涉及点(当前点)的灰度值用在结构模板范围内的最大灰度值代替。在二值图像处理中，这个操作相当于背景图像范围被腐蚀，目标图像范围被扩展。图 12.8 给出膨胀处理的一组简单例子。

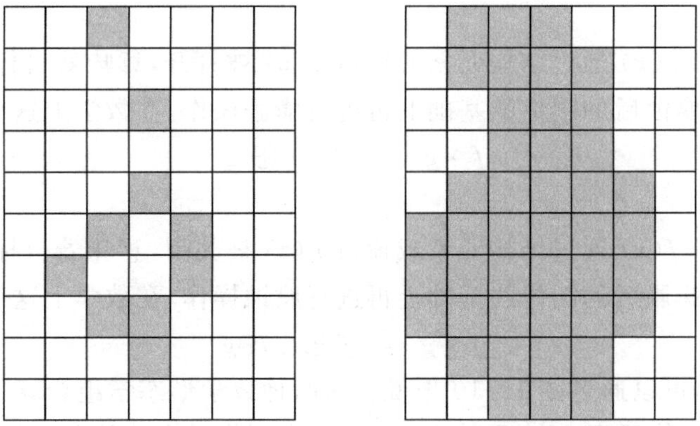

(a) 原始图像　(b) 膨胀后的结果

图 12.8　膨胀处理

注：图中白色为背景，灰色为目标，模板大小为 3×3。

必须说明，尽管这两种方法提供了相反的结果，但是它们是不可逆的，因为这种数学形态学方法并不是线性变换。

当然，不仅结构元素(模板)的大小会影响处理后结果的形状，结构元素的形状本身也影响处理的结果，在图 12.6 中给出了不同的结构元素的形状。图 12.9 给出了另外一种形式的例子用于说明这两种数学形态学算子进行图像处理的结果，图 12.9(a)中，g 表示结构元素，f 表示输入的图像。在 f 图像上有两块分离的区域，这两块区域之间的距离小于等于结构元素的直径，小块区域的直径同样小于等于结构元素的直径。由图 12.9(b)可以看出，输入图像经过腐蚀的结果是：较小的一块区域被滤波掉了，较大的一块区域的外轮廓被腐蚀掉了相当于结构元素半径大小的深度；而膨胀后的结果是：两块区域的外轮廓被扩展了相当于结构元素半径大小的深度，从而，两块区域被联成一体。这一例子很形象地说明和解释了这两种基础算子的功能、原理和作用效果。

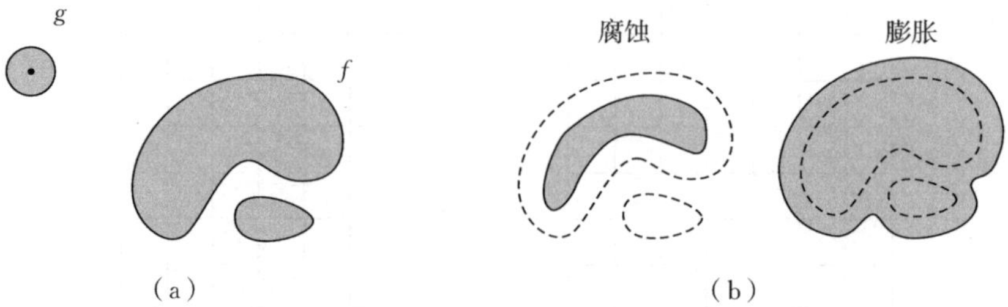

图 12.9 一组腐蚀和膨胀的例子

12.3.3 数学形态学组合算子——开和关

腐蚀和膨胀两个基础算子在数字图像滤波等方面可以满足许多要求，这两种基础算子的不同组合仍然可以得到更有效的组合算子，例如开(Opening)和关(Closing)两个算子，下面对这两种组合算子给予介绍。

开算子是在一幅图像上首先进行“腐蚀”操作，然后再进行“膨胀”操作。关算子与开算子刚好相反，它是在一幅图像上首先进行“膨胀”操作，然后再进行“腐蚀”操作。这两种组合算子的代码可以通过重复基础算子而实现。

1. 开 ◦

一幅图像或目标 $f(\boldsymbol{x})$ 通过结构元素或窗口 $g(\boldsymbol{z})$ 被打开，意味着目标 f 首先通过结构元素 g 被腐蚀，然后在腐蚀后的图像的基础上再进行膨胀操作。在数学上这个过程可以表示成

$$f \circ g = (f \Theta g) \oplus g \tag{12.6}$$

2. 关 •

一幅图像或目标 $f(\boldsymbol{x})$ 通过结构元素或窗口 $g(\boldsymbol{z})$ 被关闭，意味着目标 f 首先通过结构元素 g 被膨胀，然后在膨胀后的图像的基础上再进行腐蚀操作。在数学上这个过程可以表示成

$$f \bullet g = (f \oplus g) \Theta g \tag{12.7}$$

与图 12.9 类似，可以通过图 12.10 来说明这两种数学形态学组合算子处理后的结果。图 12.10(a)中，g 表示结构元素，f 表示输入的图像。在图像上有两块分离的区域，这两块区域之间的距离小于结构元素的直径，小块区域的直径同样小于结构元素的直径。较大块的区域内有一个小的漏洞，其直径小于结构元素的直径。同时，这个较大块区域的外轮廓上有多个尖尖的较小的目标，在一定的条件下，可以将它们假设成是数个干扰。由 12.10(b)结果图可以看出，输入图像经过开处理后的结果是：较小的一块区域被滤波掉了，较大的一块区域的外轮廓上的数个干扰同样被滤波。同时，较大块区域内的漏洞也被扩展了。但是，区域的整体外轮廓范围保持了原始的结构，而没有改变。而关处理后的结果是：两块区域被联成一体。较大的一块上的所谓的干扰部分被加强了。同样地，区域的整体外轮廓没有被改变。这一例子很形象

地说明和解释了这两种组合算子的功能、原理和作用效果。

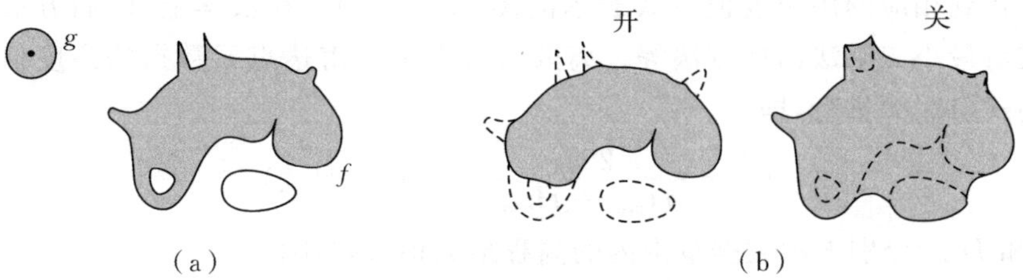

图 12.10　一组开和关操作的例子

对于数学形态学在数字图像处理上的应用有众多的例子可以证明这种方法的有效性和适用性。在这里将这一理论扩展到处理离散数据上，首先用一个地形断面来演示这种方法的应用效果，图 12.11 为开和关操作处理断面的一个例子。图 12.11(a)中用 f 表示原始断面图，g 表示结构元素。如果结构元素在原始断面下全接触的滚动表示开操作，图(b)表示开的方式滚动的结果，即 $(f \circ g)$ 用图(c)表示。开操作的结果是断面上的较尖的噪声目标被滤波掉了。如果结构元素在原始断面上面以关的方式滚动如图 12.11(c)所示，则可以得到关操作的结果(d)，关操作的结果是原始断面上的较小的漏洞被填充。

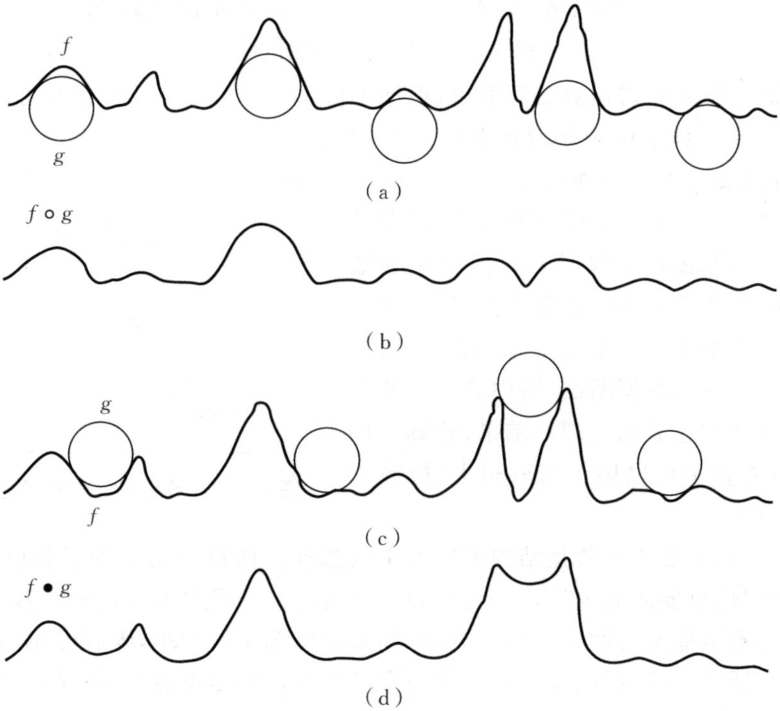

图 12.11　用断面图表示的一组开和关操作的例子

12.3.4　数学形态学理论在处理航空激光雷达数据中的应用

数学形态学理论用于处理二值图像时的原理已经有众多的例子，在这里介绍这一理论在处理离散航空激光雷达点云数据时的原理和结果。首先给出一组简单的航空激光雷达点云数据，见图 12.12(a)，在此原始离散点云数据图中，没有数据点的地方是全黑的，此离散点云数据表示了地面上的点的分布情况。如果将离散的点云数据进行变换处理，即进行数学上的内插处理，则可得到相应的用灰度值方式表示的图 12.12(b)。在数学上，内插方法可以使用多项式内插，或者最小二乘法内插方法等。离散的航空激光雷达点云数据的高度值变换成灰度值时，可以用式(12.8)进行，即

$$G_i = \frac{255}{H_{max} - H_{min}} \times (H_i - H_{min}) \tag{12.8}$$

式中，H_{max} 和 H_{min} 分别表示数据范围内的高程最大值和最小值。

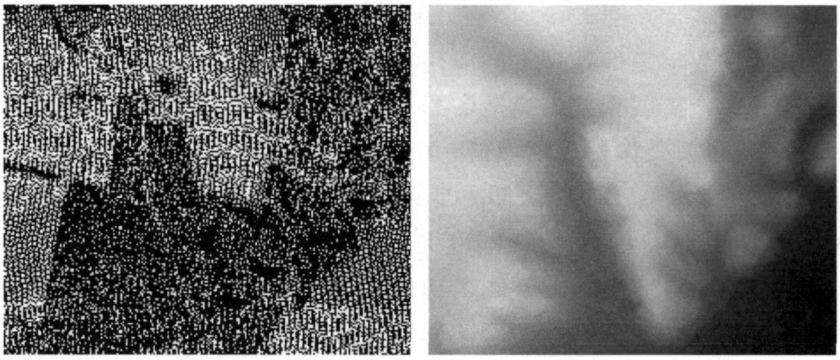

(a) 离散点云数据　　(b) 内插后的灰度值图

图 12.12　离散点云数据内插

在处理离散航空激光雷达点云数据时，根据不同的要求，主要可以引入两个组合算子，即开算子和关算子。开算子用于获取离散点云数据库中较低一层的数据，对于三维深度图像来说，意味着用于获取图 12.12(b)中较暗部分的影像信息；关算子则用于获取离散数据中较高一层的数据，对于三维深度图像来说，意味着用于获取图 12.12(b)中较亮部分的影像信息。图 12.13 表示一幅航空激光雷达点云数据断面，图中演示了开算子和关算子对激光雷达数据处理的结果，开算子用于获取地面点，关算子可以用于获取树木、植被或建筑物等高层目标。

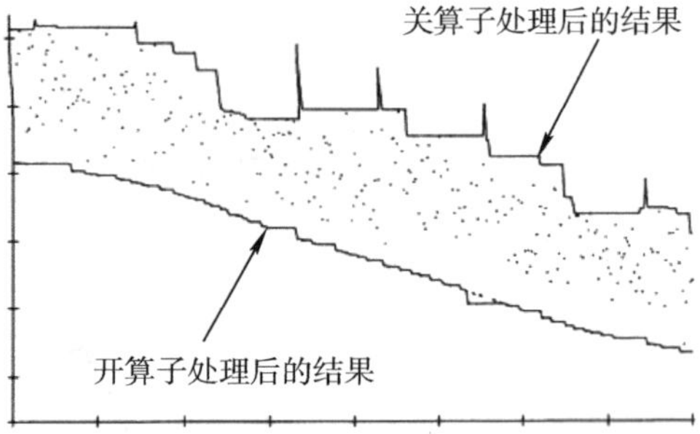

图 12.13　数学形态学算子处理后的断面

在开算子中，最重要的参数是结构窗口大小的选择。假设主要是为了获取数据中有效的底层信息，即高层信息要滤波去掉，一方面，如果结构窗口选择得太大，则在离散数据中有价值的底层目标信息有可能被过滤掉。另一方面，如果窗口选择得太小，则有可能达不到有效地滤波掉不需要的高层信息的目的。因而，一方面窗口要选择得尽可能小，以保证有效的底层目标不被错误地滤波掉；另一方面，窗口又要尽可能大，从而不需要的高层目标要保证有效地滤波掉。选择窗口的方法可以使用经验统计的方法，首先选择一个相对小的区域，在这个区域内试验不同大小的窗口，从而选择比较合适的窗口参数。

数学形态学算子在处理海量航空激光雷达点云数据中的应用效果可以通过一系列的实例来演示和证实。图 12.14(a)表示一幅实际的航空激光雷达点云数据的灰度值图(离散数据内插成灰度值，根据式(12.8)进行)，其上的横线对应图 12.15(a)的试验结果；图 12.14(b)表示这组实际的离散数据通过开处理后的结果灰度值图(离散数据内插成灰度值，同样根据式

(12.8)进行),其上的横线对应图 12.15(b)的试验结果。

比较图 12.14(a)和(b)的原始离散数据灰度值图和处理后的结果灰度值图,以及比较其相应的断面图 12.15(a)和(b),可以看出数学形态学算子在处理离散航空激光雷达点云数据时能够取得很好的结果。

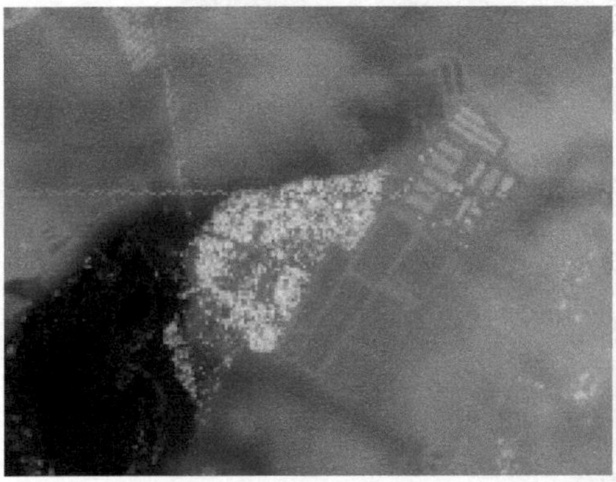
(a) 原始离散数据灰度值图

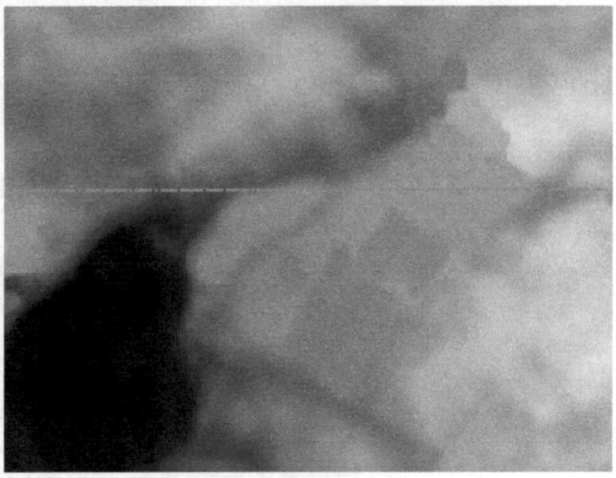
(b) 开算子处理后的灰度值图

图 12.14　灰度值图表示的数学形态学算子处理后的结果

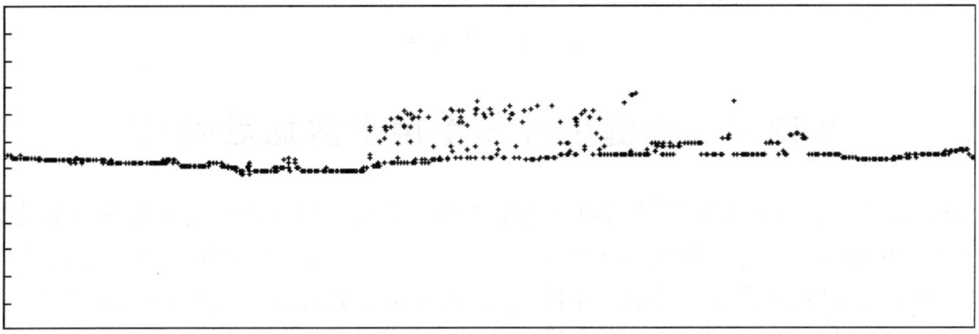
(a) 原始激光雷达点云数据的一个随机断面图

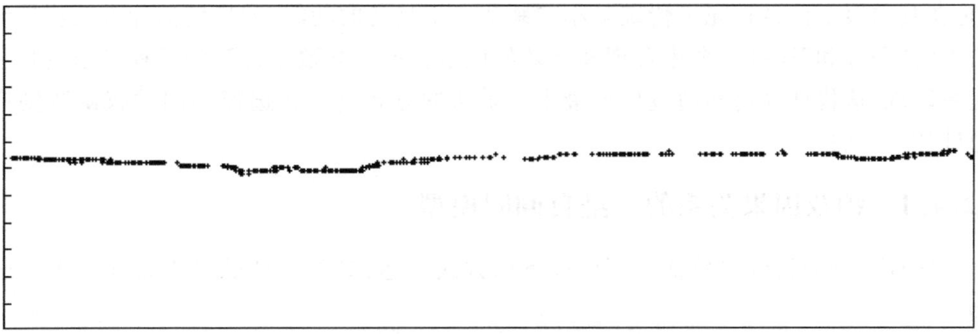
(b) 经过数学形态学算子处理后的相应断面图

图 12.15　断面图

这一结论可以通过相应的三维视图得到进一步验证。图 12.16(a)、(b)分别表示原始的航空激光雷达点云数据三维视图和经过数学形态学滤波处理后的结果三维视图,这两幅图分别相应于图 12.14(a)、(b)。通过这两幅图可以进一步验证这些算法用于处理大规模离散数据的效果,即数学形态学算子不仅可以用于二值图像的滤波处理,同样可以用于灰度值图像的滤波处理和用于离散数据的滤波处理。

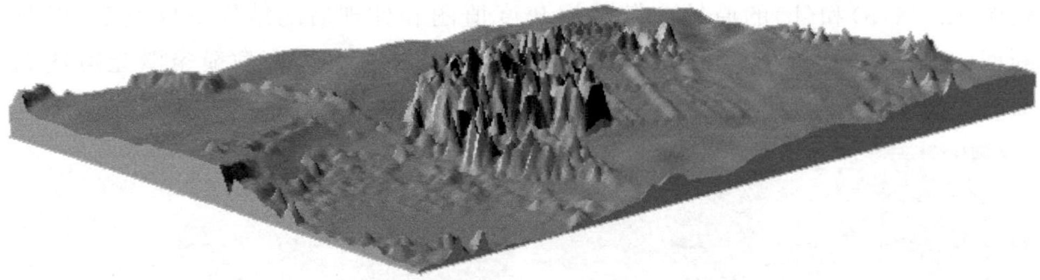

（a）原始航空激光雷达点云数据三维视图

（b）经数学形态学处理后得到的地面点数据三维视图

12.16　三维视图

§12.4　稳健估计模型用于数据后处理

稳健估计方法在许多大地测量问题及数据处理上不仅可以有效地用于传统的参数估计问题，而且在时间序列分析等领域也越来越受到重视。必须注意，“稳健估计”（现在使用比较多的另外一种提法是“抗差最小二乘法”）的概念从其意义上是作为传统最小二乘法的一个“补充”，而不是作为其功能的“代替”。因为稳健估计的处理还是要借助于最小二乘法的手段进行，只是在其内容上已经补充了传统最小二乘法所不具备的功能，即稳健估计方法将传统最小二乘法中的“平方和”通过一个更合理和有效的函数代替。其数字计算的过程则通过权函数的迭代更新体现，迭代计算仍然通过传统最小二乘法的方式进行。选择不同的权函数则产生不同的稳健估计方法。

12.4.1　顾及因果关系的二维自回归模型

一个线性模型的稳健参数估计可以以下列方式表达：参数估计的过程是在一个一般的线性模型

$$\sum_{k=-\infty}^{\infty} h_k x_{t-k} = e_t \tag{12.9}$$

中寻找参数 h_k 的过程，其中 x_{t-k}，$k = \cdots -2, -1, 0, 1, 2\cdots$ 表示随机变量，t 表示当前位置，e_t 表示均值为 0，方差为 σ_e^2 的白噪声。Lindenberger(1993；1989)将一维的自回归模型用于激光扫描数据的处理，取得了令人满意的效果。对此进行扩展，可以引入一种一体化的自回归处理过程(Auto-Regressive process，AR 过程)用于一维数据的处理，用这种方法同样取得了可靠的结果。

如果对这种处理方法进行扩展，可以引入更为有效的二维自回归估计方法，其中之一是二维自回归模型。首先介绍“顾及因果关系的二维自回归模型”（a causal auto-regressive process，CAR）。一个阶为 max(p,q)的顾及因果关系的二维自回归模型 CAR(p,q) 可以写成

$$x(m,n)=\sum_{\substack{k=0\\(k,l)\neq(0,0)}}^{p}\sum_{l=0}^{q}a_{kl}x(m-k,n-l)+e(m,n) \tag{12.10}$$

式中，a_{kl} 表示常系数，$x(m,n)$ 表示随机变量，$e(m,n)$ 表示白噪声，其期望值 $E\{e(m,n)\}=0$。

使用 CAR 模型进行数据处理时坐标系的定义见图 12.17。在具体计算时，对每一数据格网点而言只有此点的后部范围的数据参与处理过程。在 (m,n) 坐标系中，正的 m 轴指向下方，正的 n 轴指向右方。为了对点 $(m=m_1, n=n_1)$ 进行处理，输入数据从 (m_0,n_0) 到 (m_1,n_1) 范围内的点参与平差回归处理过程。

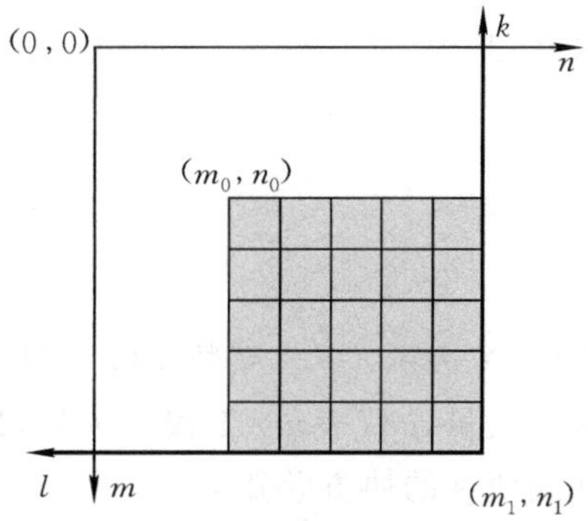

图 12.17　CAR 模型坐标系定义示意图

12.4.2　不顾及因果关系的二维自回归模型

CAR 模型是稳健回归估计的一种方法。如果对这种模型进行扩展，可以得到“不顾及因果关系的二维自回归模型”（a not causal auto-regressive process，NAR）。一个阶为 max(p, q)的不顾及因果关系的二维自回归模型 NAR(p,q)可以写成

$$x(m,n)=\sum_{\substack{k=-p\\(k,l)\neq(0,0)}}^{p}\sum_{l=-q}^{q}a_{kl}x(m-k,n-l)+e(m,n) \tag{12.11}$$

式中，a_{kl} 表示常系数，$x(m,n)$ 表示随机变量，$e(m,n)$ 表示白噪声，其期望值 $E\{e(m,n)\}=0$。

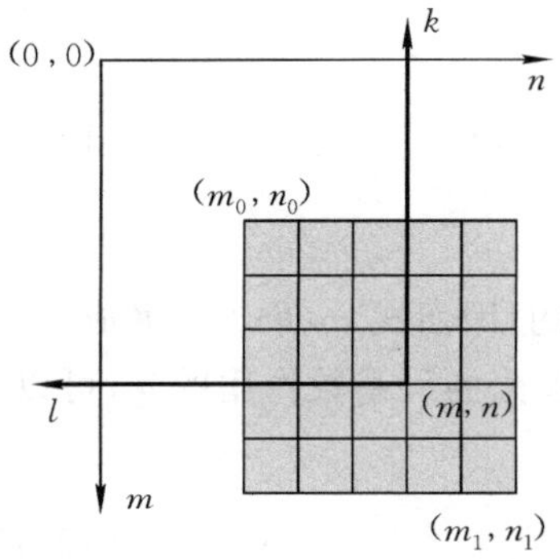

图 12.18　NAR 模型坐标系定义

与使用 CAR 模型不同的地方是，NAR(p,q)模型在点 (m,n) 上的邻域范围被扩展，即邻域范围为 $N=\{(m-k,n-l),(k,l)\in S, S=\{-p\leqslant k\leqslant p,-q\leqslant l\leqslant q\}\}$。这个范围可以是对称的，也可以是非对称的，可以是正方形的，也可以是矩形的。当然，人们一般选择对称的、正方形的格网范围。与 CAR 模型类似，采用 NAR 模型进行数据处理时的坐标系的定义见图 12.18。

NAR 模型相对于 CAR 模型而言，在使用同样阶的情况下，NAR 模型由于未知参数较多，其计算速度比使用 CAR 模型时要慢。

12.4.3　M 估计器滤波方法

M 估计器（The Maximum-Likelihood-Estimation method）的出发点是基于整个逼近函数的逼近误差

$$l=\sum_{(u,v)}\rho((f(x_{uv},y_{uv})-z_{uv})/s) \tag{12.12}$$

为最小，其中 $\rho(\ )$ 表示任意一种形式的误差模型，s 表示比例尺系数，它可以根据误差的类型给定，或让它起作用，或让它无意义，(u,v) 表示坐标。例如，当 $\rho(\ )$ 为平方和时，则式(12.12)就等价于传统的最小二乘法。

对于互相独立并且具有不同权函数的观测值而言，按照 Koch(1987)，首先假设高斯-马尔可夫模型

$$\boldsymbol{X\beta} = E(\boldsymbol{y}) = \boldsymbol{y} + \boldsymbol{e} \quad 并且 \quad C(\boldsymbol{y}) = \sigma^2 \boldsymbol{P}^{-1} \tag{12.13}$$

成立，其中

$$\boldsymbol{P} = \begin{bmatrix} P_1 & 0 & 0 & \cdots & 0 \\ & P_2 & 0 & \cdots & 0 \\ & & \ddots & & \vdots \\ & & & & P_n \end{bmatrix}$$

式中，$\boldsymbol{X}$ 表示 $n \times u$ 系数矩阵并且是满积的和可导的，$\boldsymbol{\beta}$ 表示 $u \times 1$ 未知数矢量，$\boldsymbol{y}$ 表示 $n \times 1$ 观测值矢量，$\boldsymbol{e}$ 代表 $n \times 1$ 误差矢量，$\boldsymbol{P}$ 表示 $n \times n$ 观测值的权矩阵，σ^2 表示单位权方差，$C(\boldsymbol{y})$ 表示观测值 $\boldsymbol{y}$ 的协方差矩阵。

为了导出稳健估计方法，如果将要最小化的函数通过一个合适的目标函数 $\rho(y_i, g_i(\boldsymbol{\beta}))$ 代替的话(在这个函数中，$g_i(\boldsymbol{\beta})$ 表示未知数 $\boldsymbol{\beta}$ 的一个函数)，于是可以得到一般化的 M 估计器公式，即

$$\sum_{i=1}^{n} \rho(y_i, g_i(\boldsymbol{\beta})) \rightarrow \min \tag{12.14}$$

式中，$\rho(\ )$ 表示任意一种形式的误差模型。

目标函数 $\rho(y_i, g_i(\boldsymbol{\beta}))$ 具有下列形式的导数，即

$$\Psi(y_i, \boldsymbol{\beta}) = \frac{\partial}{\partial g_i(\boldsymbol{\beta})} \rho(y_i, g_i(\boldsymbol{\beta})) \tag{12.15}$$

因而，可以确定函数的估计值为

$$\sum_{i=1}^{n} \Psi(y_i, \boldsymbol{\beta}) \frac{\partial g_i(\boldsymbol{\beta})}{\partial \beta_k} = 0 (k \in \{1, 2, \cdots, u\}) \tag{12.16}$$

其中 $\Psi(y_i, \boldsymbol{\beta}) = \Psi(x_i)$ 一般也可以称为损失函数或 Ψ 函数。

观测值 y_i 和未知参数 $\boldsymbol{\beta}$ 是通过观测方程(12.14)联系起来的，因而式 $g_i(\boldsymbol{\beta}) = x_i' \boldsymbol{\beta}$ 成立。未知方差 σ^2 一开始可以首先假设为已知，为了顾及式(12.16)中起比例尺系数作用的 σ，可以通过公式

$$x = \frac{\boldsymbol{x}_i' \boldsymbol{\beta} - y_i}{\sigma} = \frac{e_i}{\sigma} \tag{12.17}$$

引入标准化误差 x，并且得到目标函数

$$\rho(y_i, g_i(\boldsymbol{\beta})) = \rho(x) \tag{12.18}$$

从式(12.15)和式(12.16)中，通过 $\boldsymbol{x}_i = (x_{ik})$ 得到

$$\sum_{i=1}^{n} \Psi\left(\frac{\boldsymbol{x}_i' \boldsymbol{\beta} - y_i}{\sigma}\right) \frac{\partial g_i(\boldsymbol{\beta})}{\partial \beta_k} = \sum_{i=1}^{n} \Psi\left(\frac{\boldsymbol{x}_i' \boldsymbol{\beta} - y_i}{\sigma}\right) \frac{x_{ik}}{\sigma} = 0 \quad (k \in \{1, 2, \cdots, u\}) \tag{12.19}$$

如果进一步引入权函数

$$w_i = \frac{\Psi(e_i/\sigma)}{(e_i/\sigma)} \tag{12.20}$$

则可以将式(12.19)用下列公式代替，即

$$\frac{1}{\sigma^2}\sum_{i=1}^{n} w_i e_i x_{ik} = 0 \quad (k \in \{1,2,\cdots,u\}) \tag{12.21}$$

这个最小化问题的解可以通过线性面函数 $f(x,y) = ax^2 + bxy + cy^2 + dx + ey + g$ 用于局部区域 U 的最佳逼近。在此，整个误差函数 $v = \sum_{i=1}^{n} \rho((ax_i^2 + bx_iy_i + cy_i^2 + dx_i + ey_i + g - z_i)/\sigma)$ 被最小化，如果条件 $\frac{\partial v}{\partial a} = \sum \Psi((ax_i^2 + bx_iy_i + cy_i^2 + dx_i + ey_i + g - z_i)/\sigma)\frac{x_i^2}{\sigma} = 0$ $\left(\frac{\partial v}{\partial b},\frac{\partial v}{\partial c},\frac{\partial v}{\partial d},\frac{\partial v}{\partial e},\frac{\partial v}{\partial g}\right.$ 以同样方式得到$\left.\right)$ 成立的话，其中 $\Psi(x) = \frac{\partial \rho(x)}{\partial x}$ 通过定义一个合适的权函数式(12.20)，并且用 $\Psi(e_i/\sigma) = w_i e_i/\sigma$ 代替，人们可以得到一般的矩阵形式的逼近公式，即

$$\begin{bmatrix} \sum w_i x_i^4 & \sum w_i x_i^3 y_i & \sum w_i x_i^2 y_i^2 & \sum w_i x_i^3 & \sum w_i x_i^2 y_i & \sum w_i x_i^2 \\ \sum w_i x_i^3 y_i & \sum w_i x_i^2 y_i^2 & \sum w_i x_i y_i^3 & \sum w_i x_i^2 y_i & \sum w_i x_i y_i^2 & \sum w_i x_i y_i \\ \sum w_i x_i^2 y_i^2 & \sum w_i x_i y_i^3 & \sum w_i y_i^4 & \sum w_i x_i y_i^2 & \sum w_i y_i^3 & \sum w_i y_i^2 \\ \sum w_i x_i^3 & \sum w_i x_i^2 y_i & \sum w_i x_i y_i^2 & \sum w_i x_i^2 & \sum w_i x_i y_i & \sum w_i x_i \\ \sum w_i x_i^2 y_i & \sum w_i x_i y_i^2 & \sum w_i y_i^3 & \sum w_i x_i y_i & \sum w_i y_i^2 & \sum w_i y_i \\ \sum w_i x_i^2 & \sum w_i x_i y_i & \sum w_i y_i^2 & \sum w_i x_i & \sum w_i y_i & \sum w_i \end{bmatrix} \begin{bmatrix} a \\ b \\ c \\ d \\ e \\ g \end{bmatrix} = \begin{bmatrix} \sum w_i x_i^2 z_i \\ \sum w_i x_i y_i z_i \\ \sum w_i y_i^2 z_i \\ \sum w_i x_i z_i \\ \sum w_i y_i z_i \\ \sum w_i z_i \end{bmatrix} \tag{12.22}$$

这个公式的解只有通过迭代的方式才能完成。在每一次迭代时，权值 w_i 通过上一次迭代中的参数值被重新计算，与此同时，比例尺参数 σ 也可以计算得到。这种方法也可以称为 IRLS 方法(Iteratively Reweighted Least Square Method)。作为系数(a,b,c,d,e,g)的初始值，人们可以从常规的最小二乘法出发计算。

12.4.4 LMS 方法

另外一种稳健估计逼近的方法是 LMS(The Least Median Squares)方法，这种方法的出发点是基于整个逼近函数在区间 U 上的逼近误差

$$l = median_{(u,v)\in U}(f(x_{uv}, y_{uv}) - z_{uv})^2 \tag{12.23}$$

为最小。因为这种方法不是解析定义的，解这个方程一般要找一个估计器。如果面函数 $f(x,y)$ 可以借助一个基础函数基 $b_0(x,y) = 1, b_1(x,y), \cdots, b_{p-1}(x,y)$ 以下列形式

$$f(x,y) = \sum_{k=0}^{p-1} a_k b_k(x,y) \tag{12.24}$$

表示，则 p 个参数 $a_0,\cdots,a_{p-1}$ 可以估计。对于一个平面而言，$p = 3$ 并且 $b_0 = 1, b_1 = x, b_2 = y$。假设有 n 个点，借助于最小二乘法则可以确定其 $p-1$ 个参数 $a_1,\cdots,a_{p-1}$，参数 a_0 一般是在利用已计算出来的 $p-1$ 个参数 $a_1,\cdots,a_{p-1}$ 的前提下，通过下列公式

$$median_{(u,v)\in U}\left(\sum_{k=0}^{p-1} a_k b_k(x_{uv}, y_{uv}) - z_{uv}\right)^2 \tag{12.25}$$

的最小化条件确定。

式(12.25)一般用下列方式解算：

(1) 计算所有 n 个点的 $l_i = z_i - \sum_{k=1}^{p-1} a_k b_k(x_i, y_i) \quad (i = 1,2,\cdots,n)$ 。

(2)将 l_i 按从小到大排序 l_i^* 。

(3)构造序列 $D_i = l_{i+[n/2]}^* - l_i^* \left(i = 1,2,\cdots,\left[\frac{n}{2}\right]\right)$ 。

寻找此序列中的最小值 D_k。如果 $a_0 = (l_k^* + l_{k+[n/2]}^*)/2$ ，则式(12.25)最小化。最小化值为 $(l_{k+[n/2]}^* - l_k^*)^2/4$。

第 13 章　航空激光雷达系统和数据精度分析

本章详细讨论航空激光雷达系统的精度，包括独立部件的精度、系统对各个部件的精度要求等；分析航空激光雷达点云数据的精度及影响点云数据精度的各种因素；介绍常用的航空激光雷达点云数据精度检测方法；最后，给出几组实际的精度检测结果。

§13.1　引　　言

获取 DTM(DEM)是航空激光雷达系统的重要任务，也是发展这一技术的主要动力。根据原始航空激光雷达数据构建 DEM 的步骤是首先对原始数据进行分类，根据分类后得到的地面点数据进行 DEM 的构建。因此，基于航空激光雷达数据获取的 DEM 的精度主要受下列因素影响：

(1)原始激光雷达扫描点的精度。

(2)原始激光雷达扫描点的密度。

(3)是否能有效识别和提取地面断裂线和特征坎线。

(4)对原始激光雷达数据是否准确而可靠地分离，即是否将真正的地面点准确地分离为地面点，而不是将非地面点错误地分离成地面点。

航空激光雷达点云数据的精度则主要受下列因素影响：

(1)GPS 的精度、INS 的精度及整体设备，包括 GPS、INS 和激光扫描仪之间是否准确而严密地鉴定。

(2)仪器设备的系统误差是否准确鉴定和消除。

(3)时间记录是否准确。

(4)INS 角度记录数据是否准确和是否严密计算。

(5)是否具备足够多和可靠的 GPS 地面基站。

(6)坐标转换是否准确可靠。

(7)是否具备一定的地面控制点等。

扫描点的密度可以根据需要而控制，一般而言，大部分的航空激光雷达系统扫描点的密度可以在每平方米 0.2～5 个点之间选择，或更高，因此这个因素可以得到很好的控制。

关于原始点云数据分离的可靠性，国外许多同行对此进行了研究和实际的检测，航空激光雷达点云数据分离的可靠性主要取决于下列因素：

(1)地面完全被树林覆盖，而且飞行期间，树叶还比较密集，激光光束很少能穿透森林层而到达地形表面。

(2)地面被密集、低矮的植被覆盖。

(3)飞行地区有大片面积较大的建筑物群。

(4)地面上存在起伏不大的山包。

(5)飞行地区存在陡峭的地形。

在这些影响因素中，有些因素可以通过不同的方法来改善和提高数据获取的精度和可靠性，或者通过引入高精度的设备，或者通过选择有利的飞行季节，或者通过有效的数据后处理方法解决。通过这些方法和手段，采集的数据和获取的 DEM 精度可以得到显著的改善。

国外对航空激光雷达数据的精度评价一般采取下列方法：

(1)在数据处理和分离过程中采用内部精度估计的方法评价数据的精度。尽管这种内部精度指标不是十分严密，但是，在一定程度上可以说明数据的精度范围和数据处理的质量。

(2)在一个开阔、平坦的区域内，例如足球场上进行航空飞行，根据获取的数据和严格测量的足球场内一定数量的控制点，通过比较二者之间的坐标可以评价航空激光雷达系统能够达到的精度。

(3)从航空激光雷达系统采集的离散点云数据中选择部分典型点，将这些点通过绘图仪展绘在图版上，在这个区域内，在解析测图仪上通过航摄照片建立立体模型，然后在解析测图仪上测量这些典型点的三维坐标，比较二者之间的坐标可以评价航空激光雷达系统的精度。

(4)从航空激光雷达系统采集的离散点云中选择部分典型点，然后通过 GPS RTK 或全站仪野外实测这些点的三维坐标，比较二者之间的坐标可以评价航空激光雷达系统的精度。

(5)根据航空激光雷达系统获取的离散点云数据构建 DEM，与此同时，采用其他方法获取同一地区的 DEM，然后比较二者数字高程模型的差异，通过这种方式可以估计评价航空激光雷达系统的精度。例如可以采用摄影测量的方法构建立体模型，然后采集数字高程数据；可以采用数字化地图，然后构建 DEM；也可以采用 GPS RTK 的方式野外采集 DEM。

§13.2 航空激光雷达系统硬件精度分析

13.2.1 GPS 定位系统精度

GPS 的相对定位精度一般至少可以达到(2～3)$\times 10^{-6}$的水平。一般而言，用户感兴趣的是系统的绝对精度。在绝对定位精度方面，一系列实验已经证明，对于 10 km 以下的基线边长，其精度可以达到数个厘米左右。如果在观测和计算过程中采取一些可靠的措施和手段，绝对精度已经可以达到 1 cm 的水平。这些措施包括使用高精度的大地高、采用高精度的几何水准点、引入高效而可靠的 GPS 高程拟合模型和拟合方法，以及提高公共点的密度和采用良好的分布。当然，在实际飞行过程中，地面基准站的密度和精度也影响高程精度。

13.2.2 INS 角度测量系统精度

惯性导航系统定义在一个基准系统中，系统的角度方位通过三个互相垂直安置的陀螺仪确定和量测。

角度方位的大小通过 3 个角度值给定，简单地说，角度方位的大小描述了飞行平台相对于与平台的运动无关的坐标系的方位。角度测量的精度分为绝对精度和相对精度。INS 系统的相对精度可以估计得很高，Lindenberger(1993)通过对不同系统的研究得出结论，INS 系统的相对精度可以达到远远高于 0.003°～0.006°(LTN-72 系统)。而 INS 系统的绝对精度受非模型化系统误差(在形式上主要表现为漂移)的影响，INS 系统的绝对精度要根据具体的测量任务，通过经验估计和计算分析，因此，INS 系统的绝对精度很难一般地说明其大小范围。

INS 系统的使用者很难通过测量过程而对系统的精度施加影响，原则上，使用者也几乎不可能对加速度测量器和惯性导航器直接干预。用于航空激光雷达系统的角度值并不是原始的惯性导航系统读出的数据，而是经过一系列的内部处理得到的。

13.2.3　航空激光雷达系统对 INS 和 GPS 的精度要求

激光扫描仪是航空激光雷达系统的主要量测部件，距离测量的精度在很大程度上影响了由系统而导出的航空激光雷达点云数据高程的精度。因此，系统对传感器定位的精度提出这样的要求：由扫描仪规定的精度指标不应受到 GPS 定位和 INS 角度的影响而变差。

1. 对 GPS 定位系统的精度要求

GPS 系统定位的精度通过两个因素确定：第一，GPS 定位的精度；第二，GPS 基于基准点上的位置内插的精度，两个因素都有经验研究结果，见 13.2.1 节。这些经验研究结果表明，不仅对 GPS 定位，同时对飞行平台运动的模型化而言，GPS 的精度可以达到高于 5 cm 以上。当然，GPS 接收机的测量速率必须要顾及。因而，现有的 GPS 系统一般可以满足对高程分量要好于 10 cm 的精度要求，一般已经可以达到 1 cm。

2. 对 INS 角度测量系统的精度要求

角度测量的误差首先影响航空激光雷达点的位置坐标，然后通过地面倾斜而将误差传递给高程坐标。因此，基于水平面的位置方位的精度要求要远远高于对天体方位角的精度要求。

天体方位角的精度与飞行平台上的 GPS 天线和激光传感器之间的水平偏心率有关，在理想情况下，两组仪器是互相垂直地安放在一起的，因此，天体方位角的误差对点的确定一般不产生影响。

对位置方位的精度要求与地面倾斜角 α 和飞行高度 h 有关，假设允许的高程误差为 Δh，则位置方位的最大误差 ε 按照下式计算

$$\tan\varepsilon = \frac{\Delta h}{(h - \Delta h)\tan\alpha} \tag{13.1}$$

对于平坦的地面 ($\alpha = 0$)，则可以按照下式估算

$$\cos\varepsilon = 1 - \frac{\Delta h}{h} \tag{13.2}$$

对位置方位的精度要求可以用表 13.1 来总结，此表分别对应航高 $h = 300$ m 和 $h = 1\,000$ m，地面倾斜角 α 为 0°，10°，20°，45°，并且假设要求的高程精度要好于 10 cm。

表 13.1　对位置方位误差 ε 的要求

ε / 地面倾斜角 α	航高	
	$h = 300$ m	$h = 1\,000$ m
$\alpha = 0°$	1.5°	0.8°
$\alpha = 10°$	0.1°	0.03°
$\alpha = 20°$	0.05°	0.02°
$\alpha = 45°$	0.02°	0.01°

对于使用者而言，在地面倾斜较大情况下不应要求太高的高程精度。

3. 对平台计算机系统的要求

除了前面的系统要求外，其他一些集成到整个系统的各个部件同样应有特殊的精度要求。在这种整体系统中，时间同步性起重要作用，而控制时间同步性的关键是飞行平台上所携带的计算机系统。

在航空激光雷达系统中，正常情况下，数据不可能在飞行载体上进行实时处理，平台上的计算机系统主要用于量测设备的控制、记录量测数据等。因此，控制过程的同步性、所有量测过程和系统的时间同步性十分重要。在计算机内部，数据测量和记录由一个统一的程序软件系统控制运行，它控制着单个系统在一个确定的时间间隔内进行数据的获取和记录。

在飞行载体上完成数据的记录和测量后，所有记录的数据通过一个特定的设备传递给平台上的计算机系统，数据获取程序软件系统对数据进行编码，并将编码后的数据变换到一个统一的数据格式中。

在选择平台计算机系统时，必须注意数据传输和记录的效率。由于要存储海量数据，平台计算机的数据通道的大小和能力决定了整个系统的性能。现有的航空激光雷达系统激光扫描仪的扫描率已可达到 100 kHz 以上，同时，一些附加的因素也可能影响平台计算机的性能，例如，在飞行器上安置的仪器常常经受动态的负担、温度、速度等因素的影响。因此，平台计算机系统必须保证数据记录和传输过程的稳定性和可靠性。

4. 对时间同步性的要求

时间尺度和基准可以通过系统携带的平台计算机定义，也可以由一个外部基准时钟确定。通过时间同步性系统，整个航空激光雷达系统各个量测部分可以实现真正意义上的同步。一个很常见的例子是 GPS 系统和激光扫描仪距离测量系统的同步性问题，GPS 系统的测量数率一般在几十赫兹范围，而激光扫描仪的测量数率可以达到 10～100 kHz。关于时间的同步性及时钟的精度和可靠性等方面已经没有问题，从理论到实践完全可以满足系统的要求。

5. 不同飞行扫描带的导航问题

采用航空激光雷达系统进行大区域的数据获取时，要求在飞行时地面上进行多个航带平行的飞行，为了使飞行时在地面上不产生遗漏和不必要的重叠，飞机驾驶员必须借助于可靠的手段实现导航。

一种可能的方法是不采用任何技术手段进行导航，即完全依靠目视导航方法。这种方法是在地面上布设不同的标志物作为导航的判断标志，飞行员在飞行过程中依靠眼睛随时观察地面标志，从而实现导航目的。这种方法除了不可靠外，另外较高的费用也是其缺点之一。

上述方法是早期主要采用的方法，现在主要采用更先进和可靠的 GPS 实时导航技术。因为 GPS 天线已经安装在飞机上并用于传感器的定位，因此，在飞行过程中，如果飞机与规定的航线产生了偏移，飞行员只需以合适的方式对飞机进行调整即可。早期可能需要飞行员以手动的方式进行这项调整，现在的飞行控制系统可以自动实现航线的调整。

与传感器的方位相比，导航系统对 GPS 定位的精度要求不是很严格。例如，假设地面扫描带的宽度为 50～100 m，导航的精度在 5 m 左右时对整体的地面覆盖应该可以满足要求。如果要求更高的导航精度，可以采用差分定位的方法对 GPS 观测数据进行处理。

§13.3　航空激光雷达数据精度研究和分析方法

13.3.1　简述

航空激光雷达数据的精度分析和研究一般是通过在一个基准坐标系中比较激光点云坐标的方法进行，因而激光点高程的绝对精度是评价航空激光雷达点云数据质量的最重要的标准。精度分析的方法按照前一节中介绍的步骤进行，每一个独立部件误差的来源和大小应首先进行详细的分析，进而分析 GPS、INS 和激光扫描仪系统之间的综合误差。在系统鉴定中已经确定了 GPS 和 INS 的系统误差，这些系统误差在激光雷达点云数据坐标计算中应作为改正数被顾及。

随着相对动态定位技术的引入，GPS 的定位精度已经可以达到厘米级，当然这个指标随着距离的变化而改变。

整个航空激光雷达系统角度的定位通过 3 个互相垂直安置的陀螺确定，因而其精度也是由这 3 个角度唯一确定，INS 的精度分为相对精度和绝对精度。

这一节主要讨论航空激光雷达系统精度分析问题，航空激光雷达系统的单个部件（GPS、INS 和激光扫描仪）的特性可以由独立的研究解决，大部分是由专业的 GPS、INS 和激光扫描仪研究完成。与此相反，在一个组合了 3 种系统的复合系统中，还有许多影响精度的问题有待继续研究解决。因此，在一个组合系统中，包括由于系统独立部件引起的误差影响、测量值计算处理引起的影响等必须要整体分析外，特别是下列因素对航空激光雷达系统精度的影响要分析：

（1）用于系统定位的独立部件的偶然误差和系统误差，包括 GPS 定位、INS 角度测量，以及激光扫描仪距离测量。

（2）时间同步的系统误差，特别是用于传感器定位参数内插对激光扫描仪距离测量中时间同步性的要求。

（3）系统鉴定的质量。

（4）WGS-84 整体坐标系到大地测量坐标系的转换误差，以及高程值的转换误差等。

由上述描述基本可以得出一个结论，即整个误差源主要是作为系统误差而对航空激光雷达系统的结果产生影响的，除此之外，原始量测值（GPS 定位参数、INS 角度测量值以及激光扫描仪距离测量值）的偶然误差也应顾及。

航空激光雷达系统的精度分析应通过在大地测量基准坐标系内进行，精度分析的主要内容是激光点的高程精度，因而，为了分析绝对的高程精度，必须要引入大地测量基准坐标系，精度分析的过程按照上述提到的误差影响的分类实施。

在系统鉴定时，GPS 定位的系统误差和 INS 角度测量的系统误差已经确定，并且作为改正参数在 WGS-84 坐标系中用于航空激光雷达点云坐标的计算。因为航空激光雷达点云坐标的绝对精度是在大地测量基准坐标系中进行分析，因此，坐标由 WGS-84 坐标系向大地测量基准坐标系转换的影响也应顾及。

根据这个分类，精度分析主要采取经验分析的方法进行，首先分析点云数据坐标转换的影响，随后讨论系统误差对坐标计算结果的影响，最后，通过摄影测量和地面测量的方法对航空激光雷达点云坐标的高程精度进行分析。

13.3.2 WGS-84 坐标系向大地测量坐标系转换的精度

本节给出 WGS-84 坐标系和大地测量坐标系之间七参数转换简单试验结果。表 13.2 试验中使用了 5 个控制点，它们均匀地分布在飞行试验的区域内，5 个控制点的高程在 201 m 到 873 m 之间，转换参数和转换的标准偏差见表 13.2。

表 13.2 某试验区由 WGS-84 坐标系到大地测量坐标系之间的转换

转换内容	转换参数	标准偏差
X 轴平移转换	−627.825 m	±22.800 m
Y 轴平移转换	−32.098 m	±5.320 m
Z 轴平移转换	−402.764 m	±18.507 m
X 轴旋转转换	−0.000 329°	±0.000 053°
Y 轴旋转转换	−0.000 483°	±0.000 262°
Z 轴旋转转换	−0.000 590°	±0.000 026°
比例尺参数	0.999 994 26	±0.000 000 43

由试验结果可以看出，为了进行航空激光雷达点云数据的处理，根据地形测量的作业规范要求，WGS-84 坐标系和大地测量基准坐标系之间的转换可以达到很高的精度。

13.3.3 系统鉴定精度

1. 前提

系统鉴定分为实验室鉴定和通过野外飞行间接确定鉴定参数的方法。实验室鉴定的方法在前面已经讨论过，在此讨论在每次飞行前都要实施的野外参数鉴定方法。

正常的野外参数鉴定方法通常应采取交叉飞行的方法进行，下列参数应被鉴定：激光传感器相对于飞机固定坐标系的安装角 Δr 、Δp ，用于改正 GPS 系统误差的变换参数 $(\Delta x,\Delta y,\Delta z)_W$ ，用于改正 INS 系统误差的旋转参数 (α,β,γ)。用于确定这 8 个参数的平差运算在 WGS-84 坐标系中进行，同时，在大地测量坐标系中的控制点坐标应转换到 WGS-84 坐标系中。

2. 参数估计

表 13.3 给出了两次飞行试验得到的鉴定参数估计值，两次飞行时间相隔一天。从表中明显看出，用于改正 GPS 系统误差的变换参数 $(\Delta x,\Delta y,\Delta z)_W$ 和用于改正 INS 系统误差的旋转参数 (α,β,γ) 在两次试验中明显不同，而激光传感器相对于飞机固定坐标系的安装角 $\Delta r,\Delta p$ 两次相差不大。

表 13.3 系统鉴定结果

时间		第一天	第二天
量测的控制点数		79	72
安装角参数/(°)	Δr	−0.835	−0.783
	Δp	3.124	3.100
变换参数/m	Δx	2.546	0.222
	Δy	−0.036	−0.019
	Δz	1.167	−1.881
旋转参数/(°)	α	0.061	−0.091
	β	0.437	−0.282
	γ	0.138	−0.231

续表

时间			第一天	第二天
控制点上坐标差中误差/m	在 WGS 84 坐标系中的 3 个坐标分量	鉴定前	13.032	16.577
		鉴定后	0.246	0.353
	在高斯-克吕格坐标系中的位置坐标	鉴定前	9.098	11.614
		鉴定后	0.265	0.405
	基于海平面的地面高程的高程分量	鉴定前	2.078	2.252
		鉴定后	0.202	0.215

在这些控制点上，野外飞行鉴定前后分别通过摄影测量立体测量的方法和航空激光雷达的方法测量这些点的坐标值，然后计算两种方法得到的坐标值差，并以此坐标值差作为系统鉴定的质量指标，在控制点上坐标误差中误差栏中的第一行给出的是在 WGS-84 坐标系中的 3 个坐标分量的差值。系统鉴定的效果很明显，通过系统鉴定，坐标差中误差与原始值相比降低了 50 倍。

通过系统鉴定，平面坐标中误差从 9.098 m 和 11.614 m 降低到 0.265 m 和 0.405 m，高程中误差分别从 2.078 m 和 2.252 m 降低到 0.2 m 左右。然而，控制点上的坐标差的中误差并不能直接与激光点的精度相联系，原因是多方面的，一个原因是地面控制点的严格而准确的识别是困难的。理论和实际经验证明，激光雷达点云的实际坐标精度总是要好于以这种方法获取的中误差。

3. 鉴定参数的统计特性

估计的鉴定参数的精度及它们的相关性结构从表 13.4 可以清楚地看出，对于这个表，选择了一种特殊的矩阵表达方式，在主对角线上给出了估计的鉴定参数的标准偏差值，偏差值的单位在表的第一行给出，在非对角线上给出了鉴定参数之间的相关系数值(无单位)。为了能更好地理解相关性，在表中只列出了相关系数大于 0.3 时的情况。

表 13.4　估计的鉴定参数的统计特性

		激光扫描仪安装角标准偏差/(°)		GPS 变换参数标准偏差/m			INS 旋转参数标准偏差/(°)		
		Δr	Δp	Δx	Δy	Δz	α	β	γ
第一天飞行试验									
激光传感器安装角	Δr	0.011		0.72		−0.73		−0.77	
	Δp		0.011		−0.71		0.75		
GPS 变换参数	Δx			0.139		−0.93		−0.95	
	Δy				0.171		−0.98		
	Δz					0.109		0.97	
INS 旋转参数	α						0.045		
	β							0.046	
	γ								0.192
第二天飞行试验									
激光传感器安装角	Δr	0.011				0.31		0.41	0.52
	Δp		0.010						−0.46
GPS 变换参数	Δx			0.182		−0.92		−0.95	
	Δy				0.214		−0.98		
	Δz					0.145		0.95	
INS 旋转参数	α						0.044		
	β							0.046	0.36
	γ								0.178

如果激光传感器相对于飞机固定坐标系的安装角 Δr 、Δp 的鉴定精度为 0.01°,则在 300 m航高时相当于在地面上产生了 0.05 m 的位移。变换参数 $(\Delta x, \Delta y, \Delta z)_W$ 的精度大约在 0.2 m 左右,而旋转参数 α,β 的精度约为 0.05°,旋转参数 γ 的精度约为 0.18°,这个数值尽管比较大,但是它对地面点坐标的计算影响很小。

表 13.4 中一些参数之间的相关系数比较大,参数之间的相关性影响的主要是鉴定参数估计的可分离性,对于航空激光雷达系统的精度分析是可以容忍的,因为我们讨论的不是参数的可确定性和可分离性,关心的是系统鉴定的整体作用对航空激光雷达点云坐标计算的影响。

4. 结果分析

从上述鉴定结果可以确定,系统鉴定对整个航空激光雷达系统的精度有重要影响,通过系统鉴定,系统的误差可以显著降低。由于在飞行试验区中的地面控制点安排不是很有利,可能引起参数之间的相关性较大的情况出现,但是,这种相关性对激光雷达点云坐标的计算影响不大。

13.3.4 基于摄影测量方法检验高程精度

在前面的章节中提到过评价航空激光雷达系统精度的一般方法,用户感兴趣的是系统的绝对精度。与摄影测量方法采集的点进行比较的方法原理简述如下。

选择一个典型的试验区,在试验区内,将所有的航空激光雷达点云数据进行分类滤波处理后得到可靠的地面点,并将这些点按照 *XY* 坐标展绘在解析绘图仪上,根据试验区内航摄立体像片对构建立体模型,作业员根据展绘的激光点 *XY* 坐标,立体量测相应点的高程,计算两种方式获取的高程值差,可以采用 3 种标准计算评价二者之间的差异:均方差、绝对值差和平均误差。

奥地利维也纳工业大学 Kraus 教授、德国 Topscan 公司和斯图加特大学的 Lindenberger 博士以及本书的作者对采用这种方法分析研究航空激光雷达点云数据精度的方法进行了详细的研究,通过一系列实际对比分析得出下列几点基本结论:

(1)在开阔的平坦地区,航摄比例尺在 1∶7 000 左右条件下,摄影测量方法获取的地面点的精度与航空激光雷达系统获取的地面点的精度在同一等级。如果航空激光雷达系统的航高比较低,则航空激光雷达系统获取的地面点的高程精度一般要好于摄影测量方法。

(2)在森林地区或者缺乏地面控制的困难地区,采用航空激光雷达系统获取的地面点的精度远高于摄影测量方法获取的地面点的精度。

1. 地面点高程精度

采用摄影测量的方法检验航空激光雷达点云坐标的精度,需要首先将航空激光雷达点云数据进行分类处理,根据分类得到的地面点才能进行高程的精度估计。Lindenberger(1993)博士介绍了在哈茨山试验区的精度研究结果,在试验区内,90%的检验点位于开阔的地面上,位于开阔地面上的 16 246 个航空激光雷达地面点中,15 055 个点可以进行量测,位于森林区域的 4 370 个点中则有 1 661 个点可以摄影测量立体观测。通过航空激光雷达和摄影测量方法确定地面点之间的高程坐标之差,进而计算得到平均误差,以此可以评价精度,结果见表 13.5。

表 13.5　采用摄影测量的方法检验高程精度

地面条件		参与计算高程差的点数	高程差值的平均误差/m
飞行试验区所有量测的点数		16 716	−0.02
不同地面覆盖	开阔地面上的点数	15 055	−0.03
	森林地区的点数	1 661	0.05
不同地面倾斜坡度	平均坡度为 15%的地面	4 769	−0.09
	平均坡度为 7%的地面	11 353	0.00
	平均坡度为 28%的地面	1 443	0.03
不同飞行方向	飞行方向由东向西	963	0.05
	飞行方向由西向东	480	−0.01

2. 高程精度与地面覆盖的关系

从表 13.5 中可以看出，航空激光雷达点云数据的高程精度与地面覆盖有关系，在森林地区的点云数据高程精度要低于在开阔地区的高程精度，原因与阔叶林和地面上低矮的植被有关。如果地面上覆盖一些密集而相对较低矮的生长灌木和植被，特别是如果其高度与航空激光雷达系统的量测精度处于同样的数量等级，在进行点云数据的自动分类时，很难区分这样的点是位于低矮的植被上还是位于地面上。

3. 高程精度与地面坡度的关系

除了地面覆盖类型外，地面倾斜度同样影响航空激光雷达点云数据的高程精度，这不仅与雷达射线方向确定的不准确性有关，而且与激光光斑在地面上的直径有关。在本飞行试验区，地形从 150 m 上升到 290 m，然后又下降到 200 m 左右，因此地面倾斜坡度约为 15%，在试验区的中段，地面基本上是平坦的，地面坡度角大约在 7%左右，其他部分地面上升到 500 m 左右，地面倾斜坡度为 28%左右。

关于这一部分的误差必须要与摄影测量光束法平差时的系统误差相联系，在摄影测量的光束法平差时，系统误差一般被低估了，另外，在航空激光雷达飞行试验时，由于飞行方向的变化，系统误差也很难准确估计。从表 13.5 中不能明显看出高程精度与地面坡度的关系，只是可以明显看出森林区域和平地区域的区别。

4. 高程精度与飞行方向的关系

从表 13.5 中看出，在飞行方向变化时，高程精度产生了比较明显的变化，原因可能是在飞行方向发生变化时，一些在系统鉴定时确定的鉴定参数，如安装角和偏心率参数等误差分量对系统精度可能产生影响。

5. 高程精度的时间相关性

除了上述影响因素外，同时也研究分析了高程精度的时间相关性问题，因为在系统鉴定时很难进行时间相关的系统鉴定。另外，GPS 定位和 INS 角度测量的时间相关的漂移性也没有顾及，因此，这项研究有实际意义。

德国 TopScan 公司对此进行了研究分析：在飞行试验的航带内，用所有的航空激光雷达数据点进行回归分析，通过分析得出航线的漂移率为 0.14 m /h。如果在高程精度分析时顾及这种漂移的影响，航空激光雷达点的高程误差大约可以降低 0.001 m 左右。尽管这项影响不是很大，但是漂移是现实存在的，因而如果飞行过程持续数个小时以上，在系统鉴定时应将这项影响考虑到。

13.3.5 基于野外数据采集的方法检验高程精度

除了摄影测量的方法外，也可以通过 GPS RTK 或全站仪测量的方法检测航空激光雷达点云数据的精度。与摄影测量的方法检验航空激光雷达数据的精度相比，这种方法的优点是可以直接在野外实地检测。采用这种方法除了可以实地检测高程精度外，另外一个重要的优点是可以对点云数据是否真正落在地面上进行有效的检验。同时，也可以实地检验数据滤波的可靠性，检验数据滤波后地面点是否是真正的地面点等。采用这种方法检验高程精度的缺点是耗费人力和物力，而且也耗费时间；同时，在密集的森林地区和低矮的植被地区，实地检验工作也很困难。

采用这种方法检验航空激光雷达点云数据的精度与采用摄影测量方法检验的方法得到的结果类似。

1. 地面点高程精度

在某试验区选择了一些点进行精度分析，试验地区同样有平坦地形和森林覆盖地区。其过程是野外实际测量选择的点的坐标，然后再与航空激光雷达点的坐标进行比较，野外测量仪器为光电测距仪 Zeiss Elta 4 型，结果见表 13.6（Lindenberger，1993）。

表 13.6 野外检测精度列表

<table>
<tr><th colspan="2"></th><th>参与计算高程差的点数</th><th>高程差值的平均误差/m</th><th>相对于平均误差值的均方差/m</th></tr>
<tr><td rowspan="2">不同地面覆盖</td><td>开阔地面上的点数</td><td>121</td><td>0.00</td><td>0.14</td></tr>
<tr><td>森林地区的点数</td><td>111</td><td>0.23</td><td>0.30</td></tr>
<tr><td rowspan="2">无大的植被覆盖的森林地区</td><td>无大的植被覆盖的公路地区</td><td>30</td><td>0.06</td><td>0.19</td></tr>
<tr><td>无大的植被覆盖的公路、草地</td><td>20</td><td>0.08</td><td>0.20</td></tr>
<tr><td rowspan="3">有植被覆盖的森林地区</td><td>有植被覆盖的高森林地区</td><td>32</td><td>0.30</td><td>0.30</td></tr>
<tr><td>有植被覆盖的育林地区</td><td>18</td><td>0.42</td><td>0.27</td></tr>
<tr><td>有植被覆盖的无林木地区</td><td>11</td><td>0.72</td><td>0.34</td></tr>
</table>

2. 开阔的平坦地区的高程精度

选择一块开阔、平坦的农业用地进行试验飞行，在两个飞行航带内选择了 121 个点，采用两种评价指标用于分析高程精度，即高程差值的平均误差和相对于平均误差差值的均方误差。高程差值的平均值为 0.00 m 表明了在这个平坦地区至少没有系统高程误差的存在。

3. 森林地区的高程精度

森林地区的地形坡度在 28%左右，共选择了 111 个点用于高程精度的分析，由这 111 个点计算得到的高程差的平均值为 0.23 m，差值的均方误差为 0.30 m，精度较低的原因是因为大部分检测的点位于植被区域。

从没有大的地面植被的森林地区又进一步分成两类，即无大的地面植被覆盖的高森林地区和无大的地面植被的公路、草地；从有地面植被覆盖的森林地区又分成了三类地形情况，即有地面植被覆盖的高森林地区、有地面植被覆盖的育林地区和有地面植被覆盖的无林木地区，其结果见表 13.6。

13.3.6　进一步提高点云数据精度和分类可靠性的解决方案

国外不同研究机构和生产单位对航空激光雷达点云数据的精度进行了大量理论研究和实际检测，普遍的结论是：航空激光雷达系统采集的数据的精度要好于常规摄影测量方法。这种方法获取的 DEM 精度在很大程度上受 GPS 精度的影响，经过差分处理、增加高精度的地面控制点、增加 GPS 地面基站，可以提高数据的精度。

尽管这种技术可以满足测绘的要求，追求精度的提高和可靠性的保证仍然是测量工作者不懈的目标。根据国外的经验，可以采取下列措施来改善和提高航空激光雷达点云数据的精度和可靠性：

(1)通过选择最有利于飞行的季节，即选择落叶的季节飞行，这样可以尽可能避免地面被密植的植被覆盖，增加激光光束的穿透性。

(2)增加 GPS 地面基站的密度，引入高精度的 GPS 地面基站和 GPS 接收机，保证 GPS 和 INS 数据记录的精度和可靠性。

(3)适当测量一定数量的地面控制点，或通过高精度的 GPS 地面测量来增加地面控制，通过附加的地面控制点改正航空激光雷达数据的系统误差。

(4)对作业区域内陡峭的地形、特征坎线等进行野外局部测量，以改善特征线的提取精度，提高 DEM 的精度。

(5)除了对获取的数据自动处理外，对一些困难地区要进行必要的人工编辑和修改，这一点在国外所有的数据处理软件中都是必要的补充功能。

(6)发展和研制高效和可靠的数据处理软件，高效、高精度和高可靠性地提取地面特征线和点，这可以为提高和保证通过航空激光雷达数据构建高精度的 DEM(DTM)奠定坚实的基础。

13.3.7　经验研究方法和结果

1. 精度检验的经验研究方法的基础

前面几节讨论了航空激光雷达系统的坐标系的定义及转换、系统及系统误差的鉴定、对系统的精度要求、激光点坐标的计算和数据滤波、激光点坐标精度评价的方法。系统单个部件的分析尽管能够对整体精度的分析提供一些说明，但是采用这样的系统最终获取的地面高程的精度仍然不确定，因此，采用经验研究方法对最终获取的高程数据进行实际检验仍然是不可缺少的手段。

采用经验方法对航空激光雷达系统获取的数据进行实地检验需要大量实际的飞行试验，这样的试验需要选择具有典型覆盖的地面进行，而且应该进行多次试验飞行。本节介绍另外几组航空激光雷达系统公司的试验结果。

2. 德国 TopScan 公司的试验结果

(1)一般试验结果

①一般说明

试验在 4 个地区进行，分别是德国的哈茨山地区、盖默廷地区、汉巴赫地区、拉赫多夫地区和荷兰的鹿特丹地区。

盖默廷地区属于中等山地，森林覆盖密集，试验的目的包括地面反射率试验、在森林地区的激光穿透率试验等。

汉巴赫地区属于平坦地区，地面主要是沙地和煤矿，试验的目的主要是检验系统的反射特性。

鹿特丹地区位于海岸线附近，大部分地面位于海面附近，具有大量河流、运河和沙滩，试验的目的主要是检验反射率，以及反射率与地面倾斜的关系。

哈茨山地区属于森林地区，试验的目的包括系统鉴定、航空激光雷达点云数据的精度分析。

拉赫多夫地区主要由森林覆盖，试验的目的主要是检验森林地区的反射率和穿透率，特别是检验极端情况下森林地区的反射率和穿透率。

②盖默廷地区试验结果

盖默廷地区位于斯图加特以南约 80 km，属于中等山地，森林覆盖密集。飞行试验区的面积约为南北 6 km，东西 2.4 km，地面海拔在 640～805 m，飞行了 40 条航带，每条航带的宽度在南部为 50 m 左右，在北部为 100 m 左右。约 53%的试验面积为比较开阔的平地，32%的区域为针叶林，15%的地面为阔叶林。试验飞行共采集了 78 060 个激光点，试验结果表明，在这样的森林覆盖地区的地面反射率和穿透率完全达到要求，从试验的结果中也可以看出，在森林地区，不论是阔叶林地区还是针叶林地区，激光光线可以很好地到达地面。

③汉巴赫地区试验结果

汉巴赫地区位于科隆和亚琛之间，是德国大量煤矿的聚集地，地面主要被沙滩和煤矿覆盖，同时含有大量的针叶林，试验区的海拔在 103～230 m。对同一地区进行了一条航带的 4 次重复试验，航带长度为 10 km。试验飞行共获取 59 123 个离散激光点。试验结果表明，在沙滩地区和特殊地面区域，航空激光雷达系统可以用于地面断面的分析，地面断面可以清楚地反映出来。

④鹿特丹地区试验结果

鹿特丹位于荷兰的海岸地区，试验地区有大面积的水域、河流、运河和沙滩。试验的目的除了检验航空激光雷达系统在这种特殊地区的反射率外，也试验了系统用于海岸线监测、海水及海浪预报的可能性。试验区域的海拔在 0～5 m，在一条沿海岸线的 10 km 的航带上，重复飞行了两次，获取了 40 000 个离散航空激光雷达点。

⑤哈茨山地区试验结果

哈茨山地区试验的目的主要是检验系统获取的点云数据的精度，试验时检验了系统鉴定的项目、整个系统的精度，同时，通过可靠的地面实地检验方法和摄影测量的方法，实地检测了获取的点云数据的精度，也试验了通过可靠的数据处理方法导出数字高程模型。

试验区域东西为 12 km，南北为 1 km，海拔高度为 140～500 m，试验共飞行了 15 条航线，地面航带的宽度为 100 m 左右，试验共获取了约 10 万个离散点。

51%的地面为开阔的地面，27%的地面为针叶林，17%的地面被阔叶林覆盖，同时，试验范围内约 5%的区域为居民地。

⑥拉赫多夫地区试验结果

该试验区同样被大面积的森林覆盖，试验的目的主要是检验极端情况下森林地区的反射率和穿透率。在一条 23 km 长的带状地区重复飞行 6 次，第一次和第二次航高为 300 m；第三次飞行航高为 150 m；第四次飞行采用爬升和降低航高两种方式进行；第五次飞行航高为 300 m，飞行过程中多次进行滚动，最大滚动角达到 75°；第六次飞行航高为 300 m，规则滚动飞行，滚动角在$\pm 20°$之间。试验区海拔为 40～110 m，试验区包含有大面积而密集的森林，包含不同大小的湖泊。试验飞行共获取 103 274 个离散点。

⑦数据处理结果及分析

根据各个不同试验地区的试验目的和记录的数据，试验取得下列结果和结论：

——为了检验反射率，根据航空激光雷达传感器记录得到的数据即可以进行可靠的分析。反射率检验的主要兴趣，一是激光距离测量能否成功进行；二是激光系统是否有足够的能量能够到达地面，并接受返回的激光信号。

——为了研究在森林地区激光扫描仪系统的穿透性能，激光雷达点云数据首先要进行可靠的分离，根据分离后的地面点和非地面点，才能研究系统的穿透性。

——为了进行系统的精度分析和研究，以及数字高程模型的构建，首先要进行系统的鉴定，并进行点云数据的分离处理，这些处理任务应该统一在大地测量坐标系中进行。

(2)激光光线的反射率试验

①反射率

反射率与不同的条件有关，其定义为：能够以足够的能量被反射，并能够到达系统接收部件的激光脉冲的数量与发射的激光脉冲的数量的比值称为反射率，其表达公式为

$$\text{反射率}=\frac{\text{反射回来的激光脉冲数量}}{\text{发射的总的激光脉冲数量}}\times 100\% \tag{13.3}$$

②正常飞行状态的反射率

表 13.7 所示为正常飞行状态下飞行试验地区的反射率，正常飞行状态表示滚动角的波动在$\pm 5°$之间，平均飞行高度为 200～350 m。除了盖默廷地区阔叶林情况外，所有飞行试验地区的反射率都超过 90%，在哈茨山和拉赫多夫试验地区，反射率甚至超过 98%。在汉巴赫试验地区，由于地形表面由多种材料和形态组成，例如有褐煤层，有多层次的植被，有明亮的沙滩等，因此很难进行细致的反射率统计。这种情况在鹿特丹地区同样存在，在这一地区，地面覆盖了沙滩、水系、运河和植被，专门的反射率试验很难实施。对于为了进行系统参数鉴定而识别和分类地面控制点而言，在有建筑物的地区进行试验起重要的作用。在哈茨山地区，反射率达到了 99%以上，在所有的试验地区，反射率严重依赖地形表面的物质材料，同时，反射率与建筑物相对于激光射线的倾角有密切关系。

表 13.7　不同试验地区自然地形的反射率结果

飞行地区	地面覆盖情况	反射回来的点	没有反射的点	反射率/(%)
盖默廷	农田	38 877	805	98.0
	针叶林	21 499	2 382	90.0
	阔叶林	9 549	1 584	85.8
汉巴赫	沙滩，煤田	53 551	5 572	90.6
鹿特丹	沙滩、海水面	19 127	2 040	90.4
哈茨山	农田	16 246	32	99.8
	针叶林	8 684	179	98.0
	阔叶林	5 365	72	98.7
	建筑物地区	1 595	13	99.2
拉赫多夫	森林、湖泊	52 955	161	99.7

数据处理的任务局限在研究与地形表面的物质材料的关系，处理结果以反射率为评价准则。除此之外，地形表面相对于激光射线的方位也起重要作用，方位以入射角表达，地形表面的入射角表示了地形的形态，即粗糙的地面、中等粗糙的地面和平滑的地面等。

从能量的观点出发，在夜晚进行飞行试验可能接收到更大的返回能量，原因是为了排除白天光线的影响，在白天飞行一般要使用光学滤光片。然而，在这些试验地区所获得的可靠的反射率结果说明完全可以放弃夜晚飞行试验的尝试，而主要在白天飞行，以避免夜晚飞行的困难。

③反射率与航高的关系

为了研究反射率与飞行航高的关系，在拉赫多夫试验地区进行了不同航高和上升和下降状态下的反射率试验，在最低航高为 133 m 和激光最大作用距离为 682 m 两种极端情况下，同样获得了令人满意的反射率结果，试验结果见表 13.8 所示。

表 13.8　不同航高时的反射率试验结果

航高/m	收到返回的激光点	未返回的激光点	反射率/(%)
0～200	2 297	93	96.1
200～300	2 343	2	99.9
300～400	4 415	43	99.0
400～500	3 447	92	97.4
500～700	3 648	1 179	75.6

在平均航高为 200～400 m 这个等级，反射率可以达到 99%，在地面上的光斑直径大小为 0.1～1.0 m。飞行航高低于 200 m 时反射率反而比较低的原因不是很清楚，估计的原因可能是与地面上的激光光斑的直径有关；航高增高而反射率降低的原因主要与激光的作用距离有限有关，在航高位于 400～700 m 时，反射率仍然达到 75%以上。

④反射率与激光光线倾斜角的关系

另外一个重要试验是研究反射率与激光光线相对于地面目标倾斜角的关系，目的是要研究如果地面是高山地区时，激光光线的能量减弱后能否得到足够的反射率。因此，在本次试验中采用了两种不同的方式进行试验，一是在鹿特丹和拉赫多夫两个平坦地区采取倾斜飞行方式研究反射率与激光光线相对于地面目标倾斜角的关系，二是在高山地区进行试验。在鹿特丹地区，通过在平坦的海水面上进行密集的曲线飞行进行试验，同时，飞行时的滚动角的波动达到了 31°。在拉赫多夫地区飞行试验时，飞行时滚动角的波动达到了 57°，试验结果见表 13.9。

表 13.9　反射率与激光光线倾斜角的关系

飞行地区	飞机的滚动角/(°)	收到返回的激光点	未返回的激光点	反射率/(%)
鹿特丹（平坦海面）	0～5	19 127	2 040	90.4
	5～10	5 129	2 461	67.6
	10～15	2 461	2 465	50.0
	15～20	1 409	1 967	41.7
	20～25	1 180	1 035	53.3
	25～31	234	492	32.2

续表

飞行地区	飞机的滚动角/(°)	收到返回的激光点	未返回的激光点	反射率/(%)
拉赫多夫（湖泊，针叶林）	0～5	13 149	18	99.9
	5～10	5 518	9	99.8
	10～15	4 810	5	99.9
	15～20	2 557	5	99.8
	20～25	3 527	63	98.2
	25～30	1 766	8	99.5
	30～60	1 157	7	99.4

在拉赫多夫飞行试验地区，大量的森林和湖泊位于其中，而且飞行也处于极端的状态下，尽管如此，激光光线的反射率没有明显降低。与此相反，在鹿特丹地区，尽管试验地区处于海平面位置，系统的反射率与飞机的滚动角有密切的关系，也与激光光线相对于地面目标的倾斜角有直接联系，在正常飞行状态下（飞机的滚动角在 0°～5°情况下），反射率降到 90%左右，在最大飞机滚动角情况下（25°～31°），反射率甚至降到 32%左右，这说明在水面地区由于水的运动对航空激光雷达系统的反射率的影响是主要的因素。

⑤结果及结果说明

反射率试验结果表明，在所有的自然覆盖的地面上，以及在运动的水面上，航空激光雷达系统也可以取得很高的反射率结果。至少本次试验所取得的结果可以证明这一结论，同时也证明了反射率与激光射线的倾斜角有关。试验结果也表明，这一系统可以用于山地的数字高程模型的获取。

(3)激光光线的穿透率试验

①穿透率定义

对于森林地区数字高程模型获取而言，激光光线能够穿透林层而到达地面的能力是系统性能的一个重要指标，这个穿透能力可以用穿透率来表示。穿透率给出了落在森林区域地面上的激光点（用地面点表示）与森林区域所有量测的点的比值关系，用下式定义为

$$穿透率=\frac{地面激光点数量}{测量的总的激光点数量}\times 100\% \tag{13.4}$$

地面点的分类根据前面章节中介绍的自动处理方法进行，为了研究穿透率关系，只应将实际测量得到的点引入其中。根据前面介绍的稳健估计算法对所有点进行处理，得到地面点，然后可以根据式(13.4)计算分析穿透率。

②平均航高为 300 m 左右时的穿透率

在本试验中，300 m 是一个通常采用的航高，表 13.10 给出了试验地区哈茨山、盖默廷、汉巴赫和拉赫多夫的试验结果。其中，汉巴赫和拉赫多夫地区的试验飞行的主要任务并不是研究穿透率，出于这个原因，在该两个地区放弃了极其费力和耗资的人工分类检查激光点的过程，在这两个地区用相对简单的统计分析方法计算穿透率。

在上述试验地区，穿透率在 15.7%到 39.4%之间变化。在试验地区哈茨山，不论是针叶林还是阔叶林，其穿透率都高于盖默廷，实地检查发现，在盖默廷地区，森林的密度远远高于哈茨山地区，这一结果正好证实了穿透率与森林密度的关系。

表 13.10 森林地区穿透率试验结果

试验地区	植被类型	全部点数	地面点数	穿透率/(%)
盖默廷	针叶林	18 997	3 535	18.6
	阔叶林	8 094	1 272	15.7
汉巴赫	针叶林	10 475	2 140	20.4
哈茨山	针叶林	8 684	3 043	35.0
	阔叶林	5 365	1 327	24.7
拉赫多夫	针叶林	14 450	5 688	39.4

根据林业学家的实地调查研究得出结论，在针叶林地区的激光光线的穿透率一般要高于阔叶林地区的穿透率。当然，这些试验是在不利于飞行的夏季进行的，Krabill(1984)研究证明，对于针叶林地区，穿透率与季节没有太大的关系；对于阔叶林地区，穿透率在夏季在 21% 左右，而在冬季，穿透率可以达到 68%左右。

除了这些简单的研究外，森林学家通过穿透率的研究可以进一步区分树木的类型、树木的密度、阔叶层的厚度、树木的年龄等。在本节中只区分针叶林和阔叶林，另外这个结果可能仅对本试验地区有效，不具有普遍性。

③穿透率与航高的关系

在拉赫多夫地区，除了常规的试验外，为了试验穿透率与航高的关系，在 23 km 的航带范围内，在不同的航高上进行了飞行试验，试验结果见表 13.11。

表 13.11 穿透率与航高的关系

航高/m	全部激光点	地面点	穿透率/(%)
0～200	6 757	2 634	39.0
200～300	8 122	2 416	29.7
300～400	3 355	1 938	57.8
400～500	456	127	27.9
500～700	626	181	28.9

在这组试验中，穿透率与航高的关系不能清楚地显示，在表中的 300～400 m 的航高范围内，激光光线的穿透率高于其他的航高，从现有的材料和试验结果中，原因还不是很清楚，对此还要进行进一步的研究。

④地面点的分布

发展航空激光雷达系统的一个很重要的目的是为了导出高精度的数字高程模型，因此，地面点在飞行区域的均匀分布是实现这一目标的重要前提，仅仅依靠穿透率参数本身不能说明这一目的在森林地区能否实现，因为仅仅依靠这一个参数很难确定地面点的分布情况。

判断地面激光点分布的一个准则是地面上相邻点的间距，因此首先要计算地面上相邻激光点之间的距离，为了计算距离，原始的激光点云数据首先要进行分离。

获取森林地区数字高程模型是航空激光雷达系统的主要目标之一，它在一定程度上说明了系统在一定条件下数据采集的能力。当然，这种能力与系统的参数有关，随着系统的不同而不同，与飞行的航高、速度、地面倾斜等有关。

⑤自动分类后地面点的检测

航空激光雷达点云数据的自动分离按照前面介绍的方法进行，对分离后的地面点在试验区域内进行抽样，通过人工的方法对抽样数据进行检查，这种方法是检测地面点分离可靠性的方法之一。除此之外，在哈茨山试验区还进行了摄影测量检测，其原理是将分类后的航空激光雷达地面点展绘在绘图仪上，作业员在航摄立体模型上立体检测每个点的位置和高程。通过这种方式除了可以检测分类的可靠性外，还可以实际检测自动滤波分类时，在什么样的地形位置处分类会出现大的偏差，这种方式检测分类可靠性的结果见表 13.12。

表 13.12　自动处理和人工实测方法检测地面点分类可靠性的结果

植被类型	分类可靠性检验结果	在航空像片上人工分类	自动分类算法	点的数量	比例/(%)
针叶林目标	分类一致	地面	地面	2 853	32.2
		针叶林	针叶林	5 582	63.1
	正确分类率			8 435	95.3
	错误类型Ⅰ	地面	针叶林	120	1.4
	错误类型Ⅱ	针叶林	地面	291	3.3
	错误分类率			411	4.7
	总数			8 846	100
阔叶林目标	分类一致	地面	地面	949	17.3
		阔叶林	阔叶林	4 259	77.7
	正确分类率			5 208	95.0
	错误类型Ⅰ	地面	阔叶林	73	1.3
	错误类型Ⅱ	阔叶林	地面	201	3.7
	错误分类率			273	5.0
	总数			5 482	100

错误类型Ⅰ为自动分类方法中，错误地将地面点分类为非地面点。

在两类地面覆盖中，这类错误分类的出现率不是很严重，它是作业员判断为地面点，而自动处理时处理成非地面点的情况，在针叶林地区，这类错误出现的概率约为 1.4%，在阔叶林试验地区约为 1.3%。通过实地检测发现，这类错误无一例外地出现在地形剧烈变化的地面部分，或出现在有小的地形起伏的地区，在数据处理时也可能由于阀值选择过于严格而引起。实际经验证明，这种错误分类的情况对实际应用影响不大，因为在构建数字高程模型时，地面点的密度仍然太高了，实际内插生成数字高程模型时，激光点还要抽稀。

错误类型Ⅱ为自动分类方法中，错误地将非地面点分类为地面点。

不论在生成数字高程模型中，还是在其他方面，这类错误分类的后果远远比第一类要严重得多，它指的是在自动分类处理时，这些点被处理成地面点，而作业员在立体模型上实际观察时处理成非地面点的情况。这种分类的错误率，在针叶林地区约为 3.3%，在阔叶林区域约为 3.7%。对这些点进行实际的观测和分析发现，它们大部分出现在十分密集和低矮的植被和树林地区，在这样的地形情况下，如果在比较大的区域内激光光线无法穿透密集的植被层而到达地形表面，则自动分类的方法很容易出现错误分类。

在这种地形情况下，自动处理算法还要进行进一步的研究、改善和优化。一种可能的改善方法是发展动态滤波处理算法，或者进行其他的变换。

需要说明的是，这里演示的实验结果只是一个指标，采用摄影测量立体模型检验点云分类的可靠性本身有其局限性，因为在摄影测量立体模型上无法完全避免错误的判断。因此，这里给出的结果只是作为可靠性检验对比的结果，最严格的方法是应到实地进行实际的检验。

⑥京津塘高速公路穿透率试验

试验沿京津塘高速公路选择了两个具有植被覆盖的区域进行了穿透率试验，两个区域都位于高速公路路边，区域Ⅰ植被相对稀疏但较高；区域Ⅱ植被相对密集但较低矮。

区域Ⅰ分类后的点云图和对应影像图分别见图13.1和图13.2，该区域有一片树林，树林的高度基本上高于1.5 m。穿透率试验结果如表13.13所示。

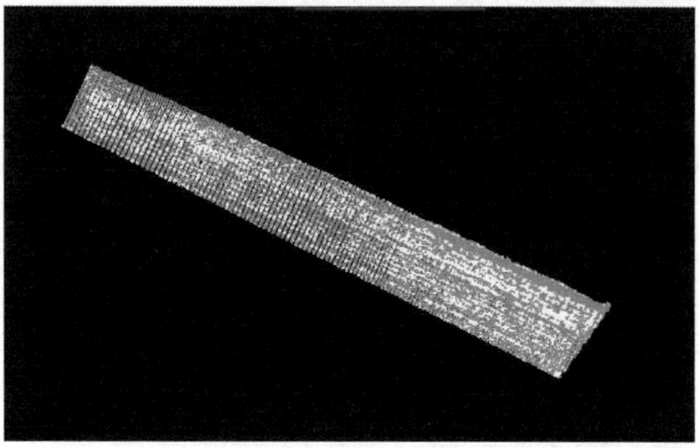

图13.1 区域Ⅰ分类后的点云图

图13.2 区域Ⅰ的影像图(框中所标范围)

表13.13 区域Ⅰ穿透率试验结果统计表

点的类别	点的个数
地面点	10 338
非地面点	13 632
总点数	23 970
穿透率	43.13%

区域Ⅱ分类后的点云图和对应影像图分别见图13.3和图13.4，该区域基本没有树林，而是由低矮但相对较密集的灌木植被覆盖。穿透率试验结果如表13.14所示。

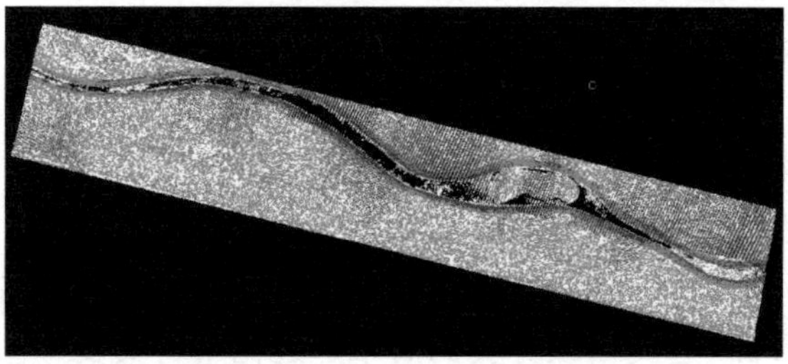

图13.3 区域Ⅱ分类后的点云图

图13.4 区域Ⅱ的影像图(框中所标范围)

表13.14 区域Ⅱ穿透率试验结果统计表

点的类别	点的个数
地面点	89 030
非地面点	108 855
总点数	197 885
穿透率	45.0%

激光光线的穿透率对航空激光雷达系统而言是一个比较重要的参数。与表13.10和表13.11相比，本试验区域的穿透率比较高，原因之一是地面比较平坦，另外一个原因是公路周

围没有大量密集的森林等影响穿透率的地物，因此相比前面森林地区穿透率不高，本区域穿透率在 40%～50%之间。

3. 航空激光雷达数据精度检验结果

影响航空激光雷达数据的精度从整体上可以分成两类，即客观因素和主观因素。客观因素指的是仪器设备和自然条件等；主观因素指的是对仪器设备的校正、仪器设备校正参数的合理和有效的使用，以及数据后处理方法的有效性和稳健性。国外的研究表明，航空激光雷达系统获取的数据的精度在厘米级，这一结论已经被几乎所有的机构承认，表 13.15 给出了一组有关研究和精度检测的结果。

表 13.15　精度检测报告之一　　单位：m

检测方法	地面类型	航高 200 区域 1 平均值差	均方值	200 区域 2 平均值差	均方值	200 区域 3 平均值差	均方值	550 区域 1 平均值差	均方值	控制点数
GPS RTK	沥青路	0.061	0.058	−0.019	0.058	−0.005	0.057	0.139	0.075	36
	草地	0.067	0.049	−0.013	0.049	0.001	0.045	0.120	0.066	14
	砂石路	0.101	0.036	0.021	0.036	0.020	0.034	0.153	0.069	12
	地面	0.149	0.082	0.069	0.082	0.087	0.091	0.302	0.172	25
野外全站仪	有遮掩的地面	0.146	0.078	0.066	0.078	0.076	0.074	0.312	0.139	50
	无遮掩的地面	0.064	0.050	−0.016	0.050	−0.005	0.049	0.144	0.097	100
	所有点	0.088	0.070	0.008	0.070	0.019	0.068	0.195	0.135	150

表 13.15 给出了两种飞行高度时的试验结果，在 200 m 飞行高度时，分别试验了三次，每次各统计了在不同地面覆盖情况下（沥青路面、草地、砂石路及裸露的地面）、不同检测方法（GPS RTK 方法和野外全站仪方法）的精度检测结果，不论是平均值差，还是均方差都在 1～15 cm；在 500 m 航高时，精度同样在 7～20 cm。

德国 IGI 公司采用直升飞机作为平台，分别检验了两种飞行高度时，飞行区域内不同位置的平面和高程的精度，得到的试验结果见表 13.16。

表 13.16　精度检测报告之二

航高/m	平面精度/cm 航带中央	平面精度/cm 航带边沿	高程精度/cm 航带中央	高程精度/cm 航带边沿
85	1	2	2	2
145	2	3	2	2

另外，德国 IGI 公司也试验了在 400 m 航高时的精度，高程精度同样在 2 cm 左右。因此，国外对航空激光雷达系统实际检测的精度结果有下列共识：航高在 100 m 左右时，采集的数据的精度好于 5 cm；航高在 500 m 左右时，获取的数据的精度好于 10 cm；在航高达到 4 000 m 时，精度可以达到 25 cm。

参考文献

[1] 范永辉，李吉平，滑现平. 2007. 2006 年各国航天发射活动回顾[J]. 中国航天，(2)：24-34.

[2] 范永辉，李吉平，许焕武. 2008. 2007 年各国航天发射活动回顾(下)[J]. 中国航天，(3)：11-16.

[3] 何　伟. 2007. D-InSAR 技术在西安市地面沉降监测中的应用[D]. 西安：长安大学.

[4] 廖明生，林　珲. 2003. 雷达干涉测量-原理与信号处理基础[M]. 北京：测绘出版社.

[5] 李　陶. 2004. 重复轨道星载 SAR 差分干涉监测地表形变研究[D]. 武汉：武汉大学.

[6] 舒　宁. 2003. 微波遥感原理[M]. 武汉：武汉大学出版社.

[7] 舒士畏，赵立平. 1988. 雷达图像及其应用[M]. 北京：中国铁道出版社.

[8] 王　超，张　红，刘　智. 2002. 星载合成孔径雷达干涉测量[M]. 北京：科学出版社.

[9] 肖国超，朱彩英. 2001. 雷达摄影测量[M]. 北京：地震出版社.

[10] 张永生，王仁礼. 1998. 遥感动态监测[M]. 北京：解放军出版社.

[11] 张建壮. 2005. 2004 年世界航天运载业分析[J]. 中国航天，(3)：25-27.

[12] 张勤，李家权等. 2005. GPS 测量原理及应用[M]. 北京：科学出版社.

[13] CARNEC C, DELACOURT C. 2000. Three years of mining subsidence monitored by SAR interferometry, near Gardanne, France[J]. Journal of Applied Geophysics, (43): 43-54.

[14] COLESANTI C, FERRETTI A, NOVALI F, et a1. 2003. SAR monitoring of progressive and seasonal ground deformation using the permanent scatterers techniques[J]. IEEE Transactions on Geoscience and Remote Sensing, 41(7): 1685-1701.

[15] COSTANTINI M. 1996. A phase unwrapping method based on network programming[C]. Proc. Fringe 96, Workshop ERS SAR Interferometry. Zurich, Switzerland. 261-272.

[16] EICHEL P H, GHIGLID D C. 1993. Spotlight SAR interferometry for terrain elevation mapping and interferometric change detection[R]. U. S. Sandia National Labs Tech Report, SAND 93: 2539-2546.

[17] FERRETTI A, PRATI C, ROCCA F. 2000. Nonlinear subsidence rate estimation using permanent scatters in differential SAR interferometry[J]. IEEE Transactions on Geoscience and Remote Sensing, 38(5): 2202-2212.

[18] FERRETTI A, PRATI C, ROCCA F. 2001. Permanent scatters in SAR interferometry[J]. IEEE Transactions on Geoscience and Remote Sensing, 39(1): 8-20.

[19] FERRETTI A, PRATI A, ROCCA F, et a1. 2005. Permanent scaterers technology: a powerful state of the art tool for historic and future monitoring of landslides and other terrain instability phenomena[C]. Proceedings of the 2005 International Conference on Landslide Risk Management and the 18th Annual Vancouver Geotechnical society symposium, Canada: 1-9.

[20] FERRETTI A, SAVIO G, BARZAGHI R, et a1. 2007. Submillimeter accuracy of InSAR time series: experimental validation[J]. IEEE Transactions on Geoscience and Remote Sensing, 45(5): 1142-1153.

[21] FIELDING E J, BLOM R G, GOLDSTEIN R M. 1998. Rapid subsidence over oil fields measured by SAR interferometry[J]. Geophysical Research Letters, 25(17): 3215-3218.

[22] FLYNN T J. 1996. Consistent 2-D phase unwrapping guided by a quality map[C]. Proceeding of the 1996 International Geoscience and Remote Sensing Symposium. Lincoln. Nebraska. IEEE. Piscataway: 2057-2059.

[23] GABRIEL A K, GOLDSTEIN R M, ZEBKER H A. 1989. Mapping small elevation changes over large areas: differential radar interferometry[J]. Geophys Res, (94): 9183-9191.

[24] GOLDSTEIN R M,ZEBKER H A,WERNER C L. 1988. Satellite radar interferometry:two-dimensional phase unwrapping[J]. Radio Science,23(4):713-720.

[25] HILLEY G E,BÜRGMANN R,FERRETTI A,et al. 2004. Dynamics of slow-moving landslides from permanent scatterer analysis[J]. Science,(304):1952-1955.

[26] JUST D,BAMLER R. 1994. Phase statistics of interferogram with applications to synthetic aperture radar[J]. Appl. Optics,33 (20):4361-4368.

[27] KOCH K R. 1987. Parameterschaetzung und hypothesentests[M]. Ferd. Duemmlers Verlag,Bonn.

[28] KRAUS K,PFEIFER N. 1997. Determination of terrain models in wooded areas with airborne laser scanner data [J]. ISPRS Journal of Photogrammetry and Remote Sensing,53(4):193-203.

[29] LANARI R,FORNARO G,RICCIO D,et al. 1996. Generation of digital elevation models by using SIR-C/X-SAR multi-frequency two pass interferometry,the etna case study[J]. IEEE Trans on GRS,34(5):1097-1114.

[30] LINDENBERGER J. 1989. Test results of laser profiling for topographic terrain survey [D]. Schriftenreihe des Instituts fuer Photogrammetrie der Universitaet Stuttgart,(13):25-39.

[31] LINDENBERGER J. 1993. Laser-Profilmessung zur topographischen Gelaendeaufnahme[D]. Munich, Germany:DGK Reihe C,Nr. 400.

[32] MASSONNET D,ROSSI C,CARMONA F,et al. 1993. The displacement field of the landers earthquake mapped by radar interferometry[J]. Nature,(364):138-142.

[33] SPAGNOLINI U. 1995. 2-D phase unwrapping and instantaneous frequencyestimation [J]. IEEE Trans GRS,33(3):579-589.

[34] SUI Lichun. 2003. Analysis of laser scanner data by means of digital image processing techniques[M]. Munich,Germany:Publishing House Dr. Hut.

[35] XIA Ye,KAUFMANN H,GUO Xiaofang. 2004. Landslide monitoring in the three gorges area using D-InSAR and corner reflectors [J]. Photogrammetric Engineering and Remote Sensing,70(10):1167-1172.

[36] ZEBKER H A,VILLASENOR J. 1992. Decorrelation in interferometric radar echoes [J]. IEEE Transactions on Geoscience and Remote Sensing,30(5):950-959.

[37] ZEBKER H A,ROSEN P A,HENSLEY S. 1997. Atmospheric effects in interferometric synthetic aperture radar surface deformation and topographic maps [J]. Journal of Geophysical Research,103(B4):7547-7563.

后　记

撰写本书的起因和动力及本书的完成得益于许多同事的支持和朋友的鼓励。与此同时，作者在给遥感专业本科生和研究生讲授微波遥感课程时使用过本书的部分内容，这些经验和体会同样融入了本书。

能够出版此书首先要感谢测绘出版社的支持，感谢测绘出版社建议出版此书，由于他们的支持才有此书的出版。作者多次与他们就书稿的内容、范围及具体出版事宜进行了讨论，对于他们及测绘出版社其他同事的支持，作者在此表示衷心的谢意。

感谢国家测绘局测绘科技专著出版基金委员会对本书的出版资助，对基金委员会专家中肯、严肃和建设性的修改建议表示衷心的谢意。由于这些建议，使本书的结构和内容更加合理。

感谢长安大学地质工程与测绘学院张勤教授、解放军信息工程大学测绘学院教授张永生博士以及西安测绘研究所张曙茂研究员等的支持，他们对于本书的内容、书中的部分术语和提法给予了十分有意义的修改意见，在此一并表示感谢。

在航空激光雷达部分，大部分的内容、数据，特别是精度分析的结果出自于作者在国外工作时取得的结论及其他德国同行的研究成果。这些工作得到下列人员和机构的支持：我的博士生导师、德国前摄影测量与遥感协会主席、柏林自由科学院主席、柏林工业大学教授 Albertz 博士，德国勃兰登堡州测量局及该局摄影测量与遥感部门主管 Seyfert 博士；本书中部分数据和内容得到德国 TopScan 公司、Toposys 公司、IGI 公司、美国 EarthData 公司、加拿大 Optech 公司的支持，在此同样表示感谢。

我的研究生为本书的部分插图进行了修改和绘制，感谢他们的帮助。

我曾经长期供职过的西安测绘研究所的老所长、中国工程院王任享院士欣然接受作者的请求，在百忙中为本书撰写了序言，并最后审核了本书，十分感谢他的支持。